소송실무자료

2021년 최신판

새로운 재개발·재건축 질의회신

편저 : 부동산 연구소
감정평가사 안 재 길

법률정보센터

목 차

제1편 도시 및 주거환경정비법

제1장 총 칙

1. 개념 ··· 1
　가. 개념 ·· 1
2. 정의 ··· 2
　가. 정의 ·· 2
　　(1). "정비구역"이란 ·· 2
　　(2) "정비사업"이란 ·· 2
　　　(가) 주거환경개선사업 ·· 2
　　　(나) 재개발사업 ·· 3
　　　(다) 재건축사업 ·· 3
　　(3) "노후·불량건축물"이란 ··· 3
　　(4) "정비기반시설"이란 ·· 3
　　(5) "공동이용시설"이란 ·· 4
　　(6) "대지"란 ·· 4
　　(7) "주택단지"란 ·· 4
　　(8) "사업시행자"란 ·· 4
　　(9) "토지등소유자"란 ·· 4
　　(10) "토지주택공사등"이란 ··· 5
　　(11) "정관등"이란 ·· 5
　나. 노후·불량건축물의 범위 ·· 5
　다. 정비기반시설 ·· 6
　라. 공동이용시설 ·· 6

[질의 1] 도시환경정비사업의 토지등소유자 동의자 수 산정방법 ········· 7
[질의 2] 1인의 토지등소유자의 의미 ··· 7

[질의 3] 주택재개발사업의 노후·불량건축물 판단 ·· 8
[질의 4] 토지등소유자와 조합원의 관계 ·· 8
[질의 5] 상업지역에 있는 공동주택 재건축 추진 ·· 9
[질의 6] 도시환경정비사업 정비예정구역에 대한 면적제한 ······························· 9
[질의 7] 조합설립 동의시 주택단지로 볼 수 있는 연립주택 범위 ····················· 10
[질의 8] 단지 내 도로부지 소유자의 조합원 자격 여부 ····································· 10
[질의 9] 재건축사업에서 지상권자의 조합설립동의 여부 ··································· 10
[질의 10] 매도청구소송 제기한 자료를 사업시행인가 신청 시 제출해야 하는지 ······ 11

3. 도시·주거환경정비 기본방침 ··· 11

제2장 기본계획의 수립 및 정비구역의 지정

1. 도시·주거환경정비기본계획의 수립 ··· 12
   가. 도시·주거환경정비기본계획의 수립 ·· 12
2. 기본계획의 내용 ··· 13
   가. 기본계획의 내용 ·· 13
      (1) 기본계획의 내용 ·· 13
      (2) 기본계획의 수립을 위한 공람 등 ·· 14
[질의 1] 정비기본계획수립 시 정비예정구역 노후도 적용 시점 ························· 14
[질의 2] 기본계획 타당성 검토 시기 ··· 15
[질의 3] 정비예정구역 20% 미만 변경 시 기본계획의 경미한 변경 여부 ········· 15
[질의 4] 정비계획수립시기를 기본계획에 반영하고자 변경 시 경미한 변경 여부 ···· 16
3. 기본계획 수립을 위한 주민의견청취 등 ··· 16
4. 기본계획의 확정·고시 등 ··· 16
   가. 기본계획의 확정·고시 등 ·· 16
      (1) 도시·주거환경정비기본계획의 고시 및 보고 ··· 17

5. 정비구역의 지정 ·· 17
    가. 정비구역의 지정 ··· 17
        1. 정비계획 수립 및 정비구역 지정 요건 관련 쟁송 ··················· 18
        2. 주민의 입안제안권 관련 쟁송 ·· 19
        3. 정비구역 해제 관련 쟁송 ·· 19

          (1) 정비계획의 입안대상지역 ·· 20
          (2) 규제의 재검토 ·· 21
    [질의 1] 주민제안 시 정비구역지정도서 첨부 여부 ······························ 21
    [질의 2] 정비구역지정고시 후 사업시행 예정시기가 변경된 경우 처리 ······ 21
    [질의 3] 정비기반시설 추가 확보 시 정비계획의 경미한 변경 여부 ········ 22
    [질의 4] 정비기반시설 면적 증감이 있는 경우 정비계획의 변경 ·········· 22
    [질의 5] 정비구역면적 변경 시 정비계획의 경미한 변경 여부 ·············· 23
    [질의 6] 정비계획 경미한 변경 판단 시 용적률은 정비계획 용적률인지 ······ 23
    [질의 7] 용도지역변경으로 정비계획변경 시 경미한 변경 여부 ············ 24
    [질의 8] 정비계획의 경미한 변경에 포함하는 관계법령에 의한 심의 범위 ···· 24
    [질의 9] 정비계획의 내용을 벗어나는 사업시행계획서 작성 ·················· 25
    [질의 10] 정비계획과 도시관리계획의 경미한 변경 동시 처리가능 여부 ····· 25
    [질의 11] 도정법 시행령 제12조제7호 중 "10% 미만" 기준 ················ 26
    [질의 12] 정비구역 변경지정 시 공보에 고시 생략 가능 여부 ·············· 26
    [질의 13] 정비계획을 주민에게 서면통보하는 방법 ································ 27
    [질의 14] 재개발 추진위 운영단계에서 재건축 사업으로 전환 가능 여부 ···· 27
    [질의 15] 사업계획서에 교육시설의 교육환경 보호에 관한 계획 포함 여부 ···· 28
    [질의 16] 정비구역 확대된 경우 추진위원회 과반수 동의요건 ·············· 28

6. 정비계획의 내용 ·· 29
    가. 정비계획의 내용 ··· 29
        (1) 정비계획의 내용 ·· 30

4 목 차

7. 임대주택 및 주택규모별 건설비율 ········· 31
가. 임대주택 및 주택규모별 건설비율 ········· 31
(1) 주택의 규모 및 건설비율 ········· 32

8. 기본계획 및 정비계획 수립 시 용적률 완화 ········· 33

9. 재건축사업 정비계획 입안을 위한 안전진단 ········· 33
가. 재건축사업 정비계획 입안을 위한 안전진단 ········· 33
(1) 재건축사업의 안전진단대상 등 ········· 34
(2) 안전진단의 요청 등 ········· 36
(3) 토지등소유자의 동의자 수 산정 방법 등 ········· 37

10. 안전진단 결과의 적정성 검토 ········· 39
가. 안전진단 결과의 적정성 검토 ········· 39
(1) 안전진단 결과의 적정성 검토 ········· 39
(2) 손실보상 등 ········· 40

11. 정비계획의 입안 제안 ········· 40
가. 정비계획의 입안 제안 ········· 40
(1) 정비계획의 입안 제안 ········· 41

12. 정비계획 입안을 위한 주민의견청취 등 ········· 41
가. 정비계획 입안을 위한 주민의견청취 등 ········· 41
(1) 정비구역의 지정을 위한 주민공람 등 ········· 42

13. 정비계획의 결정 및 정비구역의 지정·고시 ········· 43
가. 정비계획의 결정 및 정비구역의 지정·고시 ········· 43
(1) 정비구역의 지정 등의 보고 ········· 43

14. 정비구역 지정·고시의 효력 등 ········· 44
가. 정비구역 지정·고시의 효력 등 ········· 44
(1) 용적률 완화를 위한 현금납부 방법 등 ········· 44

15. 정비구역의 분할, 통합 및 결합 ········· 45

16. 행위제한 등 ········· 46
가. 행위제한 등 ········· 46

      (1) 행위허가의 대상 등 ·· 47
      (2) 행위제한 등 ·· 48
      (3) 간이공작물 ·· 48
17. 정비구역등 해제 ·· 49
[질의 1] 2012.2.1.개정 도정법 제4조의3제1항제2호다목 규정의 적용 ······················ 50
[질의 2] 주거환경개선사업에 도정법 제4조의3제4항제1호 적용 여부 ······················· 51
[질의 3] 추진위원회 해산 시 정비구역해제 가능 여부 ·· 51
[질의 4] 도정법 제4조의3제1항 적용 대상 여부 ··· 52
[질의 5] 도정법 제4조의3제4항제3호의 정비구역 해제 동의서 양식 ························· 53
[질의 6] 도정법 제4조의3제4항에 따른 정비구역등 해제 가능 여부 ·························· 53
[질의 7] 도정법 제4조의3의 적용 여부 및 철거업체 수의계약 가능 여부 ·················· 54

18. 정비구역등의 직권해제 ··· 55
  가. 정비구역등의 직권해제 ··· 55
      (1) 추진위원회 및 조합 비용의 보조 ·· 55
19. 도시재생선도지역 지정 요청 ·· 56
20. 정비구역등 해제의 효력 ·· 56

제3장 정비사업의 시행

제1절 정비사업의 시행방법 등

1. 정비사업의 시행방법 ·· 57
  가. 정비사업의 시행방법 ··· 57
      (1) 관리처분의 방법 등 ··· 57
      (2) 주택의 공급 등 ·· 59
[질의 1] 주거환경개선사업을 다른 정비사업으로 변경 시행 가능 여부 ······················ 59
[질의 2] 소필지 소유자에게 기존 건축물면적을 신축건축물로 분양할 수 있는지 ······ 60

[질의 3] 일반상업지역내 재건축조합인가를 득한 경우 사업계획승인 ·················· 60

2. 주거환경개선사업의 시행자 ·· 60
가. 주거환경개선사업의 시행자 ·· 60
(1) 세입자 동의의 예외 ·· 61

3. 재개발사업・재건축사업의 시행자 ·· 62
가. 재개발사업・재건축사업의 시행자 ·· 62
(1) 재개발사업의 공동시행자 요건 ··· 62
(2) 규제의 재검토 ·· 62
[질의 1] 도정법 시행령 제28조제1항제1호다목 단서 "종전 소유자"의 의미 ············ 63
[질의 2] 소재불명자의 토지등소유자수 산정 ·· 63
[질의 3] 공단 임대아파트 재건축의 도정법 적용 ··· 64
[질의 4] 도시환경정비사업의 사업시행자 지위 ··· 64
[질의 5] 조합설립인가 취소 및 무효가 된 경우 해산된 추진위원회가 존속 여부 ······· 65
[질의 6] 개정 도정법 시행령 제28조제5항의 적용 ··· 66

4. 재개발사업・재건축사업의 공공시행자 ·· 66
가. 재개발사업・재건축사업의 공공시행자 ·· 66
(1) 사업시행자 지정의 고시 등 ··· 67

5. 재개발사업・재건축사업의 지정개발자 ·· 68
가. 재개발사업・재건축사업의 지정개발자 ·· 68
(1) 지정개발자의 요건 ·· 69
(2) 규제의 재검토 ·· 69
(3) 신탁업자의 사업시행자 지정에 대한 동의서 ··· 70

6. 재개발사업・재건축사업의 사업대행자 ·· 70
가. 재개발사업・재건축사업의 사업대행자 ·· 70
(1) 사업대행개시결정 및 효과 등 ··· 71
(2) 사업대행의 완료 ·· 71
(3) 토지등소유자의 동의자 수 산정 방법 등 ··· 72

7. 계약의 방법 및 시공자 선정 등 ·· 74

가. 계약의 방법 및 시공자 선정 등 ·· 74
   (1) 계약의 방법 및 시공자의 선정 ··· 75
   (2) 주민대표회의 ·· 76
[질의 1] 주택재개발사업 시공자 선정 시기 ·· 77
[질의 2] 조합이 시공자를 선정하는 경우 직접 참석 비율 ························· 77
[질의 3] 조합이 시공자 선정 전에 금품을 제공받은 경우 위법 여부 ······ 78
[질의 4] 조합원 100인 이하인 정비사업의 시공자 선정 ····························· 79
[질의 5] 도정법 제11조에 따라 주민대표회의가 철거업자를 선정할 수 있는지 ······· 79

8. 공사비 검증 요청 등 ·· 80

9. 임대사업자의 선정 ·· 80
[질의 1] 재건축정비사업 촉진구역 지정 시 안전진단 사전실시 여부 ········ 80
[질의 2] 재건축사업 시행 결정 시 안전진단 실시 대상 ······························ 81

제2절 조합설립추진위원회 및 조합의 설립 등

1. 조합설립추진위원회의 구성·승인 ····································· 82
가. 조합설립추진위원회의 구성·승인 ··· 82
   (1) 추진위원회 구성을 위한 토지등소유자의 동의 등 ·················· 83
   (2) 추진위원회의 구성승인 신청 등 ··· 83

> 1. 행정소송의 원고 적격 ··· 84
> 2. 추진위원회 구성승인과 조합설립인가의 관계 ······················· 84
> 3. 추진위원회의 업무 ··· 84
> 4. 해산신청 등 ··· 84
> 5. 구성승인의 실효 여부 ··· 85

   (3) 고유식별정보의 처리 ··· 85
[질의 1] 토지등소유자에게 알리고 동의를 물어야 하는 대상범위 ············· 86
[질의 2] 추진위원회 승인신청서 상 추진위원 사망 시 보완요구의 적정성 ········· 86
[질의 3] 정비구역 확대 시 추진위원회 취소처분 가능 여부 ······················ 87

[질의 4] 시장·군수가 개선 권고할 수 있는 추진위원회 위원의 범위 ·············· 87
[질의 5] 정비구역 지정 전 받은 추진위원 선정 증명서류의 인정 여부 ·············· 88
[질의 6] 2개 추진위원회가 하나의 재건축조합의 설립을 위한
업무수행 권한 유무 ··· 88
[질의 7] 2개 정비구역을 통합한 경우의 추진위원회 구성 ························ 89
[질의 8] 운영규정의 위원의 수를 충족하여야 추진위 승인이 되는지 ·············· 90
[질의 9] 조합설립동의자에게 도정법 시행령 제24조제1항의
통지를 해야 하는지 ··· 90
[질의 10] 동의철회방법 등을 통보받은 후 조합설립 반대의사표시 가능 여부 ········· 91
[질의 11] 조합설립 동의 간주 처리된 자의 조합설립인가 반대 ····················· 91
[질의 12] 추진위 설립 동의자의 조합설립 동의 철회 가능 여부 ··················· 92
[질의 13] 일부 동만 재건축시행하는 경우 주민 동의 방법 ························ 92
[질의 14] 창립총회 시 서면으로 의결권 행사가 가능한지 ························· 93
[질의 15] 주민총회 의결사항을 창립총회에서 의결가능 여부 ······················ 93
[질의 16] 창립총회 전 사퇴한 이사후보자를 이사로 선임하는 방법 ··············· 93
[질의 17] 2009.8.11. 신설 도정법 시행령 제22조의2에 따른 창립총회
재개최 여부 ··· 94
[질의 18] 정비사업전문관리업자의 업무범위 관련 등 ······························ 94

2. 추진위원회의 기능 ··· 95
  가. 추진위원회의 기능 ·· 95
    (1) 추진위원회의 업무 등 ·· 96
    (2) 창립총회의 방법 및 절차 등 ·· 96
[질의 1] 정비구역 축소로 인한 토지등소유자의 동의 시점 ························· 97
[질의 2] 서면결의서 제출자의 직접 참석자 인정 여부 ···························· 97
[질의 3] 추진위원회의 소집권자 및 직무대행의 창립총회 개최 적정성 ············· 98
[질의 4] 개략적인 사업시행계획서 작성을 위한 용역계약 체결 주체 ·············· 98
[질의 5] 추진위원회에서 감정평가사를 선정·계약할 수 있는지 ···················· 99
[질의 6] 주민총회에서 선출된 추진위원장의 창립총회 개최의 적정성 ············· 99

[질의 7] 조합설립동의 요건을 미충족한 창립총회 효력 여부 ················ 100

[질의 8] 조합설립인가 이후 정비사업전문관리업자를 선정할 수 있는지 ········ 101

3. 추진위원회의 조직 ··· 101

4. 추진위원회의 운영 ··· 102

  가. 추진위원회의 운영 ·· 102

    (1) 추진위원회 운영규정 ··· 102

    (2) 추진위원회의 운영 ·· 102

[질의 1] 5인 이상 위원으로 추진위원회 승인 가능 여부 ······················ 103

[질의 2] 개략적인 사업시행계획서의 작성 방법 ································· 104

[질의 3] 2010.7.16. 시행된 도정법 시행령 제24조제1항의 적용 여부 ········ 104

5. 조합설립인가 등 ··· 105

  가. 조합설립인가 등 ·· 105

    1. 조합의 법적 지위 ··· 105

      (1) 조합설립인가신청의 방법 등 ·· 107

      (2) 조합설립인가내용의 경미한 변경 ······································· 107

      (3) 추정분담금 등 정보의 제공 ·· 108

      (4) 조합의 설립인가 신청 등 ·· 108

    1. 설립인가 심사의 대상 ·· 109

    2. 도시정비법상 조합설립 동의와 집합건물법상 재건축결의 관계 ····· 111

    3. 조합설립인가의 법적 성격 ·· 111

    4. 조합설립과 관련한 쟁송에 대한 법적 규율 ···························· 111

      가. 항고소송 ·· 112

      나. 원고 적격 ·· 112

      다. 하자의 유형 ·· 112

      라. 하자의 치유 ·· 112

      마. 조합설립인가와 변경인가 ··· 112

    5. 조합설립인가 요건과 관련된 주요 쟁점 ································ 113

      가. 동의서 및 인감증명서 ·· 113

        1) 표준동의서 ·· 113

        2) 기재사항 ·· 114

나. 동의율 ·· 114
　　　　1) 국·공유지 ··· 114
　　　　2) 무허가건축물 ·· 115
　　　　3) 동의 철회 ··· 115
　　　　4) 공유인 경우 대표자 선정 ·· 115
　　　　5) 동일한 공유자가 다수 필지의 토지 또는 다수의
　　　　　 건축물을 소유한 경우 ·· 115
　　　　6) 동일세대와 토지등소유자 수 산정 ·· 116
　　　　7) 행방불명자 관련 ·· 116
　　　　8) 주택단지 ·· 116
　　다. 창립총회 ·· 116
　　라. 정관 미첨부 ·· 117

[질의 1] 도정법 시행령 제27조제3호에 해당하는 건폐율 또는
　　　　용적률의 변경 범위 ·· 117
[질의 2] 인근지역을 편입하여 구역지정 받은 경우의 사업추진 ················ 117
[질의 3] 토지등소유자 권리이전 시 추진위원회 구성에 동의한 자로
　　　　볼 수 있는지 ·· 118
[질의 4] 조합설립 동의서에 분담금 추산방법 표기의 적합 여부 ·············· 118
[질의 5] 조합설립 동의서 징구 시 주택단지는 정비구역 전체인지 여부 ·· 119
[질의 6] 주택단지 외 다른 필지 포함 시 조합설립동의 여부 ···················· 119
[질의 7] 공유지 조합설립동의를 공유자 지분에 비례하여 산정 가능 여부 ···· 120
[질의 8] 추진위원회 위원이 조합설립동의서 철회 가능 여부 ···················· 121
[질의 9] 조합설립인가 신청 후 조합설립인가 동의철회 가능 여부 ············ 121
[질의 10] 개략적인 사업시행계획서 작성 없는 조합설립동의서
　　　　　징구 가능 여부 ·· 122
[질의 11] 조합설립 시 국·공유지 동의 여부 ·· 122
[질의 12] 도정법 시행령 제26조제2항이 변경되지 않은 경우 조합설립동의 철회 · 123
[질의 13] 재개발사업 동의를 재건축 동의서에 받아도 유효한지 ··············· 123
[질의 14] 조합설립동의서에 간인이 없는 경우의 효력 ································ 124
[질의 15] 도정법 시행규칙 별지4-2서식과 운영규정 별지3-2서식의 사용 ····· 124

[질의 16] 1필지의 토지를 수인이 공유하는 경우 토지면적 동의율 산정 ················ 125
[질의 17] '09.8.7.이전 창립총회를 개최한 경우 조합인가 신청 가능 여부 ············ 125
[질의 18] 조합설립 동의 요건에 미달하는 경우 창립총회 개최 가능 여부 ············ 126
[질의 19] 추정 분담금 고지없이 징구한 동의서의 효력 여부 ······························· 127
[질의 20] 재건축정비사업구역 확대에 따른 조합설립변경인가 동의 요건 ············· 127
[질의 21] 조합임원 연임이 조합설립인가내용의 경미한 변경인지 ·························· 127
[질의 22] 조합설립동의를 철회한 경우 동의서를 돌려주어야 하는지 ···················· 128
[질의 23] 임원선임 후 조합설립변경 절차를 진행하지 않은 경우의 적정성 ·········· 128
[질의 24] 재개발사업 조합설립인가 동의 요건 ··· 129
[질의 25] 확정고시가 되지 않은 상태에서 조합설립변경인가의 적절성 ················· 129
[질의 26] 도정법 시행령 제27조제2의5호 중 정관에 따라 조합원이
　　　　　 변경되는 경우란 ·· 130

6. 조합 설립인가등의 취소 ·· 131

> 1. 조합설립인가의 취소 또는 무효확인 이후 법률관계 ···································· 131
>   가. 조합 및 조합원의 지위 ·· 131
>   나. 추진위원회의 조합설립인가신청 가능 여부 ·· 131

[질의 1] 재건축조합 취소에 따른 정비구역해제 가능 여부 ···································· 131
[질의 2] 추진위원회 및 조합 해산 신청시 인감증명 첨부 여부 ····························· 132
[질의 3] 조례 개정 전 징구받은 추진위원회 해산 동의서의 효력 여부 ················ 132
[질의 4] 임기만료된 추진위원의 직무수행 적정성 및 추진위 해산 방법 ··············· 133
[질의 5] 추진위 승인취소시 사용비용 보조에 관한 내용을 조례로
　　　　　 정할 수 있는지 ··· 134
[질의 6] 주민대표회의를 해산할 수 있는지 ·· 134

7. 토지등소유자의 동의방법 등 ··· 135

　가. 토지등소유자의 동의방법 등 ·· 135
　　(1) 토지등소유자의 동의자 수 산정 방법 등 ··· 136

(2) 동의서의 검인방법 등 ·· 137
　　(3) 고유식별정보의 처리 ·· 138
[질의 1] 국·공유지에 대한 조합설립인가 동의 ····································· 138
[질의 2] 2012.2.1. 개정·5공포된 도정법 제17조제1항의 동의서 징구 방법 ········· 139
[질의 3] 도시환경정비사업에서 토지등소유자의 공동시행자 선정 방법 ············· 139
[질의 4] 추진위원회 동의 철회 및 동의명부 제외 여부 ······························· 140
[질의 5] 추진위원회 및 조합의 해산을 신청하고자 하는 경우 동의 방법 ············ 141
[질의 6] 추진위원회 및 조합의 해산을 신청하고자 하는 경우 동의 방법 ············ 141
[질의 7] 심의결과 설계개요 변경 시 인가 신청 전에 동의 철회 가능 여부 ·········· 142
[질의 8] 정비구역 고시 전 조합설립동의서 징구 가능 여부 ·························· 143
[질의 9] 도정법 제17조 개정·시행 관련 조합해산 동의방법 및 효력 ················ 143
[질의 10] 대표조합원 선임동의서 작성방법 및 정보공개 ······························ 144

8. 토지등소유자의 동의서 재사용의 특례 ·· 145
　가. 토지등소유자의 동의서 재사용의 특례 ··· 145
　　(1) 토지등소유자의 동의서 재사용의 특례 ······································· 145

9. 조합의 법인격 등 ··· 146
　가. 조합의 법인격 등 ·· 146
　　(1) 조합의 등기사항 ··· 146

10. 조합원의 자격 등 ·· 147
　가. 조합원의 자격 등 ··· 147
　　(1) 조합원 ·· 148
　　(2) 고유식별정보의 처리 ·· 149
[질의 1] 국·공유지의 조합원 포함 여부 ·· 150
[질의 2] 조합과 개인이 각각 50% 지분을 가진 경우 조합원 자격 여부 ············ 150
[질의 3] 공유지분 상가의 조합원 동의 받는 비율 ···································· 151
[질의 4] 공유토지소유자가 증가한 경우 대표조합원을 선임하여야 하는지 ········· 151
[질의 5] 도로지분 공유자의 조합임원 자격 유무 ···································· 152

[질의 6] 조합원 자격 상실 시점 및 조합임원의 자격 보유 여부 ······················ 152
[질의 7] 도정법 시행령 제30조제3항제2호(조합원 지위양도 관련)의 적용 ············· 153
[질의 8] 1인 소유 다세대건물을 매매하였을 경우 조합원의 자격 ······················ 153
[질의 9] 1세대에 속하는 토지등소유자에게 토지를 구입한 경우 조합원 자격 ······· 154
[질의 10] 도정법 제19조제1항제3호 개정 규정(법률 제9444호)의 적용 ················· 154
[질의 11] 조합원이 아닌 토지등소유자가 분양권을 받을 수 있는지 여부 ··············· 155
[질의 12] 조합설립인가 후 주택 등 매도 시 분양권 여부 ································ 155
[질의 13] 대지부분 공유관계 발생 시 건축물 공급 가능 여부 ························· 156
[질의 14] 주택과 상가를 각각 1개씩 소유한 자가 상가를 양도한 경우 분양권 ····· 157
[질의 15] 법인회사가 재건축아파트를 매수한 경우 분양방법 ····························· 157

11. 사업대행자의 주의의무 등 ·· 158
[질의 1] 일부 토지를 양도한 경우 조합원 및 대의원의 자격 유무 ······················· 158
[질의 2] 일부 토지를 양도한 경우 조합원 자격 유무 ··· 159

12. 정관의 기재사항 등 ·· 159
가. 정관의 기재사항 등 ·· 159

> ❖ 정비조합의 구성 ·· 159
> 1. 정비조합 - 공법인과 민법상 사단법인 ·· 159
> 2. 조합원 ·· 160
>   가. 자격 ··· 160
>   나. 권리와 의무 ·· 160
> 3. 정관 ·· 160
>   가. 정관의 내용 ·· 160
>   나. 정관의 변경 ·· 161

(1) 조합 정관에 정할 사항 ·· 162
(2) 정관의 경미한 변경사항 ·· 163
[질의 1] 조합총회에서 가칭 추진위원회 회계를 의결한 경우 적합 여부 ·············· 163
[질의 2] 분양신청 하지 않은 조합원의 총회 투표권 보유 여부 ·························· 164

14 목 차

[질의 3] 표준정관 보다 완화된 조건의 임원자격을 정할 수 있는지 ·························· 164
[질의 4] 무자격자로 판명된 감사가 수행한 업무의 효력 ·· 165
[질의 5] 임기만료된 조합임원 업무수행의 적정성 및 임원의 자격 ······························ 165
[질의 6] 대의원회 구성 및 조합설립인가가 가능한 대의원 수 ······································ 166
[질의 7] 총회의결과 다르게 자금을 차입하여 집행한 경우의 적정성 ·························· 166
[질의 8] 직무대행자가 회의주재 및 계약, 분양업무를 할 수 있는지 ·························· 167
[질의 9] 마감자재 업체선정 취소건이 총회 안건으로 성립할 수 있는지 ···················· 167
[질의 10] 계약서를 작성하지 아니하고 용역을 수행해도 되는지 ································· 168
[질의 11] 분양신청을 하지 아니한 자의 조합원 자격 상실 여부 ································· 168

13. 조합의 임원 ·· 169
가. 조합의 임원 ··· 169

1. 임원 ·· 169
   가. 임원의 선임 ··· 169
   나. 임원의 해임 ··· 169

   (1) 조합임원의 수 ·· 170
   (2) 전문조합관리인의 선정 ·· 170

14. 조합임원의 직무 등 ··· 171
가. 조합임원의 직무 등 ··· 171
   (1) 대의원회가 총회의 권한을 대행할 수 없는 사항 ··· 171
   (2) 고유식별정보의 처리 ·· 172

15. 조합임원의 결격사유 및 해임 ·· 173
가. 조합임원의 결격사유 및 해임 ··· 173
   (1) 고유식별정보의 처리 ·· 173

[질의 1] 조합임원 해임 시 총회 발의 요건의 적정성 ·· 174
[질의 2] 조합임원 해임총회 개최시 법원의 허가를 받아야 하는지 ···························· 175
[질의 3] 도정법 제23조제1항제5호의 "벌금 100만 원 이상"의 의미 ······················· 175
[질의 4] 도정법 제23조제1항제5호 "형의 선고"의 의미 ··· 175

16. 총회의 소집 ··· 176

17. 총회의 의결 ··· 176

   가. 총회의 의결 ··· 176

      1. 조합원총회 ··· 176
         가. 소집권자 ··· 176
         나. 소집절차·시기 및 의결방법 ································· 177

      (1) 총회의 의결사항 ··· 178
      (2) 대의원회가 총회의 권한을 대행할 수 없는 사항 ················· 179

[질의 1] 2012.2.1. 개정·시행 도정법 제24조제7항의 적용 가능 여부 ············ 179

[질의 2] 사업시행계획서의 수립 시 조합총회 의결 필요 여부 ············ 180

[질의 3] 협력업체를 선정하는 경우 총회의결을 거쳐야 하는지 ············ 180

[질의 4] 운영비를 차입할 경우 총회의 의결을 받아야 하는지 ············ 181

[질의 5] OS계약체결 또는 용역비 지급 시 총회의결을 거쳐야 하는지 ············ 181

[질의 6] 도정법 제24조제5항 "직접 출석한 조합원"의 의미 ············ 181

[질의 7] 재건축사업의 창립총회 성원 산정법 ············ 182

[질의 8] 서면결의서 징구 가능 조합원 비율 ············ 183

[질의 9] 서면결의서 제출 후 총회에 직접 참석한 경우 직참비율 산정 ············ 183

[질의 10] 금융대출기관 변경건을 총회에서 사후 추인할 수 있는지 ············ 183

[질의 11] 재개발사업 사업시행인가 동의율 및 동의 방법 ············ 184

[질의 12] 사업시행인가 신청시 제출하는 총회의결서 사본 ············ 184

[질의 13] 재건축사업에서 평가업자를 조합총회에서 선정할 수 있는지 ············ 185

18. 대의원회 ··· 186

   가. 대의원회 ··· 186
      (1) 대의원회가 총회의 권한을 대행할 수 없는 사항 ············ 186
      (2) 대의원회 ··· 187

[질의 1] 법정대의원 수가 미달된 상태에서 심의된 안건의 총회의결 효력 ············ 188

[질의 2] 대의원회에서 정비사업전문관리업자 선정 가능 여부 ············ 188

16 목 차

[질의 3] 대의원 추가선임의 총회 의결사항 여부 ··· 189
[질의 4] 궐위된 대의원 선임은 대의원회에서 하는지 총회에서 하는지 ··················· 189
[질의 5] 조합장은 당연히 대의원에 해당하는지 여부 ·· 189
[질의 6] 조합설립에 미 동의하면 대의원이 될 수 없다고 정관에
        정할 수 있는지 ··· 190
[질의 7] 대의원회를 개최하여 궐위된 대의원을 보궐선임 할 수 있는지 ················· 190
[질의 8] 법정 대의원 수에 미달하여 구성된 대의원회 의결의 효력 ······················· 191
[질의 9] 대의원회가 총회의 권한을 대행할 수 있는 업무 ······································ 191

19. 주민대표회의 ·· 192

  가. 주민대표회의 ··· 192
    (1) 주민대표회의 ·· 192
    (2) 주민대표회의의 구성승인 신청 등 ·· 193

[질의 1] 법이 개정된 경우 정관을 변경하여 조합설립동의를
        다시 받아야 하는지 ··· 193
[질의 2] 동의서 징구가 추진위원회 업무인지 주민대표회의 업무인지 ··················· 194
[질의 3] 사업시행자가 정비사업 포기 시 주민대표회의 효력 여부 ························ 194

20. 토지등소유자 전체회의 ·· 195
21. 민법의 준용 ·· 196

제3절 사업시행계획 등

1. 사업시행계획인가 ·· 196

사업시행계획의 수립 및 사업시행인가
제1절 의의 및 절차
1. 의의 ·· 196
2. 절차 ·· 196

제2절 사업시행계획 및 사업시행인가의 법적 성격과 소의 이익 등

1. 사업시행계획의 법적 성격 ··· 198
2. 사업시행인가의 법적 성격 ··· 198
3. 사업시행인가와 변경인가의 관계 및 소의 이익 등 ································· 198

  가. 사업시행계획인가 ··· 198
     (1) 사업시행계획인가의 경미한 변경 ··· 199
     (2) 사업시행계획인가의 신청 및 고시 ··· 200

[질의 1] 사업시행인가신청 시 서면동의 후 총회 의결을 얻어야 하는지 ················ 201
[질의 2] 사업시행 인가조건 이행이 사업시행계획의 경미한 변경인지 ···················· 202
[질의 3] 사업시행인가 시 동의율 확인을 위해 동의서를 제출받아야 하는지 ········ 202
[질의 4] '09.8.7.전 진행 중인 사업도 현행규정에 따라 사업시행인가
         변경신청 여부 ··· 203
[질의 5] 일반분양이 완료된 경우 사업시행변경인가 동의 요건 ······························· 204
[질의 6] 사업시행인가 변경에 따른 조합원 과반수 동의 시 동의서 제출 여부 ······ 204
[질의 7] 정비구역 내에 보금자리주택건설시 사업계획승인을 받아야 하는지 ········· 205
[질의 8] 사업시행인가의 경미한 변경인 경우 총회를 개최해야 하는지 ··················· 205
[질의 9] 시행자가 토지등의 소유권을 양도한 경우 권리·의무 변경 ························ 206
[질의 10] 사업시행자가 변경된 경우의 규약 및 사업시행인가 변경 ························· 206

2. 기반시설의 기부채납 기준 ··· 207
3. 사업시행계획서의 작성 ··· 207

  가. 사업시행계획서의 작성 ··· 207
     (1) 사업시행계획서의 작성 ··· 208
     (2) 고유식별정보의 처리 ··· 209

[질의 1] 주택단지 출입구 변경 시 사업시행인가 경미한 변경 여부 ························ 210
[질의 2] 도정법 제30조의3제1항 중 지방도시계획위원회의 종류 ····························· 210

18 목 차

[질의 3] 주거환경개선사업 구역내 정비기반시설공사에 따른
　　　　　추가공사 비용부담 ··· 211

4. 시행규정의 작성 ·· 211
5. 재건축사업 등의 용적률 완화 및 소형주택 건설비율 ··························· 212
　가. 재건축사업 등의 용적률 완화 및 소형주택 건설비율 ······················ 212
　　(1) 소형주택의 공급방법 등 ·· 213
[질의 1] 용적률관련 정비계획의 경미한 변경 ··· 214
[질의 2] 재건축 용적률 완화 및 소형주택 건설에 따른 정비계획변경 ······ 214
[질의 3] 도정법 개정('09.4.22. 법률 제9632호)전 시행 재건축사업
　　　　 임대주택 공급 ··· 215
[질의 4] 도정법 제30조의3제1항 및 제2항의 적용 방법 ······························ 216

6. 소형주택의 공급 및 인수 ·· 216
　가. 소형주택의 공급 및 인수 ·· 216
　　(1) 소형주택의 공급방법 등 ·· 217
7. 관계 서류의 공람과 의견청취 ·· 218
　가. 관계 서류의 공람과 의견청취 ·· 218
　　(1) 관계 서류의 공람 ·· 218
[질의 1] 사업시행계획서 공람 및 통지를 해야하는 정비사업은 ················ 219
8. 인·허가등의 의제 등 ·· 219

1 사업시행인가의 효과 ·· 219

[질의 1] 국·공유지의 사용료 또는 점용료를 면제받는 시점은 ················ 222

9. 사업시행계획인가의 특례 ·· 223
　가. 사업시행계획인가의 특례 ·· 223
　　(1) 사업시행계획인가의 특례 ·· 223
[질의 1] 주택재건축사업계획 변경시 정비구역내 토지등소유자의 동의 여부 ········ 224
[질의 2] 사업시행인가 신청시 존치 건축물에 대한 동의 여부 ·················· 225

10. 정비구역의 분할 및 결합 ········· 225
[질의 1] 2개 정비구역으로 분할되어 있는 경우의 추진위원회 구성 방법 ········· 225

11. 순환정비방식의 정비사업 등 ········· 226
가. 순환정비방식의 정비사업 등 ········· 226
   (1) 순환용주택의 우선공급 요청 등 ········· 226
   (2) 순환용주택의 분양 또는 임대 ········· 227
   (3) 관리처분의 방법 등 ········· 228

12. 지정개발자의 정비사업비의 예치 등 ········· 229

제4절 정비사업 시행을 위한 조치 등

1. 임시거주시설·임시상가의 설치 등 ········· 230
가. 임시거주시설·임시상가의 설치 등 ········· 230
   (1) 임시거주시설의 설치 등 ········· 230

2. 임시거주시설·임시상가의 설치 등에 따른 손실보상 ········· 231
가. 임시거주시설·임시상가의 설치 등에 따른 손실보상 ········· 231
   (1) 관리처분의 방법 등 ········· 231

[질의 1] 종교시설에 대한 영업보상 가능 여부 ········· 232
[질의 2] 현금청산자에 대한 주거이전비 및 이사비 지급 여부 ········· 233
[질의 3] 토지 등을 새로운 권리자가 취득 시 주택공급순위 및
　　　　　보상금 승계 여부 ········· 234

3. 토지 등의 수용 또는 사용 ········· 234
[질의 1] 재개발사업의 경우 협의절차를 생략하고 수용이 가능한지 ········· 234

4. 재건축사업에서의 매도청구 ········· 235

❖ 최고절차 ········· 236
1. 유효한 재건축조합 설립동의의 존재 ········· 236
2. 최고의 주체 ········· 236
3. 최고의 필요 여부 및 상대방 ········· 236
4. 최고의 시기 및 종기 ········· 237

가. 최고의 시기 ·· 237
　　　나. 최고의 종기 ·· 237
　　5. 최고의 방식 ·· 237
　　6. 회답기간 ··· 237
　❖ 매도청구권의 행사 ··· 237
　　1. 매도청구권자 및 상대방 ·· 237
　　2. 행사방법 및 기간 ·· 238
　　3. 회답기간 만료 전의 매도청구권 행사 ··· 238
　　4. 행사의 효과 ·· 239
　　5. 시가의 산정 ·· 239
　　6. 명도기한의 허락 ·· 239
　　7. 요건 ·· 239

5. 「공익사업을 위한 토지 등의 취득 및 보상에 관한 법률」의 준용 ···················· 240

[질의 1] 재건축사업의 세입자 손실보상 가능 여부 ····································· 241

[질의 2] 주민등록 되지 않은 세입자 주거이전비 지급 여부 ······················· 241

　❖ 재건축 지연에 따른 환매청구권 ··· 241
　　1. 의의와 요건 ·· 242
　　2. 환매청구권 행사의 방법 ··· 242
　❖ 조합원이 분양신청을 하지 아니하거나 분양계약을 체결하지
　　아니한 경우의 매도청구권 문제 ·· 242

6. 용적률에 관한 특례 ··· 242
　가. 용적률에 관한 특례 ·· 242
　　　(1) 용적률에 관한 특례 ·· 243

7. 재건축사업의 범위에 관한 특례 ·· 243
　가. 재건축사업의 범위에 관한 특례 ·· 243
　　　(1) 재건축사업의 범위에 관한 특례 ·· 244

[질의 1] 법원에 토지분할이 청구된 경우의 조합설립 인가 ························· 244

[질의 2] 도정법 제41조 토지분할 청구 및 조합설립인가 절차 ···················· 244

8. 건축규제의 완화 등에 관한 특례 ··· 245

　가. 건축규제의 완화 등에 관한 특례 ··· 245

　　　(1) 건축규제의 완화 등에 관한 특례 ·· 246

　　　(2) 도시·군계획시설의 결정·구조 및 설치의 기준 등 ··············· 247

9. 다른 법령의 적용 및 배제 ··· 247

　가. 다른 법령의 적용 및 배제 ··· 247

　　　(1) 다른 법령의 적용 ·· 248

10. 지상권 등 계약의 해지 ·· 248

11. 소유자의 확인이 곤란한 건축물 등에 대한 처분 ················ 249

제5절 관리처분계획 등

1. 분양공고 및 분양신청 ··· 250

제1장　관리처분계획

제1절　관리처분계획의 의의

제2절　관리처분계획 및 관리처분계획인가의 법적 성격과 소의 이익 등

1. 관리처분계획 및 관리처분계획인가의 법적 성격 ······················ 250

2. 관리처분계획안에 대한 총회결의의 무효확인의 소 ··················· 250

3. 관리처분계획인가와 변경인가의 관계 및 소의 이익 등 ············ 251

제3절　인가·고시된 관리처분계획의 취소 및 무효의 범위와 제소기간

1. 취소 및 무효확인의 범위 ·· 251

2. 인가·고시된 관리처분계획에 대한 항고소송 제소기간 ············ 251

　가. 분양공고 및 분양신청 ·· 251

　　　(1) 분양신청의 절차 등 ··· 252

　　　(2) 규제의 재검토 ··· 253

[질의 1] 조합원 변경사항이 조합설립인가내용의 경미한 변경인지 ······················ 254

[질의 2] 사업시행계획 변경인가를 받은 경우 다시 분양신청을 받아야 하는지 ······ 254

[질의 3] 고시가 있은 날부터 60일 산정 시 초일 산입여부 ······························ 255

[질의 4] 시공자를 선정하지 않은 경우 분양공고 가능 시기 ···················· 255
[질의 5] 임대주택의 공급시에 거주기간 산정일 등 ······························ 255
[질의 6] 토지등소유자 1인이 일반분양 완료상태에서
　　　　 관리처분계획수립 가능 여부 ··· 256
[질의 7] 관리처분인가 후 설계변경 시 절차, 분양철회자에 대한 재분양 ·········· 256
[질의 8] 분양신청을 다시 받는 경우의 분양절차 ·································· 257

2. 분양신청을 하지 아니한 자 등에 대한 조치 ································ 258
가. 분양신청을 하지 아니한 자 등에 대한 조치 (법 제73조) ············· 258

> ❖ 현금청산 ·· 258
> 1. 현금청산자의 종류 ··· 258
>   가. 도시정비법의 규정에 의한 현금청산자 ··· 258
>   나. 정관 규정에 의한 현금청산자 ··· 258
> 2. 청산금에 관한 협의가 성립되지 않을 때의 청산방법 ······················ 258
>   가. 재개발사업 ·· 258
>   나. 재건축사업 ·· 259
> 3. 조합의 소유권이전등기 및 인도청구권과 현금청산자의 청산금
>   지급청구권의 관계 ··· 259
>   가. 재개발사업 ·· 259
>   나. 재건축사업 ·· 259
>   다. 현금청산자가 도시정비법 제47조를 근거로 직접 조합에
>   현금청산금의 지급을 청구할 수 있는지 여부 ······························ 259
> 4. 현금청산의무의 발생일과 지연손해금 ·· 260
>   가. 현금청산의무의 발생일 ·· 260
>   나. 지연손해금 ·· 260
> 5. 청산금액의 산정 방법 ·· 260
> 6. 소유권이전등기 및 인도청구의 소와 청산금 지급청구의 소의 성격 ········ 261
> 7. 현금청산과 조합원 지위의 상실 및 소의 이익 ······························· 261

　　(1) 분양신청을 하지 아니한 자 등에 대한 조치 ······························· 262
[질의 1] 재건축 분양신청 또는 분양계약을 하지 아니한 경우 처리 ········· 262
[질의 2] 150일 이내에 현금청산 한다는 의미 ····································· 263

[질의 3] 현금청산대상자의 조합원 지위 상실 여부 ·································· 263
[질의 4] 일부필지는 현금청산, 나머지는 조합원 분양을 받을 수 있는지 ············· 263
[질의 5] 관리처분계획 인가 신청 이후 분양신청 철회가 가능한지 ···················· 264
[질의 6] 현금청산대상자의 소유권 확보 시기 ··· 264

3. 관리처분계획의 인가 등 ·· 265
   가. 관리처분계획의 인가 등 ·· 265
      (1) 관리처분계획의 경미한 변경 ··· 267
      (2) 관리처분계획의 내용 ·· 267
      (3) 관리처분의 방법 등 ·· 268
      (4) 관리처분계획인가의 신청 ·· 269
      (5) 준공인가 등 ··· 269
      (6) 고유식별정보의 처리 ··· 270
[질의 1] 분양신청을 철회한 경우 관리처분계획의 경미한 변경 여부 ·················· 270
[질의 2] 사업시행변경인가를 받은 경우 종전자산 감정평가 기준시점 ················ 271
[질의 3] 종전자산평가 후 사업시행변경인가를 받은 경우
          종전자산평가 기준시점 ·· 271
[질의 4] 관리처분 변경 시 조합원에게 문서 통지절차 이행 여부 ······················ 272
[질의 5] 재건축사업에 도정법 제48조제2항제7호다목 규정 적용 여부 ··············· 272
[질의 6] 세대별 추가분담금 산출 근거 ·· 273
[질의 7] '분양대상자별 분양예정인 대지 또는 건축물의 추산액'의 의미 ············· 273
[질의 8] 청산금액 산정을 위한 경우 시장·군수의 감정평가업자
          추천 가능 여부 ··· 274
[질의 9] 조합원 분양신청 변경요구에 따른 관리처분계획변경 가능 여부 ············ 275
[질의 10] 현금청산자가 발생한 경우 관리처분계획변경 인가를 받아야 하는지 ······ 275
[질의 11] 법원의 설계자 선정 무효에 따른 업무처리 및
           청산금추산액 평가 시점 ·· 276

4. 사업시행계획인가 및 관리처분계획인가의 시기 조정 ···························· 277

5. 관리처분계획의 수립기준 ·· 277
6. 주택 등 건축물을 분양받을 권리의 산정 기준일 ··· 279
7. 관리처분계획의 공람 및 인가절차 등 ·· 279
가. 관리처분계획의 공람 및 인가절차 등 ··· 279
(1) 관리처분계획의 타당성 검증 ·· 280
(2) 통지사항 ·· 280
(3) 관리처분계획인가의 고시 ··· 281
8. 관리처분계획에 따른 처분 등 ·· 281
가. 관리처분계획에 따른 처분 등 ·· 281
(1) 주택의 공급 등 ··· 283
(2) 일반분양신청절차 등 ·· 283
(3) 재개발임대주택 인수방법 및 절차 등 ··· 283
(4) 임대주택의 공급 등 ··· 283
[질의 1] 소유자 전원 동의로 관리처분계획 변경 시 경미한 변경인지 ···················· 284
[질의 2] 관리처분계획서 전부를 공람 및 공개해야 하는지 ··································· 285

9. 지분형주택 등의 공급 ··· 285
가. 지분형주택 등의 공급 ·· 285
(1) 지분형주택의 공급 ··· 286
(2) 소규모 토지 등의 소유자에 대한 토지임대부 분양주택 공급 ·················· 286
[질의 1] 재개발 정비구역내 세입자의 임대주택 입주자격 ····································· 286
[질의 2] 조합원이 계약을 포기한 아파트의 분양방법 ·· 287
[질의 3] 현금청산 전 입주자 모집승인이 가능한지 여부 ······································ 287
[질의 4] 일반분양분 공동주택이 20세대 미만인 경우 분양가상한제 적용 여부 ······ 288

10. 건축물 등의 사용·수익의 중지 및 철거 등 ·· 289
가. 건축물 등의 사용·수익의 중지 및 철거 등 ·· 289
(1) 물건조서 등의 작성 ··· 289
[질의 1] 조합원의 분양받을 권리를 제한하는 규정이 있는지 ································ 290

11. 시공보증 ·· 290
   가. 시공보증 ··· 290
      (1) 시공보증 ·· 291
      (2) 시공보증 ·· 291

제6절 공사완료에 따른 조치 등

1. 정비사업의 준공인가 ·· 291
   가. 정비사업의 준공인가 ··· 291

> 1. 준공인가 ··· 291

      (1) 준공인가 ·· 292
      (2) 준공인가전 사용허가 ··· 293

2. 준공인가 등에 따른 정비구역의 해제 ·· 293

3. 공사완료에 따른 관련 인·허가등의 의제 ·· 293

4. 이전고시 등 ·· 294
   가. 이전고시 등 ··· 294

> 1. 이전고시 ··· 294
> 2. 요건 ·· 294

      (1) 고유식별정보의 처리 ··· 295

5. 대지 및 건축물에 대한 권리의 확정 ··· 295

> 1. 이전고시에 따른 권리변동 ··· 295
>   가. 토지등소유자에 대한 분양분 – 종전 권리관계의 이전 ············· 295
>   나. 보류지 또는 일반 분양분 – 종전 권리의 소멸 ··························· 295
> 2. 이전고시와 관련된 쟁송 ··· 296
>   가. 이전고시에 대한 항고소송 ··· 296
>   나. 이전고시 이후 관리처분계획에 대한 항고소송 ························· 296

[질의 1] 도정법 제55조제1항 관련 종전토지 설정 권리 및 이전고시 ················ 296

6. 등기절차 및 권리변동의 제한 ·· 297
　가. 등기절차 및 권리변동의 제한 ·· 297
7. 청산금 등 ·· 297
　가. 청산금 등 ·· 297
　　1. 청산금의 징수 및 교부 ·· 297
　　　가. 의의 ·· 297
　　　나. 산정방식 ·· 297
　　2. 법적 성질, 하자 및 집행 ··· 298
　　　가. 집행 ·· 298
　　3. 가청산금 부과처분, 부과금 부과처분 ···························· 298
　　　가. 가청산금 부과처분 ·· 298
　　　나. 부과금 부과처분 ·· 299

　　　　(1) 청산기준가격의 평가 ··· 299
8. 청산금의 징수방법 등 ·· 300
9. 저당권의 물상대위 ·· 300

제4장　비용의 부담 등

1. 비용부담의 원칙 ·· 301
　가. 비용부담의 원칙 ·· 301
　　(1) 주요 정비기반시설 ··· 301
2. 비용의 조달 ·· 301
3. 정비기반시설 관리자의 비용부담 ·· 302
　가. 정비기반시설 관리자의 비용부담 ···································· 302
　　(1) 정비기반시설 관리자의 비용부담 ······························· 302
　　(2) 공동구의 설치비용 등 ··· 303
　　(3) 공동구의 관리 ··· 303
4. 보조 및 융자 ·· 304

가. 보조 및 융자 ·· 304
　　　　(1) 보조 및 융자 등 ·· 305
5. 정비기반시설의 설치 ·· 306
[질의 1] 정비구역 지정전 계획된 도시계획도로 개설 시 도로개설 주체 ········ 306
6. 정비기반시설 및 토지 등의 귀속 ··· 306

> 1. 사업시행계획과 관련한 기타의 판례 ·· 306
>   　가. 부관만의 취소 ·· 306
>   　나. 취소소송의 제소기간 가산점 ·· 307
>   　다. 무상양도 정비기간시설 ·· 307

[질의 1] 정비기반시설의 무상양도 시 감정평가 기준시점 ···························· 308
[질의 2] 재개발구역 내 국·공유지 매각가격결정을 위한 감정평가업자의 선정 ······ 309
[질의 3] 국가 귀속 친일재산인 정비기반시설 무상양도 가능 여부 ············ 309
[질의 4] 정비사업 시행으로 새로 설치한 정비기반시설 여부 ······················ 310
[질의 5] 용도폐지되는 정비기반시설의 무상양도 범위 ································ 310
[질의 6] 정비기반시설에 해당하지 아니하는 토지의
　　　　　 도정법 제65조제2항의 적용 ··· 311

7. 국유·공유 재산의 처분 등 ·· 311
[질의 1] 국·공유지 관리청과 조합원간 매매계약을 조합이 승계 할 수 있는지 ······ 312
[질의 2] 사업시행인가 고시일이 없는 경우 국·공유지 감정평가 기준일 ·········· 313

8. 국유·공유 재산의 임대 ·· 313
9. 공동이용시설 사용료의 면제 ·· 314
10. 국유지·공유지의 무상양여 등 ·· 314
　가. 국유지·공유지의 무상양여 등 ·· 314
　　(1) 국·공유지의 무상양여 등 ·· 315
[질의 1] 교육감이 관리하는 공유지에 대한 무상양여 협의의 의미 ············ 315
[질의 2] 주거환경개선사업 구역내 국·공유지 처분이 무상귀속인지
　　　　　 무상양여인지 ·· 316

제5장 정비사업전문관리업

1. 정비사업전문관리업의 등록 ·· 316
   가. 정비사업전문관리업의 등록 ·· 316
      (1) 정비사업전문관리업의 등록기준 등 ·································· 317
      (2) 등록의 절차 및 수수료 등 ·· 317
      (3) 규제의 재검토 ·· 318
      (4) 정비사업전문관리업자의 등록절차 ·································· 318
      (5) 등록수수료 ·· 319
      (6) 고유식별정보의 처리 ·· 319
[질의 1] 공인중개사의 정비사업전문관리업 등록요건 ···················· 319
[질의 2] 조합설립동의서 징구가 등록 정비사업전문관리업체 업무인지 ······· 320
[질의 3] 정비사업전문관리업자 상근인력 자격 ································ 320
[질의 4] 정비사업전문관리업자만이 설계도서의 적정성 검토를
         수행할 수 있는지 ··· 321
[질의 5] 추진위원회에서 직원을 채용하여 동의서 징구할 수 있는지 ········· 321
[질의 6] 추진준비위원회가 미등록업체에게 동의서 징구업무를
         위탁할 수 있는지 ··· 322

2. 정비사업전문관리업자의 업무제한 등 ·· 323
   가. 정비사업전문관리업자의 업무제한 등 ·· 323
      (1) 정비사업전문관리업자의 업무제한 등 ·································· 323

3. 정비사업전문관리업자와 위탁자와의 관계 ···································· 323

4. 정비사업전문관리업자의 결격사유 ·· 323
   가. 정비사업전문관리업자의 결격사유 ·· 323
      (1) 고유식별정보의 처리 ·· 324

5. 정비사업전문관리업의 등록취소 등 ·· 325
   가. 정비사업전문관리업의 등록취소 등 ·· 325
      (1) 정비사업전문관리업자의 등록취소 및 영업정지처분 기준 ······· 326
      (2) 고유식별정보의 처리 ·· 326

(3) 규제의 재검토 ··· 327
[질의 1] 정비사업전문관리업자 등록취소처분 전 업무의 계속 수행 여부 ············ 327
[질의 2] 퇴직으로 정비사업전문관리업자 등록기준 미달 시 등록취소 여부 ········ 328
[질의 3] 정비사업전문관리업체 대표가 형을 선고받은 경우 계약해지 가능여부 ···· 328
[질의 4] 인력확보기준에 미달된 상태로 2개월 14일이 경과한 경우 행정처분 ······ 329

6. 정비사업전문관리업자에 대한 조사 등 ···································· 329
   가. 정비사업전문관리업자에 대한 조사 등 ·································· 329
      (1) 고유식별정보의 처리 ··· 330

7. 정비사업전문관리업 정보의 종합관리 ······································· 331
   가. 정비사업전문관리업 정보의 종합관리 ···································· 331
      (1) 정비사업전문관리업 정보종합체계의 구축·운영 ·················· 331

8. 협회의 설립 등 ··· 332
   가. 협회의 설립 등 ··· 332
      (1) 협회의 정관 ·· 332
      (2) 협회의 설립인가 및 설립인가의 취소 ·································· 333

9. 협회의 업무 및 감독 ·· 333

제6장 감독 등

1. 자료의 제출 등 ··· 334
   가. 자료의 제출 등 ··· 334
      (1) 자료의 제출 등 ··· 334

2. 회계감사 ·· 335
   가. 회계감사 ·· 335
      (1) 회계감사 ·· 336
      (2) 규제의 재검토 ·· 336
   [질의 1] 추진위원회의 회계감사 대상 여부 ··································· 337

[질의 2] 회계감사 대상시의 해당금액의 범위 ·· 337
[질의 3] 도정법 제76조제1항 회계감사를 하는 경우,「주식회사의
　　　　　외부감사에 관한 법」제3조 외의 다른 규정의 적용을 받는지 ············ 337
[질의 4] 회계감사기관에 대한 구청장의 감독 범위 ·· 338
[질의 5] 정관에 따른 회계감사로 도정법 제76조 회계감사를 대신할 수 있는지 ······· 338
[질의 6] 도정법 제76조제1항제2호 '사업시행인가'에 변경·중지
　　　　　등이 포함되는지 ··· 339

3. 감독 ·· 339
　가. 감독 ·· 339
　　(1) 감독 ·· 340
4. 시공자 선정 취소 명령 또는 과징금 ··· 340
5. 건설업자의 입찰참가 제한 ·· 341
6. 정비사업 지원기구 ··· 341
7. 교육의 실시 ·· 341
　가. 교육의 실시 ··· 341
　　(1) 교육의 실시 ··· 342
8. 도시분쟁조정위원회의 구성 등 ··· 342
9. 조정위원회의 조정 등 ··· 343
　가. 조정위원회의 조정 등 ··· 343
10. 정비사업의 공공지원 ··· 344
11. 정비사업관리시스템의 구축 ·· 345
12. 정비사업의 정보공개 ··· 345
13. 청문 ·· 345

제7장 보 칙

1. 토지등소유자의 설명의무 ··· 346

가. 토지등소유자의 설명의무 ··· 346
　　　　(1) 토지등소유자의 설명의무 ·· 346
2. 재개발사업 등의 시행방식의 전환 ··· 346
　　가. 재개발사업 등의 시행방식의 전환 ·· 346
　　　　(1) 사업시행방식의 전환 ·· 347
3. 관련 자료의 공개 등 ··· 347
　　가. 관련 자료의 공개 등 ·· 347
　　　　(1) 자료의 공개 및 통지 등 ·· 348
　　　　(2) 자료의 공개 및 열람 ··· 349
[질의 1] 정보공개 요청 근거 법 조항 및 이에 응하지 않는 경우의 제재 ········· 349
[질의 2] 정보공개를 거부한 경우 도정법 제81조제1항을 위반한 것인지 ········· 350
[질의 3] 이사회 녹취록이 정보공개 대상인지 ·· 350
[질의 4] 조합원이 원하지 않는 경우에도 조합원명부를 공개해야 하는지 ······· 351
[질의 5] 본인 동의 없이 성명, 주소, 전화번호 등을 공개하여야 하는지 ········· 351
[질의 6] 동의서 징구율 및 추진위원장 학력 등이 정보공개 대상인지 ·········· 352
[질의 7] 서면결의서가 공개대상 자료인지 ··· 352
[질의 8] 시장·군수에게 직접 토지등소유자 명부 등의 자료를 요청
　　　　　 할 수 있는지 ·· 353
4. 관련 자료의 보관 및 인계 ·· 353
5. 도시·주거환경정비기금의 설치 등 ··· 354
　　가. 도시·주거환경정비기금의 설치 등 ···································· 354
　　　　(1) 도시·주거환경정비기금 ··· 355
6. 노후·불량주거지 개선계획의 수립 ··· 355
7. 권한의 위임 등 ··· 356
　　가. 권한의 위임 등 ·· 356
　　　　(1) 권한의 위임 등 ·· 356
8. 사업시행자 등의 권리·의무의 승계 ·· 356

9. 정비구역의 범죄 예방 ·· 357
10. 재건축사업의 안전진단 재실시 ··· 357
11. 조합임원 등의 선임·선정 시 행위제한 ··· 357
12. 건설업자의 관리·감독 의무 ·· 358
13. 조합설립인가 등의 취소에 따른 채권의 손해액 산입 ····························· 358
14. 벌칙 적용에서 공무원 의제 ··· 358

제8장 벌 칙

1. 벌칙 ·· 359
2. 벌칙 ·· 359
3. 벌칙 ·· 360
[질의 1] 조합설립등의 홍보요원 고용이 도정법 제84조의3에 해당 하는지 ············ 361
4. 벌칙 ·· 361
[질의 1] 추진위원회가 있는 상태에서 새로운 추진위원회 승인 가능 여부 ············ 362
[질의 2] 추진위원회가 운영중인 사업구역 내 개발위원회 구성에
        대한 벌칙 규정 ·· 362
[질의 3] 추진위원장이 총회를 거치지 않고 전문관리업자와 계약할 수 있는지 ······ 363
5. 양벌규정 ··· 363
6. 과태료 ··· 363
 가. 과태료 ·· 363
  (1) 과태료의 부과 ·· 364
[질의 1] 도정법 제88조제2항제3호 관련 과태료를 재부과할 수 있는지 ················· 364
7. 자수자에 대한 특례 ·· 365
8. 금품·향응 수수행위 등에 대한 신고포상금 ··· 365

제2편 질의회신

[질의 1] 도시기본계획상 인구배분계획 초과 가능 여부 ·········· 366
[질의 2] 용적률관련 정비계획의 경미한 변경 ·········· 366
[질의 3] 특별수선충당금을 재건축 안전진단 비용으로 사용 가능 여부 ·········· 366
[질의 4] 법시행 전 추진위원회가 승인된 경우 시공자를 경쟁입찰로 선정 여부 ······ 367
[질의 5] 시공자 선정시 서면결의서 징구 및 직접 참석 투표 ·········· 367
[질의 6] 시공자 선정기준 제6조의 제한경쟁 입찰 해당 여부 ·········· 368
[질의 7] 토지등소유자 동의 받을 때 동의자 수 산정 기준일 ·········· 369
[질의 8] 추진위원회 미 동의자의 동의서를 계속해서 받을 수 있는지 ·········· 369
[질의 9] 추진위원회 운영 시 재적위원 및 출석위원에 감사 포함 여부 ·········· 369
[질의 10] 추진위원회에서 위원장 및 감사 선임 의결 가능 여부 ·········· 370
[질의 11] 운영규정 별표 제15조제2항제1호(추진위원회 위원 자격)의 의미 ·········· 370
[질의 12] 추진위원회 회의 시 서면동의서에 인감날인을 해야 하는지 ·········· 371
[질의 13] 일괄 발송된 서면결의서가 유효한지 ·········· 371
[질의 14] 추진위원회 감사의 회의안건 발의 제한 여부 ·········· 372
[질의 15] 추진위원회 위원장 선임 자격 ·········· 372
[질의 16] 추진위원장 보궐선임의 주민총회 의결 여부 ·········· 373
[질의 17] 추진위원장 해임을 위한 추진위원회 소집권자 ·········· 373
[질의 18] 추진위원 연임 가능 여부와 선임방법 ·········· 374
[질의 19] 통지하지 않은 사항의 추진위원회 의결 적합성 여부 ·········· 374
[질의 20] 찬반 등의 의사표시가 없는 서면결의서의 효력 여부 ·········· 374
[질의 21] 추진위원장 업무대행의 업무처리 적정성 여부 ·········· 375
[질의 22] 다수의 추진위원 결원시 추진위원 선임 방법 ·········· 375
[질의 23] 개정된 운영규정에 따라 추진위원회 운영 여부 ·········· 376
[질의 24] 추진위원회 운영규정 제15조제2항제2호 삭제·수정 가능 여부 ·········· 377
[질의 25] 추진위 상근 위원 및 직원의 보수 지급 적정성 여부 ·········· 377

[질의 26] 법무사의 추진위원장 겸임의 적정성 여부 ……………………………… 377
[질의 27] 추진위에서 토지등소유자에 대한 권리·의무 사항 통지 방법 ……………… 378
[질의 28] 주민총회 소집통보 반려 시 일반우편으로 추가발송 가능 여부 ……………… 378
[질의 29] 주민총회 인준 전에 보수규정 만들어 유급직원채용 가능 여부 ……………… 379
[질의 30] 주민총회의 출석 여부 및 의결권 행사시 대리인의 범위 ……………………… 379
[질의 31] 주민총회시 토지등소유자의 개의 및 의결 요건 ………………………………… 380
[질의 32] 운영규정 별표 제26조제1항의 재적위원 과반수의 의미 ……………………… 380
[질의 33] 추진위원장 보궐선임 시 직접 참석 비율 ……………………………………… 381
[질의 34] 위원장 부재시 결산보고서 의결을 위한 회의의 대행 ………………………… 381
[질의 35] 사임한 추진위원장이 후임자 선출전까지 업무수행이 가능한지 ……………… 382
[질의 36] 부위원장이 위원장대행으로 직무를 수행하는 것이 적법한지 ………………… 382
[질의 37] 임기만료된 추진위원장이 업무를 수행할 수 있는지 …………………………… 383
[질의 38] 추진위원의 범위에 '이사'를 추가할 수 있는지 ………………………………… 383
[질의 39] 추진위원의 연임은 임기만료 2개월 이내에 의결해야 하는지 ………………… 384
[질의 40] 추진위 단계에서 운영자금 차입사용의 위법성 여부 …………………………… 384
[질의 41] 토지등소유자의 개최 요구에 따른 주민총회 개최비용 부담 ………………… 384
[질의 42] 추진위원회 설립 미 동의자 감사(또는 추진위원) 선임의 적정성 …………… 385
[질의 43] 추진위설립동의를 철회한 자에 대한 운영경비 부담의 적정성 ……………… 385
[질의 44] 재건축사업은 재개발과 달리 동의한 자를 조합원으로 보는지 ……………… 386
[질의 45] 법 시행 전 선임된 조합임원이 법 시행 후 결격사유에
          해당되는 경우 …………………………………………………………………… 386
[질의 46] 용적률 등을 산정시 대지면적 범위 및 사업시행인가 대상 범위 …………… 387
[질의 47] 매도소송이 종결되지 않은 상태에서 착공한 경우의 적정성 ………………… 387
[질의 48] 임대주택 포기 시 주거이전비 지급 가능 여부 ………………………………… 388
[질의 49] 분양계약을 체결하지 아니한 자에 대한 현금청산절차 ……………………… 388
[질의 50] 재건축 시 임대주택 공급 의무 여부 …………………………………………… 389
[질의 51] 임대주택의 공급시에 거주기간 산정일 등 …………………………………… 389
[질의 52] 재개발구역 내 국·공유지 매각가격결정을 위한 감정평가업자의 선정 …… 390

제1편 도시 및 주거환경정비법

제1장 총 칙

1. 개념

가. 개념

일반적으로 도시정비법상 '정비사업'이란 '주거환경개선사업, 주택재개발사업, 주택재건축사업, 도시환경 정비사업'을 말한다[1].

그 중 '주거환경개선사업'은 도시 저소득주민이 집단으로 거주하는 지역으로서 정비기반시설이 극히 열악하고 노후·불량건축물이 과도하게 밀집한 지역에서 주거환경을 개선하기 위하여 시행하는 사업을, '주택재개발사업(이하 '재개발사업'이라고 한다)'은 정비기반시설이 열악하고 노후·불량건축물이 밀집한 지역에서 주거환경을 개선하기 위하여 시행하는 사업을, '주택재건축사업(이하 '재건축사업'이라고 한다)'은 정비기반시설은 양호하나 노후·불량건축물이 밀집한 지역에서 주거환경을 개선하기 위하여 시행하는 사업을, '도시환경정비사업'은 상업지역·공업지역 등으로서 토지의 효율적 이용과 도심 또는 부도심 등 도시기능의 회복이나 상권 활성화 등이 필요한 지역에서 도시환경을 개선하기 위하여 시행하는 사업을 말한다.

도시정비법에 따른 재개발, 재건축사업의 추진절차는 아래와 같다.

> 도시·주거환경정비기본계획 → 정비계획의 수립 및 정비구역의 지정 → 조합설립추진위원회 구성 → (안전진단) → 조합의 설립인가 → (매도청구소송) → 사업시행인가 → 시공자선정 → 분양신청 → 관리처분계획인가 → 이주, 착공 및 분양 → 준공인가 → 이전고시 → 청산

---

[1] 주거환경관리사업은 관리처분계획 없이 사업시행자가 정비구역에서 정비기반시설 및 공동이용시설을 새로 설치하거나 확대하고 토지등소유자가 스스로 주택을 보전·정비하거나 개량하는 방법으로 하고(법 제2조 제2호 마목, 제6조 제5항), 가로주택정비사업은 대통령령으로 정하는 가로구역 안에서 종전의 가로를 유지하면서 소규모로 주거환경을 개선하기 위하여 시행하는 사업으로서(법 제2조 제2호 바목) 정비기본계획의 수립이나 정비구역의 지정 없이 시행된다.

위 절차 중 안전진단과 매도청구소송은 재건축사업에만 해당되는 절차이다.

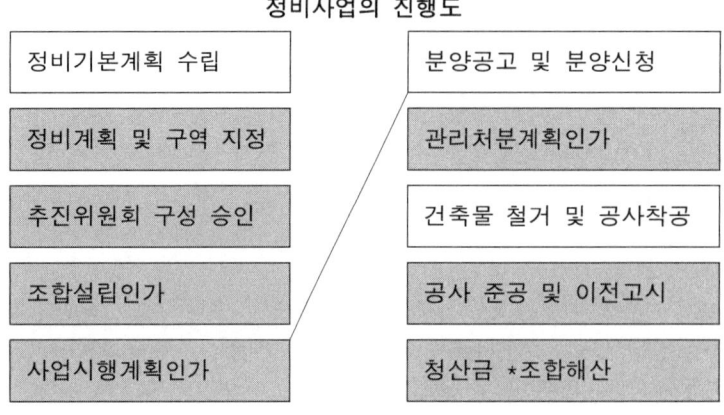

2. 정의

가. 정의

(1). "정비구역"이란

정비사업을 계획적으로 시행하기 위하여 제16조에 따라 지정·고시된 구역을 말한다.

(2) "정비사업"이란

이 법에서 정한 절차에 따라 도시기능을 회복하기 위하여 정비구역에서 정비기반시설을 정비하거나 주택 등 건축물을 개량 또는 건설하는 다음 각 목의 사업을 말한다.

(가) 주거환경개선사업

도시저소득 주민이 집단거주하는 지역으로서 정비기반시설이 극히 열악하고 노후·불량건축물이 과도하게 밀집한 지역의 주거환경을 개선하거나 단독주택 및 다세대주택이 밀집한 지역에서 정비기반시설과 공동이용시설 확충을 통하여 주거환경을 보전·정비·개량하기 위한 사업

(나) 재개발사업

　정비기반시설이 열악하고 노후·불량건축물이 밀집한 지역에서 주거환경을 개선하거나 상업지역·공업지역 등에서 도시기능의 회복 및 상권활성화 등을 위하여 도시환경을 개선하기 위한 사업

(다) 재건축사업

　정비기반시설은 양호하나 노후·불량건축물에 해당하는 공동주택이 밀집한 지역에서 주거환경을 개선하기 위한 사업

(3) "노후·불량건축물"이란

다음 각 목의 어느 하나에 해당하는 건축물을 말한다.
가. 건축물이 훼손되거나 일부가 멸실되어 붕괴, 그 밖의 안전사고의 우려가 있는 건축물
나. 내진성능이 확보되지 아니한 건축물 중 중대한 기능적 결함 또는 부실 설계·시공으로 구조적 결함 등이 있는 건축물로서 대통령령으로 정하는 건축물
다. 다음의 요건을 모두 충족하는 건축물로서 대통령령으로 정하는 바에 따라 특별시·광역시·특별자치시·도·특별자치도 또는 「지방자치법」 제175조에 따른 서울특별시·광역시 및 특별자치시를 제외한 인구 50만 이상 대도시(이하 "대도시"라 한다)의 조례(이하 "시·도조례"라 한다)로 정하는 건축물
　1) 주변 토지의 이용 상황 등에 비추어 주거환경이 불량한 곳에 위치할 것
　2) 건축물을 철거하고 새로운 건축물을 건설하는 경우 건설에 드는 비용과 비교하여 효용의 현저한 증가가 예상될 것
라. 도시미관을 저해하거나 노후화된 건축물로서 대통령령으로 정하는 바에 따라 시·도조례로 정하는 건축물

(4) "정비기반시설"이란

　도로·상하수도·구거(溝渠: 도랑)·공원·공용주차장·공동구(「국토의 계획 및 이용에 관한 법률」 제2조제9호에 따른 공동구를 말한다. 이하 같다), 그 밖에 주민의 생활에 필요한 열·가스 등의 공급시설로서 대통령령으로 정하는 시설을 말한다<2021. 1. 15.>.

(5) "공동이용시설"이란

주민이 공동으로 사용하는 놀이터・마을회관・공동작업장, 그 밖에 대통령령으로 정하는 시설을 말한다.

(6) "대지"란

정비사업으로 조성된 토지를 말한다.

(7) "주택단지"란

주택 및 부대시설・복리시설을 건설하거나 대지로 조성되는 일단의 토지로서 다음 각 목의 어느 하나에 해당하는 일단의 토지를 말한다.
가. 「주택법」 제15조에 따른 사업계획승인을 받아 주택 및 부대시설・복리시설을 건설한 일단의 토지
나. 가목에 따른 일단의 토지 중 「국토의 계획 및 이용에 관한 법률」 제2조제7호에 따른 도시・군계획시설(이하 "도시・군계획시설"이라 한다)인 도로나 그 밖에 이와 유사한 시설로 분리되어 따로 관리되고 있는 각각의 토지
다. 가목에 따른 일단의 토지 둘 이상이 공동으로 관리되고 있는 경우 그 전체 토지
라. 제67조에 따라 분할된 토지 또는 분할되어 나가는 토지
마. 「건축법」 제11조에 따라 건축허가를 받아 아파트 또는 연립주택을 건설한 일단의 토지

(8) "사업시행자"란

정비사업을 시행하는 자를 말한다.

(9) "토지등소유자"란

다음 각 목의 어느 하나에 해당하는 자를 말한다. 다만, 제27조제1항에 따라 「자본시장과 금융투자업에 관한 법률」 제8조제7항에 따른 신탁업자(이하 "신탁업자"라 한다)가 사업시행자로 지정된 경우 토지등소유자가 정비사업을 목적으로 신탁업자에게 신탁한 토지 또는 건축물에 대하여는 위탁자를 토지등소유자로 본다.
가. 주거환경개선사업 및 재개발사업의 경우에는 정비구역에 위치한 토지 또는

건축물의 소유자 또는 그 지상권자
나. 재건축사업의 경우에는 정비구역에 위치한 건축물 및 그 부속토지의 소유자

   (10) "토지주택공사등"이란

「한국토지주택공사법」에 따라 설립된 한국토지주택공사 또는 「지방공기업법」에 따라 주택사업을 수행하기 위하여 설립된 지방공사를 말한다.

   (11) "정관등"이란

다음 각 목의 것을 말한다.
가. 제40조에 따른 조합의 정관
나. 사업시행자인 토지등소유자가 자치적으로 정한 규약
다. 특별자치시장, 특별자치도지사, 시장, 군수, 자치구의 구청장(이하 "시장·군수등"이라 한다), 토지주택공사등 또는 신탁업자가 제53조에 따라 작성한 시행규정

나. 노후·불량건축물의 범위 (시행령 제2조)

① 「도시 및 주거환경정비법」(이하 "법"이라 한다) 제2조제3호나목에서 "대통령령으로 정하는 건축물"이란 건축물을 건축하거나 대수선할 당시 건축법령에 따른 지진에 대한 안전 여부 확인 대상이 아닌 건축물로서 다음 각 호의 어느 하나에 해당하는 건축물을 말한다.
  1. 급수·배수·오수 설비 등의 설비 또는 지붕·외벽 등 마감의 노후화나 손상으로 그 기능을 유지하기 곤란할 것으로 우려되는 건축물
  2. 법 제12조제4항에 따른 안전진단기관이 실시한 안전진단 결과 건축물의 내구성·내하력(耐荷力) 등이 같은 조 제5항에 따라 국토교통부장관이 정하여 고시하는 기준에 미치지 못할 것으로 예상되어 구조 안전의 확보가 곤란할 것으로 우려되는 건축물
② 법 제2조제3호다목에 따라 특별시·광역시·특별자치시·도·특별자치도 또는 「지방자치법」 제175조에 따른 서울특별시·광역시 및 특별자치시를 제외한 인구 50만 이상 대도시의 조례(이하 "시·도조례"라 한다)로 정할 수 있는 건축물은 다음 각 호의 어느 하나에 해당하는 건축물을 말한다.
  1. 「건축법」 제57조제1항에 따라 해당 지방자치단체의 조례로 정하는 면적에 미치지 못하거나 「국토의 계획 및 이용에 관한 법률」 제2조제7호에

따른 도시·군계획시설(이하 "도시·군계획시설"이라 한다) 등의 설치로 인하여 효용을 다할 수 없게 된 대지에 있는 건축물
2. 공장의 매연·소음 등으로 인하여 위해를 초래할 우려가 있는 지역에 있는 건축물
3. 해당 건축물을 준공일 기준으로 40년까지 사용하기 위하여 보수·보강하는 데 드는 비용이 철거 후 새로운 건축물을 건설하는 데 드는 비용보다 클 것으로 예상되는 건축물

③ 법 제2조제3호라목에 따라 시·도조례로 정할 수 있는 건축물은 다음 각 호의 어느 하나에 해당하는 건축물을 말한다.
  1. 준공된 후 20년 이상 30년 이하의 범위에서 시·도조례로 정하는 기간이 지난 건축물
  2. 「국토의 계획 및 이용에 관한 법률」 제19조제1항제8호에 따른 도시·군기본계획의 경관에 관한 사항에 어긋나는 건축물

다. 정비기반시설 (시행령 제3조)

법 제2조제4호에서 "대통령령으로 정하는 시설"이란 다음 각 호의 시설을 말한다.
  1. 녹지
  2. 하천
  3. 공공공지
  4. 광장
  5. 소방용수시설
  6. 비상대피시설
  7. 가스공급시설
  8. 지역난방시설
  9. 주거환경개선사업을 위하여 지정·고시된 정비구역에 설치하는 공동이용시설로서 법 제52조에 따른 사업시행계획서(이하 "사업시행계획서"라 한다)에 해당 특별자치시장·특별자치도지사·시장·군수 또는 자치구의 구청장(이하 "시장·군수등"이라 한다)이 관리하는 것으로 포함된 시설

라. 공동이용시설 (시행령 제4조)

법 제2조제5호에서 "대통령령으로 정하는 시설"이란 다음 각 호의 시설을 말한다.
  1. 공동으로 사용하는 구판장·세탁장·화장실 및 수도
  2. 탁아소·어린이집·경로당 등 노유자시설

3. 그 밖에 제1호 및 제2호의 시설과 유사한 용도의 시설로서 시·도조례로 정하는 시설

질의 1

도시환경정비사업의 토지등소유자 동의자 수 산정방법 ('10. 6. 4.)

도시환경정비사업에서 1필지의 토지를 공유하고 있는 4인(갑,을,병,정) 중 3인(갑,을,병)이 동 토지 안에 있는 3동의 건축물을 각각 소유하고 있는 경우 도정법 시행령 제28조제1항제1호 가목 및 다목(단서 제외)에 따른 토지등소유자의 동의자수 산정방법은

회신내용

도정법 제2조제9호에 따르면 도시환경정비사업의 경우 정비구역안에 소재한 토지 또는 건축물의 소유자 또는 그 지상권자를 토지등소유자로 보고 있는 바, 건축물을 각각 소유하고 있는 "갑", "을", "병"은 도정법 제2조제9호에 따라 토지등소유자로 볼 수 있을 것으로 보이나, "정"은 도정법 시행령 제28조제1항제1호 가목에 따라 그 수인을 대표하는 대표자인 경우에 한하여 토지등소유자로 볼 수 있을 것임

출처 : 국토교통부

질의 2

1인의 토지등소유자의 의미 ('12. 1. 13.)

1인의 토지등소유자의 개념이 하나의 독립된 등기(별도등기)의 토지 혹은 건물이 1인 소유인 것을 지칭하는 것인지, 아니면 지구내에서 독립된 등기(토지 건물)를 2개 이상 소유하더라도 동일인인 경우 전부 합산하여 1인의 토지등소유자로 볼 것인지

회신내용

도정법 제2조제9호에서 "토지등소유자"에 대하여 정의하고 있고, 같은 법 시행령 제28조제1항에 따라 토지등소유자의 동의자수 산정은 주택재개발사업의 경우 1인이 다수 필지의 토지 또는 다수의 건축물을 소유하고 있는 경우에는 필지나 건축물의 수에 관계없이 토지등소유자를 1인으로 산정하도록 하고 있으며, 주택재건축사업의 경우 1명이 둘 이상의 소유권 또는 구분소유권을 소유하고 있는 경우에는 소유권 또는 구분소유권

의 수에 관계없이 토지등소유자를 1명으로 산정하도록 하고 있음

출처 : 국토교통부

질의 3

주택재개발사업의 노후·불량건축물 판단 ('12. 4. 13.)

주택재개발사업을 함에 있어 도정법에서 규정하고 있는 노후·불량건축물의 판단은 건축물 준공 후 일정기간의 경과만으로 판별해야 하는지 또는 과학적인 안전진단에 의하여 노후·불량상태를 판단하여야 하는지

회신내용

도정법 제2조제3호 및 같은 법 시행령 제2조에서 노후·불량건축물에 대하여 규정하고 있으므로, 동 규정에 따라 노후·불량건축물 여부를 판단하여야 할 것으로 보이고, 또한 같은 법 시행령 별표1제2호에서 건축물이 노후·불량하여 그 기능을 다할 수 없거나 건축물이 과도하게 밀집되어 있어 그 구역안의 토지의 합리적인 이용과 가치의 증진을 도모하기 곤란한 지역 등에 대하여 주택재개발사업을 위한 정비계획을 수립하도록 하고 있으며, 별표1제5호에서는 무허가건축물의 수, 노후·불량건축물의 수, 호수밀도, 토지의 형상 또는 주민의 소득수준 등 정비계획 수립대상구역의 요건은 필요한 경우 별표1제2호 등의 범위안에서 시·도조례로 이를 따로 정할 수 있도록 하고 있음

출처 : 국토교통부

질의 4

토지등소유자와 조합원의 관계 ('12. 5. 14.)

도정법 제2조제9호의 토지등소유자는 같은 법 제19조(조합원의 자격 등)제1항 각 호의 토지등소유자로 볼 수 있는지 여부

회신내용

도정법 제19조제1항에 따라 주택재개발정비사업의 조합원은 토지등소유자로 하되, 다음 각 호(수인의 토지등소유자가 1세대에 속하는 때 등)의 어느 하나에 해당하는 때에는 그 수인을 대표하는 1인을 조합원으로 보도록 하고 있으며, 이 경우 제19조제1항 각호

의 토지등소유자는 같은 법 제2조제9호가목에 따라 정비구역안에 소재한 토지 또는 건축물의 소유자 또는 그 지상권자를 말함

출처 : 국토교통부

질의 5

상업지역에 있는 공동주택 재건축 추진 ('12. 7. 25.)

상업지역에 있는 공동주택 재건축 추진방안 및 지구단위계획, 정비구역지정 등에 관한 사항

회신내용

도정법 제2조에 따라 주택재건축사업은 정비기반시설은 양호하나 노후·불량 건축물이 밀집하는 지역에서 주거환경을 개선하기 위하여 시행하는 사업으로, 같은 법 제6조제3항에 따라 정비구역안에서 인가받은 관리처분계획에 따라 주택 및 부대·복리시설을 건설하여 공급하는 방법으로 시행하도록 하고 있음

출처 : 국토교통부

질의 6

도시환경정비사업 정비예정구역에 대한 면적제한 ('12. 7. 25.)

도시·주거환경정비기본계획 수립 시 도시환경정비사업 정비예정구역 면적이 1만㎡ 이상이어야 하는지 및 정비예정구역에 근린상업지역, 준주거지역 편입이 가능한지

회신내용

도정법 제2조제2호에 따라 도시환경정비사업은 상업지역·공업지역 등으로서 토지의 효율적 이용과 도심 또는 부도심 등 도시기능의 회복이나 상권 활성화 등이 필요한 지역에서 도시환경을 개선하기 위하여 시행하는 사업으로, 같은 법 제3조제1항에 따라 특별시장·광역시장 또는 시장은 정비예정구역의 개략적 범위 등 동조 동항 각 호의 사항이 포함된 도시·주거환경정비기본계획을 10년 단위로 수립하도록 하고 있으나, 도시환경정비사업 정비예정구역에 대하여 별도의 면적 제한이나 용도지역 제한을 두고 있지 않음

출처 : 국토교통부

질의 7
조합설립 동의시 주택단지로 볼 수 있는 연립주택 범위 ('11. 6. 14.)
도정법 제2조제7호 마목에 따른 주택단지에 해당하는 연립주택은 건축물대장상 기재된 용도로 구분하여 주택단지 여부를 판단하면 되는지

회신내용
「건축법」제11조에 따라 건축허가를 얻은 연립주택을 건설한 일단의 토지를 주택단지로 도정법 제2조제7호에 규정하고 있고, 연립주택이라 함은 주택으로 쓰는 1개 동의 바닥면적(지하주차장 면적은 제외함) 합계가 660제곱미터를 초과하고, 층수가 4개층 이하인 주택으로「건축법」시행령 제3조의4 관련 별표1 제2호나목에 규정되어 있음

출처 : 국토교통부

질의 8
단지 내 도로부지 소유자의 조합원 자격 여부 ('10. 7. 1.)
재건축정비구역에 포함된 단지 내 도로부지 소유자도 조합원이 될 수 있는지

회신내용
정비구역 안에서 추진하는 재건축사업의 조합원은 도정법 제2조 제9호 및 제19조제1항에 따라 건축물과 그 부속토지를 함께 소유한 자가 될 수 있는 것임

출처 : 국토교통부

질의 9
재건축사업에서 지상권자의 조합설립동의 여부 ('12. 8. 10.)
주택재건축사업에서 조합설립을 위한 동의에서 지상권이 설정된 토지의 소유자는 지상권자의 동의 및 대표 선임없이 소유자만의 동의만으로도 동의의 기준을 충족하는지

회신내용

도정법 제2조제9호나목에 따르면 주택재건축사업의 경우에는 토지등소유자는 정비구역 안에 소재한 건축물 및 그 부속토지의 소유자로 하고 있으며, 도정법 제28조제1항제2호 나목에 따르면 주택재건축사업에서 소유권 또는 구분소유권이 여러 명의 공유에 속하는 경우에는 그 여러 명을 대표하는 1명을 토지등소유자로 산정하도록 하고 있음

출처 : 국토교통부

질의 10

매도청구소송 제기한 자료를 사업시행인가 신청 시 제출해야 하는지 ('12. 8. 23.)

주택재건축사업에서 사업시행인가 신청 시 조합설립에 동의하지 않은 자들에게 매도청구소송을 제기한 자료(소제기증명원 등)를 제출하여야 하는지

회신내용

도정법 시행규칙 제9조제1항에 따라 사업시행자는 사업시행인가를 받고자 하는 때에는 별지 제6호서식의 사업(시행·변경·중지·폐지)인가신청서에 정관등 등 동조 동항 각 호의 서류를 첨부하여 시장·군수에게 제출하도록 하고 있으나, 주택재건축사업의 경우 조합설립에 동의하지 않은 자들에게 매도청구소송을 제기한 자료(소제기증명원 등)는 동 첨부서류에 포함되어 있지 않음

출처 : 국토교통부

3. 도시·주거환경정비 기본방침 (법 제3조)

국토교통부장관은 도시 및 주거환경을 개선하기 위하여 10년마다 다음 각 호의 사항을 포함한 기본방침을 정하고, 5년마다 타당성을 검토하여 그 결과를 기본방침에 반영하여야 한다.
  1. 도시 및 주거환경 정비를 위한 국가 정책 방향
  2. 제4조제1항에 따른 도시·주거환경정비기본계획의 수립 방향
  3. 노후·불량 주거지 조사 및 개선계획의 수립
  4. 도시 및 주거환경 개선에 필요한 재정지원계획
  5. 그 밖에 도시 및 주거환경 개선을 위하여 필요한 사항으로서 대통령령으로 정하는 사항

제2장 기본계획의 수립 및 정비구역의 지정

1. 도시·주거환경정비기본계획의 수립

가. 도시·주거환경정비기본계획의 수립 (법 제4조)

> **(구) [법률 제11059호, 2011. 9. 16. 일부개정 기준]**
>
> 원칙적으로 특별시장·광역시장 또는 시장은 도시·주거환경정비기본계획(이하. '기본계획'이라 한다)을 10년 단위로 수립하여야 하고, 기본계획에는 ① 정비사업의 기본방향, ② 정비사업의 계획기간, ③ 인구·건축물·토지이용·정비기반시설·지형 및 환경 등의 현황, ④ 주거지 관리계획, ⑤ 토지이용계획·정비기반 시설계획·공동이용시설설치계획 및 교통계획, ⑥ 녹지·조경·에너지공급·폐기물처리 등에 관한 환경계획, ⑦ 사회복지시설 및 주민문화시설 등의 설치계획, ⑧ 정비구역으로 지정할 예정인 구역의 개략적 범위, ⑨ 단계별 정비사업추진계획, ⑩ 건폐율·용적률 등에 관한 건축물의 밀도계획, ⑪ 세입자에 대한 주거안정대책, ⑫ 그 밖에 주거환경 등을 개선하기 위하여 필요한 사항으로서 대통령령이 정하는 사항 등이 포함된다(법 제3조 제1항).
>
> 기본계획은 국토계획법상의 도시관리계획에 해당하는 바(국토계획법 제2조 제4호 라목), 상위 계획인 국토계획법상의 도시기본계획의 이념과 내용이 도시정비법에 의한 정비사업을 통하여 실현될 수 있도록 구체화한 계획이라고 할 수 있다.
>
> ❖ 수립절차
>
> 기본계획은 기초조사를 거쳐 → 기본계획(안)작성 → 주민공람 및 지방의회 의견청취 → 관계 행정기관의 장과 합의 → 지방도시계획위원회 심의 → 기본계획을 공보에 고시하는 절차를 거쳐 확정된다.

① 특별시장·광역시장·특별자치시장·특별자치도지사 또는 시장은 관할 구역에 대하여 도시·주거환경정비기본계획(이하 "기본계획"이라 한다)을 10년 단위로 수립하여야 한다. 다만, 도지사가 대도시가 아닌 시로서 기본계획을 수립할 필요가 없다고 인정하는 시에 대하여는 기본계획을 수립하지 아니할 수 있다.
② 특별시장·광역시장·특별자치시장·특별자치도지사 또는 시장(이하 "기본계획의 수립권자"라 한다)은 기본계획에 대하여 5년마다 타당성을 검토하여 그 결과를 기본계획에 반영하여야 한다. <개정 2020. 6. 9.>

2. 기본계획의 내용

가. 기본계획의 내용 (법 제5조)

① 기본계획에는 다음 각 호의 사항이 포함되어야 한다.
   1. 정비사업의 기본방향
   2. 정비사업의 계획기간
   3. 인구·건축물·토지이용·정비기반시설·지형 및 환경 등의 현황
   4. 주거지 관리계획
   5. 토지이용계획·정비기반시설계획·공동이용시설설치계획 및 교통계획
   6. 녹지·조경·에너지공급·폐기물처리 등에 관한 환경계획
   7. 사회복지시설 및 주민문화시설 등의 설치계획
   8. 도시의 광역적 재정비를 위한 기본방향
   9. 제16조에 따라 정비구역으로 지정할 예정인 구역(이하 "정비예정구역"이라 한다)의 개략적 범위
   10. 단계별 정비사업 추진계획(정비예정구역별 정비계획의 수립시기가 포함되어야 한다)
   11. 건폐율·용적률 등에 관한 건축물의 밀도계획
   12. 세입자에 대한 주거안정대책
   13. 그 밖에 주거환경 등을 개선하기 위하여 필요한 사항으로서 대통령령으로 정하는 사항
② 기본계획의 수립권자는 기본계획에 다음 각 호의 사항을 포함하는 경우에는 제1항제9호 및 제10호의 사항을 생략할 수 있다.
   1. 생활권의 설정, 생활권별 기반시설 설치계획 및 주택수급계획
   2. 생활권별 주거지의 정비·보전·관리의 방향
③ 기본계획의 작성기준 및 작성방법은 국토교통부장관이 정하여 고시한다.

(1) 기본계획의 내용 (시행령 제5조)

법 제5조제1항제13호에서 "대통령령으로 정하는 사항"이란 다음 각 호의 사항을 말한다.
   1. 도시관리·주택·교통정책 등 「국토의 계획 및 이용에 관한 법률」 제2조제2호의 도시·군계획과 연계된 도시·주거환경정비의 기본방향
   2. 도시·주거환경정비의 목표
   3. 도심기능의 활성화 및 도심공동화 방지 방안

4. 역사적 유물 및 전통건축물의 보존계획
5. 정비사업의 유형별 공공 및 민간부문의 역할
6. 정비사업의 시행을 위하여 필요한 재원조달에 관한 사항

(2) 기본계획의 수립을 위한 공람 등 (시행령 제6조 제4항 제5호, 제6호)

④ 법 제6조제3항 및 제7조제1항 단서에서 "대통령령으로 정하는 경미한 사항을 변경하는 경우"란 각각 다음 각 호의 경우를 말한다.
  5. 구체적으로 면적이 명시된 법 제5조제1항제9호에 따른 정비예정구역(이하 "정비예정구역"이라 한다)의 면적을 20퍼센트 미만의 범위에서 변경하는 경우
  6. 법 제5조제1항제10호에 따른 단계별 정비사업 추진계획(이하 "단계별 정비사업 추진계획"이라 한다)을 변경하는 경우

질의 1

정비기본계획수립 시 정비예정구역 노후도 적용 시점 ('10. 3. 5.)

도정법 제3조에 따른 도시·주거환경정비기본계획을 수립할 때 정비예정구역 노후도(건축 준공 20년 이상)의 적용은 기준연도시점인지 아니면 목표연도 이내 인지

회신내용

도정법 제3조제1항제9호의 규정에 따르면 정비예정구역별 정비계획의 수립시기를 포함한 단계별 정비사업 추진계획을 도시·주거환경정비기본계획(이하 "기본계획"이라 함)을 수립할 때에 포함하도록 하고 있고, 기본계획은 시장 등이 10년마다 수립하고 5년마다 그 타당성 여부를 검토하여 그 결과를 기본계획에 반영하도록 하고 있으며, 도시·주거환경정비기본계획 수립지침(국토해양부 훈령 제2009-306호, 2009.8.13.) 4-1-1에 따르면 기초조사에 의한 현황을 분석하고 장래를 예측한 후 계획을 수립하되 목표연도에 유념하여 작성하도록 하고 있으므로, 기본계획을 기준년도 시점으로 작성하면서 목표연도 범위 안에서 예측되는 장래의 계획을 단계별로 반영할 수 있을 것으로 보임

출처 : 국토교통부

제2장 기본계획의 수립 및 정비구역의 지정

> **질의 2**

기본계획 타당성 검토 시기 ('11. 5. 13.)

도정법 제3조제2항의 내용 중 '5년마다'라 함은 5년이 도래되는 시점인지 아니면 필요 시 타당성 검토를 통하여 기본계획에 반영할 수 있는지

> **회신내용**

기본계획이 수립고시 된 후 신규 지역 포함을 위한 기본계획 변경여부에 대하여 기본계획수립권자인 특별시장, 광역시장, 또는 시장이 도시계획차원에서 사업 추진의 시급성 등을 종합적으로 고려하여 신규 지역을 시기적으로 기본계획에 포함시킬 필요가 있다고 판단된다면 도정법 제3조제1항 및 제2항의 규정에 의한 도시·주거환경정비기본계획의 수립 또는 타당성 검토시기 외의 기간이라도 기본계획을 변경할 수 있을 것임

출처 : 국토교통부

> **질의 3**

정비예정구역 20% 미만 변경 시 기본계획의 경미한 변경 여부 ('09. 7. 17.)

도시·주거환경기본계획 상의 '정비구역으로 지정할 예정인 구역 면적의 20퍼센트 미만의 변경을 하는 경우' 기본계획의 경미한 변경인지와 경미한 사항의 변경이라면, 기본계획 변경과 정비구역 지정을 동시에 처리할 수 있는지

> **회신내용**

가. 도시·주거환경기본계획에 정비구역으로 지정할 예정인 구역의 면적을 구체적으로 명시한 경우로서 당해 구역 면적의 20퍼센트 미만의 변경인 경우는 경미한 사항을 변경하는 것으로 도정법 제3조제3항 단서 및 동법 시행령 제9조제3항제5호에 규정되어 있음

나. 도시·주거환경기본계획을 수립 또는 변경하고자 하는 때의 절차는 도정법 제3조에 규정되어 있고, 정비구역의 지정은 기본계획에 적합한 범위 안에서 정비계획을 수립하여 절차를 거치도록 도정법 제4조에 규정되어 있으며 대통령령이 정하는 경미한 사항의 변경인 경우에는 주민공람 등 일부절차를 거치지 아니할 수 있으므로 사업구역의 특성 및 여건을 고려하여 기본계획수립권자 및 정비구역지정권자와 협의하여 처리하는 것이 바람직 할 것임

출처 : 국토교통부

질의 4

정비계획수립시기를 기본계획에 반영하고자 변경 시 경미한 변경 여부('09. 12. 7.)

도정법 부칙<제9444호, 2009.2.6> 제2조제2항에 따라 정비예정구역별 정비계획 수립시기를 정하여 기본계획에 반영하고자 하는 경우 이를 경미한 변경으로 볼 수 있는지

회신내용

도정법 제3조제1항제9호에 따르면 정비예정구역별 정비계획의 수립시기를 포함하여 단계별 정비사업추진계획으로 규정하고 있으며, 동법 시행령 제9조제3항제6호에 따르면 단계별 정비사업추진계획의 변경인 경우에는 도정법 제3조제3항 단서의 경미한 사항 변경으로 보도록 하고 있음

출처 : 국토교통부

3. 기본계획 수립을 위한 주민의견청취 등 (법 제6조)

① 기본계획의 수립권자는 기본계획을 수립하거나 변경하려는 경우에는 14일 이상 주민에게 공람하여 의견을 들어야 하며, 제시된 의견이 타당하다고 인정되면 이를 기본계획에 반영하여야 한다.
② 기본계획의 수립권자는 제1항에 따른 공람과 함께 지방의회의 의견을 들어야 한다. 이 경우 지방의회는 기본계획의 수립권자가 기본계획을 통지한 날부터 60일 이내에 의견을 제시하여야 하며, 의견제시 없이 60일이 지난 경우 이의가 없는 것으로 본다.
③ 제1항 및 제2항에도 불구하고 대통령령으로 정하는 경미한 사항을 변경하는 경우에는 주민공람과 지방의회의 의견청취 절차를 거치지 아니할 수 있다.

4. 기본계획의 확정·고시 등

가. 기본계획의 확정·고시 등 (법 제7조)

① 기본계획의 수립권자(대도시의 시장이 아닌 시장은 제외한다)는 기본계획을 수립하거나 변경하려면 관계 행정기관의 장과 협의한 후 「국토의 계획 및

이용에 관한 법률」 제113조제1항 및 제2항에 따른 지방도시계획위원회(이하 "지방도시계획위원회"라 한다)의 심의를 거쳐야 한다. 다만, 대통령령으로 정하는 경미한 사항을 변경하는 경우에는 관계 행정기관의 장과의 협의 및 지방도시계획위원회의 심의를 거치지 아니한다.
② 대도시의 시장이 아닌 시장은 기본계획을 수립하거나 변경하려면 도지사의 승인을 받아야 하며, 도지사가 이를 승인하려면 관계 행정기관의 장과 협의한 후 지방도시계획위원회의 심의를 거쳐야 한다. 다만, 제1항 단서에 해당하는 변경의 경우에는 도지사의 승인을 받지 아니할 수 있다.
③ 기본계획의 수립권자는 기본계획을 수립하거나 변경한 때에는 지체 없이 이를 해당 지방자치단체의 공보에 고시하고 일반인이 열람할 수 있도록 하여야 한다.
④ 기본계획의 수립권자는 제3항에 따라 기본계획을 고시한 때에는 국토교통부령으로 정하는 방법 및 절차에 따라 국토교통부장관에게 보고하여야 한다.

(1) 도시·주거환경정비기본계획의 고시 및 보고 (시행규칙 제2조)

① 특별시장·광역시장·특별자치시장·특별자치도지사 또는 시장(이하 "기본계획의 수립권자"라 한다)은 「도시 및 주거환경정비법」(이하 "법"이라 한다) 제7조제3항에 따라 도시·주거환경정비기본계획(이하 "기본계획"이라 한다)의 수립 또는 변경사실을 고시하는 경우에는 다음 각 호의 사항을 포함하여야 한다.
  1. 기본계획의 요지
  2. 기본계획서의 열람 장소
② 기본계획의 수립권자는 법 제7조제4항에 따라 국토교통부장관에게 제1항에 따른 고시내용에 기본계획서를 첨부하여 보고(전자문서에 의한 보고를 포함한다)하여야 한다. 이 경우 시장(법 제2조제3호다목에 따른 대도시의 시장은 제외한다)은 도지사를 거쳐 보고(전자문서에 의한 보고를 포함한다)하여야 한다.

5. 정비구역의 지정

가. 정비구역의 지정 (법 제8조)

(구) [법률 제11059호, 2011. 9. 16. 일부개정 기준]
시장·군수는 기본계획에 적합한 범위에서 노후·불량건축물이 밀집하는 등 대통령령으로 정하는 요건에 해당하는 구역에 대하여 정비계획을 수립한다. 수립된 정비계획이 주민에게 서면으로 통보된 이후의 도시정비법 제4조 제1항, 제4항, 제5항에서 정하고 있고 아래 표와 같다.

> 주민설명회 → 주민공람(30일 이상) → 지방의회 의견청취(60일 내 의견제시 없으면 이의 없는 것으로 간주됨) → 관계 행정기관의 장과 협의 → 시·도지사에게 정비구역 지정 신청 → 지방도시계획위원회의 심의 → 시·도지사의 정비구역 지정 → 시·도지사의 정비계획을 포함한 정비구역 지정 고시 → 국토교통부장관에게 지정 내용 보고 → 정비계획 및 정비구역 확정

시장·군수는 정비계획을 변경할 필요가 있을 때에도 시·도지사에게 변경지정을 신청한 후 같은 절차를 거쳐 변경하여야 한다(법 제4조 제1항).

정비구역의 지정 또는 변경지정에 대한 고시가 있는 경우 해당 정비구역 및 정비계획 중 국토계획법 제52조 제1항 각 호의 1에 해당하는 사항은 같은 법 제49조 및 제51조의 규정에 따른 지구단위계획 및 지구단위계획구역으로 결정·고시된 것으로 본다. 역으로 국토계획법에 의한 지구단위계획구역에 대하여 도시정비법 제4조 제1항 각 호의 사항을 모두 포함한 지구단위계획을 결정·고시하는 경우 해당 지구단위계획구역은 정비구역으로 지정·고시된 것으로 본다(법 제4조 제6항, 제7항).

정비구역의 지정 또는 변경지정과 정비계획은 국토계획법상의 지구단위계획구역의 지정 또는 변경지정과 지구단위계획으로서 도시관리계획의 일종으로 이러한 정비구역의 지정이 있는 때에는 행위제한을 받게 되어, 정비구역 안에서는 건축물의 건축, 공작물의 설치, 토지의 형질변경, 토석의 채취, 토지분할, 물건을 쌓아놓는 행위 등 대통령령이 정하는 행위를 하고자 하는 자는 시장·군수의 허가를 받아야 한다(법 제5조 제1항).

1. 정비계획 수립 및 정비구역 지정 요건 관련 쟁송

시장·군수는 기본계획에 적합한 범위에서 노후·불량건축물이 밀집하는 등 대통령령으로 정하는 요건에 해당하는 구역에 대하여 정비계획을 수립하여야 한다(법 제4조 제1항). 도시정비법 시행령 제10조 제1항 [별표 1]은 사업종류에 따른 정비계획 수립 요건을 규정하고 있다.

- 대법원 2010. 5. 13. 자 2010두2715
- 대법원 2012. 6. 18. 선고 2010두16592
- 대법원 2012. 10. 25. 선고 2010두25077

2. 주민의 입안제안권 관련 쟁송

토지등소유자에게는 일정한 경우 정비계획의 입안제안권2)이 인정되므로 (법 제4조 제3항), 시장·군수가 입안의 제안을 받아들이지 아니한 경우 입안제안자는 입안제안거부처분에 대한 취소소송을 제기할 수 있을 것이다.

3. 정비구역 해제 관련 쟁송

도시정비법 제4조의3의 시행으로 같은 조 제1항 각 호에서 정하는 일정한 경우 시·도지사는 시장·군수의 의무적 요청에 따라 주민 공람, 지방의회 의견 청취 및 지방도시계획위원회의 심의를 거쳐 정비예정구역과 정비구역을 해제하여야 하고(법 제4조의3 제1항부터 제3항), 정비사업의 시행에 따른 토지등소유자의 과도한 부담이 예상되는 경우, 정비예정구역 또는 정비구역의 추진상황으로 보아 지정 목적을 달성할 수 없다고 인정하는 경우, 토지등소유자의 100분의 30 이상이 추진위원회가 구성되지 아니한 정비예정구역과 정비구역의 해제를 요청하는 경우 지방도시계획위원회의 심의를 거쳐 정비예정구역과 정비구역을 해제할 수 있다(법 제4조의3 제4항). 따라서 시·도 지사 등을 상대로 하는 토지등소유자에 의한 정비구역 해제처분취소소송과 해제신청거부처분취소소송도 가능하다.

- 대법원 2008. 5. 15. 선고 2008두2583

① 특별시장·광역시장·특별자치시장·특별자치도지사·시장 또는 군수(광역시의 군수는 제외하며, 이하 "정비구역의 지정권자"라 한다)는 기본계획에 적합한 범위에서 노후·불량건축물이 밀집하는 등 대통령령으로 정하는 요건에 해당하는 구역에 대하여 제16조에 따라 정비계획을 결정하여 정비구역을 지정(변경지정을 포함한다)할 수 있다.

---

2) 도시정비법 시행령 제12조 (정비계획의 입안 제안) <법 제4조에서 변경>
　① 토지등소유자가 법 제14조제1항에 따라 정비계획의 입안권자에게 정비계획의 입안을 제안하려는 경우 토지등소유자의 3분의 2 이하 및 토지면적 3분의 2 이하의 범위에서 시·도조례로 정하는 비율 이상의 동의를 받은 후 시·도조례로 정하는 제안서 서식에 정비계획도서, 계획설명서, 그 밖의 필요한 서류를 첨부하여 정비계획의 입안권자에게 제출하여야 한다.
　② 정비계획의 입안권자는 제1항의 제안이 있는 경우에는 제안일부터 60일 이내에 정비계획에의 반영여부를 제안자에게 통보하여야 한다. 다만, 부득이한 사정이 있는 경우에는 한 차례만 30일을 연장할 수 있다.
　③ 정비계획의 입안권자는 제1항에 따른 제안을 정비계획에 반영하는 경우에는 제안서에 첨부된 정비계획도서와 계획설명서를 정비계획의 입안에 활용할 수 있다.
　④ 제1항부터 제3항까지에서 규정된 사항 외에 정비계획 입안의 제안을 위하여 필요한 세부사항은 시·도조례로 정할 수 있다.

② 제1항에도 불구하고 제26조제1항제1호 및 제27조제1항제1호에 따라 정비사업을 시행하려는 경우에는 기본계획을 수립하거나 변경하지 아니하고 정비구역을 지정할 수 있다.
③ 정비구역의 지정권자는 정비구역의 진입로 설치를 위하여 필요한 경우에는 진입로 지역과 그 인접지역을 포함하여 정비구역을 지정할 수 있다.
④ 정비구역의 지정권자는 정비구역 지정을 위하여 직접 제9조에 따른 정비계획을 입안할 수 있다.
⑤ 자치구의 구청장 또는 광역시의 군수(이하 제9조, 제11조 및 제20조에서 "구청장등"이라 한다)는 제9조에 따른 정비계획을 입안하여 특별시장·광역시장에게 정비구역 지정을 신청하여야 한다. 이 경우 제15조제2항에 따른 지방의회의 의견을 첨부하여야 한다.

(1) 정비계획의 입안대상지역 (시행령 제7조)

① 특별시장·광역시장·특별자치시장·특별자치도지사·시장·군수 또는 자치구의 구청장은 법 제8조제4항 및 제5항에 따라 별표 1의 요건에 해당하는 지역에 대하여 법 제8조제1항 및 제5항에 따른 정비계획(이하 "정비계획"이라 한다)을 입안할 수 있다.
② 특별시장·광역시장·특별자치시장·특별자치도지사·시장·군수 또는 자치구의 구청장은 제1항에 따라 정비계획을 입안하는 경우에는 다음 각 호의 사항을 조사하여 별표 1의 요건에 적합한지 여부를 확인하여야 하며, 정비계획의 입안 내용을 변경하려는 경우에는 변경내용에 해당하는 사항을 조사·확인하여야 한다.
  1. 주민 또는 산업의 현황
  2. 토지 및 건축물의 이용과 소유현황
  3. 도시·군계획시설 및 정비기반시설의 설치현황
  4. 정비구역 및 주변지역의 교통상황
  5. 토지 및 건축물의 가격과 임대차 현황
  6. 정비사업의 시행계획 및 시행방법 등에 대한 주민의 의견
  7. 그 밖에 시·도조례로 정하는 사항
③ 특별시장·광역시장·특별자치시장·특별자치도지사·시장·군수 또는 자치구의 구청장은 사업시행자(사업시행자가 둘 이상인 경우에는 그 대표자를 말한다. 이하 같다)에게 제2항에 따른 조사를 하게 할 수 있다.

(2) 규제의 재검토 (시행령 제98조)

국토교통부장관은 다음 각 호의 사항에 대하여 2017년 1월 1일을 기준으로 3년마다(매 3년이 되는 해의 기준일과 같은 날 전까지를 말한다) 그 타당성을 검토하여 개선 등의 조치를 하여야 한다.

1. 제7조 및 별표 1에 따른 정비계획의 입안대상지역
2. 제19조 및 제21조에 따른 공동시행자 및 지정개발자의 요건
3. 제59조에 따른 분양신청의 절차 등
4. 제81조 및 별표 4에 따른 정비사업전문관리업의 등록기준
5. 제84조 및 별표 5에 따른 정비사업전문관리업자의 등록취소 및 업무정지처분의 기준
6. 제88조에 따른 회계감사

[질의 1]

주민제안 시 정비구역지정도서 첨부 여부 ('10. 10. 8.)

토지등소유자가 정비계획의 입안을 제안할 경우, 단순히 입안할 것을 요구하는 것인지 아니면 구체적인 정비구역지정 도서를 작성하여 제안하는 것인지

[회신내용]

> 도정법 시행령 제13조의2에 따르면 도정법 제4조제3항에 따라 시장·군수에게 정비계획의 입안을 제안하려는 때에는 시·도 조례로 정하는 바에 따라 토지등소유자의 동의를 받은 후 제안서에 정비계획도서, 계획설명서, 그 밖의 필요한 서류를 첨부하여 시장·군수에게 제출하도록 하고 있음

출처 : 국토교통부

[질의 2]

정비구역지정고시 후 사업시행 예정시기가 변경된 경우 처리 ('12. 11. 22.)

도정법 제4조제1항에 따라 정비계획을 수립하여 정비구역지정고시를 완료한 후 정비사업시행 예정시기가 변경되었을 경우 도정법 제4조제1항에 따라 주민설명회, 주민공람, 지방의회 의견청취를 하여야 하는지와 정비구역지정고시 이후 도정법 제4조제1항제7호의 정비사업시행 예정시기를 초과한 경우 해당 정비구역의

지정고시의 효력이 있는지

> **회신내용**
>
> 가. 도정법 제4조제1항에 따르면 시장·2군수는 기본계획에 적합한 범위에서 노후·불량 건축물이 밀집하는 등 대통령령으로 정하는 요건에 해당하는 구역에 대하여 정비사업시행 예정시기의 사항이 포함된 정비계획을 수립하여 이를 주민에게 서면으로 통보한 후 주민설명회를 하고 30일 이상 주민에게 공람하며 지방의회 의견을 들은 후 이를 첨부하여 시·도지사에게 정비구역지정을 신청하도록 하고 있고, 정비계획의 내용을 변경할 필요가 있을 때에는 같은 절차를 거쳐 변경지정을 신청하도록 하고 있음
>
> 나. 다만, 정비사업시행 예정시기를 1년 범위안에서 조정하는 경우 등 도정법 시행령 제12조 각호의 어느 하나에 해당하는 경우에는 주민에 대한 서면통보, 주민설명회, 주민공람 및 지방의회의 의견청취를 거치지 아니할 수 있도록 하고 있음을 알려드리며, 도정법 제4조제1항제7호의 정비사업시행 예정시기가 초과된 경우 해당 정비구역 지정고시의 효력에 대하여는 해당 정비구역 지정권자인 관할 시·도지사에게 문의함이 바람직

출처 : 국토교통부

질의 3
정비기반시설 추가 확보 시 정비계획의 경미한 변경 여부 ('09. 7. 10.)

당초 정비기반시설 3,659㎡에 추가로 598㎡를 확보하고자 하는경우 도정법 제4조제1항에 따른 대통령령이 정하는 경미한 사항에 해당되는지

> **회신내용**
>
> 정비기반시설 규모의 10퍼센트 미만의 변경인 경우 도정법 시행령 제12조(정비계획의 경미한 변경)제2호에 경미한 변경으로 규정하고 있는 바, 질의와 같이 당초 정비기반시설 규모의 10퍼센트를 초과하는 경우에는 위 규정의 경미한 사항에 해당되지 않음

출처 : 국토교통부

질의 4
정비기반시설 면적 증감이 있는 경우 정비계획의 변경 ('12. 2. 28.)

정비계획상 정비기반시설의 면적 증감(공원 면적 증가, 공용주차장 면적 감소)이 있는 경우, 각 정비기반시설의 증가된 공원 면적과 감소된 공용주차장 면적 차이를 기준으로 도정법 시행령 제12조제2호에 따른 정비기반시설 규모의 10% 미만 변경에 해당하는지 여부를 판단하는 것인지

회신내용

도정법 제4조제1항 각 호 외의 부분 단서 및 같은 법 시행령 제12조제2호에 따라 정비기반시설 규모의 10퍼센트 미만의 변경인 경우는 정비계획의 경미한 변경에 해당하는 것이며, 이 경우 정비기반시설이란 같은 법 제2조제4호에 따른 모든 정비기반시설을 말하는 것인 바, 질의의 경우 각 정비기반시설의 증감을 고려하여 산정된 전체 정비기반시설의 면적 기준으로 경미한 변경 여부를 적용하는 것이 타당할 것임

출처 : 국토교통부

질의 5

정비구역면적 변경 시 정비계획의 경미한 변경 여부 ('10. 5. 18.)

주택재건축 정비구역의 총면적 10% 미만을 변경할 경우, 도정법 제4조제1항에 따라 주민에 대한 서면통보, 주민설명회, 주민공람 및 지방의회의 의견청취절차를 거치지 아니할 수 있는지

회신내용

도정법 제4조제1항 단서에 따르면 대통령령이 정하는 경미한 사항을 변경하는 경우에는 주민에 대한 서면통보, 주민설명회, 주민공람 및 지방의회의 의견청취절차를 거치지 아니할 수 있도록 하고 있으며, 도정법 시행령 제12조제1호에 따르면 정비구역면적의 10% 미만의 변경인 경우에는 정비계획의 경미한 변경으로 보고 있음

출처 : 국토교통부

질의 6

정비계획 경미한 변경 판단 시 용적률은 정비계획 용적률인지 ('10. 6. 4.)

도정법 시행령 제12조제7호 중 "건축물의 용적률을 축소하거나 10% 미만의 범

위 안에서 확대하는 경우"에서 용적률은 정비계획용적률만을 말하는지 아니면 법적상한용적률도 포함하는지

회신내용

도정법 시행령 제12조제7호에 규정한 용적률은 도정법 제4조제1항에 따라 수립된 정비계획에 포함되어 있는 용적률로 봄

출처 : 국토교통부

질의 7

용도지역변경으로 정비계획변경 시 경미한 변경 여부 ('10. 7. 13.)

도시·주거환경정비기본계획 내용 중 용도지역(제2종 ⇒ 제3종일반주거지역)이 변경되어 정비계획을 변경하고자 하는 경우 주민공람, 지방의회의 의견청취, 지방도시계획위원회의 심의를 거치지 않고 변경할 수 있는지

회신내용

도정법 제4조제1항 및 제4항 단서에 따르면 대통령령이 정하는 경미한 사항을 변경하는 경우에는 주민에 대한 서면 통보, 주민설명회, 주민공람 및 지방의회의 의견청취 및 지방도시계획위원회의 심의를 거치지 아니할 수 있도록 하고 있으며, 도정법 시행령 제12조제8호에 따르면 국토계획법 제2조제3호 및 동 조 제4호의 규정에 의한 도시기본계획·도시관리계획 또는 기본계획의 변경에 따른 변경인 경우는 경미한 사항으로 되어 있음

출처 : 국토교통부

질의 8

정비계획의 경미한 변경에 포함하는 관계법령에 의한 심의 범위 ('11. 5. 2.)

도정법 시행령 제12조제11호의 내용 중 '관계법령에 의한 심의결과에 따른 건축계획의 변경'은 「건축법」에 의한 건축심의와 「학교보건법」에 의한 교육환경평가에 의한 심의도 포함되는지

> **회신내용**
>
> 도정법 시행령 제12조제11호에서 「도시교통정비 촉진법」에 따른 교통영향분석·개선대책 등 관계법령에 의한 심의결과에 따른 건축계획의 변경인 경우 정비계획의 경미한 변경으로 보고 있는바, 이 경우 관계법령은 「도시교통정비 촉진법」만을 말하는 것은 아님. 아울러 동 규정은 관계법령에 명문화된 규정의 범위 안에서 심의한 결과에 따른 건축계획의 변경을 의미하는 것으로 판단됨
>
> 출처 : 국토교통부

질의 9

정비계획의 내용을 벗어나는 사업시행계획서 작성 ('12. 1. 6.)

도정법 제4조에 따라 수립된 정비계획 내용을 벗어나 사업시행자가 도정법 제30조에 따른 사업시행계획서를 작성(또는 변경)할 수 있는지 여부

> **회신내용**
>
> 도정법 제30조에서 사업시행자는 정비계획에 따라 사업시행계획서를 작성토록 하고 있으므로, 질의의 경우 도정법 제4조에 따른 정비계획 변경 등의 절차를 완료한 후 변경된 정비계획에 따라 사업시행계획서를 작성(변경)하여야 할 것으로 판단됨
>
> 출처 : 국토교통부

질의 10

정비계획과 도시관리계획의 경미한 변경 동시 처리가능 여부 ('12. 2. 10.)

가. 주택재개발 정비구역에 연접한 도시계획시설(학교)부지 일부(시설부지면적의 5% 미만)를 정비구역(구역면적의 10% 미만)에 편입할 경우 정비계획의 경미한 변경으로 볼 수 있는지 여부

나. 정비계획의 경미한 변경사항과 국토계획법 시행령 제25조제3항에 의거 도시관리계획의 경미한 변경사항을 동시에 처리할 수 있는지 여부

> **회신내용**

> 가. 질의 "가"에 대하여
>   도정법 시행령 제12조제1호에 따라 정비구역면적의 10퍼센트 미만의 변경인 경우에는 정비계획의 경미한 변경에 해당되는 것으로 판단됨
> 나. 질의 "나"에 대하여
>   도정법 시행령 제12조에 따른 정비계획의 경미한 변경사항과 국토계획법 시행령 제25조제3항에 따른 도시관리계획의 경미한 변경사항을 동시에 처리할 수 있는지 여부는 정비계획의 수립권자이자 도시관리계획 입안권자인 시장·군수·구청장에게 문의함이 바람직

출처 : 국토교통부

질의 11

도정법 시행령 제12조제7호 중 "10% 미만" 기준 ('12. 5. 29.)

도정법 시행령 제12조제7호의 내용 중 "10% 미만"은 최초 정비계획에 따른 용적률의 10% 미만을 말하는지, 아니면 최종 변경된 정비계획에 따른 용적률의 10% 미만인지 여부

회신내용

> 도정법 시행령 제12조제7호의 건축물의 건폐율 또는 용적률을 축소하거나 10% 미만의 범위 안에서 확대하는 경우에서 용적률은 도정법 제4조제1항에 따라 수립된 정비계획에서 정한 용적률을 말함

출처 : 국토교통부

질의 12

정비구역 변경지정 시 공보에 고시 생략 가능 여부 ('12. 6. 25.)

재개발정비사업이 사업시행인가 후 민원 등으로 인한 정비구역변경지정요인(경미한 변경)이 발생하여 해당 지자체의 장이 정비구역을 변경 지정한 경우 도정법 제4조제5항에 따라 정비계획을 포함한 정비구역 변경지정 내용을 당해 지방자치단체의 공보에 고시토록 되어 있는데 이 때 고시를 반드시 해야 하는지(강제규정인지) 아니면 생략할 수 있는지(임의규정 인지) 여부

회신내용

도정법 제4조제5항에 따라 시·도지사 또는 대도시의 시장은 정비구역을 지정 또는 변경 지정한 경우에는 당해 정비계획을 포함한 지정 또는 변경지정내용을 당해 지방자치단체의 공보에 고시하고, 관계서류를 일반인이 열람할 수 있도록 하고 있으므로, 시·도지사 또는 대도시의 시장은 정비구역을 지정 또는 변경 지정한 경우에는 동 규정에 따라 당해 정비계획을 포함한 지정 또는 변경지정내용을 당해 지방자치단체의 공보에 고시하여야 함

출처 : 국토교통부

질의 13

정비계획을 주민에게 서면통보하는 방법 ('12. 9. 17.)

도정법 제4조제1항에 따라 정비계획을 수립하여 주민에게 서면으로 통보하는 방법은

회신내용

도정법 제4조제1항에 따라 시장·군수는 정비계획을 수립하여 이를 주민에게 서면으로 통보한 후 주민설명회를 하도록 하고 있으나, 서면통보의 방법에 대하여는 도정법에서 별도로 규정하고 있지 않음

출처 : 국토교통부

질의 14

재개발 추진위 운영단계에서 재건축 사업으로 전환 가능 여부 ('12. 1. 31.)

주택재개발 조합설립추진위원회가 구성·운영 중인 정비예정구역에서 추진위원회 해산 없이 주택재건축 정비사업으로 전환이 가능한지와 법률근거는

회신내용

도정법 제4조제1항에 따르면 같은 법 제3조의 기본계획에 적합한 범위 내에서 정비계획을 수립하도록 하고 있고, 도정법 제13조제1항 및 제2항에서는 도정법 제4조에 따른

정비구역 지정고시 후 토지등소유자의 동의를 얻어 추진위원회를 구성하도록 하고 있으므로, 정비구역 지정 및 추진위원회 구성은 도정법 제4조 및 제13조에 따라 처리되어야 할 것으로 판단됨

출처 : 국토교통부

질의 15

사업계획서에 교육시설의 교육환경 보호에 관한 계획 포함 여부 ('12. 2. 10.)

2011.12.30 사업시행인가를 신청하였는데 도정법 제30조제7호의2에 따라 사업시행계획서에 "교육시설의 교육환경 보호에 관한 계획"을 포함하여야 하는지

회신내용

도정법 제4조제1항제6호의2에 따라 시장·군수는 "정비구역 주변의 교육환경 보호에 관한 계획"을 포함하여 정비계획을 수립하도록 하고(2007.12.21 개정공포·시행), 같은 법 제30조제7호의2에 따라 사업시행자는 제4조제5항에 따라 고시된 정비계획에 따라 "교육시설의 교육환경 보호에 관한 계획(정비구역으로부터 200미터 이내에 교육시설이 설치되어 있는 경우에 한한다)"을 포함하여 사업시행계획서를 작성하여야 하며(2007.12.21 개정·공포, 공포 후 3개월이 경과한 날부터 시행), 같은 법 부칙<제8785호, 2007.12.21> 제2항에 따라 제30조제7호의2의 개정 규정은 이법 시행 이후 최초로 사업시행인가를 받는 분부터 적용함

출처 : 국토교통부

질의 16

정비구역 확대된 경우 추진위원회 과반수 동의요건 (법제처, '10. 10. 1.)

도정법 제4조에 따라 주택재개발사업의 시행을 위한 정비구역이 지정된 후 해당 정비구역의 범위를 확대하는 것으로 변경지정된 경우, 같은 법 제13조에 따라 조합설립을 위한 추진위원회를 구성하여 시장·군수의 승인을 받으려면 정비구역 전체의 토지등소유자 과반수의 동의를 얻으면 되는지, 아니면 기존 정비구역의 토지등소유자 과반수의 동의 및 정비구역의 확대 시 편입된 정비구역의 토지등소유자 과반수의 동의를 각각 얻어야 하는지

회신내용

도정법 제4조에 따라 주택재개발사업의 시행을 위한 정비구역이 지정된 후 해당 정비구역의 범위를 확대하는 것으로 변경지정된 경우, 같은 법 제13조에 따라 조합설립을 위한 추진위원회를 구성하여 시장·군수의 승인을 받으려면 정비구역 전체의 토지등소유자 과반수의 동의를 새로 얻으면 되는 것이지, 기존 정비구역의 토지등소유자 과반수의 동의 및 정비구역의 확대 시 편입된 정비구역의 토지등소유자 과반수의 동의를 각각 얻어야 하는 것은 아님

출처 : 국토교통부

6. 정비계획의 내용

가. 정비계획의 내용 (법 제9조)

① 정비계획에는 다음 각 호의 사항이 포함되어야 한다. <개정 2018. 1. 16.>
   1. 정비사업의 명칭
   2. 정비구역 및 그 면적
   3. 도시·군계획시설의 설치에 관한 계획
   4. 공동이용시설 설치계획
   5. 건축물의 주용도·건폐율·용적률·높이에 관한 계획
   6. 환경보전 및 재난방지에 관한 계획
   7. 정비구역 주변의 교육환경 보호에 관한 계획
   8. 세입자 주거대책
   9. 정비사업시행 예정시기
   10. 정비사업을 통하여 「민간임대주택에 관한 특별법」 제2조제4호에 따른 공공지원민간임대주택(이하 "공공지원민간임대주택"이라 한다)을 공급하거나 같은 조 제11호에 따른 주택임대관리업자(이하 "주택임대관리업자"라 한다)에게 임대할 목적으로 주택을 위탁하려는 경우에는 다음 각 목의 사항. 다만, 나목과 다목의 사항은 건설하는 주택 전체 세대수에서 공공지원민간임대주택 또는 임대할 목적으로 주택임대관리업자에게 위탁하려는 주택(이하 "임대관리 위탁주택"이라 한다)이 차지하는 비율이 100분의 20 이상, 임대기간이 8년 이상의 범위 등에서 대통령령으로 정하는 요건에 해당하는 경우로 한정한다.
      가. 공공지원민간임대주택 또는 임대관리 위탁주택에 관한 획지별 토지이용 계획

　　　　나. 주거·상업·업무 등의 기능을 결합하는 등 복합적인 토지이용을 증진시키기 위하여 필요한 건축물의 용도에 관한 계획
　　　　다. 「국토의 계획 및 이용에 관한 법률」 제36조제1항제1호가목에 따른 주거지역을 세분 또는 변경하는 계획과 용적률에 관한 사항
　　　　라. 그 밖에 공공지원민간임대주택 또는 임대관리 위탁주택의 원활한 공급 등을 위하여 대통령령으로 정하는 사항
　　11. 「국토의 계획 및 이용에 관한 법률」 제52조제1항 각 호의 사항에 관한 계획(필요한 경우로 한정한다)
　　12. 그 밖에 정비사업의 시행을 위하여 필요한 사항으로서 대통령령으로 정하는 사항
② 제1항제10호다목을 포함하는 정비계획은 기본계획에서 정하는 제5조제1항제11호에 따른 건폐율·용적률 등에 관한 건축물의 밀도계획에도 불구하고 달리 입안할 수 있다.
③ 제8조제4항 및 제5항에 따라 정비계획을 입안하는 특별자치시장, 특별자치도지사, 시장, 군수 또는 구청장등(이하 "정비계획의 입안권자"라 한다)이 제5조제2항 각 호의 사항을 포함하여 기본계획을 수립한 지역에서 정비계획을 입안하는 경우에는 그 정비구역을 포함한 해당 생활권에 대하여 같은 항 각 호의 사항에 대한 세부 계획을 입안할 수 있다.
④ 정비계획의 작성기준 및 작성방법은 국토교통부장관이 정하여 고시한다.

(1) 정비계획의 내용 (시행령 제8조)

① 법 제9조제1항제10호 각 목 외의 부분 단서에서 "대통령령으로 정하는 요건에 해당하는 경우"란 건설하는 주택 전체 세대수에서 다음 각 호의 주택으로서 임대기간이 8년 이상인 주택이 차지하는 비율의 합계가 100분의 20 이상인 경우를 말한다.　<개정 2018. 7. 16.>
　　1. 「민간임대주택에 관한 특별법」 제2조제4호에 따른 공공지원민간임대주택(이하 "공공지원민간임대주택"이라 한다)
　　2. 「민간임대주택에 관한 특별법」 제2조제11호에 따른 주택임대관리업자에게 관리를 위탁하려는 주택(이하 "임대관리 위탁주택"이라 한다)
② 법 제9조제1항제10호라목에서 "공공지원민간임대주택 또는 임대관리 위탁주택의 원활한 공급 등을 위하여 대통령령으로 정하는 사항"이란 다음 각 호의 사항을 말한다. 다만, 제2호 및 제3호의 사항은 정비계획에 필요한 경우로 한정한다.　<개정 2018. 7. 16.>
　　1. 건설하는 주택 전체 세대수에서 공공지원민간임대주택 또는 임대관리 위탁

    주택이 차지하는 비율
  2. 공공지원민간임대주택 및 임대관리 위탁주택의 건축물 배치 계획
  3. 주변지역의 여건 등을 고려한 입주예상 가구 특성 및 임대사업 운영방향
③ 법 제9조제1항제12호에서 "대통령령으로 정하는 사항"이란 다음 각 호의 사항을 말한다.
  1. 법 제17조제4항에 따른 현금납부에 관한 사항
  2. 법 제18조에 따라 정비구역을 분할, 통합 또는 결합하여 지정하려는 경우 그 계획
  3. 법 제23조제1항제2호에 따른 방법으로 시행하는 주거환경개선사업의 경우 법 제24조에 따른 사업시행자로 예정된 자
  4. 정비사업의 시행방법
  5. 기존 건축물의 정비·개량에 관한 계획
  6. 정비기반시설의 설치계획
  7. 건축물의 건축선에 관한 계획
  8. 홍수 등 재해에 대한 취약요인에 관한 검토 결과
  9. 정비구역 및 주변지역의 주택수급에 관한 사항
  10. 안전 및 범죄예방에 관한 사항
  11. 그 밖에 정비사업의 원활한 추진을 위하여 시·도조례로 정하는 사항

7. 임대주택 및 주택규모별 건설비율

가. 임대주택 및 주택규모별 건설비율 (법 제10조)

① 정비계획의 입안권자는 주택수급의 안정과 저소득 주민의 입주기회 확대를 위하여 정비사업으로 건설하는 주택에 대하여 다음 각 호의 구분에 따른 범위에서 국토교통부장관이 정하여 고시하는 임대주택 및 주택규모별 건설비율 등을 정비계획에 반영하여야 한다.
  1. 「주택법」 제2조제6호에 따른 국민주택규모의 주택이 전체 세대수의 100분의 90 이하에서 대통령령으로 정하는 범위
  2. 임대주택(「민간임대주택에 관한 특별법」에 따른 민간임대주택 및 「공공주택 특별법」에 따른 공공임대주택을 말한다. 이하 같다)이 전체 세대수 또는 전체 연면적의 100분의 30 이하에서 대통령령으로 정하는 범위
② 사업시행자는 제1항에 따라 고시된 내용에 따라 주택을 건설하여야 한다.

(1) 주택의 규모 및 건설비율 (시행령 제9조)

① 법 제10조제1항제1호 및 제2호에서 "대통령령으로 정하는 범위"란 각각 다음 각 호의 범위를 말한다. <개정 2020. 6. 23.>
  1. 주거환경개선사업의 경우 다음 각 목의 범위
    가. 「주택법」 제2조제6호에 따른 국민주택규모(이하 "국민주택규모"라 한다)의 주택: 건설하는 주택 전체 세대수의 100분의 90 이하
    나. 공공임대주택(「공공주택 특별법」에 따른 공공임대주택을 말한다. 이하 같다): 건설하는 주택 전체 세대수의 100분의 30 이하로 하되, 주거전용면적이 40제곱미터 이하인 공공임대주택이 전체 공공임대주택 세대수의 100분의 50 이하일 것
  2. 재개발사업의 경우 다음 각 목의 범위
    가. 국민주택규모의 주택: 건설하는 주택 전체 세대수의 100분의 80 이하
    나. 임대주택(「민간임대주택에 관한 특별법」에 따른 민간임대주택과 공공임대주택을 말한다. 이하 같다): 건설하는 주택 전체 세대수(법 제54조제1항에 따라 정비계획으로 정한 용적률을 초과하여 건축함으로써 증가된 세대수는 제외한다. 이하 이 목에서 같다)의 100분의 20 이하 [법 제55조제1항에 따라 공급되는 임대주택은 제외하며, 해당 임대주택 중 주거전용면적이 40제곱미터 이하인 임대주택이 전체 임대주택 세대수(법 제55조제1항에 따라 공급되는 임대주택은 제외한다. 이하 이 목에서 같다)의 100분의 40 이하여야 한다]. 다만, 특별시장·광역시장·특별자치시장·특별자치도지사·시장·군수 또는 자치구의 구청장이 정비계획을 입안할 때 관할 구역에서 시행된 재개발사업에서 건설하는 주택 전체 세대수에서 별표 3 제2호가목1)에 해당하는 세입자가 입주하는 임대주택 세대수가 차지하는 비율이 특별시장·광역시장·특별자치시장·도지사·특별자치도지사(이하 "시·도지사"라 한다)가 정하여 고시한 임대주택 비율보다 높은 경우 등 관할 구역의 특성상 주택수급안정이 필요한 경우에는 다음 계산식에 따라 산정한 임대주택 비율 이하의 범위에서 임대주택 비율을 높일 수 있다.

해당 시·도지사가 고시한 임대주택 비율 + (건설하는 주택 전체 세대수 × $\frac{10}{100}$)

  3. 재건축사업의 경우 국민주택규모의 주택이 건설하는 주택 전체 세대수의 100분의 60 이하
② 제1항제3호에도 불구하고 「수도권정비계획법」 제6조제1항제1호에 따른 과

밀억제권역에서 다음 각 호의 요건을 모두 갖춘 경우에는 국민주택규모의 주택 건설 비율을 적용하지 아니한다.
1. 재건축사업의 조합원에게 분양하는 주택은 기존 주택(재건축하기 전의 주택을 말한다)의 주거전용면적을 축소하거나 30퍼센트의 범위에서 그 규모를 확대할 것
2. 조합원 이외의 자에게 분양하는 주택은 모두 85제곱미터 이하 규모로 건설할 것

8. 기본계획 및 정비계획 수립 시 용적률 완화 (법 제11조)

① 기본계획의 수립권자 또는 정비계획의 입안권자는 정비사업의 원활한 시행을 위하여 기본계획을 수립하거나 정비계획을 입안하려는 경우에는(기본계획 또는 정비계획을 변경하려는 경우에도 또한 같다)「국토의 계획 및 이용에 관한 법률」제36조에 따른 주거지역에 대하여는 같은 법 제78조에 따라 조례로 정한 용적률에도 불구하고 같은 조 및 관계 법률에 따른 용적률의 상한까지 용적률을 정할 수 있다.
② 구청장등 또는 대도시의 시장이 아닌 시장은 제1항에 따라 정비계획을 입안하거나 변경입안하려는 경우 기본계획의 변경 또는 변경승인을 특별시장·광역시장·도지사에게 요청할 수 있다.

9. 재건축사업 정비계획 입안을 위한 안전진단 (법 제12조)

가. 재건축사업 정비계획 입안을 위한 안전진단

① 정비계획의 입안권자는 재건축사업 정비계획의 입안을 위하여 제5조제1항제10호에 따른 정비예정구역별 정비계획의 수립시기가 도래한 때에 안전진단을 실시하여야 한다.
② 정비계획의 입안권자는 제1항에도 불구하고 다음 각 호의 어느 하나에 해당하는 경우에는 안전진단을 실시하여야 한다. 이 경우 정비계획의 입안권자는 안전진단에 드는 비용을 해당 안전진단의 실시를 요청하는 자에게 부담하게 할 수 있다.
1. 제14조에 따라 정비계획의 입안을 제안하려는 자가 입안을 제안하기 전에 해당 정비예정구역에 위치한 건축물 및 그 부속토지의 소유자 10분의 1 이상의 동의를 받아 안전진단의 실시를 요청하는 경우

2. 제5조제2항에 따라 정비예정구역을 지정하지 아니한 지역에서 재건축사업을 하려는 자가 사업예정구역에 있는 건축물 및 그 부속토지의 소유자 10분의 1 이상의 동의를 받아 안전진단의 실시를 요청하는 경우
3. 제2조제3호나목에 해당하는 건축물의 소유자로서 재건축사업을 시행하려는 자가 해당 사업예정구역에 위치한 건축물 및 그 부속토지의 소유자 10분의 1 이상의 동의를 받아 안전진단의 실시를 요청하는 경우

③ 제1항에 따른 재건축사업의 안전진단은 주택단지의 건축물을 대상으로 한다. 다만, 대통령령으로 정하는 주택단지의 건축물인 경우에는 안전진단 대상에서 제외할 수 있다.
④ 정비계획의 입안권자는 현지조사 등을 통하여 해당 건축물의 구조안전성, 건축마감, 설비노후도 및 주거환경 적합성 등을 심사하여 안전진단의 실시 여부를 결정하여야 하며, 안전진단의 실시가 필요하다고 결정한 경우에는 대통령령으로 정하는 안전진단기관에 안전진단을 의뢰하여야 한다.
⑤ 제4항에 따라 안전진단을 의뢰받은 안전진단기관은 국토교통부장관이 정하여 고시하는 기준(건축물의 내진성능 확보를 위한 비용을 포함한다)에 따라 안전진단을 실시하여야 하며, 국토교통부령으로 정하는 방법 및 절차에 따라 안전진단 결과보고서를 작성하여 정비계획의 입안권자 및 제2항에 따라 안전진단의 실시를 요청한 자에게 제출하여야 한다.
⑥ 정비계획의 입안권자는 제5항에 따른 안전진단의 결과와 도시계획 및 지역여건 등을 종합적으로 검토하여 정비계획의 입안 여부를 결정하여야 한다.
⑦ 제1항부터 제6항까지의 규정에 따른 안전진단의 대상·기준·실시기관·지정절차 및 수수료 등에 필요한 사항은 대통령령으로 정한다.

(1) 재건축사업의 안전진단대상 등 (시행령 제10조)

① 특별자치시장, 특별자치도지사, 시장, 군수 또는 자치구의 구청장(이하 "정비계획의 입안권자"라 한다)은 법 제12조제2항제1호에 따른 안전진단의 요청이 있는 때에는 같은 조 제4항에 따라 요청일부터 30일 이내에 국토교통부장관이 정하는 바에 따라 안전진단의 실시여부를 결정하여 요청인에게 통보하여야 한다. 이 경우 정비계획의 입안권자는 안전진단 실시 여부를 결정하기 전에 단계별 정비사업 추진계획 등의 사유로 재건축사업의 시기를 조정할 필요가 있다고 인정하는 경우에는 안전진단의 실시 시기를 조정할 수 있다.
② 정비계획의 입안권자는 법 제12조제4항에 따른 현지조사(이하 "현지조사"라 한다) 등을 통하여 같은 조 제2항제1호에 따른 안전진단의 요청이 있는 공동주택이 노후·불량건축물에 해당하지 아니함이 명백하다고 인정하는 경우에는

안전진단의 실시가 필요하지 아니하다고 결정할 수 있다. <개정 2018. 5. 8.>
③ 법 제12조제3항 단서에서 "대통령령으로 정하는 주택단지의 건축물"이란 다음 각 호의 어느 하나를 말한다. <개정 2018. 5. 8.>
  1. 정비계획의 입안권자가 천재지변 등으로 주택이 붕괴되어 신속히 재건축을 추진할 필요가 있다고 인정하는 것
  2. 주택의 구조안전상 사용금지가 필요하다고 정비계획의 입안권자가 인정하는 것
  3. 별표 1 제3호라목에 따른 노후·불량건축물 수에 관한 기준을 충족한 경우 잔여 건축물
  4. 정비계획의 입안권자가 진입도로 등 기반시설 설치를 위하여 불가피하게 정비구역에 포함된 것으로 인정하는 건축물
  5. 「시설물의 안전 및 유지관리에 관한 특별법」 제2조제1호의 시설물로서 같은 법 제16조에 따라 지정받은 안전등급이 D (미흡) 또는 E (불량)인 건축물
④ 법 제12조제4항에서 "대통령령으로 정하는 안전진단기관"이란 다음 각 호의 기관을 말한다. <개정 2020. 12. 1.>
  1. 「과학기술분야 정부출연연구기관 등의 설립·운영 및 육성에 관한 법률」 제8조에 따른 한국건설기술연구원
  2. 「시설물의 안전 및 유지관리에 관한 특별법」 제28조에 따른 안전진단전문기관
  3. 「국토안전관리원법」에 따른 국토안전관리원
⑤ 정비계획의 입안권자는 현지조사의 전문성 확보를 위하여 제4항제1호 또는 제3호의 기관에 현지조사를 의뢰할 수 있다. 이 경우 현지조사를 의뢰받은 기관은 의뢰를 받은 날부터 20일 이내에 조사결과를 정비계획의 입안권자에게 제출하여야 한다. <신설 2018. 5. 8.>
⑥ 법 제12조제5항에 따른 재건축사업의 안전진단은 다음 각 호의 구분에 따른다. <개정 2018. 5. 8.>
  1. 구조안전성 평가: 제2조제1항 각 호에 따른 노후·불량건축물을 대상으로 구조적 또는 기능적 결함 등을 평가하는 안전진단
  2. 구조안전성 및 주거환경 중심 평가: 제1호 외의 노후·불량건축물을 대상으로 구조적·기능적 결함 등 구조안전성과 주거생활의 편리성 및 거주의 쾌적성 등 주거환경을 종합적으로 평가하는 안전진단
⑦ 제1항부터 제6항까지에서 규정한 사항 외에 법 제12조제2항에 따른 안전진단의 요청 절차 및 그 처리에 관하여 필요한 세부사항은 시·도조례로 정할 수 있다. <개정 2018. 5. 8.>

(2) 안전진단의 요청 등 (시행규칙 제3조)

① 법 제12조제2항 각 호에 따라 안전진단의 실시를 요청하려는 자는 별지 제1호서식의 안전진단 요청서(전자문서로 된 요청서를 포함한다)에 다음 각 호의 서류(전자문서를 포함한다)를 첨부하여 특별자치시장·특별자치도지사·시장·군수 또는 자치구의 구청장(이하 "시장·군수등"이라 한다)에게 제출하여야 한다.
1. 사업지역 및 주변지역의 여건 등에 관한 현황도
2. 결함부위의 현황사진

② 법 제12조제5항에 따라 안전진단기관이 작성하는 안전진단 결과보고서에는 다음 각 호의 구분에 따른 사항이 포함되어야 한다. <개정 2018. 5. 9.>
1. 「도시 및 주거환경정비법 시행령」(이하 "영"이라 한다) 제10조제6항제1호에 따른 구조안전성 평가 결과보고서
   가. 구조안전성에 관한 사항
      1) 기울기·침하·변형에 관한 사항
      2) 콘크리트 강도·처짐 등 내하력(耐荷力)에 관한 사항
      3) 균열·부식 등 내구성에 관한 사항
   나. 종합평가의견
2. 영 제10조제6항제2호에 따른 구조안전성 및 주거환경 중심 평가 결과보고서
   가. 주거환경에 관한 사항
      1) 도시미관·재해위험도
      2) 일조환경·에너지효율성
      3) 층간 소음 등 사생활침해
      4) 노약자와 어린이의 생활환경
      5) 주차장 등 주거생활의 편리성
   나. 건축마감 및 설비노후도에 관한 사항
      1) 지붕·외벽·계단실·창호의 마감상태
      2) 난방·급수급탕·오배수·소화설비 등 기계설비에 관한 사항
      3) 수변전(受變電), 옥외전기 등 전기설비에 관한 사항
   다. 비용분석에 관한 사항
      1) 유지관리비용
      2) 보수·보강비용
      3) 철거비·이주비 및 신축비용
   라. 구조안전성에 관한 사항
      1) 기울기·침하·변형에 관련된 사항

2) 콘크리트 강도·처짐 등 내하력(耐荷力)에 관한 사항
3) 균열·부식 등 내구성에 관한 사항
마. 종합평가의견

(3) 토지등소유자의 동의자 수 산정 방법 등 (시행령 제33조)

① 법 제12조제2항, 제28조제1항, 제36조제1항, 이 영 제12조, 제14조제2항 및 제27조에 따른 토지등소유자(토지면적에 관한 동의자 수를 산정하는 경우에는 토지소유자를 말한다. 이하 이 조에서 같다)의 동의는 다음 각 호의 기준에 따라 산정한다.
1. 주거환경개선사업, 재개발사업의 경우에는 다음 각 목의 기준에 의할 것
   가. 1필지의 토지 또는 하나의 건축물을 여럿이서 공유할 때에는 그 여럿을 대표하는 1인을 토지등소유자로 산정할 것. 다만, 재개발구역의 「전통시장 및 상점가 육성을 위한 특별법」 제2조에 따른 전통시장 및 상점가로서 1필지의 토지 또는 하나의 건축물을 여럿이서 공유하는 경우에는 해당 토지 또는 건축물의 토지등소유자의 4분의 3 이상의 동의를 받아 이를 대표하는 1인을 토지등소유자로 산정할 수 있다.
   나. 토지에 지상권이 설정되어 있는 경우 토지의 소유자와 해당 토지의 지상권자를 대표하는 1인을 토지등소유자로 산정할 것
   다. 1인이 다수 필지의 토지 또는 다수의 건축물을 소유하고 있는 경우에는 필지나 건축물의 수에 관계없이 토지등소유자를 1인으로 산정할 것. 다만, 재개발사업으로서 법 제25조제1항제2호에 따라 토지등소유자가 재개발사업을 시행하는 경우 토지등소유자가 정비구역 지정 후에 정비사업을 목적으로 취득한 토지 또는 건축물에 대해서는 정비구역 지정 당시의 토지 또는 건축물의 소유자를 토지등소유자의 수에 포함하여 산정하되, 이 경우 동의 여부는 이를 취득한 토지등소유자에 따른다.
   라. 둘 이상의 토지 또는 건축물을 소유한 공유자가 동일한 경우에는 그 공유자 여럿을 대표하는 1인을 토지등소유자로 산정할 것
2. 재건축사업의 경우에는 다음 각 목의 기준에 따를 것
   가. 소유권 또는 구분소유권을 여럿이서 공유하는 경우에는 그 여럿을 대표하는 1인을 토지등소유자로 산정할 것
   나. 1인이 둘 이상의 소유권 또는 구분소유권을 소유하고 있는 경우에는 소유권 또는 구분소유권의 수에 관계없이 토지등소유자를 1인으로 산정할 것

다. 둘 이상의 소유권 또는 구분소유권을 소유한 공유자가 동일한 경우에는 그 공유자 여럿을 대표하는 1인을 토지등소유자로 할 것
3. 추진위원회의 구성 또는 조합의 설립에 동의한 자로부터 토지 또는 건축물을 취득한 자는 추진위원회의 구성 또는 조합의 설립에 동의한 것으로 볼 것
4. 토지등기부등본·건물등기부등본·토지대장 및 건축물관리대장에 소유자로 등재될 당시 주민등록번호의 기록이 없고 기록된 주소가 현재 주소와 다른 경우로서 소재가 확인되지 아니한 자는 토지등소유자의 수 또는 공유자 수에서 제외할 것
5. 국·공유지에 대해서는 그 재산관리청 각각을 토지등소유자로 산정할 것

② 법 제12조제2항 및 제36조제1항 각 호 외의 부분에 따른 동의(법 제26조제1항제8호, 제31조제2항 및 제47조제4항에 따라 의제된 동의를 포함한다)의 철회 또는 반대의사 표시의 시기는 다음 각 호의 기준에 따른다.
1. 동의의 철회 또는 반대의사의 표시는 해당 동의에 따른 인·허가 등을 신청하기 전까지 할 수 있다.
2. 제1호에도 불구하고 다음 각 목의 동의는 최초로 동의한 날부터 30일까지만 철회할 수 있다. 다만, 나목의 동의는 최초로 동의한 날부터 30일이 지나지 아니한 경우에도 법 제32조제3항에 따른 조합설립을 위한 창립총회 후에는 철회할 수 없다.
  가. 법 제21조제1항제4호에 따른 정비구역의 해제에 대한 동의
  나. 법 제35조에 따른 조합설립에 대한 동의(동의 후 제30조제2항 각 호의 사항이 변경되지 아니한 경우로 한정한다)

③ 제2항에 따라 동의를 철회하거나 반대의 의사표시를 하려는 토지등소유자는 철회서에 토지등소유자가 성명을 적고 지장(指章)을 날인한 후 주민등록증 및 여권 등 신원을 확인할 수 있는 신분증명서 사본을 첨부하여 동의의 상대방 및 시장·군수등에게 내용증명의 방법으로 발송하여야 한다. 이 경우 시장·군수등이 철회서를 받은 때에는 지체 없이 동의의 상대방에게 철회서가 접수된 사실을 통지하여야 한다.

④ 제2항에 따른 동의의 철회나 반대의 의사표시는 제3항 전단에 따라 철회서가 동의의 상대방에게 도달한 때 또는 같은 항 후단에 따라 시장·군수등이 동의의 상대방에게 철회서가 접수된 사실을 통지한 때 중 **빠른** 때에 효력이 발생한다.

10. 안전진단 결과의 적정성 검토

가. 안전진단 결과의 적정성 검토 (법 제13조)

① 정비계획의 입안권자(특별자치시장 및 특별자치도지사는 제외한다. 이하 이 조에서 같다)는 제12조제6항에 따라 정비계획의 입안 여부를 결정한 경우에는 지체 없이 특별시장·광역시장·도지사에게 결정내용과 해당 안전진단 결과보고서를 제출하여야 한다.
② 특별시장·광역시장·특별자치시장·도지사·특별자치도지사(이하 "시·도지사"라 한다)는 필요한 경우 「국토안전관리원법」에 따른 국토안전관리원 또는 「과학기술분야 정부출연연구기관 등의 설립·운영 및 육성에 관한 법률」에 따른 한국건설기술연구원에 안전진단 결과의 적정성에 대한 검토를 의뢰할 수 있다. <개정 2020. 6. 9.>
③ 국토교통부장관은 시·도지사에게 안전진단 결과보고서의 제출을 요청할 수 있으며, 필요한 경우 시·도지사에게 안전진단 결과의 적정성에 대한 검토를 요청할 수 있다. <개정 2020. 6. 9.>
④ 시·도지사는 제2항 및 제3항에 따른 검토결과에 따라 정비계획의 입안권자에게 정비계획 입안결정의 취소 등 필요한 조치를 요청할 수 있으며, 정비계획의 입안권자는 특별한 사유가 없으면 그 요청에 따라야 한다. 다만, 특별자치시장 및 특별자치도지사는 직접 정비계획의 입안결정의 취소 등 필요한 조치를 할 수 있다.
⑤ 제1항부터 제4항까지의 규정에 따른 안전진단 결과의 평가 등에 필요한 사항은 대통령령으로 정한다.

(1) 안전진단 결과의 적정성 검토 (시행령 제11조)

① 시·도지사는 법 제13조제1항에 따라 제10조제4항제2호에 따른 안전진단전문기관이 제출한 안전진단 결과보고서를 받은 경우에는 법 제13조제2항에 따라 제10조제4항제1호 또는 제3호에 따른 안전진단기관에 안전진단 결과보고서의 적정성 여부에 대한 검토를 의뢰할 수 있다.
② 법 제13조제2항 및 제3항에 따른 안전진단 결과의 적정성 여부에 따른 검토 비용은 적정성 여부에 대한 검토를 의뢰 또는 요청한 국토교통부장관 또는 시·도지사가 부담한다.
③ 법 제13조제2항 및 제3항에 따라 안전진단 결과의 적정성 여부에 따른 검토를 의뢰받은 기관은 적정성 여부에 따른 검토를 의뢰받은 날부터 60일 이내

에 그 결과를 시·도지사에게 제출하여야 한다. 다만, 부득이한 경우에는 30일의 범위에서 한 차례만 연장할 수 있다.

(2) 손실보상 등 (시행령 제54조)

① 제13조제1항에 따른 공람공고일부터 계약체결일 또는 수용재결일까지 계속하여 거주하고 있지 아니한 건축물의 소유자는 「공익사업을 위한 토지 등의 취득 및 보상에 관한 법률 시행령」 제40조제5항제2호에 따라 이주대책대상자에서 제외한다. 다만, 같은 호 단서(같은 호 마목은 제외한다)에 해당하는 경우에는 그러하지 아니하다. <개정 2018. 4. 17.>
② 정비사업으로 인한 영업의 폐지 또는 휴업에 대하여 손실을 평가하는 경우 영업의 휴업기간은 4개월 이내로 한다. 다만, 다음 각 호의 어느 하나에 해당하는 경우에는 실제 휴업기간으로 하되, 그 휴업기간은 2년을 초과할 수 없다.
  1. 해당 정비사업을 위한 영업의 금지 또는 제한으로 인하여 4개월 이상의 기간동안 영업을 할 수 없는 경우
  2. 영업시설의 규모가 크거나 이전에 고도의 정밀성을 요구하는 등 해당 영업의 고유한 특수성으로 인하여 4개월 이내에 다른 장소로 이전하는 것이 어렵다고 객관적으로 인정되는 경우
③ 제2항에 따라 영업손실을 보상하는 경우 보상대상자의 인정시점은 제13조제1항에 따른 공람공고일로 본다.
④ 주거이전비를 보상하는 경우 보상대상자의 인정시점은 제13조제1항에 따른 공람공고일로 본다.

11. 정비계획의 입안 제안

가. 정비계획의 입안 제안 (법 제14조)

① 토지등소유자(제5호의 경우에는 제26조제1항제1호 및 제27조제1항제1호에 따라 사업시행자가 되려는 자를 말한다)는 다음 각 호의 어느 하나에 해당하는 경우에는 정비계획의 입안권자에게 정비계획의 입안을 제안할 수 있다. <개정 2018. 1. 16.>
  1. 제5조제1항제10호에 따른 단계별 정비사업 추진계획상 정비예정구역별 정비계획의 입안시기가 지났음에도 불구하고 정비계획이 입안되지 아니하거나 같은 호에 따른 정비예정구역별 정비계획의 수립시기를 정하고 있지 아니한 경우

2. 토지등소유자가 제26조제1항제7호 및 제8호에 따라 토지주택공사등을 사업시행자로 지정 요청하려는 경우
  3. 대도시가 아닌 시 또는 군으로서 시·도조례로 정하는 경우
  4. 정비사업을 통하여 공공지원민간임대주택을 공급하거나 임대할 목적으로 주택을 주택임대관리업자에게 위탁하려는 경우로서 제9조제1항제10호 각 목을 포함하는 정비계획의 입안을 요청하려는 경우
  5. 제26조제1항제1호 및 제27조제1항제1호에 따라 정비사업을 시행하려는 경우
  6. 토지등소유자(조합이 설립된 경우에는 조합원을 말한다. 이하 이 호에서 같다)가 3분의 2 이상의 동의로 정비계획의 변경을 요청하는 경우. 다만, 제15조제3항에 따른 경미한 사항을 변경하는 경우에는 토지등소유자의 동의절차를 거치지 아니한다.
② 정비계획 입안의 제안을 위한 토지등소유자의 동의, 제안서의 처리 등에 필요한 사항은 대통령령으로 정한다.

(1) 정비계획의 입안 제안 (시행령 제12조)

① 토지등소유자가 법 제14조제1항에 따라 정비계획의 입안권자에게 정비계획의 입안을 제안하려는 경우 토지등소유자의 3분의 2 이하 및 토지면적 3분의 2 이하의 범위에서 시·도조례로 정하는 비율 이상의 동의를 받은 후 시·도조례로 정하는 제안서 서식에 정비계획도서, 계획설명서, 그 밖의 필요한 서류를 첨부하여 정비계획의 입안권자에게 제출하여야 한다.
② 정비계획의 입안권자는 제1항의 제안이 있는 경우에는 제안일부터 60일 이내에 정비계획에의 반영여부를 제안자에게 통보하여야 한다. 다만, 부득이한 사정이 있는 경우에는 한 차례만 30일을 연장할 수 있다.
③ 정비계획의 입안권자는 제1항에 따른 제안을 정비계획에 반영하는 경우에는 제안서에 첨부된 정비계획도서와 계획설명서를 정비계획의 입안에 활용할 수 있다.
④ 제1항부터 제3항까지에서 규정된 사항 외에 정비계획 입안의 제안을 위하여 필요한 세부사항은 시·도조례로 정할 수 있다.

12. 정비계획 입안을 위한 주민의견청취 등

가. 정비계획 입안을 위한 주민의견청취 등 (법 제15조)

① 정비계획의 입안권자는 정비계획을 입안하거나 변경하려면 주민에게 서면으

로 통보한 후 주민설명회 및 30일 이상 주민에게 공람하여 의견을 들어야 하며, 제시된 의견이 타당하다고 인정되면 이를 정비계획에 반영하여야 한다.
② 정비계획의 입안권자는 제1항에 따른 주민공람과 함께 지방의회의 의견을 들어야 한다. 이 경우 지방의회는 정비계획의 입안권자가 정비계획을 통지한 날부터 60일 이내에 의견을 제시하여야 하며, 의견제시 없이 60일이 지난 경우 이의가 없는 것으로 본다.
③ 제1항 및 제2항에도 불구하고 대통령령으로 정하는 경미한 사항을 변경하는 경우에는 주민에 대한 서면통보, 주민설명회, 주민공람 및 지방의회의 의견청취 절차를 거치지 아니할 수 있다.
④ 정비계획의 입안권자는 제97조, 제98조, 제101조 등에 따라 정비기반시설 및 국유·공유재산의 귀속 및 처분에 관한 사항이 포함된 정비계획을 입안하려면 미리 해당 정비기반시설 및 국유·공유재산의 관리청의 의견을 들어야 한다.

(1) 정비구역의 지정을 위한 주민공람 등 (시행령 제13조)

① 정비계획의 입안권자는 법 제15조제1항에 따라 정비계획을 주민에게 공람하려는 때에는 미리 공람의 요지 및 장소를 해당 지방자치단체의 공보등에 공고하고, 공람장소에 관계 서류를 갖추어 두어야 한다.
② 주민은 법 제15조제1항에 따른 공람기간 이내에 정비계획의 입안권자에게 서면(전자문서를 포함한다)으로 의견을 제출할 수 있다. <개정 2020. 6. 23.>
③ 정비계획의 입안권자는 제2항에 따라 제출된 의견을 심사하여 법 제15조제1항에 따라 채택할 필요가 있다고 인정하는 때에는 이를 채택하고, 채택하지 아니한 경우에는 의견을 제출한 주민에게 그 사유를 알려주어야 한다.
④ 법 제15조제3항에서 "대통령령으로 정하는 경미한 사항을 변경하는 경우"란 다음 각 호의 어느 하나에 해당하는 경우를 말한다.
　　1. 정비구역의 면적을 10퍼센트 미만의 범위에서 변경하는 경우(법 제18조에 따라 정비구역을 분할, 통합 또는 결합하는 경우를 제외한다)
　　2. 정비기반시설의 위치를 변경하는 경우와 정비기반시설 규모를 10퍼센트 미만의 범위에서 변경하는 경우
　　3. 공동이용시설 설치계획을 변경하는 경우
　　4. 재난방지에 관한 계획을 변경하는 경우
　　5. 정비사업시행 예정시기를 3년의 범위에서 조정하는 경우
　　6. 「건축법 시행령」 별표 1 각 호의 용도범위에서 건축물의 주용도(해당 건축물의 가장 넓은 바닥면적을 차지하는 용도를 말한다. 이하 같다)를 변경하는 경우

7. 건축물의 건폐율 또는 용적률을 축소하거나 10퍼센트 미만의 범위에서 확대하는 경우
8. 건축물의 최고 높이를 변경하는 경우
9. 법 제66조에 따라 용적률을 완화하여 변경하는 경우
10. 「국토의 계획 및 이용에 관한 법률」 제2조제3호에 따른 도시·군기본계획, 같은 조 제4호에 따른 도시·군관리계획 또는 기본계획의 변경에 따라 정비계획을 변경하는 경우
11. 「도시교통정비 촉진법」에 따른 교통영향평가 등 관계법령에 의한 심의 결과에 따른 변경인 경우
12. 그 밖에 제1호부터 제8호까지, 제10호 및 제11호와 유사한 사항으로서 시·도조례로 정하는 사항을 변경하는 경우

13. 정비계획의 결정 및 정비구역의 지정·고시

가. 정비계획의 결정 및 정비구역의 지정·고시 (법 제16조)

① 정비구역의 지정권자는 정비구역을 지정하거나 변경지정하려면 지방도시계획위원회의 심의를 거쳐야 한다. 다만, 제15조제3항에 따른 경미한 사항을 변경하는 경우에는 지방도시계획위원회의 심의를 거치지 아니할 수 있다. <개정 2018. 6. 12.>
② 정비구역의 지정권자는 정비구역을 지정(변경지정을 포함한다. 이하 같다)하거나 정비계획을 결정(변경결정을 포함한다. 이하 같다)한 때에는 정비계획을 포함한 정비구역 지정의 내용을 해당 지방자치단체의 공보에 고시하여야 한다. 이 경우 지형도면 고시 등에 대하여는 「토지이용규제 기본법」 제8조에 따른다. <개정 2018. 6. 12., 2020. 6. 9.>
③ 정비구역의 지정권자는 제2항에 따라 정비계획을 포함한 정비구역을 지정·고시한 때에는 국토교통부령으로 정하는 방법 및 절차에 따라 국토교통부장관에게 그 지정의 내용을 보고하여야 하며, 관계 서류를 일반인이 열람할 수 있도록 하여야 한다.

(1) 정비구역의 지정 등의 보고 (시행규칙 제4조)

특별시장·광역시장·특별자치시장·특별자치도지사·시장 또는 군수(광역시의 군수는 제외한다)는 법 제16조제3항에 따라 국토교통부장관에게 정비구역의 지정 또는 변경지정사실을 보고(전자문서에 의한 보고를 포함한다)하는 경우에는 다음

각 호의 사항을 포함하여야 한다.
   1. 해당 정비구역과 관련된 도시·군계획(「국토의 계획 및 이용에 관한 법률」에 따른 도시·군기본계획 및 도시·군관리계획을 말한다) 및 기본계획의 주요 내용
   2. 법 제16조에 따른 정비계획의 요약
   3. 「국토의 계획 및 이용에 관한 법률」 제2조제4호에 따른 도시·군관리계획(이하 "도시·군관리계획"이라 한다) 결정조서

14. 정비구역 지정·고시의 효력 등

가. 정비구역 지정·고시의 효력 등 (법 제17조)

① 제16조제2항 전단에 따라 정비구역의 지정·고시가 있는 경우 해당 정비구역 및 정비계획 중 「국토의 계획 및 이용에 관한 법률」 제52조제1항 각 호의 어느 하나에 해당하는 사항은 같은 법 제50조에 따라 지구단위계획구역 및 지구단위계획으로 결정·고시된 것으로 본다. <개정 2018. 6. 12.>

② 「국토의 계획 및 이용에 관한 법률」에 따른 지구단위계획구역에 대하여 제9조제1항 각 호의 사항을 모두 포함한 지구단위계획을 결정·고시(변경 결정·고시하는 경우를 포함한다)하는 경우 해당 지구단위계획구역은 정비구역으로 지정·고시된 것으로 본다.

③ 정비계획을 통한 토지의 효율적 활용을 위하여 「국토의 계획 및 이용에 관한 법률」 제52조제3항에 따른 건폐율·용적률 등의 완화규정은 제9조제1항에 따른 정비계획에 준용한다. 이 경우 "지구단위계획구역"은 "정비구역"으로, "지구단위계획"은 "정비계획"으로 본다.

④ 제3항에도 불구하고 용적률이 완화되는 경우로서 사업시행자가 정비구역에 있는 대지의 가액 일부에 해당하는 금액을 현금으로 납부한 경우에는 대통령령으로 정하는 공공시설 또는 기반시설(이하 이 항에서 "공공시설등"이라 한다)의 부지를 제공하거나 공공시설등을 설치하여 제공한 것으로 본다.

⑤ 제4항에 따른 현금납부 및 부과 방법 등에 필요한 사항은 대통령령으로 정한다.

  (1) 용적률 완화를 위한 현금납부 방법 등 (시행령 제14조)

① 법 제17조제4항에서 "대통령령으로 정하는 공공시설 또는 기반시설"이란 「국토의 계획 및 이용에 관한 법률 시행령」 제46조제1항에 따른 공공시설 또는 기반시설을 말한다.

② 사업시행자는 법 제17조제4항에 따라 현금납부를 하려는 경우에는 토지등소유자(법 제35조에 따라 조합을 설립한 경우에는 조합원을 말한다) 과반수의 동의를 받아야 한다. 이 경우 현금으로 납부하는 토지의 기부면적은 전체 기부면적의 2분의 1을 넘을 수 없다.
③ 법 제17조제4항에 따른 현금납부액은 시장·군수등이 지정한 둘 이상의 감정평가업자(「감정평가 및 감정평가사에 관한 법률」에 따른 감정평가업자를 말한다. 이하 같다)가 해당 기부토지에 대하여 평가한 금액을 산술평균하여 산정한다.
④ 제3항에 따른 현금납부액 산정기준일은 법 제50조제7항에 따른 사업시행계획인가(현금납부에 관한 정비계획이 반영된 최초의 사업시행계획인가를 말한다) 고시일로 한다. 다만, 산정기준일부터 3년이 되는 날까지 법 제74조에 따른 관리처분계획인가를 신청하지 아니한 경우에는 산정기준일부터 3년이 되는 날의 다음 날을 기준으로 제3항에 따라 다시 산정하여야 한다.
⑤ 사업시행자는 착공일부터 준공검사일까지 제3항에 따라 산정된 현금납부액을 특별시장, 광역시장, 특별자치시장, 특별자치도지사, 시장 또는 군수(광역시의 군수는 제외한다)에게 납부하여야 한다.
⑥ 특별시장 또는 광역시장은 제5항에 따라 납부받은 금액을 사용하는 경우에는 해당 정비사업을 관할하는 자치구의 구청장 또는 광역시의 군수의 의견을 들어야 한다.
⑦ 제3항부터 제6항까지에서 규정된 사항 외에 현금납부액의 구체적인 산정 기준, 납부 방법 및 사용 방법 등에 필요한 세부사항은 시·도조례로 정할 수 있다.

15. 정비구역의 분할, 통합 및 결합 (법 제18조)

① 정비구역의 지정권자는 정비사업의 효율적인 추진 또는 도시의 경관보호를 위하여 필요하다고 인정하는 경우에는 다음 각 호의 방법에 따라 정비구역을 지정할 수 있다.
  1. 하나의 정비구역을 둘 이상의 정비구역으로 분할
  2. 서로 연접한 정비구역을 하나의 정비구역으로 통합
  3. 서로 연접하지 아니한 둘 이상의 구역(제8조제1항에 따라 대통령령으로 정하는 요건에 해당하는 구역으로 한정한다) 또는 정비구역을 하나의 정비구역으로 결합
② 제1항에 따라 정비구역을 분할·통합하거나 서로 떨어진 구역을 하나의 정비구역으로 결합하여 지정하려는 경우 시행 방법과 절차에 관한 세부사항은 시·도조례로 정한다.

16. 행위제한 등

가. 행위제한 등 (법 제19조)

① 정비구역에서 다음 각 호의 어느 하나에 해당하는 행위를 하려는 자는 시장·군수등의 허가를 받아야 한다. 허가받은 사항을 변경하려는 때에도 또한 같다.
  1. 건축물의 건축
  2. 공작물의 설치
  3. 토지의 형질변경
  4. 토석의 채취
  5. 토지분할
  6. 물건을 쌓아 놓는 행위
  7. 그 밖에 대통령령으로 정하는 행위
② 다음 각 호의 어느 하나에 해당하는 행위는 제1항에도 불구하고 허가를 받지 아니하고 할 수 있다.
  1. 재해복구 또는 재난수습에 필요한 응급조치를 위한 행위
  2. 기존 건축물의 붕괴 등 안전사고의 우려가 있는 경우 해당 건축물에 대한 안전조치를 위한 행위
  3. 그 밖에 대통령령으로 정하는 행위
③ 제1항에 따라 허가를 받아야 하는 행위로서 정비구역의 지정 및 고시 당시 이미 관계 법령에 따라 행위허가를 받았거나 허가를 받을 필요가 없는 행위에 관하여 그 공사 또는 사업에 착수한 자는 대통령령으로 정하는 바에 따라 시장·군수등에게 신고한 후 이를 계속 시행할 수 있다.
④ 시장·군수등은 제1항을 위반한 자에게 원상회복을 명할 수 있다. 이 경우 명령을 받은 자가 그 의무를 이행하지 아니하는 때에는 시장·군수등은 「행정대집행법」에 따라 대집행할 수 있다.
⑤ 제1항에 따른 허가에 관하여 이 법에 규정된 사항을 제외하고는 「국토의 계획 및 이용에 관한 법률」 제57조부터 제60조까지 및 제62조를 준용한다.
⑥ 제1항에 따라 허가를 받은 경우에는 「국토의 계획 및 이용에 관한 법률」 제56조에 따라 허가를 받은 것으로 본다.
⑦ 국토교통부장관, 시·도지사, 시장, 군수 또는 구청장(자치구의 구청장을 말한다. 이하 같다)은 비경제적인 건축행위 및 투기 수요의 유입을 막기 위하여 제6조제1항에 따라 기본계획을 공람 중인 정비예정구역 또는 정비계획을 수립 중인 지역에 대하여 3년 이내의 기간(1년의 범위에서 한 차례만 연장할 수 있다)을 정하여 대통령령으로 정하는 방법과 절차에 따라 다음 각 호의 행위

를 제한할 수 있다.
1. 건축물의 건축
2. 토지의 분할
⑧ 정비예정구역 또는 정비구역(이하 "정비구역등"이라 한다)에서는 「주택법」 제2조제11호가목에 따른 지역주택조합의 조합원을 모집해서는 아니 된다. <신설 2018. 6. 12.>

(1) 행위허가의 대상 등 (시행령 제15조)

① 법 제19조제1항에 따라 시장·군수등의 허가를 받아야 하는 행위는 다음 각 호와 같다. <개정 2021. 1. 5.>
  1. 건축물의 건축 등: 「건축법」 제2조제1항제2호에 따른 건축물(가설건축물을 포함한다)의 건축, 용도변경
  2. 공작물의 설치: 인공을 가하여 제작한 시설물(「건축법」 제2조제1항제2호에 따른 건축물을 제외한다)의 설치
  3. 토지의 형질변경: 절토(땅깎기)·성토(흙쌓기)·정지(땅고르기)·포장 등의 방법으로 토지의 형상을 변경하는 행위, 토지의 굴착 또는 공유수면의 매립
  4. 토석의 채취: 흙·모래·자갈·바위 등의 토석을 채취하는 행위. 다만, 토지의 형질변경을 목적으로 하는 것은 제3호에 따른다.
  5. 토지분할
  6. 물건을 쌓아놓는 행위 : 이동이 쉽지 아니한 물건을 1개월 이상 쌓아놓는 행위
  7. 죽목의 벌채 및 식재
② 시장·군수등은 법 제19조제1항에 따라 제1항 각 호의 행위에 대한 허가를 하려는 경우로서 사업시행자가 있는 경우에는 미리 그 사업시행자의 의견을 들어야 한다.
③ 법 제19조제2항제2호에서 "대통령령으로 정하는 행위"란 다음 각 호의 어느 하나에 해당하는 행위로서 「국토의 계획 및 이용에 관한 법률」 제56조에 따른 개발행위허가의 대상이 아닌 것을 말한다.
  1. 농림수산물의 생산에 직접 이용되는 것으로서 국토교통부령으로 정하는 간이공작물의 설치
  2. 경작을 위한 토지의 형질변경
  3. 정비구역의 개발에 지장을 주지 아니하고 자연경관을 손상하지 아니하는 범위에서의 토석의 채취
  4. 정비구역에 존치하기로 결정된 대지에 물건을 쌓아놓는 행위

5. 관상용 죽목의 임시식재(경작지에서의 임시식재는 제외한다)
④ 법 제19조제3항에 따라 신고하여야 하는 자는 정비구역이 지정·고시된 날부터 30일 이내에 그 공사 또는 사업의 진행상황과 시행계획을 첨부하여 관할 시장·군수등에게 신고하여야 한다.

(2) 행위제한 등 (시행령 제16조)

① 국토교통부장관, 시·도지사, 시장, 군수 또는 구청장(자치구의 구청장을 말한다. 이하 같다)이 법 제19조제7항에 따라 행위를 제한하려는 때에는 제한지역·제한사유·제한대상행위 및 제한기간을 미리 고시하여야 한다.
② 제1항에 따라 행위를 제한하려는 자가 국토교통부장관인 경우에는 「국토의 계획 및 이용에 관한 법률」 제106조에 따른 중앙도시계획위원회(이하 "중앙도시계획위원회"라 한다)의 심의를 거쳐야 하며, 시·도지사, 시장, 군수 또는 구청장인 경우에는 같은 법 제113조에 따라 해당 지방자치단체에 설치된 지방도시계획위원회(이하 "지방도시계획위원회"라 한다)의 심의를 거쳐야 한다.
③ 행위를 제한하려는 자가 국토교통부장관 또는 시·도지사인 경우에는 중앙도시계획위원회 또는 지방도시계획위원회의 심의 전에 미리 제한하려는 지역을 관할하는 시장·군수등의 의견을 들어야 한다.
④ 제1항에 따른 고시는 국토교통부장관이 하는 경우에는 관보에, 시·도지사, 시장, 군수 또는 구청장이 하는 경우에는 해당 지방자치단체의 공보에 게재하는 방법으로 한다.
⑤ 법 제19조제7항에 따라 행위가 제한된 지역에서 같은 항 각 호의 행위를 하려는 자는 시장·군수등의 허가를 받아야 한다.

(3) 간이공작물 (시행규칙 제5조)

영 제15조제3항제1호에서 "국토교통부령으로 정하는 간이공작물"이란 다음 각 호의 공작물을 말한다.
 1. 비닐하우스
 2. 양잠장
 3. 고추, 잎담배, 김 등 농림수산물의 건조장
 4. 버섯재배사
 5. 종묘배양장
 6. 퇴비장
 7. 탈곡장

8. 그 밖에 제1호부터 제7호까지와 비슷한 공작물로서 국토교통부장관이 정하여 관보에 고시하는 공작물

17. 정비구역등 해제 (법 제20조)

① 정비구역의 지정권자는 다음 각 호의 어느 하나에 해당하는 경우에는 정비구역등을 해제하여야 한다. <개정 2018. 6. 12.>
   1. 정비예정구역에 대하여 기본계획에서 정한 정비구역 지정 예정일부터 3년이 되는 날까지 특별자치시장, 특별자치도지사, 시장 또는 군수가 정비구역을 지정하지 아니하거나 구청장등이 정비구역의 지정을 신청하지 아니하는 경우
   2. 재개발사업·재건축사업[제35조에 따른 조합(이하 "조합"이라 한다)이 시행하는 경우로 한정한다]이 다음 각 목의 어느 하나에 해당하는 경우
      가. 토지등소유자가 정비구역으로 지정·고시된 날부터 2년이 되는 날까지 제31조에 따른 조합설립추진위원회(이하 "추진위원회"라 한다)의 승인을 신청하지 아니하는 경우
      나. 토지등소유자가 정비구역으로 지정·고시된 날부터 3년이 되는 날까지 제35조에 따른 조합설립인가(이하 "조합설립인가"라 한다)를 신청하지 아니하는 경우(제31조제4항에 따라 추진위원회를 구성하지 아니하는 경우로 한정한다)
      다. 추진위원회가 추진위원회 승인일부터 2년이 되는 날까지 조합설립인가를 신청하지 아니하는 경우
      라. 조합이 조합설립인가를 받은 날부터 3년이 되는 날까지 제50조에 따른 사업시행계획인가(이하 "사업시행계획인가"라 한다)를 신청하지 아니하는 경우
   3. 토지등소유자가 시행하는 재개발사업으로서 토지등소유자가 정비구역으로 지정·고시된 날부터 5년이 되는 날까지 사업시행계획인가를 신청하지 아니하는 경우
② 구청장등은 제1항 각 호의 어느 하나에 해당하는 경우에는 특별시장·광역시장에게 정비구역등의 해제를 요청하여야 한다.
③ 특별자치시장, 특별자치도지사, 시장, 군수 또는 구청장등이 다음 각 호의 어느 하나에 해당하는 경우에는 30일 이상 주민에게 공람하여 의견을 들어야 한다.
   1. 제1항에 따라 정비구역등을 해제하는 경우
   2. 제2항에 따라 정비구역등의 해제를 요청하는 경우

④ 특별자치시장, 특별자치도지사, 시장, 군수 또는 구청장등은 제3항에 따른 주민공람을 하는 경우에는 지방의회의 의견을 들어야 한다. 이 경우 지방의회는 특별자치시장, 특별자치도지사, 시장, 군수 또는 구청장등이 정비구역등의 해제에 관한 계획을 통지한 날부터 60일 이내에 의견을 제시하여야 하며, 의견제시 없이 60일이 지난 경우 이의가 없는 것으로 본다.
⑤ 정비구역의 지정권자는 제1항부터 제4항까지의 규정에 따라 정비구역등의 해제를 요청받거나 정비구역등을 해제하려면 지방도시계획위원회의 심의를 거쳐야 한다. 다만, 「도시재정비 촉진을 위한 특별법」 제5조에 따른 재정비촉진지구에서는 같은 법 제34조에 따른 도시재정비위원회의 심의를 거쳐 정비구역등을 해제하여야 한다.
⑥ 제1항에도 불구하고 정비구역의 지정권자는 다음 각 호의 어느 하나에 해당하는 경우에는 제1항제1호부터 제3호까지의 규정에 따른 해당 기간을 2년의 범위에서 연장하여 정비구역등을 해제하지 아니할 수 있다.
  1. 정비구역등의 토지등소유자(조합을 설립한 경우에는 조합원을 말한다)가 100분의 30 이상의 동의로 제1항제1호부터 제3호까지의 규정에 따른 해당 기간이 도래하기 전까지 연장을 요청하는 경우
  2. 정비사업의 추진 상황으로 보아 주거환경의 계획적 정비 등을 위하여 정비구역등의 존치가 필요하다고 인정하는 경우
⑦ 정비구역의 지정권자는 제5항에 따라 정비구역등을 해제하는 경우(제6항에 따라 해제하지 아니한 경우를 포함한다)에는 그 사실을 해당 지방자치단체의 공보에 고시하고 국토교통부장관에게 통보하여야 하며, 관계 서류를 일반인이 열람할 수 있도록 하여야 한다.

질의 1

2012.2.1.개정 도정법 제4조의3제1항제2호다목 규정의 적용 ('12. 2. 20.)

2004년 8월에 조합설립추진위원회가 구성승인 되었고, 2009년 2월에 정비구역 지정고시 된 주택재개발정비사업구역에 대하여 2012.2.1.개정되어 시행 중인 도정법 제4조의3제1항제2호다목의 규정을 적용할 수 있는지

회신내용

도정법 제4조의3제1항제2호다목의 개정규정은 같은 법 부칙 〈제11293호, 2012.2.1.〉 제3조에 따라 이 법 시행 후 최초로 같은법 제4조에 따라 정비계획을 수립(변경수립은 제

외)하는 분부터 적용하도록 하고 있음

출처 : 국토교통부

> **질의 2**
>
> ## 주거환경개선사업에 도정법 제4조의3제4항제1호 적용 여부 ('12. 2. 22.)
>
> 「도시저소득주민의 주거환경개선을 위한 임시조치법」(이하'임시조치법'이라 한다)에 따라 사업시행인가를 받은 주거환경개선사업구역에 대하여 2012.2.1. 개정(2012.2.1. 시행)된 도정법 제4조의3제4항제1호의 규정을 적용할 수 있는지 아니면 임시조치법을 적용하여야 하는지

> **회신내용**
>
> 가. 도정법 부칙〈제6852호, 2002.12.30.〉제5조제1항에 따르면 도정법 시행 후 4년(2007.6.30.)까지 종전 임시조치법을 적용하여 정비사업을 시행할 수 있도록 하고 있고, 같은 법 부칙 제7조제1항에 따르면 종전법률인 임시조치법에 의하여 사업계획의 승인이나 사업시행인가를 받아 시행중인 것은 종전의 규정에 의한다고 규정하고 있으므로, 종전규정인 「도시저소득주민의 주거환경개선을 위한 임시조치법」에 의하여 사업계획승인을 받은 정비사업의 시행은 종전의 규정에 따라서 시행할 수 있을 것으로 사료됨
>
> 나. 다만, 2012.2.1 개정·시행된 도정법 제4조의3제4항제1호의 규정은 정비사업의 시행이나 추진이 어려운 지역의 조합해산 및 정비구역 해제가 가능하도록 한 것이고, 동 규정을 적용함에 있어 임시조치법에 따라 시행된 정비사업에 대해 적용을 배제하는 별도의 경과규정 등을 두고 있지 아니한점 등을 고려할 때, 종전 법률에 의하여 사업시행인가 등을 받은 구역도 도정법 제4조의3제4항제1호에 해당되는 경우에는 동 규정의 적용이 가능할 것으로 사료됨

출처 : 국토교통부

> **질의 3**
>
> ## 추진위원회 해산 시 정비구역해제 가능 여부 ('12. 3. 27.)
>
> 운영규정 제5조제3항에 따라 추진위원회설립에 동의한 토지등소유자의 2/3이상(또는 토지등소유자 과반수)의 동의를 얻어 시장·군수에게 신고함으로써 추진위

원회가 해산된 경우 도정법 제4조의3제1항제5호에 따라 정비구역 등의 해제를 요청하여야 하는지 여부

회신내용

도정법 제4조의3제1항제5호는 같은 법 제16조의2에 따라 추진위원회 승인이 취소되는 경우에 시장·군수가 시·도지사 또는 대도시의 시장에게 정비구역등의 해제를 요청하도록 하는 것이므로, 운영규정에 따라 신고함으로써 추진위원회가 해산되어 정비구역등의 해제가 필요한 경우에는 도정법 제4조의3제4항제1호 및 제2호에 따라 시·도지사 또는 대도시의 시장이 지방도시계획위원회의 심의를 거쳐 정비구역등의 지정을 해제할 수 있을 것임

출처 : 국토교통부

질의 4

도정법 제4조의3제1항 적용 대상 여부 ('12. 4. 19.)

2009.2.25. 추진위원회 승인을 받고 현재 정비구역지정을 위해 서울시에 계류중에 있는 경우 도정법 제4조의3제1항제2호다목에 따른 정비구역 해제 사유가 되는지 여부

회신내용

가. 도정법 제4조의3제1항제2호다목에 따르면 주택재개발사업·주택재건축사업이 시행되는 경우로서 추진위원회가 추진위원회승인일로부터 2년이 되는 날까지 제16조에 따른 조합 설립인가를 신청하지 아니하는 경우 시장·군수는 시·도지사 또는 대도시의 시장에게 정비구역등의 해제를 요청하도록 하고 있으나, 부칙<법률 제11293호, 2012.2.1> 제3조에서 제4조의3제1항제2호다목의 개정규정은 이 법 시행 후 최초로 제4조에 따라 정비계획을 수립(변경수립은 제외한다)하는 분부터 적용하도록 하고 있어, 이 법 시행 당시 이미 추진위원회승인을 받은 경우에는 동 규정의 적용 대상에서 제외됨

나. 다만, 같은 법 제4조의3제1항제5호에 따라 법 제16조의2에 따라 추진위원회의 승인이 취소되는 경우 시장·군수는 시·도지사 또는 대도시의 시장에게 정비구역등의 해제를 요청하도록 하고 있음

출처 : 국토교통부

질의 5

도정법 제4조의3제4항제3호의 정비구역 해제 동의서 양식 ('12. 5. 25.)

○○재정비 촉진구역은 추진위원회가 구성되지 않은 구역으로 도정법 제4조의3제4항제3호에 따라 정비구역을 해제할 수 있는지와 이때 토지등소유자의 정비구역 해제 동의서 양식은

회신내용

가. 도정법 제4조의3제4항제3호에 따라 시·도지사 또는 대도시의 시장은 추진위원회가 구성되지 않은 구역에 대하여 토지등소유자의 100분의 30 이상이 정비구역등의 해제를 요청하는 경우 지방도시계획위원회의 심의를 거쳐 정비구역등의 지정을 해제할 수 있음

나. 또한, 이 경우 동의서식 및 동의방법에 대하여는 별도 규정하고 있지 않으나, 동의서식은 토지등소유자의 동의자 인적사항, 동의내용, 동의일자 등을 포함하는 서식을 작성·활용하는 것이 바람직 할 것이며, 동의방법은 개정된 도정법 제17조제1항 시행일(2012.8.2.) 전에는 인감도장(인감증명서첨부)을 사용한 동의방법으로 하고, 시행일부터는 개정내용에 따라 지장 날인 및 자필서명(신분증명서 사본 첨부)의 방법으로 동의를 받는 것이 바람직

출처 : 국토교통부

질의 6

도정법 제4조의3제4항에 따른 정비구역등 해제 가능 여부 ('12. 9. 10.)

도정법 제4조의3제4항 각 호에 따라 정비사업의 시행에 따른 토지등소유자의 과도한 부담이 예상되는 경우, 정비예정구역 또는 정비구역의 추진 상황으로 보아 지정 목적을 달성할 수 없다고 인정하는 경우 등의 사유로 정비구역 등을 해제를 할 수 있는지

회신내용

도정법 제4조의3제4항에 따라 정비사업의 시행에 따른 토지등소유자의 과도한 부담이 예상되는 경우, 정비예정구역 또는 정비구역의 추진 상황으로 보아 지정 목적을 달성할 수 없다고 인정하는 경우, 토지등소유자의 100분의 30 이상이 정비구역 등(추진위원회

가 구성되지 아니한 구역에 한한다)의 해제를 요청하는 경우 시·도지사 또는 대도시 시장은 지방도시계획위원회의 심의를 거쳐 정비구역 등의 지정을 해제 할 수 있도록 하고 있음

출처 : 국토교통부

질의 7

도정법 제4조의3의 적용 여부 및 철거업체 수의계약 가능 여부 ('12. 10. 2.)

가. 2009.8.6. 조합설립인가를 받은 이후 2012.8.6. 현재까지 사업시행인가를 득하지 못하였을 경우 정비구역등 해제가 가능한지
나. 조합정관에서 정한 임원의 임기가 만료된 임원이 직무를 계속 수행할 수 있는지
다. 2009.8.6. 조합설립인가를 받은 재개발 조합이 철거업체 선정을 조합원 총회에서 수의계약으로 선정하는 것이 타당한지

회신내용

가. 도정법 제4조의3 및 부칙<제11293호. 2012.2.1> 제3조에 따르면 시장·군수는 조합이 조합설립인가를 받은 날부터 3년이 되는 날까지 사업시행인가를 신청하지 아니하는 경우 시·도지사 또는 대도시의 시장에게 정비구역등의 해제를 요청하도록 하고 있으며, 동 규정은 이법 시행(2012.2.1일) 후 최초로 정비계획을 수립(변경수립은 제외한다)하는 분부터 적용하도록 하고 있음
나. 도정법 제20조제1항제5호 및 제6호 같은 법 시행령 제31조에 따르면 조합임원의 수 및 업무의 범위, 조합임원의 권리·의무·보수·선임방법·변경 및 해임에 관한 사항, 임원의 임기, 업무의 분담 및 대행 등에 관한 사항은 조합정관에 정하도록 하고 있으므로, 질의하신 임기가 만료된 임원의 직무 수행여부에 대하여는 해당 조합의 정관에 따라 판단하여야 할 사항임
다. 도정법 제11조 제4항 및 부칙<제10268호, 2010.4.15>에 따르면 사업시행자는 시공자와 공사에 관한 계약을 체결할 때에는 기존 건축물의 철거 공사에 관한 사항을 포함하도록 하고 있으며, 동 규정은 이 법 시행(2010.4.15) 후 최초로 조합이 설립인가를 받은 분부터 적용하도록 하고 있음

출처 : 국토교통부

18. 정비구역등의 직권해제

가. 정비구역등의 직권해제 (법 제21조)

① 정비구역의 지정권자는 다음 각 호의 어느 하나에 해당하는 경우 지방도시계획위원회의 심의를 거쳐 정비구역등을 해제할 수 있다. 이 경우 제1호 및 제2호에 따른 구체적인 기준 등에 필요한 사항은 시·도조례로 정한다. <개정 2019. 4. 23., 2020. 6. 9.>
  1. 정비사업의 시행으로 토지등소유자에게 과도한 부담이 발생할 것으로 예상되는 경우
  2. 정비구역등의 추진 상황으로 보아 지정 목적을 달성할 수 없다고 인정되는 경우
  3. 토지등소유자의 100분의 30 이상이 정비구역등(추진위원회가 구성되지 아니한 구역으로 한정한다)의 해제를 요청하는 경우
  4. 제23조제1항제1호에 따른 방법으로 시행 중인 주거환경개선사업의 정비구역이 지정·고시된 날부터 10년 이상 지나고, 추진 상황으로 보아 지정 목적을 달성할 수 없다고 인정되는 경우로서 토지등소유자의 과반수가 정비구역의 해제에 동의하는 경우
  5. 추진위원회 구성 또는 조합 설립에 동의한 토지등소유자의 2분의 1 이상 3분의 2 이하의 범위에서 시·도조례로 정하는 비율 이상의 동의로 정비구역의 해제를 요청하는 경우(사업시행계획인가를 신청하지 아니한 경우로 한정한다)
  6. 추진위원회가 구성되거나 조합이 설립된 정비구역에서 토지등소유자 과반수의 동의로 정비구역의 해제를 요청하는 경우(사업시행계획인가를 신청하지 아니한 경우로 한정한다)
② 제1항에 따른 정비구역등의 해제의 절차에 관하여는 제20조제3항부터 제5항까지 및 제7항을 준용한다.
③ 제1항에 따라 정비구역등을 해제하여 추진위원회 구성승인 또는 조합설립인가가 취소되는 경우 정비구역의 지정권자는 해당 추진위원회 또는 조합이 사용한 비용의 일부를 대통령령으로 정하는 범위에서 시·도조례로 정하는 바에 따라 보조할 수 있다.

(1) 추진위원회 및 조합 비용의 보조 (시행령 제17조)

① 법 제21조제3항에서 "대통령령으로 정하는 범위"란 다음 각 호의 비용을 말한다.

1. 정비사업전문관리 용역비
2. 설계 용역비
3. 감정평가비용
4. 그 밖에 해당 법 제31조에 따른 조합설립추진위원회(이하 "추진위원회"라 한다) 및 조합이 법 제32조, 제44조 및 제45조에 따른 업무를 수행하기 위하여 사용한 비용으로서 시·도조례로 정하는 비용

② 제1항에 따른 비용의 보조 비율 및 보조 방법 등에 필요한 사항은 시·도조례로 정한다.

19. 도시재생선도지역 지정 요청 (법 제21조의2)

제20조 또는 제21조에 따라 정비구역등이 해제된 경우 정비구역의 지정권자는 해제된 정비구역등을 「도시재생 활성화 및 지원에 관한 특별법」에 따른 도시재생선도지역으로 지정하도록 국토교통부장관에게 요청할 수 있다. [본조신설 2019. 4. 23.]

20. 정비구역등 해제의 효력 (법 제22조)

① 제20조 및 제21조에 따라 정비구역등이 해제된 경우에는 정비계획으로 변경된 용도지역, 정비기반시설 등은 정비구역 지정 이전의 상태로 환원된 것으로 본다. 다만, 제21조제1항제4호의 경우 정비구역의 지정권자는 정비기반시설의 설치 등 해당 정비사업의 추진 상황에 따라 환원되는 범위를 제한할 수 있다.
② 제20조 및 제21조에 따라 정비구역등(재개발사업 및 재건축사업을 시행하려는 경우로 한정한다. 이하 이 항에서 같다)이 해제된 경우 정비구역의 지정권자는 해제된 정비구역등을 제23조제1항제1호의 방법으로 시행하는 주거환경개선구역(주거환경개선사업을 시행하는 정비구역을 말한다. 이하 같다)으로 지정할 수 있다. 이 경우 주거환경개선구역으로 지정된 구역은 제7조에 따른 기본계획에 반영된 것으로 본다.
③ 제20조제7항 및 제21조제2항에 따라 정비구역등이 해제·고시된 경우 추진위원회 구성승인 또는 조합설립인가는 취소된 것으로 보고, 시장·군수등은 해당 지방자치단체의 공보에 그 내용을 고시하여야 한다.

제3장 정비사업의 시행

제1절 정비사업의 시행방법 등

1. 정비사업의 시행방법

가. 정비사업의 시행방법 (법 제23조)

① 주거환경개선사업은 다음 각 호의 어느 하나에 해당하는 방법 또는 이를 혼용하는 방법으로 한다.
  1. 제24조에 따른 사업시행자가 정비구역에서 정비기반시설 및 공동이용시설을 새로 설치하거나 확대하고 토지등소유자가 스스로 주택을 보전·정비하거나 개량하는 방법
  2. 제24조에 따른 사업시행자가 제63조에 따라 정비구역의 전부 또는 일부를 수용하여 주택을 건설한 후 토지등소유자에게 우선 공급하거나 대지를 토지등소유자 또는 토지등소유자 외의 자에게 공급하는 방법
  3. 제24조에 따른 사업시행자가 제69조제2항에 따라 환지로 공급하는 방법
  4. 제24조에 따른 사업시행자가 정비구역에서 제74조에 따라 인가받은 관리처분계획에 따라 주택 및 부대시설·복리시설을 건설하여 공급하는 방법
② 재개발사업은 정비구역에서 제74조에 따라 인가받은 관리처분계획에 따라 건축물을 건설하여 공급하거나 제69조제2항에 따라 환지로 공급하는 방법으로 한다.
③ 재건축사업은 정비구역에서 제74조에 따라 인가받은 관리처분계획에 따라 주택, 부대시설·복리시설 및 오피스텔(「건축법」 제2조제2항에 따른 오피스텔을 말한다. 이하 같다)을 건설하여 공급하는 방법으로 한다. 다만, 주택단지에 있지 아니하는 건축물의 경우에는 지형여건·주변의 환경으로 보아 사업 시행상 불가피한 경우로서 정비구역으로 보는 사업에 한정한다.
④ 제3항에 따라 오피스텔을 건설하여 공급하는 경우에는 「국토의 계획 및 이용에 관한 법률」에 따른 준주거지역 및 상업지역에서만 건설할 수 있다. 이 경우 오피스텔의 연면적은 전체 건축물 연면적의 100분의 30 이하이어야 한다.

(1) 관리처분의 방법 등 (시행령 제63조)

① 법 제23조제1항제4호의 방법으로 시행하는 주거환경개선사업과 재개발사업의

경우 법 제74조제4항에 따른 관리처분은 다음 각 호의 방법에 따른다.
1. 시·도조례로 분양주택의 규모를 제한하는 경우에는 그 규모 이하로 주택을 공급할 것
2. 1개의 건축물의 대지는 1필지의 토지가 되도록 정할 것. 다만, 주택단지의 경우에는 그러하지 아니하다.
3. 정비구역의 토지등소유자(지상권자는 제외한다. 이하 이 항에서 같다)에게 분양할 것. 다만, 공동주택을 분양하는 경우 시·도조례로 정하는 금액·규모·취득 시기 또는 유형에 대한 기준에 부합하지 아니하는 토지등소유자는 시·도조례로 정하는 바에 따라 분양대상에서 제외할 수 있다.
4. 1필지의 대지 및 그 대지에 건축된 건축물(법 제79조제4항 전단에 따라 보류지로 정하거나 조합원 외의 자에게 분양하는 부분은 제외한다)을 2인 이상에게 분양하는 때에는 기존의 토지 및 건축물의 가격(제93조에 따라 사업시행방식이 전환된 경우에는 환지예정지의 권리가액을 말한다. 이하 제7호에서 같다)과 제59조제4항 및 제62조제3호에 따라 토지등소유자가 부담하는 비용(재개발사업의 경우에만 해당한다)의 비율에 따라 분양할 것
5. 분양대상자가 공동으로 취득하게 되는 건축물의 공용부분은 각 권리자의 공유로 하되, 해당 공용부분에 대한 각 권리자의 지분비율은 그가 취득하게 되는 부분의 위치 및 바닥면적 등의 사항을 고려하여 정할 것
6. 1필지의 대지 위에 2인 이상에게 분양될 건축물이 설치된 경우에는 건축물의 분양면적의 비율에 따라 그 대지소유권이 주어지도록 할 것(주택과 그 밖의 용도의 건축물이 함께 설치된 경우에는 건축물의 용도 및 규모 등을 고려하여 대지지분이 합리적으로 배분될 수 있도록 한다). 이 경우 토지의 소유관계는 공유로 한다.
7. 주택 및 부대시설·복리시설의 공급순위는 기존의 토지 또는 건축물의 가격을 고려하여 정할 것. 이 경우 그 구체적인 기준은 시·도조례로 정할 수 있다.
② 재건축사업의 경우 법 제74조제4항에 따른 관리처분은 다음 각 호의 방법에 따른다. 다만, 조합이 조합원 전원의 동의를 받아 그 기준을 따로 정하는 경우에는 그에 따른다.
1. 제1항제5호 및 제6호를 적용할 것
2. 부대시설·복리시설(부속토지를 포함한다. 이하 이 호에서 같다)의 소유자에게는 부대시설·복리시설을 공급할 것. 다만, 다음 각 목의 어느 하나에 해당하는 경우에는 1주택을 공급할 수 있다.
   가. 새로운 부대시설·복리시설을 건설하지 아니하는 경우로서 기존 부대시설·복리시설의 가액이 분양주택 중 최소분양단위규모의 추산액에 정관

등으로 정하는 비율(정관등으로 정하지 아니하는 경우에는 1로 한다. 이하 나목에서 같다)을 곱한 가액보다 클 것
나. 기존 부대시설·복리시설의 가액에서 새로 공급받는 부대시설·복리시설의 추산액을 뺀 금액이 분양주택 중 최소분양단위규모의 추산액에 정관등으로 정하는 비율을 곱한 가액보다 클 것
다. 새로 건설한 부대시설·복리시설 중 최소분양단위규모의 추산액이 분양주택 중 최소분양단위규모의 추산액보다 클 것

(2) 주택의 공급 등 (시행령 제66조)

법 제23조제1항제1호부터 제3호까지의 방법으로 시행하는 주거환경개선사업의 사업시행자 및 같은 항 제2호에 따라 대지를 공급받아 주택을 건설하는 자가 법 제79조제3항에 따라 정비구역에 주택을 건설하는 경우 주택의 공급에 관하여는 별표 2에 규정된 범위에서 시장·군수등의 승인을 받아 사업시행자가 따로 정할 수 있다.

질의 1

주거환경개선사업을 다른 정비사업으로 변경 시행 가능 여부 ('12. 6. 29.)

도정법 제6조제1항제1호의 현지개량방법에 따라 시행한 주거환경개선사업을 재개발 등 다른 정비사업의 시행이 가능한지

회신내용

개정('12.2.1공포)된 도정법 제4조의3 제1항제4호에는 같은 법 제6조제1항제1호에 따른 방법으로 시행하고 있는 주거환경개선사업은 정비구역이 지정·고시된 날부터 15년 이상 경과하고 토지등 소유자의 3분의 2 이상이 정비구역의 해제에 동의하는 경우 정비구역 등을 해제할 수 있도록 하고 있음

출처 : 국토교통부

질의 2

소필지 소유자에게 기존 건축물면적을 신축건축물로 분양할 수 있는지 ('12. 7. 26.)

소필지 소유자의 재정착을 위하여 소필지 소유자에게 기존의 건축물면적을 신축건축물로 분양할 수 있다는 내용으로 정관을 작성할 경우 위법한지

회신내용

도정법 시행령 제52조제1항제3호에 따르면 주택재개발사업 및 도시환경정비사업의 경우 정비구역안의 토지등소유자에게 분양하도록 하면서 공동주택을 분양하는 경우 시·도 조례로 정하는 금액·규모·취득 시기 또는 유형에 대한 기준에 부합하지 아니하는 토지등소유자는 시·도 조례로 정하는 바에 의하여 분양대상에서 제외할 수 있다고 하고 있음

출처 : 국토교통부

질의 3

일반상업지역내 재건축조합인가를 득한 경우 사업계획승인 ('12. 7. 18.)

일반상업지역내 지구단위계획구역으로 재건축조합설립인가를 득한 경우「주택법 시행령」제15조제2항에 따라 300세대 이상의 주택건립과 주택외의 시설물을 동일건축물로 건축하지 않으면 사업계획승인을 득할 수 없는지

회신내용

도정법 제6조제3항에 따르면 주택재건축사업은 정비구역안 또는 정비구역이 아닌 구역에서 도정법 제48조의 규정에 의하여 인가받은 관리처분계획에 따라 주택 및 부대·복리시설을 건설하여 공급하는 방법에 의하도록 하고 있음

출처 : 국토교통부

2. 주거환경개선사업의 시행자

가. 주거환경개선사업의 시행자 (법 제24조)

① 제23조제1항제1호에 따른 방법으로 시행하는 주거환경개선사업은 시장·군수

등이 직접 시행하되, 토지주택공사등을 사업시행자로 지정하여 시행하게 하려는 경우에는 제15조제1항에 따른 공람공고일 현재 토지등소유자의 과반수의 동의를 받아야 한다.
② 제23조제1항제2호부터 제4호까지의 규정에 따른 방법으로 시행하는 주거환경개선사업은 시장·군수등이 직접 시행하거나 다음 각 호에서 정한 자에게 시행하게 할 수 있다.
  1. 시장·군수등이 다음 각 목의 어느 하나에 해당하는 자를 사업시행자로 지정하는 경우
    가. 토지주택공사등
    나. 주거환경개선사업을 시행하기 위하여 국가, 지방자치단체, 토지주택공사등 또는 「공공기관의 운영에 관한 법률」 제4조에 따른 공공기관이 총지분의 100분의 50을 초과하는 출자로 설립한 법인
  2. 시장·군수등이 제1호에 해당하는 자와 다음 각 목의 어느 하나에 해당하는 자를 공동시행자로 지정하는 경우
    가. 「건설산업기본법」 제9조에 따른 건설업자(이하 "건설업자"라 한다)
    나. 「주택법」 제7조제1항에 따라 건설업자로 보는 등록사업자(이하 "등록사업자"라 한다)
③ 제2항에 따라 시행하려는 경우에는 제15조제1항에 따른 공람공고일 현재 해당 정비예정구역의 토지 또는 건축물의 소유자 또는 지상권자의 3분의 2 이상의 동의와 세입자(제15조제1항에 따른 공람공고일 3개월 전부터 해당 정비예정구역에 3개월 이상 거주하고 있는 자를 말한다) 세대수의 과반수의 동의를 각각 받아야 한다. 다만, 세입자의 세대수가 토지등소유자의 2분의 1 이하인 경우 등 대통령령으로 정하는 사유가 있는 경우에는 세입자의 동의절차를 거치지 아니할 수 있다.
④ 시장·군수등은 천재지변, 그 밖의 불가피한 사유로 건축물이 붕괴할 우려가 있어 긴급히 정비사업을 시행할 필요가 있다고 인정하는 경우에는 제1항 및 제3항에도 불구하고 토지등소유자 및 세입자의 동의 없이 자신이 직접 시행하거나 토지주택공사등을 사업시행자로 지정하여 시행하게 할 수 있다. 이 경우 시장·군수등은 지체 없이 토지등소유자에게 긴급한 정비사업의 시행 사유·방법 및 시기 등을 통보하여야 한다.

(1) 세입자 동의의 예외 (시행령 제18조)

법 제24조제3항 단서에서 "세입자의 세대수가 토지등소유자의 2분의 1 이하인 경우 등 대통령령으로 정하는 사유"란 다음 각 호의 어느 하나에 해당하는 것을

말한다.
1. 세입자의 세대수가 토지등소유자의 2분의 1 이하인 경우
2. 법 제16조제2항에 따른 정비구역의 지정·고시일 현재 해당 지역이 속한 시·군·구에 공공임대주택 등 세입자가 입주 가능한 임대주택이 충분하여 임대주택을 건설할 필요가 없다고 시·도지사가 인정하는 경우
3. 법 제23조제1항제1호, 제3호 또는 제4호에 따른 방법으로 사업을 시행하는 경우

3. 재개발사업·재건축사업의 시행자

가. 재개발사업·재건축사업의 시행자 (법 제25조)

① 재개발사업은 다음 각 호의 어느 하나에 해당하는 방법으로 시행할 수 있다.
1. 조합이 시행하거나 조합이 조합원의 과반수의 동의를 받아 시장·군수등, 토지주택공사등, 건설업자, 등록사업자 또는 대통령령으로 정하는 요건을 갖춘 자와 공동으로 시행하는 방법
2. 토지등소유자가 20인 미만인 경우에는 토지등소유자가 시행하거나 토지등소유자가 토지등소유자의 과반수의 동의를 받아 시장·군수등, 토지주택공사등, 건설업자, 등록사업자 또는 대통령령으로 정하는 요건을 갖춘 자와 공동으로 시행하는 방법
② 재건축사업은 조합이 시행하거나 조합이 조합원의 과반수의 동의를 받아 시장·군수등, 토지주택공사등, 건설업자 또는 등록사업자와 공동으로 시행할 수 있다.

(1) 재개발사업의 공동시행자 요건 (시행령 제19조)

법 제25조제1항제1호 및 제2호에서 "대통령령으로 정하는 요건을 갖춘 자"란 각각 「자본시장과 금융투자업에 관한 법률」 제8조제7항에 따른 신탁업자(이하 "신탁업자"라 한다)와 「한국부동산원법」에 따른 한국부동산원(이하 "한국부동산원"이라 한다)을 말한다. <개정 2020. 12. 8.>

(2) 규제의 재검토 (시행령 제98조)

국토교통부장관은 다음 각 호의 사항에 대하여 2017년 1월 1일을 기준으로 3년마다(매 3년이 되는 해의 기준일과 같은 날 전까지를 말한다) 그 타당성을 검

토하여 개선 등의 조치를 하여야 한다.
1. 제7조 및 별표 1에 따른 정비계획의 입안대상지역
2. 제19조 및 제21조에 따른 공동시행자 및 지정개발자의 요건
3. 제59조에 따른 분양신청의 절차 등
4. 제81조 및 별표 4에 따른 정비사업전문관리업의 등록기준
5. 제84조 및 별표 5에 따른 정비사업전문관리업자의 등록취소 및 업무정지처분의 기준
6. 제88조에 따른 회계감사

질의 1

도정법 시행령 제28조제1항제1호다목 단서 "종전 소유자"의 의미 ('12. 10. 19.)

도정법 시행령 제28조제1항제1호다목 단서에서 "종전 소유자"라 함은 정비구역 지정 후 정비사업을 목적으로 토지 또는 건축물을 취득한 자의 직전 소유자를 의미하는지

회신내용

> 도정법 시행령 제28조제1항제1호다목 단서에 따라 도시환경정비사업의 경우 토지등소유자가 정비구역 지정 후에 정비사업을 목적으로 취득한 토지 또는 건축물에 대하여는 종전 소유자를 토지등소유자의 수에 포함하여 산정하도록 하고 있고, 이 경우 종전 소유자는 정비구역 지정 당시의 토지등소유자로 보아야 할 것으로 판단됨

출처 : 국토교통부

질의 2

소재불명자의 토지등소유자수 산정 ('12. 1. 2.)

건물등기부등본 및 건축물관리대장이 서로 상이하고, 소유자 주민등록번호가 기재되어 있으나 기재된 주소가 현재 주소와 상이하고, 해당 지역에 건축물 소재가 확인이 불분명한(없는) 경우 건물등기부등본 상에 등재된 소유자를 토지등소유자수에 포함·미포함 여부

회신내용

> 도정법 시행령 제28조제1항제4호에서 토지등기부등본·건물등기부등본·토지대장 및 건축물관리대장에 소유자로 등재될 당시 주민등록번호의 기재가 없고 기재된 주소가 현재 주소와 상이한 경우로서 소재가 확인되지 아니한 자는 토지등소유자의 수에서 제외하도록 하고 있음

출처 : 국토교통부

질의 3

공단 임대아파트 재건축의 도정법 적용 ('12. 11. 15.)

공단에서 단독으로 건축물(부대·복리시설포함) 및 그 부속토지를 소유자고 있는 임대아파트를 재건축하고자 하는 경우 도정법을 적용하여야 하는지

회신내용

> 가. 도정법 제8조제2항에 따라 주택재건축사업은 조합이 이를 시행하거나 조합이 조합원 과반수의 동의를 얻어 시장·군수 또는 주택공사등과 공동으로 이를 시행할 수 있도록 하고 있으므로, 귀 질의의 경우는 도정법에 따른 주택재건축사업 적용대상으로 보기 어려운 것으로 판단됨
> 나. 다만, 도정법 제8조제4항에 따르면 천재·지변 등의 불가피한 사유로 인하여 긴급히 정비사업을 시행할 필요가 있다고 인정되는 때 등 동조동항 각 호의 어느 하나에 해당하는 경우에는 시장·군수가 시행하거나 시장·군수가 토지등소유자 또는 주택공사등을 사업시행자로 지정하여 정비사업을 시행할 수 있도록 하고 있음

출처 : 국토교통부

질의 4

도시환경정비사업의 사업시행자 지위 ('12. 11. 27.)

가. 토지등소유자가 시행하는 도시환경정비사업의 사업시행자가 공매 등의 원인으로 토지등의 소유권을 상실한 경우 사업시행자 또는 업무대표자의 지위를 유지할 수 있는지

나. 토지등소유자 방식인 도시환경정비사업의 경우 사업시행자가 사업시행자 지위를 상실하는 경우, 「P토지등소유자가 자치적으로 정하여 운영하는 규약」ㅋ (이하 '자치규약'이라 한다)에 따라 토지등소유자 총회를 거쳐 선출된 사업시행자가 사업시행변경인가를 신청할 수 있는지

회신내용

가. 도정법 제8조제3항에 따라 토지등소유자가 시행하는 경우에는 해당 정비구역내 토지등소유자가 사업시행자가 되는 것이고, 해당 정비구역내 토지등소유권을 상실한 경우에는 토지등소유자로 볼 수 없을 것이므로 동 사업시행자의 지위가 상실된다고 봄

나. 도정법 시행령 제41조제4항제4호에 따르면 업무를 대표할 자 및 임원을 정하는 경우에는 그 자격·임기·업무분담·선임방법 및 업무대행에 관한 사항을 자치규약에 포함하도록 하고 있는 바, 해당 자치규약에서 정하는 업무대표자의 업무분담, 선임방법 및 업무대행 등에 따라 판단하여야 할 사항으로 보이나, 업무대표자가 토지등소유권을 상실하여 그 지위가 상실된 경우에는 자치규약에서 정하는 절차에 따라 새로이 선출된 업무대표자가 사업시행변경인가를 신청할 수 있을 것으로 판단됨

출처 : 국토교통부

질의 5

조합설립인가 취소 및 무효가 된 경우 해산된 추진위원회가 존속 여부 ('12. 6. 11.)

법원의 판결에 의해 조합설립인가 취소 및 무효가 된 경우 추진위원회 운영규정 제36조에 따라 이미 조합이 포괄 승계 후 해산된 추진위원회가 존속하는지 여부

회신내용

추진위원회가 조합설립인가 후 해산되었다고 하더라도 조합설립인가가 무효로 판명되었다면 해당 조합이 포괄 승계하였던 권리와 의무는 여전히 추진위원회에 남을 수밖에 없으므로, 그 범위 안에서는 아직 소멸하지 않고 존속한다고 보아야 할 것이고(부산고등법원 2010.7.23.선고 2010누1996 판결례 및 대법원 2010.12.23. 선고 2010두18611판결례 참조), 추진위원회가 조합설립인가 이전에 수립한 사업추진계획에 대한 승인의 효력 역시 유지되는 것이므로, 기존의 추진위원회는 다시 조합을 설립하여 정비사업을 시행할 수 있다는 법제처 해석(11-0104,2011.6.2.)이 있었음을 알려드림

출처 : 국토교통부

질의 6

개정 도정법 시행령 제28조제5항의 적용 ('12. 8. 20.)

동의철회를 위해서 시행령 개정(2012.7.31.) 전 징구한 인감증명과 반대서명은 유효한 것인지 아니면 새로이 지장과 자필서명을 받고 신분증 사본을 첨부하여 동의의 상대방 및 시장·군수에게 철회서를 발송해야 하는지

회신내용

도정법 시행령 제28조제5항에 따라 동의를 철회하거나 반대의 의사표시를 하려는 토지등소유자는 동의의 상대방 및 시장·군수에게 철회서에 토지등소유자의 지장을 날인하고 자필로 서명한 후 주민등록증 및 여권 등 신원을 확인할 수 있는 신분증명서 사본을 첨부하여 내용증명의 방법으로 발송하도록 하고 있으나, 동 시행령 부칙<제24007호, 2012.7.31> 제4조에 따라 제28조제5항의 개정규정은 이 영 시행(2012.8.2.) 후 토지등소유자가 동의의 상대방 및 시장·군수에게 철회서를 발송하는 경우부터 적용하도록 하고 있음

출처 : 국토교통부

4. 재개발사업·재건축사업의 공공시행자

가. 재개발사업·재건축사업의 공공시행자 (법 제26조)

① 시장·군수등은 재개발사업 및 재건축사업이 다음 각 호의 어느 하나에 해당하는 때에는 제25조에도 불구하고 직접 정비사업을 시행하거나 토지주택공사등(토지주택공사등이 건설업자 또는 등록사업자와 공동으로 시행하는 경우를 포함한다)을 사업시행자로 지정하여 정비사업을 시행하게 할 수 있다. <개정 2018. 6. 12.>
  1. 천재지변, 「재난 및 안전관리 기본법」 제27조 또는 「시설물의 안전 및 유지관리에 관한 특별법」 제23조에 따른 사용제한·사용금지, 그 밖의 불가피한 사유로 긴급하게 정비사업을 시행할 필요가 있다고 인정하는 때
  2. 제16조제2항 전단에 따라 고시된 정비계획에서 정한 정비사업시행 예정일부터 2년 이내에 사업시행계획인가를 신청하지 아니하거나 사업시행계획인가를 신청한 내용이 위법 또는 부당하다고 인정하는 때(재건축사업의 경우는 제외한다)

3. 추진위원회가 시장·군수등의 구성승인을 받은 날부터 3년 이내에 조합설립인가를 신청하지 아니하거나 조합이 조합설립인가를 받은 날부터 3년 이내에 사업시행계획인가를 신청하지 아니한 때
4. 지방자치단체의 장이 시행하는 「국토의 계획 및 이용에 관한 법률」 제2조제11호에 따른 도시·군계획사업과 병행하여 정비사업을 시행할 필요가 있다고 인정하는 때
5. 제59조제1항에 따른 순환정비방식으로 정비사업을 시행할 필요가 있다고 인정하는 때
6. 제113조에 따라 사업시행계획인가가 취소된 때
7. 해당 정비구역의 국·공유지 면적 또는 국·공유지와 토지주택공사등이 소유한 토지를 합한 면적이 전체 토지면적의 2분의 1 이상으로서 토지등소유자의 과반수가 시장·군수등 또는 토지주택공사등을 사업시행자로 지정하는 것에 동의하는 때
8. 해당 정비구역의 토지면적 2분의 1 이상의 토지소유자와 토지등소유자의 3분의 2 이상에 해당하는 자가 시장·군수등 또는 토지주택공사등을 사업시행자로 지정할 것을 요청하는 때. 이 경우 제14조제1항제2호에 따라 토지등소유자가 정비계획의 입안을 제안한 경우 입안제안에 동의한 토지등소유자는 토지주택공사등의 사업시행자 지정에 동의한 것으로 본다. 다만, 사업시행자의 지정 요청 전에 시장·군수등 및 제47조에 따른 주민대표회의에 사업시행자의 지정에 대한 반대의 의사표시를 한 토지등소유자의 경우에는 그러하지 아니하다.

② 시장·군수등은 제1항에 따라 직접 정비사업을 시행하거나 토지주택공사등을 사업시행자로 지정하는 때에는 정비사업 시행구역 등 토지등소유자에게 알릴 필요가 있는 사항으로서 대통령령으로 정하는 사항을 해당 지방자치단체의 공보에 고시하여야 한다. 다만, 제1항제1호의 경우에는 토지등소유자에게 지체 없이 정비사업의 시행 사유·시기 및 방법 등을 통보하여야 한다.

③ 제2항에 따라 시장·군수등이 직접 정비사업을 시행하거나 토지주택공사등을 사업시행자로 지정·고시한 때에는 그 고시일 다음 날에 추진위원회의 구성승인 또는 조합설립인가가 취소된 것으로 본다. 이 경우 시장·군수등은 해당 지방자치단체의 공보에 해당 내용을 고시하여야 한다.

(1) 사업시행자 지정의 고시 등 (시행령 제20조)

① 법 제26조제2항 본문 및 제27조제2항 본문에서 "대통령령으로 정하는 사항"이란 각각 다음 각 호의 사항을 말한다.

1. 정비사업의 종류 및 명칭
　　2. 사업시행자의 성명 및 주소(법인인 경우에는 법인의 명칭 및 주된 사무소의 소재지와 대표자의 성명 및 주소를 말한다. 이하 같다)
　　3. 정비구역(법 제18조에 따라 정비구역을 둘 이상의 구역으로 분할하는 경우에는 분할된 각각의 구역을 말한다. 이하 같다)의 위치 및 면적
　　4. 정비사업의 착수예정일 및 준공예정일
② 시장·군수등은 토지등소유자에게 법 제26조제2항 본문 및 제27조제2항 본문에 따라 고시한 제1항 각 호의 내용을 통지하여야 한다.

5. 재개발사업·재건축사업의 지정개발자

가. 재개발사업·재건축사업의 지정개발자 (법 제27조)

① 시장·군수등은 재개발사업 및 재건축사업이 다음 각 호의 어느 하나에 해당하는 때에는 토지등소유자, 「사회기반시설에 대한 민간투자법」 제2조제12호에 따른 민관합동법인 또는 신탁업자로서 대통령령으로 정하는 요건을 갖춘 자(이하 "지정개발자"라 한다)를 사업시행자로 지정하여 정비사업을 시행하게 할 수 있다. <개정 2018. 6. 12.>
　　1. 천재지변, 「재난 및 안전관리 기본법」 제27조 또는 「시설물의 안전 및 유지관리에 관한 특별법」 제23조에 따른 사용제한·사용금지, 그 밖의 불가피한 사유로 긴급하게 정비사업을 시행할 필요가 있다고 인정하는 때
　　2. 제16조제2항 전단에 따라 고시된 정비계획에서 정한 정비사업시행 예정일부터 2년 이내에 사업시행계획인가를 신청하지 아니하거나 사업시행계획인가를 신청한 내용이 위법 또는 부당하다고 인정하는 때(재건축사업의 경우는 제외한다)
　　3. 제35조에 따른 재개발사업 및 재건축사업의 조합설립을 위한 동의요건 이상에 해당하는 자가 신탁업자를 사업시행자로 지정하는 것에 동의하는 때
② 시장·군수등은 제1항에 따라 지정개발자를 사업시행자로 지정하는 때에는 정비사업 시행구역 등 토지등소유자에게 알릴 필요가 있는 사항으로서 대통령령으로 정하는 사항을 해당 지방자치단체의 공보에 고시하여야 한다. 다만, 제1항제1호의 경우에는 토지등소유자에게 지체 없이 정비사업의 시행 사유·시기 및 방법 등을 통보하여야 한다.
③ 신탁업자는 제1항제3호에 따른 사업시행자 지정에 필요한 동의를 받기 전에 다음 각 호에 관한 사항을 토지등소유자에게 제공하여야 한다.
　　1. 토지등소유자별 분담금 추산액 및 산출근거

2. 그 밖에 추정분담금의 산출 등과 관련하여 시·도조례로 정하는 사항
④ 제1항제3호에 따른 토지등소유자의 동의는 국토교통부령으로 정하는 동의서에 동의를 받는 방법으로 한다. 이 경우 동의서에는 다음 각 호의 사항이 모두 포함되어야 한다.
   1. 건설되는 건축물의 설계의 개요
   2. 건축물의 철거 및 새 건축물의 건설에 드는 공사비 등 정비사업에 드는 비용(이하 "정비사업비"라 한다)
   3. 정비사업비의 분담기준(신탁업자에게 지급하는 신탁보수 등의 부담에 관한 사항을 포함한다)
   4. 사업 완료 후 소유권의 귀속
   5. 정비사업의 시행방법 등에 필요한 시행규정
   6. 신탁계약의 내용
⑤ 제2항에 따라 시장·군수등이 지정개발자를 사업시행자로 지정·고시한 때에는 그 고시일 다음 날에 추진위원회의 구성승인 또는 조합설립인가가 취소된 것으로 본다. 이 경우 시장·군수등은 해당 지방자치단체의 공보에 해당 내용을 고시하여야 한다.

(1) 지정개발자의 요건 (시행령 제21조)

법 제27조제1항 각 호 외의 부분에서 "대통령령으로 정하는 요건을 갖춘 자"란 다음 각 호의 어느 하나에 해당하는 자를 말한다.
   1. 정비구역의 토지 중 정비구역 전체 면적 대비 50퍼센트 이상의 토지를 소유한 자로서 토지등소유자의 50퍼센트 이상의 추천을 받은 자
   2. 「사회기반시설에 대한 민간투자법」 제2조제12호에 따른 민관합동법인(민간투자사업의 부대사업으로 시행하는 경우에만 해당한다)으로서 토지등소유자의 50퍼센트 이상의 추천을 받은 자
   3. 신탁업자로서 정비구역의 토지 중 정비구역 전체 면적 대비 3분의 1 이상의 토지를 신탁받은 자

(2) 규제의 재검토 (시행령 제98조)

국토교통부장관은 다음 각 호의 사항에 대하여 2017년 1월 1일을 기준으로 3년마다(매 3년이 되는 해의 기준일과 같은 날 전까지를 말한다) 그 타당성을 검토하여 개선 등의 조치를 하여야 한다.
   1. 제7조 및 별표 1에 따른 정비계획의 입안대상지역

2. 제19조 및 제21조에 따른 공동시행자 및 지정개발자의 요건
3. 제59조에 따른 분양신청의 절차 등
4. 제81조 및 별표 4에 따른 정비사업전문관리업의 등록기준
5. 제84조 및 별표 5에 따른 정비사업전문관리업자의 등록취소 및 업무정지처분의 기준
6. 제88조에 따른 회계감사

(3) 신탁업자의 사업시행자 지정에 대한 동의서 (시행규칙 제6조)

법 제27조제4항 각 호 외의 부분 전단에서 "국토교통부령으로 정하는 동의서"란 별지 제2호서식의 신탁업자 지정 동의서를 말한다.

6. 재개발사업·재건축사업의 사업대행자

가. 재개발사업·재건축사업의 사업대행자 (법 제28조)

① 시장·군수등은 다음 각 호의 어느 하나에 해당하는 경우에는 해당 조합 또는 토지등소유자를 대신하여 직접 정비사업을 시행하거나 토지주택공사등 또는 지정개발자에게 해당 조합 또는 토지등소유자를 대신하여 정비사업을 시행하게 할 수 있다.
  1. 장기간 정비사업이 지연되거나 권리관계에 관한 분쟁 등으로 해당 조합 또는 토지등소유자가 시행하는 정비사업을 계속 추진하기 어렵다고 인정하는 경우
  2. 토지등소유자(조합을 설립한 경우에는 조합원을 말한다)의 과반수 동의로 요청하는 경우
② 제1항에 따라 정비사업을 대행하는 시장·군수등, 토지주택공사등 또는 지정개발자(이하 "사업대행자"라 한다)는 사업시행자에게 청구할 수 있는 보수 또는 비용의 상환에 대한 권리로써 사업시행자에게 귀속될 대지 또는 건축물을 압류할 수 있다.
③ 제1항에 따라 정비사업을 대행하는 경우 사업대행의 개시결정, 그 결정의 고시 및 효과, 사업대행자의 업무집행, 사업대행의 완료와 그 고시 등에 필요한 사항은 대통령령으로 정한다.

(1) 사업대행개시결정 및 효과 등 (시행령 제22조)

① 시장·군수등은 법 제28조제1항에 따라 정비사업을 직접 시행하거나 법 제27조에 따른 지정개발자(이하 "지정개발자"라 한다) 또는 토지주택공사등에게 정비사업을 대행하도록 결정(이하 "사업대행개시결정"이라 한다)한 경우에는 다음 각 호의 사항을 해당 지방자치단체의 공보등에 고시하여야 한다.
  1. 제20조제1항 각 호의 사항
  2. 사업대행개시결정을 한 날
  3. 사업대행자(법 제28조제1항에 따라 정비사업을 대행하는 시장·군수등, 토지주택공사등 또는 지정개발자를 말한다. 이하 같다)
  4. 대행사항
② 시장·군수등은 토지등소유자 및 사업시행자에게 제1항에 따라 고시한 내용을 통지하여야 한다.
③ 사업대행자는 법 제28조제1항에 따라 정비사업을 대행하는 경우 제1항에 따른 고시를 한 날의 다음 날부터 제23조에 따라 사업대행완료를 고시하는 날까지 자기의 이름 및 사업시행자의 계산으로 사업시행자의 업무를 집행하고 재산을 관리한다. 이 경우 법 또는 법에 따른 명령이나 정관등으로 정하는 바에 따라 사업시행자가 행하거나 사업시행자에 대하여 행하여진 처분·절차 그 밖의 행위는 사업대행자가 행하거나 사업대행자에 대하여 행하여진 것으로 본다.
④ 시장·군수등이 아닌 사업대행자는 재산의 처분, 자금의 차입 그 밖에 사업시행자에게 재산상 부담을 주는 행위를 하려는 때에는 미리 시장·군수등의 승인을 받아야 한다.
⑤ 사업대행자는 제3항 및 제4항에 따른 업무를 하는 경우 선량한 관리자로서의 주의의무를 다하여야 하며, 필요한 때에는 사업시행자에게 협조를 요청할 수 있고, 사업시행자는 특별한 사유가 없는 한 이에 응하여야 한다.

(2) 사업대행의 완료 (시행령 제23조)

① 사업대행자는 법 제28조제1항 각 호의 사업대행의 원인이 된 사유가 없어지거나 법 제88조제1항에 따른 등기를 완료한 때에는 사업대행을 완료하여야 한다. 이 경우 시장·군수등이 아닌 사업대행자는 미리 시장·군수등에게 사업대행을 완료할 뜻을 보고하여야 한다.
② 시장·군수등은 제1항에 따라 사업대행을 완료한 때에는 제22조제1항 각 호의 사항과 사업대행완료일을 해당 지방자치단체의 공보등에 고시하고, 토지등소

유자 및 사업시행자에게 각각 통지하여야 한다.
③ 사업대행자는 제2항에 따른 사업대행완료의 고시가 있은 때에는 지체없이 사업시행자에게 업무를 인계하여야 하며, 사업시행자는 정당한 사유가 없는 한 이를 인수하여야 한다.
④ 제3항에 따른 인계·인수가 완료된 때에는 사업대행자가 정비사업을 대행할 때 취득하거나 부담한 권리와 의무는 사업시행자에게 승계된다.
⑤ 사업대행자는 제1항에 따른 사업대행의 완료 후 사업시행자에게 보수 또는 비용의 상환을 청구할 때에 그 보수 또는 비용을 지출한 날 이후의 이자를 청구할 수 있다.

(3) 토지등소유자의 동의자 수 산정 방법 등 (시행령 제33조)

① 법 제12조제2항, 제28조제1항, 제36조제1항, 이 영 제12조, 제14조제2항 및 제27조에 따른 토지등소유자(토지면적에 관한 동의자 수를 산정하는 경우에는 토지소유자를 말한다. 이하 이 조에서 같다)의 동의는 다음 각 호의 기준에 따라 산정한다.
  1. 주거환경개선사업, 재개발사업의 경우에는 다음 각 목의 기준에 의할 것
     가. 1필지의 토지 또는 하나의 건축물을 여럿이서 공유할 때에는 그 여럿을 대표하는 1인을 토지등소유자로 산정할 것. 다만, 재개발구역의 「전통시장 및 상점가 육성을 위한 특별법」 제2조에 따른 전통시장 및 상점가로서 1필지의 토지 또는 하나의 건축물을 여럿이서 공유하는 경우에는 해당 토지 또는 건축물의 토지등소유자의 4분의 3 이상의 동의를 받아 이를 대표하는 1인을 토지등소유자로 산정할 수 있다.
     나. 토지에 지상권이 설정되어 있는 경우 토지의 소유자와 해당 토지의 지상권자를 대표하는 1인을 토지등소유자로 산정할 것
     다. 1인이 다수 필지의 토지 또는 다수의 건축물을 소유하고 있는 경우에는 필지나 건축물의 수에 관계없이 토지등소유자를 1인으로 산정할 것. 다만, 재개발사업으로서 법 제25조제1항제2호에 따라 토지등소유자가 재개발사업을 시행하는 경우 토지등소유자가 정비구역 지정 후에 정비사업을 목적으로 취득한 토지 또는 건축물에 대해서는 정비구역 지정 당시의 토지 또는 건축물의 소유자를 토지등소유자의 수에 포함하여 산정하되, 이 경우 동의 여부는 이를 취득한 토지등소유자에 따른다.
     라. 둘 이상의 토지 또는 건축물을 소유한 공유자가 동일한 경우에는 그 공유자 여럿을 대표하는 1인을 토지등소유자로 산정할 것

2. 재건축사업의 경우에는 다음 각 목의 기준에 따를 것
    가. 소유권 또는 구분소유권을 여럿이서 공유하는 경우에는 그 여럿을 대표하는 1인을 토지등소유자로 산정할 것
    나. 1인이 둘 이상의 소유권 또는 구분소유권을 소유하고 있는 경우에는 소유권 또는 구분소유권의 수에 관계없이 토지등소유자를 1인으로 산정할 것
    다. 둘 이상의 소유권 또는 구분소유권을 소유한 공유자가 동일한 경우에는 그 공유자 여럿을 대표하는 1인을 토지등소유자로 할 것
3. 추진위원회의 구성 또는 조합의 설립에 동의한 자로부터 토지 또는 건축물을 취득한 자는 추진위원회의 구성 또는 조합의 설립에 동의한 것으로 볼 것
4. 토지등기부등본·건물등기부등본·토지대장 및 건축물관리대장에 소유자로 등재될 당시 주민등록번호의 기록이 없고 기록된 주소가 현재 주소와 다른 경우로서 소재가 확인되지 아니한 자는 토지등소유자의 수 또는 공유자 수에서 제외할 것
5. 국·공유지에 대해서는 그 재산관리청 각각을 토지등소유자로 산정할 것

② 법 제12조제2항 및 제36조제1항 각 호 외의 부분에 따른 동의(법 제26조제1항제8호, 제31조제2항 및 제47조제4항에 따라 의제된 동의를 포함한다)의 철회 또는 반대의사 표시의 시기는 다음 각 호의 기준에 따른다.
  1. 동의의 철회 또는 반대의사의 표시는 해당 동의에 따른 인·허가 등을 신청하기 전까지 할 수 있다.
  2. 제1호에도 불구하고 다음 각 목의 동의는 최초로 동의한 날부터 30일까지만 철회할 수 있다. 다만, 나목의 동의는 최초로 동의한 날부터 30일이 지나지 아니한 경우에도 법 제32조제3항에 따른 조합설립을 위한 창립총회 후에는 철회할 수 없다.
      가. 법 제21조제1항제4호에 따른 정비구역의 해제에 대한 동의
      나. 법 제35조에 따른 조합설립에 대한 동의(동의 후 제30조제2항 각 호의 사항이 변경되지 아니한 경우로 한정한다)
③ 제2항에 따라 동의를 철회하거나 반대의 의사표시를 하려는 토지등소유자는 철회서에 토지등소유자가 성명을 적고 지장(指章)을 날인한 후 주민등록증 및 여권 등 신원을 확인할 수 있는 신분증명서 사본을 첨부하여 동의의 상대방 및 시장·군수등에게 내용증명의 방법으로 발송하여야 한다. 이 경우 시장·군수등이 철회서를 받은 때에는 지체 없이 동의의 상대방에게 철회서가 접수된 사실을 통지하여야 한다.
④ 제2항에 따른 동의의 철회나 반대의 의사표시는 제3항 전단에 따라 철회서가 동의의 상대방에게 도달한 때 또는 같은 항 후단에 따라 시장·군수등이 동의

의 상대방에게 철회서가 접수된 사실을 통지한 때 중 빠른 때에 효력이 발생한다.

7. 계약의 방법 및 시공자 선정 등

가. 계약의 방법 및 시공자 선정 등 (법 제29조)

① 추진위원장 또는 사업시행자(청산인을 포함한다)는 이 법 또는 다른 법령에 특별한 규정이 있는 경우를 제외하고는 계약(공사, 용역, 물품구매 및 제조 등을 포함한다. 이하 같다)을 체결하려면 일반경쟁에 부쳐야 한다. 다만, 계약규모, 재난의 발생 등 대통령령으로 정하는 경우에는 입찰 참가자를 지명(指名)하여 경쟁에 부치거나 수의계약(隨意契約)으로 할 수 있다. <신설 2017. 8. 9.>

② 제1항 본문에 따라 일반경쟁의 방법으로 계약을 체결하는 경우로서 대통령령으로 정하는 규모를 초과하는 계약은 「전자조달의 이용 및 촉진에 관한 법률」 제2조제4호의 국가종합전자조달시스템(이하 "전자조달시스템"이라 한다)을 이용하여야 한다. <신설 2017. 8. 9.>

③ 제1항 및 제2항에 따라 계약을 체결하는 경우 계약의 방법 및 절차 등에 필요한 사항은 국토교통부장관이 정하여 고시한다. <신설 2017. 8. 9.>

④ 조합은 조합설립인가를 받은 후 조합총회에서 제1항에 따라 경쟁입찰 또는 수의계약(2회 이상 경쟁입찰이 유찰된 경우로 한정한다)의 방법으로 건설업자 또는 등록사업자를 시공자로 선정하여야 한다. 다만, 대통령령으로 정하는 규모 이하의 정비사업은 조합총회에서 정관으로 정하는 바에 따라 선정할 수 있다. <개정 2017. 8. 9.>

⑤ 토지등소유자가 제25조제1항제2호에 따라 재개발사업을 시행하는 경우에는 제1항에도 불구하고 사업시행계획인가를 받은 후 제2조제11호나목에 따른 규약에 따라 건설업자 또는 등록사업자를 시공자로 선정하여야 한다. <개정 2017. 8. 9.>

⑥ 시장·군수등이 제26조제1항 및 제27조제1항에 따라 직접 정비사업을 시행하거나 토지주택공사등 또는 지정개발자를 사업시행자로 지정한 경우 사업시행자는 제26조제2항 및 제27조제2항에 따른 사업시행자 지정·고시 후 제1항에 따른 경쟁입찰 또는 수의계약의 방법으로 건설업자 또는 등록사업자를 시공자로 선정하여야 한다. <개정 2017. 8. 9.>

⑦ 제6항에 따라 시공자를 선정하거나 제23조제1항제4호의 방법으로 시행하는 주거환경개선사업의 사업시행자가 시공자를 선정하는 경우 제47조에 따른 주

민대표회의 또는 제48조에 따른 토지등소유자 전체회의는 대통령령으로 정하는 경쟁입찰 또는 수의계약(2회 이상 경쟁입찰이 유찰된 경우로 한정한다)의 방법으로 시공자를 추천할 수 있다. <개정 2017. 8. 9.>
⑧ 제7항에 따라 주민대표회의 또는 토지등소유자 전체회의가 시공자를 추천한 경우 사업시행자는 추천받은 자를 시공자로 선정하여야 한다. 이 경우 시공자와의 계약에 관해서는 「지방자치단체를 당사자로 하는 계약에 관한 법률」 제9조 또는 「공공기관의 운영에 관한 법률」 제39조를 적용하지 아니한다. <개정 2017. 8. 9.>
⑨ 사업시행자(사업대행자를 포함한다)는 제4항부터 제8항까지의 규정에 따라 선정된 시공자와 공사에 관한 계약을 체결할 때에는 기존 건축물의 철거 공사(「석면안전관리법」에 따른 석면 조사·해체·제거를 포함한다)에 관한 사항을 포함시켜야 한다. <개정 2017. 8. 9.> [제목개정 2017. 8. 9.]

(1) 계약의 방법 및 시공자의 선정 (시행령 제24조)

① 법 제29조제1항 단서에서 "계약규모, 재난의 발생 등 대통령령으로 정하는 경우"란 다음 각 호의 구분에 따른 경우를 말한다.
  1. 입찰 참가자를 지명(指名)하여 경쟁에 부치려는 경우: 다음 각 목의 어느 하나에 해당하여야 한다.
    가. 계약의 성질 또는 목적에 비추어 특수한 설비·기술·자재·물품 또는 실적이 있는 자가 아니면 계약의 목적을 달성하기 곤란한 경우로서 입찰대상자가 10인 이내인 경우
    나. 「건설산업기본법」에 따른 건설공사(전문공사를 제외한다. 이하 이 조에서 같다)로서 추정가격이 3억원 이하인 공사인 경우
    다. 「건설산업기본법」에 따른 전문공사로서 추정가격이 1억원 이하인 공사인 경우
    라. 공사관련 법령(「건설산업기본법」은 제외한다)에 따른 공사로서 추정가격이 1억원 이하인 공사인 경우
    마. 추정가격 1억원 이하의 물품 제조·구매, 용역, 그 밖의 계약인 경우
  2. 수의계약을 하려는 경우: 다음 각 목의 어느 하나에 해당하여야 한다.
    가. 「건설산업기본법」에 따른 건설공사로서 추정가격이 2억원 이하인 공사인 경우
    나. 「건설산업기본법」에 따른 전문공사로서 추정가격이 1억원 이하인 공사인 경우
    다. 공사관련 법령(「건설산업기본법」은 제외한다)에 따른 공사로서 추정

가격이 8천만원 이하인 공사인 경우
라. 추정가격 5천만원 이하인 물품의 제조·구매, 용역, 그 밖의 계약인 경우
마. 소송, 재난복구 등 예측하지 못한 긴급한 상황에 대응하기 위하여 경쟁에 부칠 여유가 없는 경우
바. 일반경쟁입찰이 입찰자가 없거나 단독 응찰의 사유로 2회 이상 유찰된 경우

② 법 제29조제2항에서 "대통령령으로 정하는 규모를 초과하는 계약"이란 다음 각 호의 어느 하나에 해당하는 계약을 말한다.
1. 「건설산업기본법」에 따른 건설공사로서 추정가격이 6억원을 초과하는 공사의 계약
2. 「건설산업기본법」에 따른 전문공사로서 추정가격이 2억원을 초과하는 공사의 계약
3. 공사관련 법령(「건설산업기본법」은 제외한다)에 따른 공사로서 추정가격이 2억원을 초과하는 공사의 계약
4. 추정가격 2억원을 초과하는 물품 제조·구매, 용역, 그 밖의 계약

③ 법 제29조제4항 단서에서 "대통령령으로 정하는 규모 이하의 정비사업"이란 조합원이 100인 이하인 정비사업을 말한다.

④ 법 제29조제7항에서 "대통령령으로 정하는 경쟁입찰"이란 다음 각 호의 요건을 모두 갖춘 입찰방법을 말한다.
1. 일반경쟁입찰·제한경쟁입찰 또는 지명경쟁입찰 중 하나일 것
2. 해당 지역에서 발간되는 일간신문에 1회 이상 제1호의 입찰을 위한 공고를 하고, 입찰 참가자를 대상으로 현장 설명회를 개최할 것
3. 해당 지역 주민을 대상으로 합동홍보설명회를 개최할 것
4. 토지등소유자를 대상으로 제출된 입찰서에 대한 투표를 실시하고 그 결과를 반영할 것

(2) 주민대표회의 (시행령 제45조)

① 법 제47조제1항에 따른 주민대표회의(이하 "주민대표회의"라 한다)에는 위원장과 부위원장 각 1명과 1명 이상 3명 이하의 감사를 둔다
② 법 제47조제5항제6호에서 "대통령령으로 정하는 사항"이란 다음 각 호의 사항을 말한다.
1. 법 제29조제4항에 따른 시공자의 추천
2. 다음 각 목의 변경에 관한 사항
가. 법 제47조제5항제1호에 따른 건축물의 철거

나. 법 제47조제5항제2호에 따른 주민의 이주(세입자의 퇴거에 관한 사항을 포함한다)
다. 법 제47조제5항제3호에 따른 토지 및 건축물의 보상(세입자에 대한 주거이전비 등 보상에 관한 사항을 포함한다)
라. 법 제47조제5항제4호에 따른 정비사업비의 부담
3. 관리처분계획 및 청산에 관한 사항(법 제23조제1항제1호부터 제3호까지의 방법으로 시행하는 주거환경개선사업은 제외한다)
4. 제3호에 따른 사항의 변경에 관한 사항

③ 시장·군수등 또는 토지주택공사등은 주민대표회의의 운영에 필요한 경비의 일부를 해당 정비사업비에서 지원할 수 있다.
④ 주민대표회의의 위원의 선출·교체 및 해임, 운영방법, 운영비용의 조달 그 밖에 주민대표회의의 운영에 필요한 사항은 주민대표회의가 정한다.

질의 1

주택재개발사업 시공자 선정 시기 ('09. 12. 8.)

주택재개발사업의 경우 시공자 선정은 어느 단계에서 할 수 있는지

회신내용

> 도정법 제11조제1항에 따르면 조합은 제16조에 따른 조합설립인가를 받은 후 조합총회에서 국토해양부장관이 정하는 경쟁입찰의 방법으로 건설업자 또는 등록사업자를 시공자로 선정하여야 하며, 다만 조합원이 100명 이하인 정비사업의 경우에는 조합총회에서 정관으로 정하는 바에 따라 선정할 수 있다고 규정하고 있음

출처 : 국토교통부

질의 2

조합이 시공자를 선정하는 경우 직접 참석 비율 ('12. 5. 9.)

2012년 4월 27일 설립인가를 받은 조합이 시공자를 선정할 때 「시공자 선정기준」에 따라 과반수 이상이 직접 참석하여야 하는지와 조합이 계약 체결한 수주기획사를 통해 서면결의서 징구를 할 수 있는지

> **회신내용**

도정법 제11조제1항 및 「시공자 선정기준」 (국토해양부 고시 제2012-93호, 2012.3.8) 제14조제1항에 따라 시공자 선정을 위한 총회는 조합원 총수의 과반수 이상이 직접 참석(정관이 정한 대리인이 참석한 때에는 직접 참여로 봄)하여 의결하도록 하고 있음. 또한 조합원은 총회 직접 참석이 어려운 경우 서면으로 의결권을 행사할 수 있으나, 서면의결권의 행사는 조합에서 지정한 기간·시간 및 장소에서 서면결의서를 배부받아 제출하도록 하고 있음

출처 : 국토교통부

> **질의 3**

조합이 시공자 선정 전에 금품을 제공받은 경우 위법 여부 ('12. 6. 4.)

조합이 시공자를 선정하기 전 건설업자로부터 수천만원을 수차례 제공받아 사용한 후 총회에서 추인의결을 받은 조합, 시공자를 선정하기 전 건설업자를 지급보증인으로 하여 은행을 통하여 수백억원을 차입하기로 의결을 받은 조합 등의 경우 도정법 제11조제5항 위반여부 및 시공자의 입찰 참여 자격은

> **회신내용**

가. 도정법 제11조제5항에 따라 누구든지 시공자, 설계자 또는 제69조에 따른 정비사업전문관리업자의 선정과 관련하여 금품, 향응 또는 그 밖의 재산상 이익을 제공하거나 제공의사를 표시하거나 제공을 약속하는 행위 등 동조 동항 각 호의 행위를 할 수 없도록 하고 있으며, 같은 법 제84조의2에 따라 제11조제5항 각 호의 어느 하나를 위반하여 금품이나 그밖의 재산상 이익을 제공하거나 제공의사를 표시하거나 제공을 약속하는 행위를 하거나 제공을 받거나 제공의사 표시를 승낙한 자에 해당하는 자는 5년 이하의 징역 또는 5천만원 이하의 벌금을 처하도록 되어 있음.

나. 또한, 「시공자 선정기준」(국토해양부 고시) 제5조 및 제6조에 따라 조합이 건설업자등을 시공자로 선정하고자 하는 경우에는 일반경쟁입찰, 제한경쟁입찰 또는 지명경쟁입찰(조합원이 200명 이하인 경우에 한함)의 방법으로 선정하도록 하고 있으며, 제한경쟁입찰의 경우 조합은 건설업자등의 자격을 시공능력평가액, 신용평가등급(회사채 기준), 해당 공사와 같은 종류의 공사실적, 그 밖에 조합의 신청으로 시장·군수·구청장이 따로 인정한 것으로만 제한할 수 있음

출처 : 국토교통부

질의 4

조합원 100인 이하인 정비사업의 시공자 선정 ('12. 8. 22.)

조합원이 100명 이하인 정비사업의 경우 조합정관에 시공자 선정에 포함될 내용에 '건설업자 또는 등록사업자 중 1인을 대상으로 시공자를 선정 할 수 있다' 라고 규정할 수 있는지 여부

회신내용

도정법 제11조제1항 단서 및 같은 법 시행령 제19조의2제1항에 따라 100명이하인 정비사업의 경우 조합총회에서 정관으로 정하는 바에 따라 건설업자 또는 등록사업자를 시공자로 선정할 수 있도록 하면서 조합정관에서 정하는 구체적인 내용에 대하여는 별도로 규정하는 사항이 없으므로, 조합정관에서 정하는 시공자 선정에 대하여는 조합 실정에 맞게 정하면 될 것임

출처 : 국토교통부

질의 5

도정법 제11조에 따라 주민대표회의가 철거업자를 선정할 수 있는지 ('12. 11. 23.)

도정법 제8조제4항에 따라 2006년도에 한국토지주택공사가 사업시행자로 지정된 주택재개발사업에 대하여 2008년도에 시공자를 선정한 후 현재 철거업자를 선정하고자 하는 경우 도정법 제11조제3항 및 제4항을 적용하여 주민대표회의가 철거업자를 선정할 수 있는지

회신내용

2009.2.6 개정·공포된 도정법 제11조제3항은 주민대표회의가 시공자를 추천할 수 있도록 하는 규정으로 부칙 제9444호 제1조에 따라 공포 후 6개월이 경과한 날부터 시행하도록 하고 있고, 2010.4.15 개정·공포된 도정법 제11조제4항은 사업시행자가 시공자와 공사에 관한 계약을 체결할 때 기존 건축물의 철거에 관한 사항을 포함하도록 한 규정으로 부칙 제10268호 제2항에 따라 공포 후 최초로 조합이 설립인가를 받은 분부터 적용하도록 하고 있으므로, 질의의 경우는 동 규정의 적용 대상이 아닌 것으로 판단됨

출처 : 국토교통부

8. 공사비 검증 요청 등 (법 제29조의2)

① 재개발사업・재건축사업의 사업시행자(시장・군수등 또는 토지주택공사등이 단독 또는 공동으로 정비사업을 시행하는 경우는 제외한다)는 시공자와 계약 체결 후 다음 각 호의 어느 하나에 해당하는 때에는 제114조에 따른 정비사업 지원기구에 공사비 검증을 요청하여야 한다.
  1. 토지등소유자 또는 조합원 5분의 1 이상이 사업시행자에게 검증 의뢰를 요청하는 경우
  2. 공사비의 증액 비율(당초 계약금액 대비 누적 증액 규모의 비율로서 생산자물가상승률은 제외한다)이 다음 각 목의 어느 하나에 해당하는 경우
     가. 사업시행계획인가 이전에 시공자를 선정한 경우: 100분의 10 이상
     나. 사업시행계획인가 이후에 시공자를 선정한 경우: 100분의 5 이상
  3. 제1호 또는 제2호에 따른 공사비 검증이 완료된 이후 공사비의 증액 비율(검증 당시 계약금액 대비 누적 증액 규모의 비율로서 생산자물가상승률은 제외한다)이 100분의 3 이상인 경우
② 제1항에 따른 공사비 검증의 방법 및 절차, 검증 수수료, 그 밖에 필요한 사항은 국토교통부장관이 정하여 고시한다.[본조신설 2019. 4. 23.]

9. 임대사업자의 선정 (법 제30조)

① 사업시행자는 공공지원민간임대주택을 원활히 공급하기 위하여 국토교통부장관이 정하는 경쟁입찰의 방법 또는 수의계약(2회 이상 경쟁입찰이 유찰된 경우로 한정한다)의 방법으로 「민간임대주택에 관한 특별법」 제2조제7호에 따른 임대사업자(이하 "임대사업자"라 한다)를 선정할 수 있다. <개정 2018. 1. 16.>
② 제1항에 따른 임대사업자의 선정절차 등에 필요한 사항은 국토교통부장관이 정하여 고시할 수 있다. <개정 2018. 1. 16.> [제목개정 2018. 1. 16.]

> 질의 1

재건축정비사업 촉진구역 지정 시 안전진단 사전실시 여부 ('09. 11. 6.)

재정비촉진구역을 공동주택 재건축 방식으로 결정하여 도촉법 제13조 제1항에

따라 재정비촉진계획을 결정하여 재정비정비구역지정(정비계획 포함)을 의제 처리코자 할 경우에 도정법 제12조에 의한 안전진단을 재정비촉진계획 결정전에 반드시 실시하여야 하는지 아니면 사업시행인가 전까지 안전진단 실시를 조건으로 재정비촉진계획 결정이 가능한지

회신내용

도촉법 제3조에 따르면 재정비촉진사업을 시행함에 있어서 이 법에서 규정하지 아니한 사항에 대하여는 당해 사업에 관하여 정하고 있는 관계 법률에 따르도록 정하고 있고 관련 도정법 제12조에서 따르면 주택재건축사업의 정비계획 수립시기가 도래한때 안전진단을 실시토록 하고 있으며, 또한 도촉법 제13조에 따르면 재정비촉진계획이 결정 고시된 때에 정비계획의 수립 및 변경이 있는 것으로 보고 있음. 따라서 본 질의의 경우 재정비촉진계획 수립시기가 도래한 때 재건축사업의 안전진단을 실시하여야 함

출처 : 국토교통부

질의 2

재건축사업 시행 결정 시 안전진단 실시 대상 ('12. 11. 15.)

주택재건축사업의 시행여부를 결정하기 위한 안전진단 실시 대상은

회신내용

가. 도정법 제12조제2항에서 같은 조 제1항에 따른 주택재건축사업의 안전진단은 주택단지내의 건축물을 대상으로 하도록 하고 있고, 도정법 시행령 제20조제1항으로 정하는 주택단지내 건축물의 경우에는 안전진단 대상에서 제외할 수 있도록 하고 있음

나. 또한, 도정법 시행령 별표1 제3호가목(4)에 따르면 3이상의 '건축법 시행령 별표1 제2호가목에 따른 아파트 또는 같은호 나목에 따른 연립주택이 밀집되어 있는 지역으로서 안전진단 실시 결과 3분의 2 이상의 주택 및 주택단지가 재건축판정을 받은 지역으로서 시·도조례로 정하는 면적 이상인 지역을 주택재건축사업을 위한 정비계획 수립대상구역으로 규정하고 있음

출처 : 국토교통부

제2절 조합설립추진위원회 및 조합의 설립 등

1. 조합설립추진위원회의 구성·승인

가. 조합설립추진위원회의 구성·승인 (법 제31조)

> **(구) [법률 제11059호, 2011. 9. 16. 일부개정 기준]**
>
> 시장·군수 또는 주택공사 등이 아닌 자가 정비사업을 시행하고자 하는 경우에는 토지등 소유자로 구성된 조합을 설립하여야 하고, 위 조합을 설립하고자 하는 경우 정비구역지정 고시 후 위원장을 포함한 5인 이상의 위원 및 운영규정에 대한 토지등소유자 과반수의 동의를 받아 조합설립추진위원회(이하 '추진위원회'라고 한다)를 구성하여 국토교통부령으로 정하는 방법과 절차에 따라 시장·군수의 승인을 받아야 한다. 추진위원회는 조합의 설립인가를 받기 위한 준비업무 등 조합설립의 추진을 위하여 필요한 업무를 수행하고, 조합이 설립되면 추진위원회가 행한 업무를 조합 총회에 보고하고 사용경비를 기재한 회계장부 및 관련 서류를 조합 설립의 인가일부터 30일 이내에 조합에 인계하며, 추진위원회가 행한 업무와 관련된 권리와 의무는 조합이 포괄승계한다(법 제13조, 제1항, 제2항, 제14조 제1항, 제15조 제4항, 제5항).
>
> 도시정비법은 주민과반수의 동의를 얻어 추진위원회를 구성하고 행정청의 승인을 얻도록 함으로써 하나의 정비구역에 하나의 추진위원회만 구성되도록 하였다.
>
> 사단성 또는 단체성을 가지고 있으나 법인설립등기를 하지 않으므로 비법인사단에 해당한다.
>
> • 대법원 2009. 1. 30. 선고 2008두14869 판결
>
> 추진위원회는 조합설립인가 신청권이 있고(법 제16조 제2항, 제2항), 추진위원회가 행한 업무와 관련된 권리와 의무는 조합에 포괄승계되며(법 제15조 제4항), 주택재개발사업의 경우 정비구역 내의 토지등소유자는 당연히 그 조합원이 되고(법 제19조 제1항), 도시정비법 제13조 제1항, 제2항의 취지에 따르면 하나의 정비구역 안에서 추진위원회가 복수로 승인되어서는 안되는 등 도시정비법은 추진위원회에 대하여 특별한 법적 지위를 인정하고 있다.

① 조합을 설립하려는 경우에는 제16조에 따른 정비구역 지정·고시 후 다음 각 호의 사항에 대하여 토지등소유자 과반수의 동의를 받아 조합설립을 위한 추

진위원회를 구성하여 국토교통부령으로 정하는 방법과 절차에 따라 시장·군수등의 승인을 받아야 한다.
　1. 추진위원회 위원장(이하 "추진위원장"이라 한다)을 포함한 5명 이상의 추진위원회 위원(이하 "추진위원"이라 한다)
　2. 제34조제1항에 따른 운영규정
② 제1항에 따라 추진위원회의 구성에 동의한 토지등소유자(이하 이 조에서 "추진위원회 동의자"라 한다)는 제35조제1항부터 제5항까지의 규정에 따른 조합의 설립에 동의한 것으로 본다. 다만, 조합설립인가를 신청하기 전에 시장·군수등 및 추진위원회에 조합설립에 대한 반대의 의사표시를 한 추진위원회 동의자의 경우에는 그러하지 아니하다.
③ 제1항에 따른 토지등소유자의 동의를 받으려는 자는 대통령령으로 정하는 방법 및 절차에 따라야 한다. 이 경우 동의를 받기 전에 제2항의 내용을 설명·고지하여야 한다.
④ 정비사업에 대하여 제118조에 따른 공공지원을 하려는 경우에는 추진위원회를 구성하지 아니할 수 있다. 이 경우 조합설립 방법 및 절차 등에 필요한 사항은 대통령령으로 정한다.

(1) 추진위원회 구성을 위한 토지등소유자의 동의 등 (시행령 제25조)

① 법 제31조제1항에 따라 토지등소유자의 동의를 받으려는 자는 국토교통부령으로 정하는 동의서에 추진위원회의 위원장(이하 "추진위원장"이라 한다), 추진위원회 위원, 법 제32조제1항에 따른 추진위원회의 업무 및 법 제34조제1항에 따른 운영규정을 미리 쓴 후 토지등소유자의 동의를 받아야 한다.
② 토지등소유자의 동의를 받으려는 자는 법 제31조제3항에 따라 다음 각 호의 사항을 설명·고지하여야 한다.
　1. 동의를 받으려는 사항 및 목적
　2. 동의로 인하여 의제되는 사항
　3. 제33조제2항에 따른 동의의 철회 또는 반대의사 표시의 절차 및 방법

(2) 추진위원회의 구성승인 신청 등 (시행규칙 제7조)

　추진위원회의 구성승인을 얻고자 하는 자는 토지등소유자 명부, 동의서, 위원장 및 위원의 주소 및 성명, 위원선정을 증명하는 서류 등을 첨부하여 도시정비법 시행규칙에서 정한 서식에 따른 조합설립추진위원회승인신청서를 시장·군수에게 제출하여야 한다(시행규칙 제6조 제1항).

- 대법원 2008. 7. 24. 선고 2007두12996 판결
- 대법원 2009. 6. 25. 선고 2008두13132 판결
- 대법원 2011. 7. 28. 선고 2011두2842 판결

하나의 정비구역 내에 하나의 추진위원회만이 구성되도록 하고, 구성승인을 받은 추진위원회만 도시정비법 제16조에 따라 정식 조합을 설립할 수 있는 권한을 부여받게 된다는 점, 도시정비법 제85조 제3. 6호에 추진위원회의 승인을 얻지 아니하고 추진위원회의 기능을 수행하거나 승인받은 추진위원회가 구성되어 있음에도 임의로 추진위원 회를 구성하여 정비사업을 추진하는 경우에는 2년 이하의 징역이나 2천만 원 이하의 벌금에 처하도록 한 점 등

- 대법원 2011. 7. 28. 선고 2011두2842 판결
- 대법원 2013. 1. 31. 선고 2011두11112, 11129 판결

1. 행정소송의 원고 적격

추진위원회가 구성승인 신청을 한 데 대하여 행정청이 구성승인을 하는 경우, 이에 대하여 이해관계가 있는 제3자는 그 구성승인 처분의 취소나 무효확인을 구하는 행정소송을 제기할 수 있다.

- 대법원 200. 1. 25. 선고 2006두12289 판결

2. 추진위원회 구성승인과 조합설립인가의 관계

- 대법원 2012. 9. 27. 선고 2010두28649 판결
- 대법원 2013. 1. 31. 선고 2011두11112 판결

3. 추진위원회의 업무

도시정비법 제11조는 조합은 조합설립인가를 받은 후 조합총회에서 국토교통부 장관이 정하는 경쟁입찰의 방법으로 건설업자 또는 등록사업자를 시공자로 선정하여야 한다고 규정하고 있다.

- 대법원 2008. 6. 12. 선고 2008다6298 판결
- 대법원 2012. 4. 12. 선고 2010다10986 판결

4. 해산신청 등

제16조의2 제1항이 신설되었다.
한편 추진위원회 운영규정 제5조 제3항은 '추진위원회는 조합설립인가 전에 추진위원회를 해산하고자 하는 경우 추진위원회 설립에 동의한 토지등소유자

의 3분의2 이상 또는 토지등소유자 과반수의 동의를 얻어 시장·군수에게 신고함으로써 해산할 수 있다'고 규정하고 있다.
- 대법원 2009. 1. 30. 선고 2008두14869 판결

5. 구성승인의 실효 여부

- 대법원 2013. 9. 12. 선고 2011두31284 판결

① 법 제31조제1항에 따라 조합설립추진위원회(이하 "추진위원회"라 한다)를 구성하여 승인을 받으려는 자는 별지 제3호서식의 조합설립추진위원회 승인신청서(전자문서로 된 신청서를 포함한다)에 다음 각 호의 서류(전자문서를 포함한다)를 첨부하여 시장·군수등에게 제출하여야 한다.
   1. 토지등소유자의 명부
   2. 토지등소유자의 동의서
   3. 추진위원회 위원장 및 위원의 주소 및 성명
   4. 추진위원회 위원 선정을 증명하는 서류
② 영 제25조제1항에서 "국토교통부령으로 정하는 동의서"란 별지 제4호서식의 조합설립추진위원회 구성 동의서를 말한다.

(3) 고유식별정보의 처리 (시행령 제97조)

시·도지사, 시장·군수·구청장(해당 권한이 위임·위탁된 경우에는 그 권한을 위임·위탁받은 자를 포함한다) 또는 사업시행자는 다음 각 호의 사무를 수행하기 위하여 불가피한 경우 「개인정보 보호법 시행령」 제19조에 따른 주민등록번호 또는 외국인등록번호가 포함된 자료를 처리할 수 있다.
   1. 법 제31조에 따른 추진위원회 구성 승인에 관한 사무
   2. 법 제36조에 따른 토지등소유자의 동의방법 등의 업무를 위한 토지등소유자의 자격 확인에 관한 사무
   3. 법 제39조에 따른 조합원의 자격 확인에 관한 사무
   4. 법 제42조에 따른 조합임원의 겸임 확인을 위한 사무
   5. 법 제43조에 따른 조합임원의 결격사유 확인에 관한 사무
   6. 법 제52조에 따른 세입자의 주거 및 이주 대책에 관한 사무
   7. 법 제74조에 따른 관리처분계획의 수립 및 인가에 관한 사무
   8. 법 제86조에 따른 대지 또는 건축물의 소유권 이전에 관한 사무
   9. 법 제102조에 따른 정비사업전문관리업 등록에 관한 사무
   10. 법 제105조에 따른 정비사업전문관리업자의 결격사유 확인에 관한 사무

11. 법 제106조에 따른 정비사업전문관리업의 등록취소 등에 관한 사무
12. 법 제107조에 따른 정비사업전문관리업자에 대한 조사 등에 관한 사무

질의 1

토지등소유자에게 알리고 동의를 물어야 하는 대상범위
(법제처, '09. 4. 21.)

주택재개발사업에 있어서 도정법 제13조제2항에 따르면 조합을 설립하려는 경우에는 토지등소유자 과반수의 동의를 얻어 조합설립추진위원회를 구성하여 시장·군수의 승인을 얻어야 하는데, 이 때 모든 토지등소유자에게 알리고 동의 여부를 물어야 하는지

회신내용

주택재개발사업에 있어서 도정법 제13조제2항에 따르면 조합을 설립하려는 경우에는 토지등소유자 과반수의 동의를 얻어 조합설립추진위원회를 구성하여 시장·군수의 승인을 얻어야 하는데, 이 때 반드시 모든 토지등소유자에게 알리고 동의 여부를 물어야 하는 것은 아님

출처 : 국토교통부

질의 2

추진위원회 승인신청서 상 추진위원 사망 시 보완요구의 적정성
('09. 6. 11.)

토지등소유자 377명이 재건축사업을 하고자 38명의 추진위원을 추대하여 재건축정비사업 조합설립추진위원회 승인 신청을 하였으나, 추진위원 1인이 사망하여 토지등소유자의 10분의 1에 미달됨을 사유로 행정관청에서 추진위원 1인의 보완 요구를 할 수 있는지

회신내용

도정법 제13조제2항 및 운영규정 제2조제2항제3호의 규정에 의하면 조합을 설립하고자 하는 경우에는 토지등소유자 과반수의 동의를 얻어 위원장을 포함한 5인 이상의 위원으로 조합설립추진위원회를 구성하여 국토해양부령이 정하는 방법 및 절차에 따라 시장·군수의 승인을 얻도록 하고 있고, 이 경우 위원의 수는 토지등소유자의 10분의 1이

상으로 하되 5인 이하인 경우에는 5인으로 하며 100인을 초과하는 경우에는 100인으로 할 수 있도록 하고 있는 바, 조합설립추진위원회 승인권자가 위 규정에 적합하게 보완하도록 조치한 것은 적절함

출처 : 국토교통부

질의 3

정비구역 확대 시 추진위원회 취소처분 가능 여부 ('09. 6. 30.)

도시·주거환경정비기본계획상 정비예정구역에 포함되어 조합설립추진위원회가 승인되었으나, 이후 도촉법에 의거 정비구역으로 확대 지정 고시된 경우에 기존 조합설립추진위원회 설립 승인의 취소 처분이 가능한지

회신내용

도정법 제13조제2항의 규정에 의하여 적법하게 승인을 받아 운영 중인 조합설립추진위원회가 존재하는 정비구역 안에서 정비구역 범위가 확대된 경우에는 추가된 구역을 포함하여 관련 규정에 따라 조합설립위원회를 변경 승인할 사항으로 보여지며, 이는 승인권자가 재정비촉진구역의 확대 범위, 현지현황 및 관련법령 등을 종합적으로 고려하여 판단할 사항임

출처 : 국토교통부

질의 4

시장·군수가 개선 권고할 수 있는 추진위원회 위원의 범위 ('11. 2. 17.)

도정법 제77조제1항에 따라 추진위원회에 임원의 개선 권고를 하는 경우 임원에는 추진위원장만 포함되는지 아니면 감사·추진위원도 포함되는지

회신내용

도정법 제13조제5항에 따르면 도정법 제23조의 조합임원의 결격사유 및 해임에 관한 규정을 준용함에 있어서 조합설립 추진위원회 위원을 임원으로 보고 있으므로, 추진위원회의 경우 도정법 제77조제1항의 내용 중 "임원"은 조합설립 추진위원회 위원(위원장, 부위원장, 감사, 추진위원)으로 볼 수 있을 것으로 판단됨

출처 : 국토교통부

질의 5
정비구역 지정 전 받은 추진위원 선정 증명서류의 인정 여부 ('11. 6. 10.)

도정법 제13조제2항에 조합을 설립하고자 하는 경우에는 정비구역 지정 고시 후 위원장을 포함한 5인 이상의 위원 및 운영규정에 대한 토지등소유자 과반수의 동의를 얻도록 하고 있는데, 위원선정을 증명하는 서류(위원선임수락서, 추진위원회의, 주민총회등)의 기재 일자가 정비구역 지정 전에 받은 것을 인정할 수 있는지

회신내용

도정법 제13조제2항에 따르면 조합을 설립하고자 하는 자는 정비구역지정 고시 후에 토지등소유자 과반수 동의를 얻어 조합설립추진위원회를 구성하여 동 법령에서 정하는 방법과 절차에 따라 해당 시장·군수·구청장의 승인을 받도록 하고 있는바, 위원선정을 증명하는 서류를 포함한 조합설립추진위원회 동의서 등은 정비구역 지정 후에 받아야 할 것으로 보임

출처 : 국토교통부

질의 6
2개 추진위원회가 하나의 재건축조합의 설립을 위한 업무수행 권한 유무 (법제처, '11. 9. 22.)

도정법 제13조제2항에 따라 아파트재건축조합 설립을 위한 추진위원회를 구성하여 시장·군수의 승인을 얻은 A정비구역의 "A추진위원회"가 인근 B정비구역의 "B추진위원회"와 함께 주택재건축사업을 추진하기로 한다면, 도정법 제4조에 따른 시·도지사 또는 대도시 시장의 변경지정 고시가 없었고, 같은 법 제13조제2항에 따른 새로운 추진위원회를 구성하기 위한 토지등소유자의 동의를 사전에 받지 않은 상태에서도 A추진위원회 및 B추진위원회가 공동 명의로 재건축추진조합 설립동의서를 토지등소유자에게 징구하는 등 하나의 조합설립을 위한 업무를 수행할 권한이 있는지

회신내용

도정법 제13조제2항에 따라 아파트재건축조합 설립을 위한 추진위원회를 구성하여 시장·군수의 승인을 얻은 A정비구역의 "A추진위원회"가 인근 B정비구역의 "B추진위원

회"와 함께 주택재건축사업을 추진하기로 하더라도, 도정법 제4조에 따른 시·도지사 또는 대도시 시장의 변경지정 고시가 없었고, 같은 법 제13조제2항에 따른 새로운 추진위원회를 구성하기 위한 토지등소유자의 동의를 사전에 받지 않은 상태에서는 A추진위원회 및 B추진위원회가 공동 명의로 재건축추진조합설립동의서를 토지등소유자에게 징구하는 등 하나의 조합설립을 위한 업무를 수행할 권한은 없음

출처 : 국토교통부

질의 7

2개 정비구역을 통합한 경우의 추진위원회 구성 ('12. 9. 10.)

가. 종전에 각각 조합과 추진위원회가 설립되어 있던 2개의 정비구역을 결합하여 하나의 정비구역으로 지정·&고시한 후 토지등소유자 과반의 동의를 받아 추진위원회를 구성하고자 하는 경우 기존 추진위원회의 변경으로 가능한지 여부
나. 종전에 각각 A추진위원회와 B추진위원회(조합)를 통합 추진위원회를 구성하였을 경우 기존 B추진위원회(조합) 토지등 소유자를 추진위원으로 참여시키지 않을 경우 추진위원회변경이 타당한지 여부

회신내용

가. 도정법 제13조제2항에서 조합을 설립하고자 하는 경우에는 정비구역지정 고시 후 위원장을 포함한 5인 이상의 위원 및 같은 법 제15조제2항에 따른 운영규정에 대한 토지등소유자 과반수의 동의를 얻어 조합설립을 위한 추진위원회를 구성하여 국토해양부령으로 정하는 방법과 절차에 따라 시장·군수의 승인을 얻도록 하고 있음, 질의의 경우 정비구역 지정·고시 및 기존 추진위원회·조합 설립내용 등 정비사업 추진현황을 종합적으로 검토하여 해당 추진위원회 승인권자인 시장·군수·구청장이 판단하여야 할 사항임
나. 도정법 제15조제2항에 따라 고시된 운영규정 제2조제2항제3호에 따르면 추진위원회 위원의 수는 토지등소유자의 10분의 1 이상으로 하되, 100인을 초과하는 경우에는 토지등소유자의 10분의 1 범위 안에서 100인 이상으로 할 수 있도록 하고 있으며, 같은 운영규정 별표 제15조제6항에 따르면 추진위원의 선임방법은 추진위원회에서 정하되, 동별·가구별 세대수 및 시설의 종류를 고려하도록 하고 있음

출처 : 국토교통부

질의 8

운영규정의 위원의 수를 충족하여야 추진위 승인이 되는지 ('12. 9. 28.)

운영규정에 위원의 수는 토지등소유자의 10분의 1 이상으로 하도록 하고 있는 바, 이를 반드시 지켜야 하는지 아니면 추진위원회 승인 후 보완을 할 수 있는지

회신내용

> 운영규정 제2조제2항제3호에 따르면 위원의 수는 토지등소유자의 10분의 1 이상으로 하되, 5인 이하인 경우에는 5인으로 하며 100인을 초과하는 경우에는 토지등소유자의 10분의 1범위 안에서 100인 이상으로 할 수 있도록 하고 있고, 도정법 제13조제2항에 따르면 정비구역지정 고시 후 위원장을 포함한 5인 이상의 위원 및 운영규정에 대한 토지등소유자 과반수 동의를 받아 조합설립을 위한 추진위원회를 구성하여 국토해양부령이 정하는 방법과 절차에 따라 시장·군수의 승인을 받도록 하고 있으므로, 동규정에 적합하게 추진위원회를 구성하여 시장·군수의 승인을 받아야 할 사항으로 판단됨

출처 : 국토교통부

질의 9

조합설립동의자에게 도정법 시행령 제24조제1항의 통지를 해야 하는지 ('12. 4. 10.)

추진위원회 구성에 동의한 토지등소유자에게 조합설립동의서를 받은 경우에 도정법 시행령 제24조제1항 단서에 따라 통지하여야 하는지 여부

회신내용

> 도정법 제13조제3항에 따라 추진위원회의 구성에 동의한 토지등 소유자는 조합의 설립에 동의한 것으로 보고 있으며, 같은 법 시행령 제24조제1항 단서에 따라 추진위원회는 조합설립에 대한 동의철회 및 방법, 같은 법 시행령 제26조제2항에 따른 조합설립동의서에 포함되는 사항을 조합설립인가 신청일 60일 전까지 추진위원회 구성에 동의한 토지등소유자에게 등기우편으로 통지하도록 하고 있으나, 이는 추진위원회 구성에 동의한 토지등소유자에 대한 통지 규정으로 보이므로, 추진위원회 구성 동의와 별개로 조합설립동의서를 새로 받은 경우에는 같은 법 시행령 제24조제1항 단서에 따른 통지는 필요하지 않은 것으로 판단됨

출처 : 국토교통부

질의 10

동의철회방법 등을 통보받은 후 조합설립 반대의사표시 가능 여부 ('10. 10. 21.)

도정법 제13조제3항 단서의 조합설립에 대한 반대의 의사표시는 추진위원회 승인 후 조합설립인가 신청 전에는 언제라도 가능한지 아니면 도정법 시행령 제24조 단서에 따른 내용을 통보받은 후에 가능한지

회신내용

도정법 시행령 제24조제1항 단서에 따르면 추진위원회가 도정법 제13조제3항 단서에 따른 반대의사표시 및 방법 등을 조합설립인가 신청일 60일 전까지 추진위원회 구성에 동의한 토지등소유자에게 등기우편으로 통지하도록 하고 있으며, 도정법 시행령 제28조제4항에 따르면 토지등소유자는 도정법 제17조제1항 전단 및 제12조의 동의(도정법 제8조제4항제7호·제13조제3항 및 제26조제3항에 따라 동의가 의제되는 경우를 포함)에 따른 인·허가 등의 신청 전에 동의를 철회하거나 반대의 의사표시를 할 수 있으나, 도정법 제16조에 따른 조합설립의 인가에 대한 동의 후 제26조제2항 각 호의 사항이 변경되지 않은 경우에는 조합설립의 인가신청 전이라 하더라도 철회할 수 없도록 규정하고 있는 바, 이 경우 반대의사표시를 하는 것은 도정법 시행령 제24조제1항 단서에 따른 통지를 받은 후에 이루어지는 것이 바람직할 것임

출처 : 국토교통부

질의 11

조합설립 동의 간주 처리된 자의 조합설립인가 반대 ('12. 6. 11.)

도정법 제13조제3항에 따라 추진위원회의 구성에 동의하여 조합의 설립에 동의한 것으로 보는 토지등소유자가 조합설립인가 신청 후 조합설립 동의를 철회할 수 있는지 등

회신내용

도정법 제13조제3항에 따라 추진위원회의 구성에 동의하여 조합의 설립에 동의한 것으로 보는 토지등소유자는 같은 법 제13조 제3항 단서 및 같은 법 시행령 제28조제4항에 따라 법 제16조에 따른 조합설립인가 신청 전에 시장·군수 및 추진위원회에 조합설립에 대한 반대의 의사표시를 할 수 있으며(시행령 제26조제2항 각 호의 사항의 변경여부와 무관), 같은 법 시행령 제28조제5항에서 반대의 의사표시 방법을 규정하고 있음

출처 : 국토교통부

질의 12

추진위 설립 동의자의 조합설립 동의 철회 가능 여부 ('12. 6. 13.)

정비사업조합추진위원회 설립동의서에 동의한 토지등소유자가 조합설립 신청시 조합설립 동의 철회서를 제출할 경우 조합설립에 대한 동의 철회가 가능한지

회신내용

도정법 제13조제3항에 따르면 조합설립추진위원회의 구성에 동의한 토지등소유자는 도정법 제16조제1항부터 제3항까지에 따른 조합의 설립에 동의한 것으로 보나, 제16조에 따른 조합설립인가신청 전에 시장·군수·구청장 및 추진위원회에 조합설립에 대한 반대의 의사표시를 한 추진위원회 동의자의 경우에는 그러하지 아니하도록 하고 있으며, 동 개정규정은 이 법 시행(2009.8.7.) 후 추진위원회 구성에 동의를 얻는 분부터 적용하도록 동법 부칙 <제9444호, 2009.2.6> 제4조에 규정하고 있음

출처 : 국토교통부

질의 13

일부 동만 재건축시행하는 경우 주민 동의 방법 ('12. 9. 10.)

○○아파트 14개동 중 11개동 일부만 주택재건축사업을 추진하고자 하는 경우 14개 동의 주민동의를 받아야 하는지

회신내용

가. 도정법 제13조에 따라 조합을 설립하고자 하는 경우에는 정비구역지정 고시(정비구역이 아닌 구역에서의 주택재건축사업의 경우에는 제12조제5항에 따른 주택재건축사업의 시행결정을 말한다) 후 위원장을 포함한 5인 이상의 위원 및 제15조제2항에 따른 운영규정에 대한 토지등소유자 과반수의 동의를 받아 조합설립을 위한 추진위원회를 구성하여 시장·군수의 승인을 받도록 하고 있으며, 이 때 토지등소유자는 정비구역 안의 토지등소유자로 보아야 할 것으로 판단됨

나. 또한, 도정법 제33조제1항 및 제2항에 따르면 사업시행자는 일부 건축물의 존치 또는 리모델링에 관한 내용이 포함된 사업시행계획서를 작성하여 사업시행인가를 신청할 수 있도록 하고 있으며, 이 경우 존치 또는 리모델링되는 건축물소유자의 동의(집합건물법 제2조제2호의 규정에 의한 구분 소유자가 있는 경우에는 구분소유자의 3분의 2 이상의 동의와 당해 건축물 연면적의 3분의 2 이상의 구분소유자의 동의로 한다)를 얻도록 하고 있음

출처 : 국토교통부

질의 14

창립총회 시 서면으로 의결권 행사가 가능한지 (법제처, '10. 6. 29.)

도정법 시행령 제22조의2제5항에 따른 창립총회 의사결정시 토지등소유자가 서면으로 의결권을 행사하는 것이 가능한지

회신내용

도정법 시행령 제22조의2제5항에 따른 창립총회 의사결정시 토지등소유자가 서면으로 의결권을 행사하는 것이 가능함

출처 : 국토교통부

질의 15

주민총회 의결사항을 창립총회에서 의결가능 여부 ('10. 8. 3.)

주민총회의 의결사항을 창립총회에서 의결할 수 있는지

회신내용

주민총회에서 의결할 수 있는 사항은 운영규정 별표 제21조에 규정되어 있고, 창립총회에서 처리할 수 있는 업무는 도정법 시행령 제22조의2제4항에 규정되어 있는 사항으로, 운영규정 별표 제20조에서 정한 주민총회는 도정법 시행령 제22조의2에서 정하고 있는 조합설립을 위한 창립총회와는 다른 것임

출처 : 국토교통부

질의 16

창립총회 전 사퇴한 이사후보자를 이사로 선임하는 방법 ('12. 9. 25.)

창립총회 전 사퇴한 이사후보자를 창립총회 후 이사로 선임하고자 할 경우 이사 선임 방법

회신내용

도정법 시행령 제22조의2제5항에 따르면 조합임원의 선임은 창립총회에서 확정된 정관

이 정하는 바에 따라 선출하도록 하고 있고, 도정법 제24조제3항제8호에 따르면 조합임원의 선임 및 해임은 총회의 의결을 거치도록 하고 있음

출처 : 국토교통부

질의 17

2009.8.11. 신설 도정법 시행령 제22조의2에 따른 창립총회 재개최 여부 ('12. 5. 18.)

가. 해당 추진위원회는 조합설립동의서를 약 70% 징구한 시점인 2009.4.30. 조합설립 창립총회를 개최하여 조합정관을 확정하고, 조합임원 및 대의원을 선임하였으나 동의율 부족으로 조합설립인가 신청을 하지 못하였음
나. 이후 당초 조합 임원 및 대의원이 변동되고 조합정관이 많이 변경된 경우 2009.8.11일 신설된 도정법 시행령 제22조의2에 따라 조합설립을 위한 창립총회를 다시 개최해야 하는지 여부

회신내용

가. 도정법 시행령 제22조의2제1항에 따르면 추진위원회는 도정법 제14조제3항에 따라 제16조제1항부터 제3항까지에 따른 동의를 받은 후 조합설립인가의 신청 전에 조합설립을 위한 창립총회를 개최하도록 하고 있고, 같은 조 제5항에는 조합임원 및 대의원의 선임은 제4항제1호에 따라 확정된 정관에서 정하는 바에 따라 선출하도록 하고 있음
나. 또한, 도정법 시행령 부칙<대통령령 제21679호, 2009.8.11> 제3조에 따르면 도정법 시행령 제22조의2의 개정규정은 이 영 시행 후 최초로 창립총회를 소집요구하는 분부터 적용하도록 하고 있으므로, 동 부칙의 적용여부는 2009.8.11. 이전 민법 등 관계법령에 따른 창립총회의 인정 여부에 따라 판단해야 할 것임

출처 : 국토교통부

질의 18

정비사업전문관리업자의 업무범위 관련 등 (법제처, '11. 5. 12.)

도정법 제13조제2항에 따른 추진위원회가 개최하는 운영규정 별표 제20조제1항에 따른 주민총회 및 도정법 제24조제1항에 따른 총회의 운영과 관련하여 추진위원회 또는 조합으로부터 위탁을 받아 총회에 참석하지 않은 토지등소유자 또

는 조합원으로부터 총회 의결을 위한 서면을 받는 업무나 투·개표관리 업무를 하는자의 경우 해당 업무가 도정법 제69조제1항제1호의 "조합 설립의 동의 및 정비사업의 동의에 관한 업무의 대행"에 해당하여 정비사업전문관리업의 등록을 하여야 하는지

| 회신내용 |

주민총회 및 조합 총회 운영과 관련하여 추진위원회 또는 조합으로부터 위탁을 받아 총회에 참석하지 않은 토지등소유자 또는 조합원으로부터 총회 의결을 위한 서면을 받는 업무나 투·개표관리 업무를 하는 자의 경우 해당 업무는 도정법 제69조제1항제1호의 "조합 설립의 동의 및 정비사업의 동의에 관한 업무의 대행"에 해당하므로 정비사업전문관리업의 등록을 하여야 함

출처 : 국토교통부

2. 추진위원회의 기능

가. 추진위원회의 기능 (법 제32조)

① 추진위원회는 다음 각 호의 업무를 수행할 수 있다.
  1. 제102조에 따른 정비사업전문관리업자(이하 "정비사업전문관리업자"라 한다)의 선정 및 변경
  2. 설계자의 선정 및 변경
  3. 개략적인 정비사업 시행계획서의 작성
  4. 조합설립인가를 받기 위한 준비업무
  5. 그 밖에 조합설립을 추진하기 위하여 대통령령으로 정하는 업무
② 추진위원회가 정비사업전문관리업자를 선정하려는 경우에는 제31조에 따라 추진위원회 승인을 받은 후 제29조제1항에 따른 경쟁입찰 또는 수의계약(2회 이상 경쟁입찰이 유찰된 경우로 한정한다)의 방법으로 선정하여야 한다. <개정 2017. 8. 9.>
③ 추진위원회는 제35조제2항, 제3항 및 제5항에 따른 조합설립인가를 신청하기 전에 대통령령으로 정하는 방법 및 절차에 따라 조합설립을 위한 창립총회를 개최하여야 한다.
④ 추진위원회가 제1항에 따라 수행하는 업무의 내용이 토지등소유자의 비용부담을 수반하거나 권리·의무에 변동을 발생시키는 경우로서 대통령령으로 정

하는 사항에 대하여는 그 업무를 수행하기 전에 대통령령으로 정하는 비율 이상의 토지등소유자의 동의를 받아야 한다.

(1) 추진위원회의 업무 등 (시행령 제26조)

법 제32조제1항제5호에서 "대통령령으로 정하는 업무"란 다음 각 호의 업무를 말한다.
1. 법 제31조제1항제2호에 따른 추진위원회 운영규정의 작성
2. 토지등소유자의 동의서의 접수
3. 조합의 설립을 위한 창립총회(이하 "창립총회"라 한다)의 개최
4. 조합 정관의 초안 작성
5. 그 밖에 추진위원회 운영규정으로 정하는 업무

(2) 창립총회의 방법 및 절차 등 (시행령 제27조)

① 추진위원회(법 제31조제4항 전단에 따라 추진위원회를 구성하지 아니하는 경우에는 토지등소유자를 말한다)는 법 제35조제2항부터 제4항까지의 규정에 따른 동의를 받은 후 조합설립인가를 신청하기 전에 법 제32조제3항에 따라 창립총회를 개최하여야 한다.
② 추진위원회(법 제31조제4항 전단에 따라 추진위원회를 구성하지 아니하는 경우에는 조합설립을 추진하는 토지등소유자의 대표자를 말한다)는 창립총회 14일 전까지 회의목적·안건·일시·장소·참석자격 및 구비사항 등을 인터넷 홈페이지를 통하여 공개하고, 토지등소유자에게 등기우편으로 발송·통지하여야 한다.
③ 창립총회는 추진위원장(법 제31조제4항 전단에 따라 추진위원회를 구성하지 아니하는 경우에는 토지등소유자의 대표자를 말한다. 이하 이 조에서 같다)의 직권 또는 토지등소유자 5분의 1 이상의 요구로 추진위원장이 소집한다. 다만, 토지등소유자 5분의 1 이상의 소집요구에도 불구하고 추진위원장이 2주 이상 소집요구에 응하지 아니하는 경우 소집요구한 자의 대표가 소집할 수 있다.
④ 창립총회에서는 다음 각 호의 업무를 처리한다.
1. 조합 정관의 확정
2. 법 제41조에 따른 조합의 임원(이하 "조합임원"이라 한다)의 선임
3. 대의원의 선임
4. 그 밖에 필요한 사항으로서 제2항에 따라 사전에 통지한 사항
⑤ 창립총회의 의사결정은 토지등소유자(재건축사업의 경우 조합설립에 동의한 토지등소유자로 한정한다)의 과반수 출석과 출석한 토지등소유자 과반수 찬

성으로 결의한다. 다만, 조합임원 및 대의원의 선임은 제4항제1호에 따라 확정된 정관에서 정하는 바에 따라 선출한다.
⑥ 법 제118조에 따라 공공지원 방식으로 시행하는 정비사업 중 법 제31조제4항에 따라 추진위원회를 구성하지 아니하는 경우에는 제1항부터 제5항까지에서 규정한 사항 외에 제26조제2호부터 제4호까지의 업무에 대한 절차 등에 필요한 사항을 시·도조례로 정할 수 있다.

질의 1
정비구역 축소로 인한 토지등소유자의 동의 시점 ('11. 3. 10.)
도정법 시행령 제23조제1항에 따라 사업시행범위의 축소로 인한 토지등소유자의 동의는 언제까지 받아야 하는지

회신내용

도정법 시행령 제23조제1항에 따라 추진위원회가 정비사업의 시행범위를 확대 또는 축소하고자 토지등소유자의 과반수 또는 추진위원회의 구성에 동의한 토지등소유자의 3분의 2 이상의 토지등소유자의 동의를 받는 것은 그 업무를 수행하기 전에 받도록 도정법 제14조제4항에 규정하고 있음

출처 : 국토교통부

질의 2
서면결의서 제출자의 직접 참석자 인정 여부 ('12. 10. 23.)
가. 추진위원회 단계에서 정비사업전문관리업자, 설계자 선정을 위한 주민총회시 직접 참석자가 과반수가 되지 않는 경우, 서면결의서 제출자를 직접 참석자로 인정하여 안건을 처리할 수 있는지
나. 정비사업전문관리업자 및 설계자의 선정을 추진위원회 주민총회에서 선정하는지, 조합설립 후 총회에서 선정하여야 하는지

회신내용

가. 운영규정 별표 제22조에서 추진위원회의 주민총회 의결방법을 규정하고 있으나, 동 규정에서 토지등소유자의 직접 참석에 관하여 별도로 규정하고 있지 않으며, 운영규정 제3조제2항에 따르면 개별 추진위원회의 운영규정은 별표의 운영규정안을 기

본으로 하여 같은 항 각 호의 방법에 따라 작성하도록 하고 있으므로, 귀 질의 하신 주민총회의 직접 참석비율 등에 관한 보다 구체적인 내용은 특정 추진위원회의 운영규정을 고려하여 판단할 사항임

나. 도정법 제14조제2항에 따르면 추진위원회가 정비사업전문관리업자를 선정하고자 하는 경우에는 시장·군수의 추진위원회 승인을 얻은 후 경쟁입찰의 방법으로 선정하도록 하고 있고, 같은 법 제24조제3항에 따르면 조합의 경우정비사업 전문관리업자 및 설계자의 선정은 총회의 의결을 거치도록 하고 있음

출처 : 국토교통부

질의 3
추진위원회의 소집권자 및 직무대행의 창립총회 개최 적정성 ('12. 10. 8.)

① 추진위원장이 사임하고 부위원장이 추진위원회 직무대행이 되었으나, 운영규정 제18조제4항에 의거 토지등소유자의 해임요구가 있어 재적위원 3분의 1이상의 동의(발의)로 추진위원회의를 개최하는 경우 추진위원회 직무대행이 회의소집을 하는지, 발의자 대표가 회의소집을 하는지
② 이 경우 추진위원회 직무대행이 창립총회를 개최할 수 있는지

회신내용

가. 운영규정 제18조제5항에 따르면 동 규정 제4항에 따라 해임대상이 된 위원은 해당 추진위원회 또는 주민총회에 참석하여 소명할 수 있으나 위원정수에서 제외하며, 발의자 대표의 임시사회로 선출된 자는 해임총회의 소집 및 진행에 있어 추진위원장의 권한을 대행하도록 하고 있음

나. 또한, 도정법 시행령 제22조의2제3항에 따르면 창립총회는 추진위원회 위원장의 직권 또는 토지등소유자의 5분의 1이상의 요구로 추진위원회 위원장이 소집하도록 하고 있고, 운영규정 제18조제3항에서는 위원이 자의로 사임한 경우 지체없이 새로운 위원을 선출하여야 하고 이 경우 새로 선임된 위원장의 자격은 시장·군수의 승인이 있은 후에 대외적으로 효력이 발생한다고 하고 있음

출처 : 국토교통부

질의 4
개략적인 사업시행계획서 작성을 위한 용역계약 체결 주체 ('12. 2. 7.)

조합설립추진위원회에서 개략적인 사업시행계획서 작성을 위하여 설계자를 선정

하여 용역계약 체결을 할 수 있는지 아니면 조합에서만 설계자를 선정할 수 있는지

> **회신내용**
>
> 도정법 제14조제1항제2의2호 및 제3호에 따르면 추진위원회는 '설계자의 선정 및 변경' 업무와 '개략적인 정비사업 시행계획의 작성' 업무를 수행할 수 있도록 하고 있음

출처 : 국토교통부

> **질의 5**

추진위원회에서 감정평가사를 선정·계약할 수 있는지 ('12. 5. 14.)

추진위원회가 정비사업전문관리업자가 아닌 업체에 동의서 징구업무를 맡길 수 있는지와 추진위원회에서 감정평가사를 선정·계약할 수 있는지

> **회신내용**
>
> 도정법 제14조 및 같은 법 시행령 제22조, 도정법 제69조제1항에 따라 추진위원회 또는 추진위원회로부터 위탁받은 정비사업전문관리업자가 토지등소유자의 동의서 징구, 조합설립 동의 등의 업무를 수행할 수 있으며, 도정법 제15조 및 운영규정(국토해양부 고시) 별표 제5조제4항에 따라 시공자·감정평가업자의 선정 등 조합의 업무에 속하는 부분은 추진위원회의 업무범위에 포함되지 아니함

출처 : 국토교통부

> **질의 6**

주민총회에서 선출된 추진위원장의 창립총회 개최의 적정성 ('10 3. 22.)

주민총회에서 선출된 추진위원회 위원장이 곧바로 주민총회와 창립총회를 동시에 개최할 수 있는지

> **회신내용**
>
> 추진위원회가 위원장을 변경하고자 하는 경우에는 당해 시장·군수·구청장의 승인을 받도록 운영규정 별표 제6조제2항에 규정하고 있고, 추진위원회가 창립총회를 하려면

도정법 시행령 제22조의2제2항에 따라 창립총회 14일전까지 회의목적·안건·일시·장소·참석자격 및 구비사항 등을 인터넷 홈페이지 등을 통해 공개하고 토지등소유자에게 등기우편으로 발송·통지하도록 하고 있으며, 주민총회를 개최하거나 일시를 변경하는 경우에는 주민총회의 목적·안건·일시·장소·변경사유 등에 관하여 미리 추진위원회의 의결을 거치도록 운영규정 별표 제20조제4항에 규정되어 있는 바, 주민총회 및 창립총회에 관한 각각의 규정이 정하는 절차를 준수하여야 할 것임

출처 : 국토교통부

질의 7

조합설립동의 요건을 미충족한 창립총회 효력 여부 (법제처, '11. 11. 24.)

가. 도정법 제14조제3항, 같은 법 시행령 제22조의2제1항 및 구도정법 시행령 (2009. 8. 11. 대통령령 제21679호로 개정·시행된 것을 말함) 부칙 제3조에 따르면, 주택재개발사업을 위한 추진위원회는 조합설립인가를 신청하기 전에 조합설립을 위한 창립총회를 개최하여야 하고, 2009. 8. 11. 이후 최초로 소집요구되는 창립총회는 조합설립에 대한 토지등소유자의 4분의 3 이상 및 토지면적의 2분의 1 이상의 토지소유자의 동의를 받은 후에 개최하여야 하는데,

나. 주택재개발추진위원회가 조합설립에 대한 토지등소유자의 4분의 3 이상 및 토지면적의 2분의 1 이상의 토지소유자의 동의를 받았다고 판단하여 창립총회를 개최한 후 조합설립인가를 신청하였으나, 위 동의요건에 미달된 것으로 판명된 경우, 추가로 조합설립에 대한 동의를 받아 토지등소유자의 4분의 3 이상 및 토지면적의 2분의 1 이상의 토지소유자의 동의요건을 충족한 경우에도 다시 창립총회를 개최하여야 하는지

회신내용

조합설립에 대한 토지등소유자의 동의요건에 미달한 수가 극히 소수에 불과하고, 추진위원회가 통상적인 방법에 따라 토지등소유자를 산정하여 동의요건을 충족하였다는 판단하에 창립총회를 개최한 경우로서 다시 창립총회를 개최하는 것이 지극히 불합리하다고 판단되는 등의 특별한 사정이 있는 경우는 별론으로 하고, 추가로 조합설립에 대한 동의를 받아 토지등소유자의 4분의3 이상 및 토지면적의 2분의 1 이상의 토지소유자의 동의요건을 충족하였더라도 원칙적으로 다시 창립총회를 개최하여야 할 것임

출처 : 국토교통부

> **질의 8**

조합설립인가 이후 정비사업전문관리업자를 선정할 수 있는지 ('12. 11. 1.)

가. 조합설립인가 이후에 정비사업전문관리업자를 선정한 경우 도정법에 위배되는지
나. 추진위원회가 조합설립동의서 징구 업무 및 조합설립인가업무를 위하여 컨설팅업체와 계약을 체결하여 용역비를 지급하고자 하는 경우 도정법에 위배되는지

> **회신내용**

가. 도정법 제14조에 따르면 추진위원회가 정비사업전문관리업자를 선정하고자 하는 경우에는 추진위원회 승인을 얻은 후 국토해양부장관이 정하는 경쟁입찰의 방법으로 선정하도록 하고 있고, 도정법 제24조제3항제7호에 따르면 정비사업전문관리업자의 선정 및 변경은 조합 총회의 의결을 거치도록 하고 있으므로, 조합설립인가 이후 조합 총회의 의결을 거쳐 정비사업전문관리업자의 선정·B변경이 가능할 것으로 판단됨
나. 도정법 제69조제1항에 따르면 정비사업의 시행을 위하여 필요한 조합설립의 동의 및 정비사업의 동의에 관한 업무의 대행 등을 추진위원회 또는 사업시행자로부터 위탁받거나 이와 관련한 자문을 하고자 하는 자는 대통령령이 정하는 자본·기술인력 등의 기준을 갖춰 시·도지사에게 등록하도록 하고 있음

출처 : 국토교통부

3. 추진위원회의 조직 (법 제33조)

① 추진위원회는 추진위원회를 대표하는 추진위원장 1명과 감사를 두어야 한다.
② 추진위원의 선출에 관한 선거관리는 제41조제3항을 준용한다. 이 경우 "조합"은 "추진위원회"로, "조합임원"은 "추진위원"으로 본다.
③ 토지등소유자는 제34조에 따른 추진위원회의 운영규정에 따라 추진위원회에 추진위원의 교체 및 해임을 요구할 수 있으며, 추진위원장이 사임, 해임, 임기만료, 그 밖에 불가피한 사유 등으로 직무를 수행할 수 없는 때부터 6개월 이상 선임되지 아니한 경우 그 업무의 대행에 관하여는 제41조제5항 단서를 준용한다. 이 경우 "조합임원"은 "추진위원장"으로 본다.
④ 제3항에 따른 추진위원의 교체·해임 절차 등에 필요한 사항은 제34조제1항에 따른 운영규정에 따른다.
⑤ 추진위원의 결격사유는 제43조제1항부터 제3항까지를 준용한다. 이 경우 "조합"은 "추진위원회"로, "조합임원"은 "추진위원"으로 본다.

4. 추진위원회의 운영

가. 추진위원회의 운영 (법 제34조)

① 국토교통부장관은 추진위원회의 공정한 운영을 위하여 다음 각 호의 사항을 포함한 추진위원회의 운영규정을 정하여 고시하여야 한다.
  1. 추진위원의 선임방법 및 변경
  2. 추진위원의 권리·의무
  3. 추진위원회의 업무범위
  4. 추진위원회의 운영방법
  5. 토지등소유자의 운영경비 납부
  6. 추진위원회 운영자금의 차입
  7. 그 밖에 추진위원회의 운영에 필요한 사항으로서 대통령령으로 정하는 사항
② 추진위원회는 운영규정에 따라 운영하여야 하며, 토지등소유자는 운영에 필요한 경비를 운영규정에 따라 납부하여야 한다.
③ 추진위원회는 수행한 업무를 제44조에 따른 총회(이하 "총회"라 한다)에 보고하여야 하며, 그 업무와 관련된 권리·의무는 조합이 포괄승계한다.
④ 추진위원회는 사용경비를 기재한 회계장부 및 관계 서류를 조합설립인가일부터 30일 이내에 조합에 인계하여야 한다.
⑤ 추진위원회의 운영에 필요한 사항은 대통령령으로 정한다.

(1) 추진위원회 운영규정 (시행령 제28조)

법 제34조제1항제7호에서 "대통령령으로 정하는 사항"이란 다음 각 호의 사항을 말한다.
  1. 추진위원회 운영경비의 회계에 관한 사항
  2. 법 제102조에 따른 정비사업전문관리업자(이하 "정비사업전문관리업자"라 한다)의 선정에 관한 사항
  3. 그 밖에 국토교통부장관이 정비사업의 원활한 추진을 위하여 필요하다고 인정하는 사항

(2) 추진위원회의 운영 (시행령 제29조)

① 추진위원회는 법 제34조제5항에 따라 다음 각 호의 사항을 토지등소유자가 쉽게 접할 수 있는 일정한 장소에 게시하거나 인터넷 등을 통하여 공개하고,

필요한 경우에는 토지등소유자에게 서면통지를 하는 등 토지등소유자가 그 내용을 충분히 알 수 있도록 하여야 한다. 다만, 제8호 및 제9호의 사항은 법 제35조에 따른 조합설립인가(이하 "조합설립인가"라 한다) 신청일 60일 전까지 추진위원회 구성에 동의한 토지등소유자에게 등기우편으로 통지하여야 한다.
1. 법 제12조에 따른 안전진단의 결과
2. 정비사업전문관리업자의 선정에 관한 사항
3. 토지등소유자의 부담액 범위를 포함한 개략적인 사업시행계획서
4. 추진위원회 위원의 선정에 관한 사항
5. 토지등소유자의 비용부담을 수반하거나 권리·의무에 변동을 일으킬 수 있는 사항
6. 법 제32조제1항에 따른 추진위원회의 업무에 관한 사항
7. 창립총회 개최의 방법 및 절차
8. 조합설립에 대한 동의철회(법 제31조제2항 단서에 따른 반대의 의사표시를 포함한다) 및 방법
9. 제30조제2항에 따른 조합설립 동의서에 포함되는 사항

② 추진위원회는 추진위원회의 지출내역서를 매분기별로 토지등소유자가 쉽게 접할 수 있는 일정한 장소에 게시하거나 인터넷 등을 통하여 공개하고, 토지등소유자가 열람할 수 있도록 하여야 한다.

질의 1

5인 이상 위원으로 추진위원회 승인 가능 여부 ('09. 10. 21.)

운영규정 제2조제1항에 따라 위원장 및 감사를 포함하여 5인 이상의 위원으로 추진위원회를 구성하여 시장·군수의 승인을 얻을 수 있는지

회신내용

운영규정 제2조제1항에 따르면 정비사업조합을 설립하고자 하는 경우 위원장 및 감사를 포함한 5인 이상의 위원 및 도정법 제15조제2항에 따른 운영규정에 대한 토지등소유자 과반수의 동의를 얻어 조합설립을 위한 추진위원회를 구성하여 도정법 시행규칙이 정하는 방법 및 절차에 따라 시장·군수 또는 자치구의 구청장(이하 "시장·군수"라 한다)의 승인을 얻어야 한다고 규정하고 있으며, 운영규정 제2조제2항에 따르면 제1항의 규정에 의한 추진위원회 구성은 위원장 1인과 감사를 두고 부위원장은 둘 수 있으며 위원의 수는 토지등소유자의 10분의 1 이상으로 하되, 5인 이하인 경우에는 5인으로 하며 100인을 초과하는 경우에는 토지등소유자의 10분의 1범위 안에서 100인 이상으로 할

수 있다고 규정하고 있는 바, 상기 규정에 적합하게 위원을 구성하여 시장·군수의 승인을 얻어야 할 사항임

출처 : 국토교통부

질의 2

개략적인 사업시행계획서의 작성 방법 ('12. 3. 9.)

추진위원회가 작성하는 개략적인 사업시행계획서에서 '개략적인'의 오차 범위는 기존 부담액 기준으로 어떻게 되는지

회신내용

도정법 시행령 제24조제1항제3호에 따라 추진위원회는 '토지등소유자의 부담액 범위를 포함한 개략적인 사업시행계획서'를 토지등소유자가 쉽게 접할 수 있는 일정한 장소에 게시하거나 인터넷 등을 통하여 공개하고, 필요한 경우에는 토지등소유자에게 서면통지를 하는 등 토지등소유자가 그 내용을 충분히 알 수 있도록 하고 있으나, 개략적인 사업시행계획서에 포함되는 토지등소유자의 부담액 범위에 대하여는 특별히 규정하는 사항이 없음

출처 : 국토교통부

질의 3

2010.7.16. 시행된 도정법 시행령 제24조제1항의 적용 여부 ('12. 3. 9.)

2010.7.15. 이전에 시장·군수의 승인을 받은 추진위원회도 2010.7.16. 시행된 도정법 시행령 제24조제1항의 조합설립에 대한 동의철회 및 방법과 조합설립 동의서에 포함되는 사항을 조합설립인가 신청일 60일 전까지 추진위원회 구성에 동의한 토지등소유자에게 등기우편으로 통지하도록 한 규정을 적용받는지

회신내용

도정법 시행령 제24조제1항은 추진위원회 구성에 동의한 조합설립 동의철회 여부나 방법 등에 대한 통지의무를 부여하여 토지등소유자의 권리보호를 강화하고자 한 규정으로, 추진위원회 승인시점에 따라 동 규정의 적용을 배제하는 별도의 규정이 없으므로 동 규정 시행 이전에 시장·군수 승인을 얻어 구성된 추진위원회도 2010.7.16. 이후부

터는 조합설립인가 신청일 60일 전까지 추진위원회 구성에 동의한 토지등소유자에게 조합설립에 대한 동의철회 및 방법과 조합설립 동의서에 포함되는 사항을 등기우편으로 통지하여야 할 것으로 판단됨

출처 : 국토교통부

5. 조합설립인가 등

가. 조합설립인가 등 (법 제35조)

(구) [법률 제11059호, 2011. 9. 16. 일부개정 기준]

정비사업조합(이하, '조합'이라 한다)이란 정비구역 안의 토지 소유자 및 건축물 소유자의 일정 수 이상의 동의를 받아 도시기능의 회복이 필요하거나 주거환경이 불량한 지역을 계획적으로 정비하고 노후·불량건축물을 효율적으로 개량하는 정비사업을 시행하기 위하여 시장·군수의 인가를 거쳐 등기함으로써 설립되는 법인이다(법 제1조, 제16조, 제18조).

• 대법원 2013. 9. 12. 선고 2011두31284 판결

1. 조합의 법적 지위

재개발조합의 법적 성격은, 재개발 사업의 공공성이 높고, 사업의 성격상 강제가압제를 취하며, 그 외에도 설립 및 해산의 인가, 경비의 강제징수 등 강제적 권능, 의결 등의 취소·임원의 징계 등 조합이 특별한 행정적 감독 아래 있음을 이유로 '공행정목적을 위하여 구성된 공법상 법인'으로 설명되었다. 도시정비법에서도 재개발조합은 그 명칭 중에 '정비사업조합'이라는 문자를 사용하여야 하고(법 제18조 제3항), 사업비용의 부과금 및 연체료를 징수할 수 있을 뿐만 아니라 그 징수를 시장·군수에게 위탁할 수 있으며(법 제61조), 토지 등을 수용할 수 있고(법 제38조), 자료의 제출, 임원의 개선 등 행정청에 의한 감독을 받으며(법 제75조, 제77조), 조합의 임·직원은 형법 뇌물죄의 적용상 공무원의 취급을 받는다(법 제84조).

• 대법원 2009. 6. 25. 선고 2006다64559 판결

구분	재건축	재개발
사업대상	정비기반시설 양호	정비기반시설 열악
정비계획	필요(소규모 사업 제외)	필요
사업시행방법	관리처분계획	관리처분계획 또는 환지

사업시행자	조합단독시행 원칙	조합단독시행 원칙
조합원	• 토지 및 건물의 소유자만 • 동의한 토지등소유자만 (임의가입제)	• 토지 또는 건물의 소유자 및 지상권자 • 당연 가입(강제가입제)
권리취득방식	매도청구	수용

① 시장·군수등, 토지주택공사등 또는 지정개발자가 아닌 자가 정비사업을 시행하려는 경우에는 토지등소유자로 구성된 조합을 설립하여야 한다. 다만, 제25조제1항제2호에 따라 토지등소유자가 재개발사업을 시행하려는 경우에는 그러하지 아니하다.

② 재개발사업의 추진위원회(제31조제4항에 따라 추진위원회를 구성하지 아니하는 경우에는 토지등소유자를 말한다)가 조합을 설립하려면 토지등소유자의 4분의 3 이상 및 토지면적의 2분의 1 이상의 토지소유자의 동의를 받아 다음 각 호의 사항을 첨부하여 시장·군수등의 인가를 받아야 한다.

1. 정관
2. 정비사업비와 관련된 자료 등 국토교통부령으로 정하는 서류
3. 그 밖에 시·도조례로 정하는 서류

③ 재건축사업의 추진위원회(제31조제4항에 따라 추진위원회를 구성하지 아니하는 경우에는 토지등소유자를 말한다)가 조합을 설립하려는 때에는 주택단지의 공동주택의 각 동(복리시설의 경우에는 주택단지의 복리시설 전체를 하나의 동으로 본다)별 구분소유자의 과반수 동의(공동주택의 각 동별 구분소유자가 5 이하인 경우는 제외한다)와 주택단지의 전체 구분소유자의 4분의 3 이상 및 토지면적의 4분의 3 이상의 토지소유자의 동의를 받아 제2항 각 호의 사항을 첨부하여 시장·군수등의 인가를 받아야 한다.

④ 제3항에도 불구하고 주택단지가 아닌 지역이 정비구역에 포함된 때에는 주택단지가 아닌 지역의 토지 또는 건축물 소유자의 4분의 3 이상 및 토지면적의 3분의 2 이상의 토지소유자의 동의를 받아야 한다. <개정 2019. 4. 23.>

⑤ 제2항 및 제3항에 따라 설립된 조합이 인가받은 사항을 변경하고자 하는 때에는 총회에서 조합원의 3분의 2 이상의 찬성으로 의결하고, 제2항 각 호의 사항을 첨부하여 시장·군수등의 인가를 받아야 한다. 다만, 대통령령으로 정하는 경미한 사항을 변경하려는 때에는 총회의 의결 없이 시장·군수등에게 신고하고 변경할 수 있다.

⑥ 조합이 정비사업을 시행하는 경우 「주택법」 제54조를 적용할 때에는 조합

을 같은 법 제2조제10호에 따른 사업주체로 보며, 조합설립인가일부터 같은
법 제4조에 따른 주택건설사업 등의 등록을 한 것으로 본다.
⑦ 제2항부터 제5항까지의 규정에 따른 토지등소유자에 대한 동의의 대상 및 절
차, 조합설립 신청 및 인가 절차, 인가받은 사항의 변경 등에 필요한 사항은
대통령령으로 정한다.
⑧ 추진위원회는 조합설립에 필요한 동의를 받기 전에 추정분담금 등 대통령령
으로 정하는 정보를 토지등소유자에게 제공하여야 한다.

(1) 조합설립인가신청의 방법 등 (시행령 제30조)

① 법 제35조제2항부터 제4항까지의 규정에 따른 토지등소유자의 동의는 국토교
통부령으로 정하는 동의서에 동의를 받는 방법에 따른다.
② 제1항에 따른 동의서에는 다음 각 호의 사항이 포함되어야 한다.
   1. 건설되는 건축물의 설계의 개요
   2. 공사비 등 정비사업비용에 드는 비용(이하 "정비사업비"라 한다)
   3. 정비사업비의 분담기준
   4. 사업 완료 후 소유권의 귀속에 관한 사항
   5. 조합 정관
③ 조합은 조합설립인가를 받은 때에는 정관으로 정하는 바에 따라 토지등소유
자에게 그 내용을 통지하고, 이해관계인이 열람할 수 있도록 하여야 한다.

(2) 조합설립인가내용의 경미한 변경 (시행령 제31조)

법 제35조제5항 단서에서 "대통령령으로 정하는 경미한 사항"이란 다음 각 호의
사항을 말한다.
   1. 착오·오기 또는 누락임이 명백한 사항
   2. 조합의 명칭 및 주된 사무소의 소재지와 조합장의 성명 및 주소(조합장의
      변경이 없는 경우로 한정한다)
   3. 토지 또는 건축물의 매매 등으로 조합원의 권리가 이전된 경우의 조합원의
      교체 또는 신규가입
   4. 조합임원 또는 대의원의 변경(법 제45조에 따른 총회의 의결 또는 법 제46
      조에 따른 대의원회의 의결을 거친 경우로 한정한다)
   5. 건설되는 건축물의 설계 개요의 변경
   6. 정비사업비의 변경
   7. 현금청산으로 인하여 정관에서 정하는 바에 따라 조합원이 변경되는 경우

8. 법 제16조에 따른 정비구역 또는 정비계획의 변경에 따라 변경되어야 하는 사항. 다만, 정비구역 면적이 10퍼센트 이상의 범위에서 변경되는 경우는 제외한다.
9. 그 밖에 시·도조례로 정하는 사항

(3) 추정분담금 등 정보의 제공 (시행령 제32조)

법 제35조제8항에서 "추정분담금 등 대통령령으로 정하는 정보"란 다음 각 호의 정보를 말한다.
1. 토지등소유자별 분담금 추산액 및 산출근거
2. 그 밖에 추정 분담금의 산출 등과 관련하여 시·도조례로 정하는 정보

(4) 조합의 설립인가 신청 등 (시행규칙 제8조)

① 법 제35조제2항부터 제5항까지의 규정에 따라 조합의 설립인가(변경인가를 포함한다)를 신청하려는 경우 신청서(전자문서로 된 신청서를 포함한다)는 별지 제5호서식에 따른다.
② 법 제35조제2항제2호에서 "정비사업비와 관련된 자료 등 국토교통부령으로 정하는 서류"란 다음 각 호의 구분에 따른 서류(전자문서를 포함한다)를 말한다.
  1. 설립인가: 다음 각 목의 서류
    가. 조합원 명부 및 해당 조합원의 자격을 증명하는 서류
    나. 공사비 등 정비사업에 드는 비용을 기재한 토지등소유자의 조합설립동의서 및 동의사항을 증명하는 서류
    다. 창립총회 회의록 및 창립총회참석자 연명부
    라. 토지·건축물 또는 지상권을 여럿이서 공유하는 경우에는 그 대표자의 선임 동의서
    마. 창립총회에서 임원·대의원을 선임한 때에는 선임된 자의 자격을 증명하는 서류
    바. 건축계획(주택을 건축하는 경우에는 주택건설예정세대수를 포함한다), 건축예정지의 지번·지목 및 등기명의자, 도시·군관리계획상의 용도지역, 대지 및 주변현황을 기재한 사업계획서
  2. 변경인가: 변경내용을 증명하는 서류
③ 영 제30조제1항에서 "국토교통부령으로 정하는 동의서"란 별지 제6호서식의 조합설립 동의서를 말한다.

> **(구) [법률 제11059호, 2011. 9. 16. 일부개정 기준]**
>
> 도시정비법은 다음과 같은 절차를 거쳐 조합이 설립되도록 하고 있다.
>
> > 정비구역 지정 → 추진위원회 구성승인 → 법정 정족수의 토지등소유자 동의 → 창립총회 → 추진위원회의 인가신청 → 시장·군수의 인가 → 30일 이내의 등기

1. 설립인가 심사의 대상

조합설립인가를 받기 위해서, 추진위원회는 재개발사업의 경우 토지등소유자의 4분의3 이상 및 토지 면적의 2분의1 이상의 동의를, 재건축사업의 경우 집합건물법 제47조 제1항 및 제2항의 규정에 불구하고 주택단지 안의 공동주택의 각 동(복리시설의 경우에는 주택단지 안의 복리시설 전체를 하나의 동으로 본다)별 구분소유자의 3분의2 이상 및 토지면적의 2분의1 이상의 토지소유자의 동의(공동주택의 각 동별 구분소유자가 5 이하인 경우는 제외한다)와 주택단지 안의 전체 구분소유자의 4분의3 이상 및 토지면적의 4분의3 이상의 토지소유자의 동의를 얻어야 한다(법 제16조 제1항 내지 제3항).

토지등소유자의 동의는 ① 건설되는 건축물의 설계의 개요, ② 공사비 등 정비사업에 드는 비용, ③ 그 비용의 분담에 관한 사항, ④ 사업 완료 후의 소유권 귀속에 관한 사항, ⑤ 조합정관 등이 기재된 국토교통부령으로 정하는 동의서에, 토지등소유자의 지장을 날인하고 자필로 서명하는 서면동의의 방법으로 하며, 신원을 확인할 수 있는 신분증명서의 사본을 첨부하여야 한다(법 제17조 제1항, 시행령 제26조, 제1항, 제2항). 구체적인 토지등소유자의 동의자수 산정 방법은 시행령 제28조3)에서 규정하고 있다.

---

3) 도시및주거환경정비법시행령 제33조 (토지등소유자의 동의자 수 산정방법 등) <제28조에서 변경>
  ① 법 제12조제2항, 제28조제1항, 제36조제1항, 이 영 제12조, 제14조제2항 및 제27조에 따른 토지등소유자(토지면적에 관한 동의자 수를 산정하는 경우에는 토지소유자를 말한다. 이하 이 조에서 같다)의 동의는 다음 각 호의 기준에 따라 산정한다.
    1. 주거환경개선사업, 재개발사업의 경우에는 다음 각 목의 기준에 의할 것
      가. 1필지의 토지 또는 하나의 건축물을 여럿이서 공유할 때에는 그 여럿을 대표하는 1인을 토지등소유자로 산정할 것. 다만, 재개발구역의 「전통시장 및 상점가 육성을 위한 특별법」 제2조에 따른 전통시장 및 상점가로서 1필지의 토지 또는 하나의 건축물을 여럿이서 공유하는 경우에는 해당 토지 또는 건축물의 토지등소유자의 4분의 3 이상의 동의를 받아 이를 대표하는 1인을 토지등소유자로 산정할 수 있다.
      나. 토지에 지상권이 설정되어 있는 경우 토지의 소유자와 해당 토지의 지상권자를 대표하는 1인을 토지등소유자로 산정할 것
      다. 1인이 다수 필지의 토지 또는 다수의 건축물을 소유하고 있는 경우에는 필지나 건축물의 수에 관계없이 토지등소유자를 1인으로 산정할 것. 다만, 재개발사업으로서 법 제25조제1항제2호에 따라 토지등소유자가 재개발사업을 시행하는 경우 토지등소유자가 정비구역 지

110 제1편 도시 및 주거환경정비법

한편, 도시정비법 시행규칙 제7조는 추진위원회가 조합설립인가를 받으려면 다음 각 호의 서류를 첨부하여 시장·군수에게 제출하도록 규정하고 있다.

> ① 조합정관 ② 조합원 명부(조합원자격을 증명하는 서류 첨부) ③ 토지등소유자의 조합설립동의서 및 동의사항을 증명하는 서류 ④ 창립총회 회의록(총회참석자 연명부 포함) ⑤ 토지·건축물 또는 지상권이 수인의 공유에 속하는 경우에는 그 대표자의 선임 동의서 ⑥ 창립총회에서 임원·대의원을 선임한 때에는 선임된 자의 자

정 후에 정비사업을 목적으로 취득한 토지 또는 건축물에 대해서는 정비구역 지정 당시의 토지 또는 건축물의 소유자를 토지등소유자의 수에 포함하여 산정하되, 이 경우 동의 여부는 이를 취득한 토지등소유자에 따른다.
  라. 둘 이상의 토지 또는 건축물을 소유한 공유자가 동일한 경우에는 그 공유자 여럿을 대표하는 1인을 토지등소유자로 산정할 것
 2. 재건축사업의 경우에는 다음 각 목의 기준에 따를 것
  가. 소유권 또는 구분소유권을 여럿이서 공유하는 경우에는 그 여럿을 대표하는 1인을 토지등소유자로 산정할 것
  나. 1인이 둘 이상의 소유권 또는 구분소유권을 소유하고 있는 경우에는 소유권 또는 구분소유권의 수에 관계없이 토지등소유자를 1인으로 산정할 것
  다. 둘 이상의 소유권 또는 구분소유권을 소유한 공유자가 동일한 경우에는 그 공유자 여럿을 대표하는 1인을 토지등소유자로 할 것
 3. 추진위원회의 구성 또는 조합의 설립에 동의한 자로부터 토지 또는 건축물을 취득한 자는 추진위원회의 구성 또는 조합의 설립에 동의한 것으로 볼 것
 4. 토지등기부등본·건물등기부등본·토지대장 및 건축물관리대장에 소유자로 등재될 당시 주민등록번호의 기록이 없고 기록된 주소가 현재 주소와 다른 경우로서 소재가 확인되지 아니한 자는 토지등소유자의 수 또는 공유자 수에서 제외할 것
 5. 국·공유지에 대해서는 그 재산관리청 각각을 토지등소유자로 산정할 것
② 법 제12조제2항 및 제36조제1항 각 호 외의 부분에 따른 동의(법 제26조제1항제8호, 제31조제2항 및 제47조제4항에 따라 의제된 동의를 포함한다)의 철회 또는 반대의사 표시의 시기는 다음 각 호의 기준에 따른다.
 1. 동의의 철회 또는 반대의사의 표시는 해당 동의에 따른 인·허가 등을 신청하기 전까지 할 수 있다.
 2. 제1호에도 불구하고 다음 각 목의 동의는 최초로 동의한 날부터 30일까지만 철회할 수 있다. 다만, 나목의 동의는 최초로 동의한 날부터 30일이 지나지 아니한 경우에도 법 제32조제3항에 따른 조합설립을 위한 창립총회 후에는 철회할 수 없다.
  가. 법 제21조제1항제4호에 따른 정비구역의 해제에 대한 동의
  나. 법 제35조에 따른 조합설립에 대한 동의(동의 후 제30조제2항 각 호의 사항이 변경되지 아니한 경우로 한정한다)
③ 제2항에 따라 동의를 철회하거나 반대의 의사표시를 하려는 토지등소유자는 철회서에 토지등소유자가 성명을 적고 지장(指章)을 날인한 후 주민등록증 및 여권 등 신원을 확인할 수 있는 신분증명서 사본을 첨부하여 동의의 상대방 및 시장·군수등에게 내용증명의 방법으로 발송하여야 한다. 이 경우 시장·군수등이 철회서를 받은 때에는 지체 없이 동의의 상대방에게 철회서가 접수된 사실을 통지하여야 한다.
④ 제2항에 따른 동의의 철회나 반대의 의사표시는 제3항 전단에 따라 철회서가 동의의 상대방에게 도달한 때 또는 같은 항 후단에 따라 시장·군수등이 동의의 상대방에게 철회서가 접수된 사실을 통지한 때 중 빠른 때에 효력이 발생한다.

격을 증명하는 서류 ⑦ 주택건설예정세대수, 주택건설예정지의 지번·지목 및 등기명의자, 도시·군관리계획상의 용도지역, 대지 및 주변현황을 기재한 사업계획서(주택재개발사업 및 주택재건축사업의 경우에 한한다) ⑧ 주택건설예정 호수 및 세대수, 가로구역 및 가로주택정비사업 시행 구역의 범위·지번·지목 및 등기명의자, 도시·군관리계수, 가로구역 및 가로주택정비사업 시행 구역의 범위·지번·지목 및 등기명의자, 도시·군관리계획의 용도지역, 대지 및 주변현황을 적은 사업계획서(가로주택정비사업의 경우로 한정한다) ⑨ 건축계획, 건축예정지의 지번·지목 및 등기명의자, 도시·군관리계획상의 용도지역, 대지 및 주변현황을 기재한 사업계획서(도시환경정비사업의 경우에 한한다) ⑩ 그 밖의 특별시·광역시 또는 도의 조례가 정하는 서류

- 대법원 2010. 1. 28. 선고 2009두4845 판결

2. 도시정비법상 조합설립 동의와 집합건물법상 재건축결의의 관계

판례는 주촉법에 따른 재건축결의는, 외형상 1개의 결의로 보이더라도 집합건물법상의 '재건축결의'와 주촉법 상의 '재건축조합 설립행위'로 구분된다고 보았다. 따라서 당해 결의가 집합건물법상의 재건축결의 요건을 갖추지 못하여 무효로 된다 하더라도, 이로써 곧 재건축조합 설립을 위한 창립총회 결의까지 당연히 무효로 되는 것은 아니라고 판단하였다.

도시정비법 제16조 제2항은 추진위원회가 조합을 설립하고자 하는 때에는 '집합건물법 제47조 제1항 및 제2항에도 불구하고' 일정 수 이상의 토지등소유자의 동의를 얻어 시장·군수의 인가를 받아야 한다고 규정하고, 제39조 매도청구권과 관련하여서 집합건물법상 '재건축결의'를 '조합 설립의 동의'로 본다고 규정함으로써 도시정비법은 집합건물법상 재건축결의가 필요 없음을 전제로 하고 있다.

- 대법원 2006. 2. 23. 선고 2005다19552, 19568 판결

3. 조합설립인가의 법적 성격

- 대법원 2009. 9. 24. 선고 2008다60568 판결
- 대법원 2008. 2. 1. 선고 2006다16741 판결
- 대법원 1994. 10. 14. 선고 93누22753 판결
- 대법원 2000. 9. 5. 선고 99두1854 판결

4. 조합설립과 관련한 쟁송에 대한 법적 규율

가. 항고소송

조합설립인가를 실권적 처분으로 볼 경우 조합설립 동의는 조합설립인가처분의 요건에 불과하므로 조합설립 동의의 하자를 이유로 조합설립의 효력을 다투는 주된 방법은 관할 행정청을 상대로 한 조합설립인가처분의 취소 또는 무효 확인 청구 소송이 된다.

나. 원고 적격

조합 설립에 동의하지 않은 정비구역 내 토지등소유자는 행정청을 상대로 설립승인처분이 승인의 요건을 갖추지 못하였음을 주장하며 항고소송을 제기할 원고 적격이 있다.
- 도시정비법 제13조 제3항

다. 하자의 유형

행정처분에 하자가 있는 경우, 이는 원칙적으로 취소사유에 불과하고, 그 하자가 중대하고 명백한 경우에 한하여 무효사유가 된다.
- 대법원 2009. 9. 24. 선고 2009두2825

라. 하자의 치유

행정처분이 처분 당시에는 적법요건을 완전히 구비하지 못하여 위법하였지만 사후에 흠결을 보완한 경우 성립 당시의 하자에도 불구하고 하자 없는 적법한 행위로서 효력이 유지되고, 행정처분의 치유라고 한다.
판례는 행정처분의 하자 치유에 관하여,
- 대법원 2004. 10. 15. 선고 2002다68485
- 대법원 2002. 7. 9. 선고 2001두10684
- 대법원 1997. 5. 28. 선고 96누5308

판례는 구 주촉법상 조합설립과 재건축결의 하자에 관하여,
- 대법원 2006. 2. 23. 선고 2005다19552, 19569
- 대법원 2010. 8. 26. 선고 2010두2579
- 대법원 2012. 8. 23. 선고 2010두13463

마. 조합설립인가와 변경인가

새로운 조합설립인가처분이라면, 변경인가처분에 의하여 종전 조합설립인가처분은 직권취소된 것으로 볼 수 있다.

- 대법원 2005. 7. 28. 선고 2003두9312

판례는 조합설립인가에 필요한 '실체적·절차적 요건'을 모두 갖추고 조합설립변경인가처분을 받은 경우 이는 새로운 조합설립인가 처분으로 효력이 있다고 판시하였다.
- 대법원 2013. 2. 28. 선고 2012다34146 판결

도시정비법 제16조 제1항, 제2항은 조합설립인가처분의 내용을 변경하는 처분을 할 때 조합설립인가처분과 동일한 요건과 절차를 거칠 것을 요구하고 있다.

판례는 특별한 사정이 없는 한 조합설립변경인가가 있다고 하여 당초 조합설립인가처분의 무효확인을 구할 소의 이익이 소멸된다고 볼 수는 없다고 판시하였다.
- 대법원 2012. 10. 25. 선고 2010두25107
- 대법원 2010. 12. 9. 선고 2009두4555
- 대법원 2012. 10. 25. 선고 2010두25107

5. 조합설립인가 요건과 관련된 주요 쟁점

가. 동의서 및 인감증명서

실무상 조합설립인가 처분의 유효 조건에 해당하는 동의율을 다투기 위한 목적으로 개별동의서의 적법 여부에 관한 주장을 하는 경우가 많다.

1) 표준동의서

판례는 주택재건축정비사업조합 설립에 대한 토지등소유자의 동의가 건설교통부 고시 표준동의서에 의해 이루어진 경우

정비사업조합 설립추진위원회 운영규정(건설교통부 고시 제165호)의 붙임 운영규정안 제34조 및 [별지 3-1] 주택재건축정비사업조합설립동의서
- 대법원 2010. 4. 8. 선고 2009다10881

위 사안의 표준동의서는 건축물의 철거 및 비용분담에 관한 사항은 조합정관에 따르고, 신축건물 구분소유권의 귀속에 관한 사항은 조합정관의 관리처분기준에 따르는 것을 원칙으로 하도록 되어 있으며, 조합정관의 관리처분제한 기준에는 관리처분계획의 기본원칙을 제시하고 있다.

도시정비법에 따른 조합설립 동의서는 동의서에 도시정비법 시행령 제26조 제2항에서 규정한 사항이 기재되어 있다면 원칙적으로 유효하고 있다.

2) 기재사항

공란인 채로 하여 조합설립인가신청을 하고, 조합설립인가처분을 받은 경우, 그 동의서는 무효이고, 인가처분도 당연무효라고 하였다.
- 대법원 2010. 1. 28. 선고 2009두4845

다만, 동의서의 기재사항을 **빠뜨린** 상태에서 동의서를 받은 다음 추진위원회가 인가신청 전에 일괄 보충한 경우 그 인가처분을 무효라고 할 수는 없다.
- 대법원 2010. 10. 28. 선고 2009다29380
- 대법원 2012. 11. 29. 선고 2012두16428
- 대법원 2011. 7. 28. 선고 2011두2842

나. 동의율

처분의 위법 여부에 대한 판단 기준은 특별한 사정이 없는 한 처분시점이므로 동의율 산정을 위한 토지등소유자의 수는 처분 당시를 기준으로 도시정비법 시행령 제28조가 규정하는 방식으로 산정해야 한다.

도시정비법 시행규칙 제7조에 의하여 조합설립인가를 얻고자 하는 경우 신청서에 조합원 명부와 동의서를 첨부하여 제출하도록 하고, 도시정비법 시행령 제28조에서 동의철회자는 조합설립인가신청 전까지 동의를 철회하도록 규정하고 있으며 이러한 토지등소유자 및 그 동의의사는 인가신청 당시를 기준으로 산정하여야 할 것이다.

1) 국·공유지

국·공유재산의 귀속 및 처분에 관한 사항이 포함된 정비계획을 수립하고자 하는 때에는 미리 해당 정비기반시설 및 국·공유재산의 관리청의 의견을 들어야 한다는 규정이 신설되었다(법 제4조 제10항).

① 국·공유지를 토지등소유자 수에 포함하여야 하는지, 국·공유지의 소관 관리청 별로 토지등소유자를 산정하여야 하는지

2010. 7. 15. 개정 시행령 제28조 제1항 제5호에서 국유지·공유지에 대해서는 그 재산관리청을 토지등소유자로 산정하도록 규정

② 설립인가의 처분청이면서 동시에 사업의 구역 내에 토지를 소유하는 행정청의 경우 조합설립인가처분을 하였으므로 추진위원회의 설립에 동의하였다고 볼 것이다.
- 대법원 2012. 10. 11. 선고 2012두4081
- 대법원 2013. 5. 24. 선고 2011두14937

2) 무허가건축물

토지등소유자에게 조합원의 자격이 부여되는 건축물이라 함은 원칙적으로 적법한 건축물을 의미하고 무허가건축물은 이에 포함되지 않고, 다만 토지등소유자의 적법한 동의 등을 거쳐 설립된 재개발조합이 각자의 사정 내지는 필요에 따라 일정한 범위 내에서 무허가건축물 소유자에게 조합원자격을 부여하도록 정관으로 정하는 경우 예외가 인정될 수 있다.
- 대법원 2009. 10. 29. 선고 2009두12228

3) 동의 철회

도시정비법 시행령 제28조 제4항에 의하면 토지등소유자는 동의에 따른 인허가 등 신청전에 동의를 철회하거나 반대의 의사표시를 할 수 있다.

다만 조합설립인가에 대한 동의 후 도시정비법 시행령 제26조 제2항[4] 각 호의 사항이 변경되지 않은 경우로서 조합설립에 최초로 동의한 날부터 30일이 지났거나 창립총회를 개최한 경우에는 조합설립인가 신청 전이라도 철회할 수 없다.[5]
- 대법원 2012. 12. 13. 선고 2011두21218
- 대법원 2012. 11. 29. 선고 2011두518

4) 공유인 경우 대표자 선정

소유권 또는 구분소유권이 여러 명의 공유에 속하는 경우에는 대표자 1인을 토지등소유자로 산정한다.
- 대법원 2012. 2. 9. 선고 2010다80510 판결

5) 동일한 공유자가 다수 필지의 토지 또는 다수의 건축물을 소유한 경우

---

4) 제30조 (조합설립인가신청의 방법 등) <제26조에서 변경>
　① 법 제35조제2항부터 제4항까지의 규정에 따른 토지등소유자의 동의는 국토교통부령으로 정하는 동의서에 동의를 받는 방법에 따른다.
　② 제1항에 따른 동의서에는 다음 각 호의 사항이 포함되어야 한다.
　　1. 건설되는 건축물의 설계의 개요
　　2. 공사비 등 정비사업비용에 드는 비용(이하 "정비사업비"라 한다)
　　3. 정비사업비의 분담기준
　　4. 사업 완료 후 소유권의 귀속에 관한 사항
　　5. 조합 정관
　③ 조합은 조합설립인가를 받은 때에는 정관으로 정하는 바에 따라 토지등소유자에게 그 내용을 통지하고, 이해관계인이 열람할 수 있도록 하여야 한다

5) 시행령 제26조 제2항 각호의 사항이 변경되지 아니한 경우 인가신청 전이라도 철회할 수 없다고만 규정되어 있었다.

토지의 필지별 또는 토지·건물의 소유자, 공유자가 서로 다를 경우'에는 '각 부동산별'로 1인이 토지등소유자로 산정되어야 하고, 동일한 공유자가 서로 다른 필지의 토지 또는 토지·건물을 공동소유하고 있을 때에는 부동산의 수와 관계없이 그 공유자들 중 1인 만이 토지등소유자로 산정된다고 해석된다.
• 대법원 2010. 1. 24. 선고 2009두15852

6) 동일세대와 토지등소유자 수 산정

도시정비법 제17조, 같은 법 시행령 제28조는 토지등소유자의 동의자 수 산정방법에 관하여 규정하고 있음에 반하여, 도시정비법 제19조 제1항은 조합원의 자격을 규정하여 토지등소유자와 조합원을 분리하여 규정하고 있다.

7) 행방불명자 관련

도시정비법 시행령 제28조 제1항 제4호는 '토지등기부등본·건물등기부등본·토지대장 및 건축물관리대장에 소유자로 등재될 당시 주민등록번호의 기재가 없고 주소가 현재 주소와 상이한 경우로서 소재가 확인되지 아니한 자는 토지등소유자의 수에서 제외할 것'이라고 규정하고 있다.

8) 주택단지

도시정비법 제16조 제2항, 제3항의 내용·형식 및 체제에 비추어 보면, 주택재건축사업의 추진위원회가 조합을 설립함에 있어 ① 정비구역이 주택단지로만 구성된 경우에는 도시정비법 제16조 제2항에 의한 동의만 얻으면 되고,

도시정비법 제16조 제3항 소정의 '토지 또는 건축물 소유자'는 정비구역 안의 토지 및 건축물의 소유자뿐만 아니라 토지만을 소유한 자, 건축물만을 소유한 자 모두를 포함하는 의미라고 해석함이 타당하다.
• 대법원 2013. 7. 11. 선고 2011두27544

다. 창립총회

추진위원회는 도시정비법 제16조 제1항 및 제2항에 따른 조합설립인가를 신청하기 전에 대통령령으로 정하는 방법 및 절차에 따라 조합설립을 위한 창립총회를 개최하여야 한다.

창립총회의 의사결정은 토지등소유자(주택재건축사업의 경우 조합설립에 동의한 토지등 소유자로 한정한다)의 과반수 출석과 출석한 토지등소유자 과반수 찬성으로 결의한다. 다만 조합임원 및 대의원의 선임은 제4항 제1호에 따라 확정된 정관에서 정하는 바에 따라 선출한다(시행령 제22조의2 제5항). 한편 도시

정비법 제24조 제5항은 창립총회의 경우 조합원 100분의20 이상이 직접 출석하여야 한다고 규정하고 있다.

라. 정관 미첨부

조합설립 동의 당시 정관을 첨부하지 아니한 것을 조합설립인가처분의 취소 또는 무효사유로 주장하기도 한다. 판례는 가정적 판단이기는 하지만, 조합설립동의서에 조합정관이 첨부되어 있지 아니하였다고 하더라도, 그러한 사정만으로 그 하자가 중대·명백하여 조합설립인가처분을 무효로 볼 수 없다는 원심판결을 수긍한 바 있다.
- 대법원 2012. 12. 27. 선고 2010다85379

질의 1

도정법 시행령 제27조제3호에 해당하는 건폐율 또는 용적률의 변경 범위 (법제처, '11. 10. 7.)

주택재개발사업과 관련하여 정비구역 또는 정비계획의 변경에 따라 건폐율 또는 용적률이 확대되어 조합설립인가내용이 변경되어야 하는 경우라면, 건폐율 또는 용적률이 얼마나 확대되는지와 상관없이 도정법 시행령 제27조제3호에 해당하는지

회신내용

주택재개발사업과 관련하여 정비구역 또는 정비계획의 변경에 따라 건폐율 또는 용적률이 확대되어 조합설립인가내용이 변경되어야 하는 경우라면, 건폐율 또는 용적률이 얼마나 확대되는지와 상관없이 도정법 시행령 제27조제3호에 해당한다고 할 것임

출처 : 국토교통부

질의 2

인근지역을 편입하여 구역지정 받은 경우의 사업추진 ('12. 1. 19.)

구 주택건설촉진법에 의하여 설립된 주택재건축조합이 인근지역을 편입하여 정비구역을 확장한 상태에서 정비구역결정고시를 받은 경우, 기존 주택재건축조합을 해산하고 새로운 추진위원회를 구성하여 사업추진을 해야 하는지 아니면 조

합설립변경인가를 신청하여 사업추진을 할 수 있는지 여부

회신내용

도정법 부칙<제6852호, 2002.12.30> 제10조에 따라 종전법률에 의하여 조합설립의 인가를 받은 조합은 주된 사무소의 소재지에 등기함으로써 이 법에 의한 법인으로 설립된 것으로 보고 있으므로, 정비구역의 면적을 10% 이상 확대 추진하는 경우 주택재건축조합은 같은 법 제16조제2항 및 제3항에 따라 정비구역의 토지소유자의 동의를 얻어 정관 및 국토해양부령이 정하는 서류를 첨부하여 시장·군수·구청장의 조합설립변경인가를 받아 사업을 추진할 수 있을 것으로 보임, 구체적인 사업추진방식의 결정은 현지상황을 잘 알고 있고 조합설립인가권자인 시장·군수·구청장에게 문의함이 바람직할 것으로 판단됨

출처 : 국토교통부

질의 3

토지등소유자 권리이전 시 추진위원회 구성에 동의한 자로 볼 수 있는지 ('09. 12. 21.)

추진위원회 구성에 동의한 토지등소유자가 시장·군수로부터 추진위원회 구성 승인을 받은 후 토지등소유자의 권리를 이전한 경우, 이전을 받은 자가 추진위원회 구성에 동의한 자로 볼 수 있는지

회신내용

도정법 시행령 제28조제1항제3호에 따르면 추진위원회 설립에 동의한 자로부터 토지 또는 건축물을 취득한 자는 추진위원회설립에 동의한 것으로 보도록 하고 있고, 운영규정 별표 제11조에 따르면 양도·상속·증여 및 판결 등으로 토지등소유자가 된 자는 종전의 토지등소유자가 행하였거나 추진위원회가 종전의 권리자에게 행한 처분 및 권리·의무 등을 포괄 승계한다고 규정되어 있음

출처 : 국토교통부

질의 4

조합설립 동의서에 분담금 추산방법 표기의 적합 여부 ('10. 2. 10.)

주택재개발사업 조합설립동의서에 도정법 시행규칙 제7조제3항 관련 별지 제4호의2 서식 내용에 있는 "분양대상자별 분담금 추산방법"대로 표기한 것이 적합한지 아니면 추정 계산된 수치를 기재하여야 하는지

회신내용

도정법 시행령 제26조제1항의 규정에 따르면 도정법 제16조제1항부터 제3항까지의 규정에 따른 토지등소유자의 동의는 국토해양부령으로 정하는 동의서에 동의를 받는 방법에 따르도록 하고있고, 주택재개발정비사업조합 설립동의서는 별지 제4호의2서식으로 도정법 시행규칙 제7조제3항에 규정되어 있으며, 【별지 제4호의2서식】에는 분양대상자별 분담금 추산방법을 알 수 있도록 산술식(예시)으로 기재되어 있는 것임

출처 : 국토교통부

질의 5
조합설립 동의서 징구 시 주택단지는 정비구역 전체인지 여부 ('09. 3. 10.)

일단의 정비구역 안에 수개의 소규모 주택단지가 있는 경우 도정법 제16조제2항에서 규정하고 있는 "주택단지"라 함은 각각의 단지를 말하는지, 아니면 정비구역 전체를 말하는지

회신내용

도정법 제16조제2항에서 규정하고 있는 주택단지는 주택 및 부대·복리시설을 건설하거나 대지로 조성되는 일단의 토지로서 동법 제2조제7호 각 목의 어느 하나에 해당하는 일단의 토지를 말하는 것임

출처 : 국토교통부

질의 6
주택단지 외 다른 필지 포함 시 조합설립동의 여부 ('10. 3. 17.)

정비구역이 아닌 구역에서 주택재건축사업을 시행하는 경우 주택단지 외에 다른 필지가 사업계획서에 포함되는 경우 동 지역의 토지등소유자에게 도정법 제16조제3항에 따른 조합설립 동의를 얻어야 하는지

> **회신내용**
>
> 가. 도정법 시행령 제6조에 따르면 「주택법」에 따른 사업계획승인 또는 「건축법」에 따른 건축허가를 받아 건설한 아파트 또는 연립주택 중 노후·불량건축물에 해당하는 것으로서 기존 세대수가 20세대 이상인 때에는 정비구역의 지정 없이 주택재건축사업을 시행할 수 있고, 이 경우 지형여건 및 주변환경으로 보아 사업시행 상 불가피하다고 시장·군수가 인정하는 경우에는 아파트 및 연립주택이 아닌 주택을 일부 포함할 수 있도록 하고 있으며, 도정법 제16조제3항에 따르면 주택단지가 아닌 지역이 정비구역에 포함된 때에는 주택단지가 아닌 지역안의 토지 또는 건축물 소유자의 동의 등을 얻도록 하고 있음
>
> 나. 따라서, 도정법 제16조제3항은 주택단지가 아닌 지역이 정비구역에 포함된 경우 조합설립을 위한 동의에 관하여 규정하고 있는 사항으로, 정비구역이 아닌 구역에서의 재건축사업에 있어 불가피하게 아파트 및 연립주택이 아닌 주택이 포함된 경우라 하면 위 규정의 적용대상이 아닌 것으로 보이나 민법 등 관계법령에도 적합하여야 할 것임

출처 : 국토교통부

질의 7

공유지 조합설립동의를 공유자 지분에 비례하여 산정 가능 여부 ('10. 6. 15.)

주택재개발사업에서 한 필지의 토지를 공유하고 있는 11인 중 10인이 조합설립에 동의하는 경우 도정법 제16조제1항에 따라 토지면적에 대한 토지소유자의 동의율 산정 시 조합설립에 동의한 공유자의 지분에 비례하여 산정할 수 있는지

> **회신내용**
>
> 주택재개발사업의 경우, 도정법 제2조제9호가목에 따라 정비구역안에 소재한 토지의 소유자도 토지등소유자에 해당하며, 도정법 제17조에 따라 도정법 제13조부터 제16조까지의 규정에 따른 토지등소유자의 동의자수 산정은 1필지의 토지가 수인의 공유에 속하는 때에는 그 수인을 대표하는 1인을 토지등소유자로 산정하도록 도정법 시행령 제28조제1항제1호 가목에서 규정하고 있는 바, 동의자수 산정은 이에 적합하게 하여야 할 것으로 보며, 공유자간의 의사불일치로 인하여 대표자 선정이 되지 아니하거나, 일치된 의견으로 동의의 의사표시를 하지 못하는 경우 동의의 의사표시가 있다고 볼 수 없을 것임

출처 : 국토교통부

질의 8

추진위원회 위원이 조합설립동의서 철회 가능 여부 ('10. 9. 16.)

추진위원회의 추진위원 및 감사가 조합설립에 동의한 것을 철회할 수 있는지와 추진위원이 조합설립에 동의하지 않는 것이 조합설립을 목적으로 설립된 추진위원회 구성 취지에 적합하지 않다고 명문화 하고 있는지

회신내용

추진위원 및 감사를 포함한 토지등소유자는 도정법 시행령 제28조제4항에 따라 도정법 제16조에 따른 조합설립의 인가에 대한 동의 후 도정법 시행령 제26조제2항 각 호의 사항이 변경되는 경우에는 조합설립의 인가신청 전에는 철회할 수 있도록 하고 있으며, 도정법상 추진위원회 위원이 조합설립에 동의하지 않은 경우 해임할 수 있다고 명시하고 있지는 않으나, 추진위원회는 조합설립을 위하여 도정법 제13조에 따라 구성되는 것이므로 추진위원회를 운영하는 추진위원이 조합설립에 동의하지 않는 것은 조합설립을 목적으로 설립된 추진위원회 구성 취지에 적합하지는 않은 것으로 사료됨

출처 : 국토교통부

질의 9

조합설립인가 신청 후 조합설립인가 동의철회 가능 여부 ('12. 10. 19.)

도정법 시행령 제26조제2항 각 호의 사항이 변경된 경우 조합설립인가 신청 후에도 조합설립 인가에 대한 동의를 철회할 수 있는지

회신내용

도정법 시행령 제28조제4항 단서에서 같은 시행령 제26조제2항 각 호의 사항이 변경된 경우에는 조합설립 인가에 대한 동의를 조합설립인가 신청 전에 철회할 수 있도록 하고 있음

출처 : 국토교통부

질의 10

개략적인 사업시행계획서 작성 없는 조합설립동의서 징구 가능 여부 ('10. 9. 17.)

개략적인 사업시행계획서를 작성하지 않고 주택재건축정비사업조합설립동의서를 징구하는 경우 그 효력 유무

회신내용

> 가. 운영규정 별표 제30조에 따르면 추진위원회에서 작성하는 개략적인 사업시행계획서에는 용적률·건폐율 등 건축계획, 건설예정 세대수 등 주택건설계획, 철거 및 신축비 등 공사비와 부대경비, 사업비의 분담에 관한 사항 및 사업완료 후 소유권의 귀속에 관한 사항을 포함하도록 하고 있고, 개략적인 사업시행계획서 등은 운영규정 별표 제9조제1항에 토지등소유자가 쉽게 접할 수 있는 장소에 게시하거나 인터넷 등을 통하여 공개하고, 필요한 경우에는 토지등소유자에게 서면통지를 하는 등 토지등소유자가 그 내용을 충분히 알수 있도록 하게 되어 있으며, 도정법 제16조제1항부터 제3항까지의 규정에 따른 조합설립을 위한 토지등소유자의 동의서에는 건설되는 건축물의 설계의 개요, 건물의 철거 및 신축에 소요되는 비용의 개략적인 금액과 그에 따른 비용의 분담기준, 사업 완료 후 소유권의 귀속에 관한 사항 및 조합정관을 포함하도록 도정법 시행령 제26조제2항에서 규정하고 있음
> 나. 주택재건축사업의 경우 도정법에 따른 조합설립동의는 도정법 시행규칙 제7조제3항에 따라 별지 제4호의3 서식에 받도록 하고 있으며, 위 서식에 따르면 동의 내용 중에 "( )주택재건축정비사업조합설립추진위원회에서 작성한 정비사업 시행계획서와 같이 주택재건축사업을 한다"라는 내용을 포함하고 있음
> 다. 따라서 주택재건축정비사업조합 설립동의서는 추진위원회에서 개략적인 정비사업 시행계획서를 작성하지 않는 경우에는 동의서를 징구 할 수 없는 것임

출처 : 국토교통부

질의 11

조합설립 시 국·공유지 동의 여부 ('10. 10. 7.)

도정법 제16조제1항에 따른 조합설립 동의율 산정 시 국·공유지에 대한 동의방법과 도정법 제16조제3항에 따른 주택재건축사업에 대한 토지등소유자의 동의율 산정 시 국·공유지 제외 여부

제3장 정비사업의 시행 123

> **회신내용**
>
> 도정법 시행령 제28조제1항제5호에 따르면 국·공유지에 대해서는 그 재산관리청을 토지등소유자로 산정하도록 하고 있고, 조합설립동의서는 도정법 시행령 제26조제1항 및 도정법 시행규칙 제7조제3항에 따르도록 하면서 국·공유지에 대한 예외규정을 두고 있지는 않음
>
> 출처 : 국토교통부

질의 12

도정법 시행령 제26조제2항이 변경되지 않은 경우 조합설립동의 철회 ('12. 5. 7.)

도정법 시행령 제26조제2항의 사항이 변경되지 않은 경우 조합설립동의를 철회할 수 없는 것인지

> **회신내용**
>
> 도정법 시행령 제28조제4항에 따라 토지등소유자는 법 제17조제1항 전단 및 제12조의 동의(법 제8조제4항제7호·제13조제3항 및 제26조제3항에 따라 동의가 의제되는 경우를 포함한다)에 따른 인·허가 등의 신청 전에 동의를 철회하거나 반대의 의사표시를 할 수 있으나, 법 제16조에 따른 조합설립의 인가에 대한 동의 후 제26조제2항 각 호의 사항이 변경되지 않은 경우에는 조합설립의 인가신청 전이라 하더라도 철회할 수 없음
>
> 출처 : 국토교통부

질의 13

재개발사업 동의를 재건축 동의서에 받아도 유효한지 ('10. 11. 11.)

주택재개발사업 조합설립에 대한 동의를 주택재건축정비 사업조합 설립동의서 서식에 받아도 유효한지

> **회신내용**
>
> 주택재개발사업 조합설립 동의서는 도정법 제16조제1항 및 도정법 시행규칙 제7조제3항에 따라 별지 제4호의2서식인 주택재개발사업·도시환경정비사업 조합설립동의서에

받아야 할 것임

출처 : 국토교통부

질의 14
조합설립동의서에 간인이 없는 경우의 효력 ('12. 1. 9.)

재건축조합설립동의서에 간인이 없는 경우에는 동의로 보아야 할 것인지, 아니면 다시 간인을 받아야 하는지 여부 및 조합설립동의서상 동의내용이 변경되었을 때 동의서를 새로 받아 조합설립인가를 신청해야하는 지 여부

회신내용

가. 도정법 시행규칙 별지 제4호의3서식 주택재건축정비사업조합설립동의서 양식에 동의서 각 장에 간인을 하도록 규정하는 내용이 없으므로 동의서의 간인 여부는 추진위에서 자율적으로 결정할 사항으로 판단됨

나. 또한, 도정법 제16조제2항에 따라 주택재건축사업의 추진위원회가 조합을 설립하고자 하는 때에는 같은 항에서 규정하고 있는 동의를 얻어 정관 및 국토해양부령이 정하는 서류(조합설립동의서 등)를 첨부하여 시장·K군수의 인가(변경인가포함)를 받도록 하고 있음

출처 : 국토교통부

질의 15
도정법 시행규칙 별지4-2서식과 운영규정 별지3-2서식의 사용 ('12. 10. 30.)

도정법 시행규칙 별지4-2서식과 운영규정 별지3-2서식을 함께 사용하면 유효한 지 여부

회신내용

가. 도정법 시행령 제26조제1항, 도정법 시행규칙 제7조제3항 및 부칙 <제21171호, 2008.12.17>에 따르면 제16조의 제1항부터 제3항까지의 규정에 따른 토지등소유자의 동의는 주택재개발사업의 경우에는 별지 제4호의2서식의 동의서에 동의를 받는 방법에 따르도록 하고 있고, 동 규정은 이 영 시행 후(2008.12.17) 조합의 설립인가(변

경인가를 포함함)를 신청하는 분부터 적용하도록 하고 있음
나. 아울러, 2008.12.17 공포 시행된 도정법 시행령 및 도정법 시행규칙의 개정으로 조합 설립동의서 양식의 변경에 따른 업무처리기준(주택정비과-651호)에 의하면 개정 시행규칙 공포 전에 종전 규정에 따라 이미 적법하게 징구한 "조합설립을 위한 토지등소유자의 동의서"는 유효한 동의서로 보고 조합설립인가 업무를 처리하도록 하되, 2008.12.17일 개정된 도정법 시행령 제26조제1항의 개정 규정 공포 이후에는 변경된 동의서 양식에 따라 동의가 이루어지도록 하였음

출처 : 국토교통부

질의 16

1필지의 토지를 수인이 공유하는 경우 토지면적 동의율 산정 (법제처, '11. 12. 8.)

도정법 제16조제1항에 따르면 도시환경정비사업의 추진위원회가 조합을 설립하고자 하는 때에는 토지등소유자의 4분의 3 이상 및 토지면적의 2분의 1 이상의 토지소유자의 동의를 얻어 시장·군수의 인가를 받아야 하는데, 토지면적의 2분의 1 이상의 토지소유자의 동의율을 산정함에 있어 정비사업구역내에 1개 필지의 토지를 공유하고 있는 수인 간 조합설립을 위한 동의여부에 대하여 의견이 일치하지 않아 수인을 대표하는 1인을 정하지 못한 경우, 조합설립에 동의한 자의 지분에 해당하는 면적만큼 동의한 것으로 산정할 수 있는지

회신내용

도정법 제16조제1항에 따른 토지면적의 2분의 1 이상의 토지소유자의 동의율을 산정함에 있어, 정비사업구역내에 1개 필지의 토지를 공유하고 있는 수인 간 조합설립을 위한 동의여부에 대하여 의견이 일치하지 않아 수인을 대표하는 1인을 정하지 못한 경우, 조합설립에 동의한 자의 지분에 해당하는 면적만큼 동의한 것으로 산정할 수는 없다고 할 것임

출처 : 국토교통부

질의 17

'09.8.7.이전 창립총회를 개최한 경우 조합인가 신청 가능 여부 ('09. 9. 11.)

도정법 제16조 규정에 따른 조합설립인가조건인 토지등소유자의 동의율이 미달된 상태에서 2009.8.7 이전에 조합설립을 위한 창립총회를 개최한 후에 조합집행부를 구성한 경우, 조합설립인가조건의 동의율을 충족한 다음 추가로 창립총회를 개최한 후 인가 신청을 하여야 하는지

회신내용

도정법 시행령 제22조의2제1항의 규정에 따르면 도정법 제16조제1항부터 제3항까지의 규정에 따른 토지등소유자의 동의를 받은 후 조합설립인가 신청 전에 조합설립을 위한 창립총회를 개최하도록 하고 있으며, 도정법 시행령 제22조의2의 개정규정은 부칙 <제21679호, 2009.8.11> 제3조의 규정에 따라 이 영 시행(2009.8.11) 후 최초로 창립총회를 소집 요구하는 분부터 적용하는 것으로 규정되어 있는 바, 2009.8.11. 이전에 창립총회를 개최한 경우로서 위 규정에 의한 동의요건을 갖추었으면 조합설립인가 신청을 할 수 있을 것으로 보임

출처 : 국토교통부

질의 18
조합설립 동의 요건에 미달하는 경우 창립총회 개최 가능 여부 ('10. 9. 15.)

창립총회 소집공고 이전에 도정법 제16조제1항부터 제3항까지의 규정에 따른 동의를 받아 소집공고를 한 이후 추진위원회 설립에 동의한 자가 동의를 철회하여 동의요건에 미달하는 경우 창립총회를 개최할 수 있는지와 창립총회는 도정법 시행령 제22조의2에서 규정한 토지등소유자의 동의를 얻어야 소집공고를 할 수 있는지 및 그 근거 법령은

회신내용

창립총회는 추진위원회에서 도정법 제14조제3항에 따라 도정법제16조제1항부터 제3항까지의 규정에 따른 동의를 받은 후 조합설립인가의 신청 전에 조합설립을 위한 창립총회를 개최하도록 도정법 시행령 제22조의2제1항 및 제2항에 규정되어 있는 바, 창립총회는 도정법 제16조제1항부터 제3항까지의 동의를 받는 규정에 적합한 상태에서 조합설립인가 신청 전에 개최할 수 있는것으로 보며, 동의는 창립총회 소집요구 이전에 받아야 할 것임

출처 : 국토교통부

질의 19
추정 분담금 고지없이 징구한 동의서의 효력 여부 ('12. 6. 8.)

추진위원회가 2013년 2월1일 이후에 조합설립인가 신청을 하는경우 도정법 제16조제6항 시행 전에 추정 분담금 고지없이 징구한 동의서가 유효한지

회신내용

> 2012.2.1. 개정·공포된 도정법 제16조제6항에 따르면 추진위원회는 조합설립에 필요한 동의를 받기 전에 추정 분담금 등 대통령령으로 정하는 정보를 토지등소유자에게 제공하도록 하고 있으나, 동 개정규정은 부칙 제1조에 따라 공포 후 1년이 경과한 날(2013.2.2)부터 시행하도록 하고 있으므로, 동 규정 시행 전에는 동 규정에 따른 추정 분담금 제공없이 조합설립에 필요한 동의서 징구가 가능할 것으로 판단됨

출처 : 국토교통부

질의 20
재건축정비사업구역 확대에 따른 조합설립변경인가 동의 요건 ('12. 6. 8.)

단독주택 재건축정비사업구역의 확대(10% 이상)로 조합설립변경인가를 받기 위한 동의 요건은

회신내용

> 단독주택 재건축정비사업조합이 정비구역 확대(10% 이상)에 따라 조합설립 변경인가를 받기 위해서는 단독주택 재건축정비구역 내 주택단지에 대하여는 도정법 제16조제2항에 따른 동의를 받아야 하며, 주택단지가 아닌 지역에 대하여는 같은 법 제16조제3항에 따라 주택단지가 아닌 지역안의 토지 또는 건축물 소유자의 4분의 3 이상 및 토지면적의 3분의 2 이상의 토지소유자의 동의를 얻어야 함

출처 : 국토교통부

질의 21
조합임원 연임이 조합설립인가내용의 경미한 변경인지 ('12. 6. 18.)

조합임원이 연임된 경우 도정법 제16조제1항 및 도정법 시행령 제27조제2의2호

에 따라 조합설립인가내용의 경미한 변경으로 보아 시장·군수에게 변경신고를 하여야 하는지

회신내용

> 도정법 시행령 제27조제2의2호에 따라 조합임원 또는 대의원의 변경은 조합설립인가내용의 경미한 변경에 해당되어 시장·군수에게 변경신고를 하여야 할 것이나, 조합임원이 연임된 경우에는 조합임원의 변경에 해당되지 않으므로 조합설립인가내용에 대한 변경이 없는 것으로 판단됨

출처 : 국토교통부

질의 22

조합설립동의를 철회한 경우 동의서를 돌려주어야 하는지 ('12. 6. 21.)

조합설립인가 신청 전·후 조합설립 동의를 철회하고자 동의서를 반환해 줄 것을 요구할 경우 추진위원회(또는 구청)에서 동의서를 돌려주어야 하는지와 조합설립인가를 위한 동의자 수에서 제외하여야 하는지

회신내용

> 가. 도정법 시행령 제28조제4항에 따르면 토지등소유자는 조합설립의 인가 신청 전에 동의를 철회하거나 반대의 의사표시를 할 수 있도록 하면서 도정법 제16조에 따른 조합설립의 인가에 대한 동의 후 도정법 시행령 제26조제2항 각 호의사항(조합정관 등)이 변경되지 않은 경우에는 조합설립의 인가신청 전이라 하더라도 철회할 수 없도록 하고 있음
>
> 나. 또한, 같은 시행령 제28조제6항에 따르면 제4항에 따른 동의의 철회나 반대의 의사표시는 철회서가 동의의 상대방에게 도달한 때 또는 시장·군수가 동의의 상대방에게 철회서가 접수된 사실을 통지한 때 중 빠른 때에 효력이 발생하도록 하고 있음

출처 : 국토교통부

질의 23

임원선임 후 조합설립변경 절차를 진행하지 않은 경우의 적정성 ('12. 2. 6.)

주택재건축조합에서 1년 전에 조합임원(이사)을 선임하였으나 현재까지 조합설립

변경 절차를 진행하지 않은 경우 지금이라도 조합설립변경절차를 이행하여야 하는지와 조합설립변경 지연에 따른 벌금규정이 있는지

회신내용

조합장을 제외한 조합임원의 변경은 조합설립변경의 경미한 사항으로 시장·군수에게 신고하고 변경할 수 있다고 도정법 제16조제1항 단서 및 같은 법 시행령 제27조제2의2호에서 규정하고 있고, 조합설립변경절차의 지연에 대해서는 별도 벌칙규정을 두고 있지 않음

출처 : 국토교통부

질의 24

재개발사업 조합설립인가 동의 요건 ('12. 2. 13.)

가. 주택재개발정비사업의 추진위원회가 조합을 설립하고자 하는때에 토지등소유자의 4분의 3 이상의 동의를 받았다면 토지면적의 2분의 1 이상 토지소유자의 동의는 별도로 받지 않아도 되는지

나. 주택재개발정비사업의 추진위원회가 조합을 설립하고자 토지등소유자의 4분의 3 이상의 동의를 받은 경우, 동의한 토지등소유자의 토지면적이 전체 토지면적의 2분의 1 이상인 경우에 조합설립동의 요건을 충족한 것인지

회신내용

도정법 제16조제1항에 따르면 주택재개발사업 및 도시환경정비사업의 추진위원회가 조합을 설립하고자 하는 때에는 토지등소유자의 4분의 3 이상 및 토지면적의 2분의 1 이상의 토지소유자의 동의를 얻도록 하고 있으므로, 추진위원회에서 도정법 시행규칙 별지 제4호의2서식에 따른 조합설립동의서에 토지등소유자의 동의를 받은 내용이 동 규정에 적합한 경우에는 조합설립인가 신청이 가능할 것으로 판단됨

출처 : 국토교통부

질의 25

확정고시가 되지 않은 상태에서 조합설립변경인가의 적절성 ('12. 4. 18.)

정비구역지정 및 정비계획변경안(2개 획지를 1개 획지로 합치는것과 현황 측량

결과 토지면적 축소)에 대해 확정고시가 되지 않은 상태에서의 조합설립변경인가가 적법한 것인지

> **회신내용**
>
> 가. 도정법 제16조제1항 및 같은 법 시행규칙 제7조제2항에 따르면 조합설립인가 내용을 변경하고자 하는 경우에는 조합설립변경 인가신청서에 변경내용을 증명하는 서류를 첨부하여 시장·군수의 인가를 받도록 하면서 조합설립변경인가 신청이나 조합설립변경인가 시점에 대하여는 따로 규정하고 있지는 않음
> 나. 따라서, 조합설립변경인가의 적법성 여부에 대하여는 조합설립변경인가 신청시 첨부된 변경내용의 객관성이나 근거 여부 등을 종합적으로 고려하여 판단하여야 할 것임

출처 : 국토교통부

질의 26

도정법 시행령 제27조제2의5호 중 정관에 따라 조합원이 변경되는 경우란 ('12. 9. 11.)

도정법 시행령 제27조제2의5호의 현금청산으로 인하여 정관에서 정하는 바에 따라 조합원이 변경되는 경우란 분양신청을 하지않는 등의 사유로 현금청산대상자로 분류된 자를 의미하는지, 아니면 분양신청을 하지 않는 등의 사유로 실제 현금청산을 받은자를 의미하는지

> **회신내용**
>
> 도정법 시행령 제27조제2의5호의 현금청산으로 인하여 정관에서 정하는 바에 따라 조합원이 변경되는 경우란 현금청산대상자로 분류되었거나, 실제 현금청산을 받는 경우 등 현금청산을 이유로 정관으로 정하는 바에 따라 조합원이 변경되는 경우를 말하는 것으로 판단됨

출처 : 국토교통부

6. 조합 설립인가등의 취소 <(구법) 제16조의2 삭제>

> (구) [법률 제11059호, 2011. 9. 16. 일부개정 기준]
>
> 1. 조합설립인가의 취소 또는 무효확인 이후 법률관계
>
>   가. 조합 및 조합원의 지위
>
>   - 대법원 2012. 3. 29. 선고 2008다95885
>
>   나. 추진위원회의 조합설립인가신청 가능 여부
>
>   - 대법원 2012. 11. 29. 선고 2011두518
>
>   추진위원회 설립승인처분의 효력이 상실되었다고 할 수도 없으므로, 조합설립신청의 주체에 해당하는 추진위원회로서는 미비된 요건을 다시 갖추어 행정청에 새로이 조합설립인가신청을 할 수 있다고 할 것이다.
>   - 서울고등법원 2012. 1. 19. 선고 2011누13325

질의 1

재건축조합 취소에 따른 정비구역해제 가능 여부 ('12. 9. 13.)

가. 도정법 제16조의2에 따른 조합설립인가 취소에 따라 정비구역지정이 해제될 수 있는지

나. 도정법 제4조의3에 따라 정비구역지정이 해제되면 매도청구소송등으로 인한 재산권 규제가 해제되는지

회신내용

가. 도정법 제16조의2제1항제2호 및 제4조의3제1항제5호 및 제3항에 따라 시장·군수는 조합 설립에 동의한 조합원의 2분의1 이상 3분의 2 이하의 범위에서 시·도조례로 정하는 비율 이상의 동의 또는 토지등소유자 과반수의 동의로 조합의 해산을 신청하는 경우에는 조합설립인가를 취소하도록 하고 있으며, 조합설립인가가 취소되는 경우 시장·군수는 시·도지사 또는 대도시의 시장에게 정비구역 등의 해제를 요청하고, 시·도지사 또는 대도시의 시장은 지방도시계획위원회 심의를 거쳐 정비구역 등을 해제하도록 하고 있음

나. 도정법 제4조의3제5항에 따라 정비구역 등이 해제되는 경우에는 정비계획으로 변경

된 용도지역, 정비기반시설 등은 정비구역 지정 이전의 상태로 환원된 것으로 보도록 하고 있으나, 질의하신 매도청구소송 등으로 인한 재산권 규제 등에 대해서는 도정법에서 별도 규정하는 사항이 없음

출처 : 국토교통부

질의 2

추진위원회 및 조합 해산 신청시 인감증명 첨부 여부 ('12. 5. 3.)

도정법 제16조의2제1항제1호 및 제2호에 따라 추진위원회 또는 조합의 해산을 신청하는 경우 해산동의서에 토지등소유자의 인감증명을 반드시 첨부하여야 하는지 여부 등

회신내용

2012.2.1. 개정·공포된 도정법 제17조제1항에 따른 지장 날인 및 자필서명의 동의 방법은 부칙 제1조에 따라 공포 후 6개월이 경과한 날부터 시행하도록 하고 있으므로, 도정법 제17조제1항 개정규정의 시행일인 2012.8.2. 전까지는 인감도장(인감증명서 첨부)을 사용한 서면동의 방법으로 하고, 2012.8.2. 부터는 지장날인 및 자필 서명(신분증명서 사본 첨부)의 방법으로 동의를 받아야 할 것으로 판단

출처 : 국토교통부

질의 3

조례 개정 전 징구받은 추진위원회 해산 동의서의 효력 여부 ('12. 10. 23.)

'12.2 개정된 도정법 제16조의2제1항제1호에 따라 추진위원회 해산 신청을 위하여 주민들이 자체적으로 동의서 양식을 만들어 동의를 받던 중 '12.7 조례를 개정하여 추진위원회 해산을 위한 동의서식을 규정한 경우 조례 개정 전에 받은 동의서를 첨부하여 추진위원회 해산 신청이 가능한지 여부

회신내용

'12.2 개정된 도정법 제16조의2제1항제1호에 따라 추진위원회 해산을 신청하기 위한 동의서 양식을 별도로 규정하고 있지 아니하므로, 질의의 경우 조례 개정 전에 받은 동의

서라고 하더라도 동 동의서로 추진위원회 해산 동의, 동의자 인적사항 등 특정 토지등 소유자의 동의 의사를 명확히 확인할 수 있는 경우에는 동동의서로 추진위원회 해산 신청이 가능할 것으로 보임

출처 : 국토교통부

질의 4

임기만료된 추진위원의 직무수행 적정성 및 추진위 해산 방법 ('12. 4. 30.)

가. 운영규정 별표 제15조제4항에 따라 임기가 만료된 위원은 그 후임자가 선임될 때까지 무한정 그 직무를 수행할 수 있는지와 시효가 있다면 언제까지 인지 등

나. 2006.7.4.추진위원회가 승인되었는데 추진위원회를 해산하기 위해 도정법 제16조의2제1항제1호에 따른 방법 외에 다른방법이 있는지 여부

회신내용

가. 질의 "가"에 대하여
   운영규정 별표 제15조제4항에 따라 임기가 만료된 위원(위원장, 부위원장, 감사, 추진위원)은 그 후임자가 선임될 때까지 그 직무를 수행하도록 하고 있으며 그 직무수행의 시한에 대하여는 별도 규정하고 있지 않으나, 추진위에서는 임기가 만료된 위원의 후임자를 임기 만료전 2개월 이내에 선임하도록 하고, 그 기간 내에 후임자를 선임하지 않을 경우 토지 등 소유자 5분의 1이상이 시장 군수의 승인을 얻어 주민총회를 소집하여 위원을 선임할 수 있도록 하고 있음

나. 질의 "나"에 대하여
   도정법 제16조의2제1항제1호에 따라 추진위원회 구성에 동의한 토지등소유자의 2분의 1 이상 3분의 2 이하의 범위에서 시·도조례로 정하는 비율 이상의 동의 또는 토지등소유자과반수의 동의로 추진위원회의 해산을 신청하는 경우 시장·군수는 추진위원회 승인을 취소하도록 하고 있으므로, 해당 추진위원회의 해산시에는 동 규정에 따라 추진위원회의 해산을 신청하여야 할 것으로 판단됨

출처 : 국토교통부

질의 5

추진위 승인취소시 사용비용 보조에 관한 내용을 조례로 정할 수 있는지 ('12. 11. 23.)

도시·주거환경정비기금을 도정법 제16조의2에 따른 추진위원회 승인취소시 해당 추진위원회가 사용한 비용을 보조할 수 있도록 시·도조례로 정할 수 있는지

회신내용

도정법 제16조의2제4항에 따라 추진위원회 승인이 취소된 경우 시·도지사 또는 시장·군수는 해당 추진위원회가 사용한 비용의 일부를 시·도조례로 정하는 바에 따라 보조할 수 있도록 하고있고, 도정법 제82조제3항제1호라목에서 도시·주거환경정비기금은 도정법에 의한 정비사업으로서 도정법과 시·도조례로 정하는 사항에 대하여 사용할 수 있도록 하고 있으므로, 도시·주거환경정비기금을 사용하여 추진위원회가 사용한 비용을 보조할 수 있도록 시·도조례로 정할 수 있을 것임

출처 : 국토교통부

질의 6

주민대표회의를 해산할 수 있는지 ('12. 5. 16.)

도정법 제16조의2제1항제1호·제2호에 따라 주민대표회의를 해산할 수 있는지, 해산할 수 없다면 다른 규정에 의하여 해산할 수 있는지

회신내용

도정법 제16조의2는 추진위원회 또는 조합을 해산하고자 하는 경우 적용되는 규정이며, 같은 법 제4조의3제4항에 따라 시·도지사 또는 대도시의 시장은 동조 각 호(정비사업의 시행에 따른 토지등소유자의 과도한 부담이 예상되는 경우 등)의 경우 지방도시계획위원회의 심의를 거쳐 정비구역등의 지정을 해제할 수 있음

출처 : 국토교통부

7. 토지등소유자의 동의방법 등

가. 토지등소유자의 동의방법 등 (법 제36조)

① 다음 각 호에 대한 동의(동의한 사항의 철회 또는 제26조제1항제8호 단서, 제31조제2항 단서 및 제47조제4항 단서에 따른 반대의 의사표시를 포함한다)는 서면동의서에 토지등소유자가 성명을 적고 지장(指章)을 날인하는 방법으로 하며, 주민등록증, 여권 등 신원을 확인할 수 있는 신분증명서의 사본을 첨부하여야 한다.
  1. 제20조제6항제1호에 따라 정비구역등 해제의 연장을 요청하는 경우
  2. 제21조제1항제4호에 따라 정비구역의 해제에 동의하는 경우
  3. 제24조제1항에 따라 주거환경개선사업의 시행자를 토지주택공사등으로 지정하는 경우
  4. 제25조제1항제2호에 따라 토지등소유자가 재개발사업을 시행하려는 경우
  5. 제26조 또는 제27조에 따라 재개발사업·재건축사업의 공공시행자 또는 지정개발자를 지정하는 경우
  6. 제31조제1항에 따라 조합설립을 위한 추진위원회를 구성하는 경우
  7. 제32조제4항에 따라 추진위원회의 업무가 토지등소유자의 비용부담을 수반하거나 권리·의무에 변동을 가져오는 경우
  8. 제35조제2항부터 제5항까지의 규정에 따라 조합을 설립하는 경우
  9. 제47조제3항에 따라 주민대표회의를 구성하는 경우
  10. 제50조제4항에 따라 사업시행계획인가를 신청하는 경우
  11. 제58조제3항에 따라 사업시행자가 사업시행계획서를 작성하려는 경우
② 제1항에도 불구하고 토지등소유자가 해외에 장기체류하거나 법인인 경우 등 불가피한 사유가 있다고 시장·군수등이 인정하는 경우에는 토지등소유자의 인감도장을 찍은 서면동의서에 해당 인감증명서를 첨부하는 방법으로 할 수 있다.
③ 제1항 및 제2항에 따라 서면동의서를 작성하는 경우 제31조제1항 및 제35조제2항부터 제4항까지의 규정에 해당하는 때에는 시장·군수등이 대통령령으로 정하는 방법에 따라 검인(檢印)한 서면동의서를 사용하여야 하며, 검인을 받지 아니한 서면동의서는 그 효력이 발생하지 아니한다.
④ 제1항, 제2항 및 제12조에 따른 토지등소유자의 동의자 수 산정 방법 및 절차 등에 필요한 사항은 대통령령으로 정한다.

(1) 토지등소유자의 동의자 수 산정 방법 등 (시행령 제33조)

① 법 제12조제2항, 제28조제1항, 제36조제1항, 이 영 제12조, 제14조제2항 및 제27조에 따른 토지등소유자(토지면적에 관한 동의자 수를 산정하는 경우에는 토지소유자를 말한다. 이하 이 조에서 같다)의 동의는 다음 각 호의 기준에 따라 산정한다.
  1. 주거환경개선사업, 재개발사업의 경우에는 다음 각 목의 기준에 의할 것
    가. 1필지의 토지 또는 하나의 건축물을 여럿에서 공유할 때에는 그 여럿을 대표하는 1인을 토지등소유자로 산정할 것. 다만, 재개발구역의 「전통시장 및 상점가 육성을 위한 특별법」 제2조에 따른 전통시장 및 상점가로서 1필지의 토지 또는 하나의 건축물을 여럿에서 공유하는 경우에는 해당 토지 또는 건축물의 토지등소유자의 4분의 3 이상의 동의를 받아 이를 대표하는 1인을 토지등소유자로 산정할 수 있다.
    나. 토지에 지상권이 설정되어 있는 경우 토지의 소유자와 해당 토지의 지상권자를 대표하는 1인을 토지등소유자로 산정할 것
    다. 1인이 다수 필지의 토지 또는 다수의 건축물을 소유하고 있는 경우에는 필지나 건축물의 수에 관계없이 토지등소유자를 1인으로 산정할 것. 다만, 재개발사업으로서 법 제25조제1항제2호에 따라 토지등소유자가 재개발사업을 시행하는 경우 토지등소유자가 정비구역 지정 후에 정비사업을 목적으로 취득한 토지 또는 건축물에 대해서는 정비구역 지정 당시의 토지 또는 건축물의 소유자를 토지등소유자의 수에 포함하여 산정하되, 이 경우 동의 여부는 이를 취득한 토지등소유자에 따른다.
    라. 둘 이상의 토지 또는 건축물을 소유한 공유자가 동일한 경우에는 그 공유자 여럿을 대표하는 1인을 토지등소유자로 산정할 것
  2. 재건축사업의 경우에는 다음 각 목의 기준에 따를 것
    가. 소유권 또는 구분소유권을 여럿에서 공유하는 경우에는 그 여럿을 대표하는 1인을 토지등소유자로 산정할 것
    나. 1인이 둘 이상의 소유권 또는 구분소유권을 소유하고 있는 경우에는 소유권 또는 구분소유권의 수에 관계없이 토지등소유자를 1인으로 산정할 것
    다. 둘 이상의 소유권 또는 구분소유권을 소유한 공유자가 동일한 경우에는 그 공유자 여럿을 대표하는 1인을 토지등소유자로 할 것
  3. 추진위원회의 구성 또는 조합의 설립에 동의한 자로부터 토지 또는 건축물을 취득한 자는 추진위원회의 구성 또는 조합의 설립에 동의한 것으로 볼 것
  4. 토지등기부등본·건물등기부등본·토지대장 및 건축물관리대장에 소유자로

제3장 정비사업의 시행 137

　　등재될 당시 주민등록번호의 기록이 없고 기록된 주소가 현재 주소와 다른 경우로서 소재가 확인되지 아니한 자는 토지등소유자의 수 또는 공유자 수에서 제외할 것

　5. 국·공유지에 대해서는 그 재산관리청 각각을 토지등소유자로 산정할 것

② 법 제12조제2항 및 제36조제1항 각 호 외의 부분에 따른 동의(법 제26조제1항제8호, 제31조제2항 및 제47조제4항에 따라 의제된 동의를 포함한다)의 철회 또는 반대의사 표시의 시기는 다음 각 호의 기준에 따른다.

　1. 동의의 철회 또는 반대의사의 표시는 해당 동의에 따른 인·허가 등을 신청하기 전까지 할 수 있다.

　2. 제1호에도 불구하고 다음 각 목의 동의는 최초로 동의한 날부터 30일까지만 철회할 수 있다. 다만, 나목의 동의는 최초로 동의한 날부터 30일이 지나지 아니한 경우에도 법 제32조제3항에 따른 조합설립을 위한 창립총회 후에는 철회할 수 없다.

　　가. 법 제21조제1항제4호에 따른 정비구역의 해제에 대한 동의

　　나. 법 제35조에 따른 조합설립에 대한 동의(동의 후 제30조제2항 각 호의 사항이 변경되지 아니한 경우로 한정한다)

③ 제2항에 따라 동의를 철회하거나 반대의 의사표시를 하려는 토지등소유자는 철회서에 토지등소유자가 성명을 적고 지장(指章)을 날인한 후 주민등록증 및 여권 등 신원을 확인할 수 있는 신분증명서 사본을 첨부하여 동의의 상대방 및 시장·군수등에게 내용증명의 방법으로 발송하여야 한다. 이 경우 시장·군수등이 철회서를 받은 때에는 지체 없이 동의의 상대방에게 철회서가 접수된 사실을 통지하여야 한다.

④ 제2항에 따른 동의의 철회나 반대의 의사표시는 제3항 전단에 따라 철회서가 동의의 상대방에게 도달한 때 또는 같은 항 후단에 따라 시장·군수등이 동의의 상대방에게 철회서가 접수된 사실을 통지한 때 중 빠른 때에 효력이 발생한다.

(2) 동의서의 검인방법 등 (시행령 제34조)

① 법 제36조제3항에 따라 동의서에 검인(檢印)을 받으려는 자는 제25조제1항 또는 제30조제2항에 따라 동의서에 기재할 사항을 기재한 후 관련 서류를 첨부하여 시장·군수등에게 검인을 신청하여야 한다.

② 제1항에 따른 신청을 받은 시장·군수등은 동의서 기재사항의 기재 여부 등 형식적인 사항을 확인하고 해당 동의서에 연번(連番)을 부여한 후 검인을 하여야 한다.

③ 시장·군수등은 제1항에 따른 신청을 받은 날부터 20일 이내에 신청인에게 검인한 동의서를 내주어야 한다.

(3) 고유식별정보의 처리 (시행령 제97조)

시·도지사, 시장·군수·구청장(해당 권한이 위임·위탁된 경우에는 그 권한을 위임·위탁받은 자를 포함한다) 또는 사업시행자는 다음 각 호의 사무를 수행하기 위하여 불가피한 경우 「개인정보 보호법 시행령」 제19조에 따른 주민등록번호 또는 외국인등록번호가 포함된 자료를 처리할 수 있다.

1. 법 제31조에 따른 추진위원회 구성 승인에 관한 사무
2. 법 제36조에 따른 토지등소유자의 동의방법 등의 업무를 위한 토지등소유자의 자격 확인에 관한 사무
3. 법 제39조에 따른 조합원의 자격 확인에 관한 사무
4. 법 제42조에 따른 조합임원의 겸임 확인을 위한 사무
5. 법 제43조에 따른 조합임원의 결격사유 확인에 관한 사무
6. 법 제52조에 따른 세입자의 주거 및 이주 대책에 관한 사무
7. 법 제74조에 따른 관리처분계획의 수립 및 인가에 관한 사무
8. 법 제86조에 따른 대지 또는 건축물의 소유권 이전에 관한 사무
9. 법 제102조에 따른 정비사업전문관리업 등록에 관한 사무
10. 법 제105조에 따른 정비사업전문관리업자의 결격사유 확인에 관한 사무
11. 법 제106조에 따른 정비사업전문관리업의 등록취소 등에 관한 사무
12. 법 제107조에 따른 정비사업전문관리업자에 대한 조사 등에 관한 사무

질의 1

국·공유지에 대한 조합설립인가 동의 ('12. 11. 15.)

주택재개발사업의 경우 국유지·공유지에 대하여 도정법 제16조 제1항부터 제3항까지의 조합설립인가를 위한 동의자로 볼 수 있는지

회신내용

도정법 제17조 및 같은 법 시행령 제28조제1항제5호에 따르면 도정법 제16조제1항부터 제3항까지의 조합설립 동의자 수를 산정할 때 국유지·공유지에 대해서는 그 재산관리청을 토지등소유자로 산정하도록 하고 있음

출처 : 국토교통부

질의 2

2012.2.1. 개정·5공포된 도정법 제17조제1항의 동의서 징구 방법
('12. 7. 18.)

2012.2.1. 개정·공포된 도정법 제17조제1항과 관련하여 이 법 시행전부터 동의서를 제출받던 추진위원회 또는 조합도 이 법 시행후 제출받는 동의서에 토지등소유자가 지장날인하고 신분증사본을 첨부하여 제출할 수 있는지

회신내용

2012.2.1. 개정·공포된 도정법 제17조제1항에 따른 지장(指掌)날인 및 자필 서명의 동의 방법은 부칙 제1조에 따라 공포 후 6개월이 경과한 날부터 시행하도록 하고 있으므로, 도정법 제17조 제1항 시행일인 2012.8.2. 전까지는 인감도장(인감증명서 첨부)을 사용한 서면동의 방법으로 하고, 시행일부터는 개정 내용에 따라 지장 날인 및 자필서명(신분증명서 사본 첨부)의 방법으로 동의를 받아야 할 것임

출처 : 국토교통부

질의 3

도시환경정비사업에서 토지등소유자의 공동시행자 선정 방법
('12. 11. 26.)

가. 토지등소유자 방식의 도시환경정비사업에서 토지등소유자가 건설업자나 신탁업자 등과 공동으로 시행하고자 하는 경우 서면동의의 방법으로 토지등소유자 과반수의 동의를 얻어 시행할 수 있는지

나. 토지등소유자 방식의 도시환경정비사업에서 자치규약을 변경하고자 하는 경우 서면동의의 방법으로 과반수 동의를 얻어 시행할 수 있는지

다. 토지등소유자 방식의 도시환경정비사업에서 서면동의의 방법으로 임원선출 및 임원(대의원 포함)변경을 할 수 있는지

라. 토지등소유자 방식의 도시환경정비사업에서 서면으로 동의서를 받을 경우 인감날인과 인감증명서 또는 일반 인장과 주민등록증 등 신분증만 첨부하면 되는지

마. 토지등소유자 방식의 도시환경정비사업에서 건설업자등과 공동으로 시행하는 경우 정비구역 지정고시 전 서면동의를 받아 지주협의회를 구성하였다면 지주협의회가 정상적으로 인정되는지

> **회신내용**
>
> 가. 질의 '가'에 대하여
>   도정법 제17조제1항에 따르면 도정법 제8조(토지등소유자가 과반수 동의를 얻어 건설업자 등과 공동으로 시행하는 경우 등)에 따른 동의는 서면동의서에 토지등소유자의 지장(指章)을 날인하고 자필로 서명하는 서면동의의 방법으로 하며, 주민등록증, 여권 등 신원을 확인할 수 있는 신분증명서의 사본을 첨부하도록 하고 있음
> 나. 질의 '나' 및 '다'에 대하여
>   도정법 시행령 제41조제4항에 따르면 업무를 대표할 자 및 임원을 정하는 경우에는 그 자격·임기·업무분담·선임방법 및 업무대행에 관한 사항, 규약 및 사업시행계획서의 변경에 관한 사항은 토지등소유자가 자치적으로 정하여 운영하는 규약에 포함하도록 하고 있으므로, 규약변경 절차 및 임원선출 방법 등은 토지등소유자가 자치적으로 정하여 운영하는 규약이 정하는 바에 따라야 할 것임
> 다. 질의 '라'에 대하여
>   도정법 제17조제1항에 따르면 도정법 제28조제7항에 따른 동의는 서면동의서에 토지등소유자의 지장(指章)을 날인하고 자필로 서명하는 서면동의의 방법으로 하며, 주민등록증, 여권등 신원을 확인할 수 있는 신분증명서의 사본을 첨부하도록 하고 있고, 토지등소유자가 해외에 장기체류하거나 법인인 경우 등 불가피한 사유가 있다고 시장·군수가 인정하는 경우에는 토지등소유자의 인감도장을 날인한 서면동의서에 해당 인감증명서를 첨부하는 방법으로 할 수 있도록 하고 있음
> 라. 질의 '마'에 대하여
>   지주협의회에 대해서는 도정법에서 별도 규정하는 사항이 없음

출처 : 국토교통부

질의 4

추진위원회 동의 철회 및 동의명부 제외 여부 ('11. 10. 21.)

조합설립추진위원회가 구성 승인된 이후에 추진위원회 동의를 철회할 수 있는지와 할 수 있다면 동의자명부에서 제외될 수 있는지

> **회신내용**
>
> 도정법 제17조제1항 및 도정법 시행령 제28조제4항에 따르면 도정법 제13조제2항에 따른 동의는 조합설립추진위원회 구성 승인신청 전에 철회할 수 있도록 하고 있음

출처 : 국토교통부

질의 5

추진위원회 및 조합의 해산을 신청하고자 하는 경우 동의 방법 ('12. 3. 27.)

도정법 제17조제1항 시행일 전에 같은 법 제16조의2제1항제1호 및 제2호에 따라 추진위원회 및 조합의 해산을 신청하고자 하는 경우 동의 방법은

회신내용

'12.2.1. 개정·공포된 도정법 제17조제1항에 따른 지장(指章) 날인 및 자필 서명의 동의 방법은 부칙 제1조에 따라 공포 후 6개월이 경과한 날부터 시행하도록 하고 있으므로, 도정법 제17조제1항 시행일인 2012.8.2. 전까지는 인감도장(인감증명서 첨부)을 사용한 서면동의 방법으로 하고, 시행일부터는 개정 내용에 따라 지장 날인 및 자필서명(신분증명서 사본 첨부)의 방법으로 동의를 받아야 할 것임

출처 : 국토교통부

질의 6

추진위원회 및 조합의 해산을 신청하고자 하는 경우 동의 방법 ('12. 3. 27.)

가. 도정법 제17조제1항 시행일 전에 같은 법 제16조의2제1항제1호 및 제2호에 따라 추진위원회 및 조합의 해산을 신청하고자 하는 경우 동의 방법은

나. 도정법 제4조의3제4항제3호에 따라 추진위원회가 구성되지 아니한 구역에서 토지등소유자의 30/100 이상이 정비구역등의 해제를 요청하는 경우 동의서식 및 동의방법은

다. 운영규정 제5조제3항에 따라 추진위원회설립에 동의한 토지등소유자의 2/3 이상(또는 토지등소유자 과반수)의 동의를 얻어 시장·O군수에게 신고함으로써 추진위원회가 해산된 경우 도정법 제4조의3제1항제5호에 따라 정비구역 등의 해제를 요청하여야 하는지 여부

회신내용

가. '12.2.1. 개정·공포된 도정법 제17조제1항에 따른 지장(指章)날인 및 자필 서명의 동의방법은 부칙 제1조에 따라 공포 후 6개월이 경과한 날부터 시행하도록 하고 있으므로, 도정법 제17조제1항 시행일인 2012.8.2. 전까지는 인감도장(인감증명서 첨부)을

사용한 서면동의의 방법으로 하고, 시행일부터는 개정 내용에 따라 지장 날인 및 자필서명(신분증명서사본 첨부)의 방법으로 동의를 받아야 할 것임

나. 도정법 제4조의3제4항제3호에 따라 토지등소유자가 정비구역등의 해제를 요청하는 경우 시·도지사 또는 대도시의 시장은 지방도시계획위원회의 심의를 거쳐 정비구역등의 지정을 해제할 수 있으나, 이 경우 동의서식 및 동의방법에 대해서는 별도 규정하고 있지 않습니다. 따라서, 동의서식은 토지등소유자의 동의자 인적사항, 동의내용, 동의일자 등을 포함하는 서식을 작성·활용하는 것이 바람직 할 것이며, 동의방법은 개정된 도정법 제17조제1항 시행일('12.8.2.) 전에는 인감도장(인감증명서 첨부)을 사용한 동의방법으로 하고, 시행일부터는 개정 내용에 따라 지장 날인 및 자필서명(신분증명서 사본 첨부)의 방법으로 동의를 받는 것이 바람직할 것으로 판단됨

다. 도정법 제4조의3제1항제5호는 같은 법 제16조의2에 따라 추진위원회 승인이 취소되는 경우에 시장·군수가 시·도지사 또는 대도시의 시장에게 정비구역등의 해제를 요청하도록 하는 것이므로, 운영규정에 따라 신고함으로써 추진위원회가 해산되어 정비구역등의 해제가 필요한 경우에는 도정법 제4조의3제4항제1호 및 제2호에 따라 시·,도지사 또는 대도시의 시장이 지방도시계획위원회의 심의를 거쳐 정비구역등의 지정을 해제할 수 있을 것임

출처 : 국토교통부

> 질의 7

심의결과 설계개요 변경 시 인가 신청 전에 동의 철회 가능 여부 ('10. 9. 1.)

조합설립동의서 징구 시 문화재현상변경 심의에 따라 정비계획이 변경될 수 있다는 내용을 명시하여 동의를 받았고 현재 조합설립동의서의 기재내용(설계개요 등)과 인가받은 정비계획은 동일하나, 심의결과에 따라 설계 개요의 일부가 변경될 예정인 경우 토지등소유자가 조합설립인가 신청 전에 동의 철회가 가능한지

> 회신내용

토지등소유자는 도정법 제17조제1항 전단 및 제12조의 동의(도정법 제8조제4항제7호·제13조제3항 및 제26조제3항에 따라 동의가 의제되는 경우를 포함함)에 따른 인·허가 등의 신청 전에 동의를 철회하거나 반대의 의사표시를 할 수 있으나, 도정법 제16조에 따른 조합설립의 인가에 대한 동의 후 건설되는 건축물의 설계의 개요 등을 포함한 도정법 시행령 제26조제2항 각호의 사항이 변경되지 않은 경우에는 조합설립의 인가신청 전이라 하더라도 철회할 수 없도록 도정법 시행령 제28조제4항에 규정되어 있는 바, 심

의에 따른 정비계획 변경으로 건설되는 건축물의 설계의 개요 등을 포함한 도정법 시행령 제26조제2항 각호의 사항이 변경되는 경우라면 철회가 가능할 것임

출처 : 국토교통부

질의 8

정비구역 고시 전 조합설립동의서 징구 가능 여부 ('12. 12. 18.)

가. 추진위원회 구성(2007년) 후 정비구역 지정 고시 전에 토지등소유자에게 조합설립동의서를 받을 수 있는지

나. 도정법 제17조제1항 단서에 따라 토지등소유자가 해외 장기체류하거나 법인인 경우 외에 어떠한 경우가 시장·군수가 인정하는 불가피한 사유인지와 불가피한 사유인정시 그 사유를 증명할 수 있는 서류를 함께 제출하여야 하는지

회신내용

가. 도정법 제16조제1항 및 같은 법 시행령 제26조제2항에 따르면 주택재개발사업 추진위원회가 조합을 설립하려면 "건설되는 건축물의 설계의 개요", "공사비 등 정비사업에 드는 비용" 등이 포함된 동의서에 토지등소유자의 4분의 3 이상 및 토지면적의 2분의 1이상의 토지등소유자의 동의를 얻어 시장·군수의 인가를 얻도록 하고 있으나, 정비구역 지정 전 정비예정구역내 토지등소유자를 대상으로 조합설립동의서를 받을 수 있는지에 대하여는 동의서 징구시 필요한 관련서류구비여부 등에 따라 판단하여야 할 것임

나. 도정법 제17조제1항 단서에 따르면 토지등소유자가 해외에 장기체류하거나 법인인 경우 등 불가피한 사유가 있다고 시장·군수가 인정하는 경우에는 토지등소유자의 인감도장을 날인한 서면동의서에 해당 인감증명서를 첨부하는 방법으로 할 수 있도록 하고 있으나, 시장·군수가 인정하는 불가피한 사유와 이에 대한 증빙서류의 첨부여부에 대하여는 시장·군수의 불가피성 인정여부에 따라 개별적으로 판단하여야 할 것임

출처 : 국토교통부

질의 9

도정법 제17조 개정·시행 관련 조합해산 동의방법 및 효력 ('12. 7. 16.)

조합해산 동의서에 자필서명과 지장을 찍고 신분증사본을 첨부하는 개정내용이

2012.8.2.부터 시행되는데, 시행 전에 주민들로부터 받은 인감도장을 찍은 해산동의서와 첨부된 인감증명서가 시행 후에도 유효한지와 시행 후에 받는 해산동의서에는 자필서명과 지장을 찍고 신분증사본만 첨부하면 되는지

> **회신내용**
>
> 도정법 제16조의2제1항제1호 및 제2호에 따라 추진위원회 및 조합의 해산을 신청하고자 하는 경우 2012.2.1. 개정·공포된 도정법 제17조제1항에 따른 지장(指章) 날인 및 자필서명의 동의방법은 부칙 제1조에 따라 공포 후 6개월이 경과한 날부터 시행하도록 하고 있으므로, 도정법 제17조제1항의 시행일인 2012.8.2. 전까지는 인감도장(인감증명서 첨부)을 사용한 서면동의 방법으로 하고, 시행일부터는 동 개정 규정에 따라 지장 날인 및 자필서명(신분증명서 사본 첨부)의 방법으로 동의를 받아야 할 것임

출처 : 국토교통부

질의 10

대표조합원 선임동의서 작성방법 및 정보공개 ('12. 8. 7.)

가. 도정법 제17조가 시행되는 2012.8.2 이후에도 주택재개발정비사업조합 표준정관 제9조제4항 별지에 따라 대표조합원선임동의서에 인감날인하고 인감증명서를 첨부해야 하는지

나. 조합원명부에 대한 공개열람시 조합원의 이름, 주소, 전화번호, 조합에 신고된 대표조합원의 표시 중에서 조합에서 공개열람해야 하는 범위는

> **회신내용**
>
> 대표조합원 선임동의서에 인감날인 및 인감증명서 첨부에 대하여는 도정법에서 별도 규정하고 있지 않으며, 도정법 제20조제2항에 따라 표준정관을 작성하여 보급할 수 있도록 하고 있으나, 표준정관은 하나의 예시로 유권해석을 하고 있지 않음. 또한, 도정법 제81조제6항에 따르면 조합원이 조합원 명부의 열람·복사요청을 한 경우 사업시행자는 15일 이내에 그 요청에 따라야 하고, 같은 조 제3항에 따라 공개 및 열람·복사 등을 하는 경우에는 주민등록번호를 제외하고 공개하도록 하고 있음

출처 : 국토교통부

8. 토지등소유자의 동의서 재사용의 특례

가. 토지등소유자의 동의서 재사용의 특례 (법 제37조)

① 조합설립인가(변경인가를 포함한다. 이하 이 조에서 같다)를 받은 후에 동의서 위조, 동의 철회, 동의율 미달 또는 동의자 수 산정방법에 관한 하자 등으로 다툼이 있는 경우로서 다음 각 호의 어느 하나에 해당하는 때에는 동의서의 유효성에 다툼이 없는 토지등소유자의 동의서를 다시 사용할 수 있다.
  1. 조합설립인가의 무효 또는 취소소송 중에 일부 동의서를 추가 또는 보완하여 조합설립변경인가를 신청하는 때
  2. 법원의 판결로 조합설립인가의 무효 또는 취소가 확정되어 조합설립인가를 다시 신청하는 때
② 조합(제1항제2호의 경우에는 추진위원회를 말한다)이 제1항에 따른 토지등소유자의 동의서를 다시 사용하려면 다음 각 호의 요건을 충족하여야 한다.
  1. 토지등소유자에게 기존 동의서를 다시 사용할 수 있다는 취지와 반대 의사표시의 절차 및 방법을 설명·고지할 것
  2. 제1항제2호의 경우에는 다음 각 목의 요건
      가. 조합설립인가의 무효 또는 취소가 확정된 조합과 새롭게 설립하려는 조합이 추진하려는 정비사업의 목적과 방식이 동일할 것
      나. 조합설립인가의 무효 또는 취소가 확정된 날부터 3년의 범위에서 대통령령으로 정하는 기간 내에 새로운 조합을 설립하기 위한 창립총회를 개최할 것
③ 제1항에 따른 토지등소유자의 동의서 재사용의 요건(정비사업의 내용 및 정비계획의 변경범위 등을 포함한다), 방법 및 절차 등에 필요한 사항은 대통령령으로 정한다.

(1) 토지등소유자의 동의서 재사용의 특례 (시행령 제35조)

법 제37조제1항에 따라 토지등소유자의 동의서를 다시 사용하기 위한 요건은 다음 각 호와 같다.
  1. 법 제37조제1항제1호의 경우: 다음 각 목의 요건
      가. 토지등소유자에게 기존 동의서를 다시 사용할 수 있다는 취지와 반대 의사표시의 절차 및 방법을 서면으로 설명·고지할 것
      나. 60일 이상의 반대의사 표시기간을 가목의 서면에 명백히 적어 부여할 것
  2. 법 제37조제1항제2호의 경우: 다음 각 목의 요건
      가. 토지등소유자에게 기존 동의서를 다시 사용할 수 있다는 취지와 반대

         의사 표시의 절차 및 방법을 서면으로 설명·고지할 것
      나. 90일 이상의 반대의사 표시기간을 가목의 서면에 명백히 적어 부여할 것
      다. 정비구역, 조합정관, 정비사업비, 개인별 추정분담금, 신축되는 건축물의 연면적 등 정비사업의 변경내용을 가목의 서면에 포함할 것
      라. 다음의 변경의 범위가 모두 100분의 10 미만일 것
         1) 정비구역 면적의 변경
         2) 정비사업비의 증가(생산자물가상승률분 및 법 제73조에 따른 현금청산 금액은 제외한다)
         3) 신축되는 건축물의 연면적 변경
      마. 조합설립인가의 무효 또는 취소가 확정된 조합과 새롭게 설립하려는 조합이 추진하려는 정비사업의 목적과 방식이 동일할 것
      바. 조합설립의 무효 또는 취소가 확정된 날부터 3년 내에 새로운 조합을 설립하기 위한 창립총회를 개최할 것

9. 조합의 법인격 등

가. 조합의 법인격 등 (법 제38조)

① 조합은 법인으로 한다.
② 조합은 조합설립인가를 받은 날부터 30일 이내에 주된 사무소의 소재지에서 대통령령으로 정하는 사항을 등기하는 때에 성립한다.
③ 조합은 명칭에 "정비사업조합"이라는 문자를 사용하여야 한다.

(1) 조합의 등기사항 (시행령 제36조)

법 제38조제2항에서 "대통령령으로 정하는 사항"이란 다음 각 호의 사항을 말한다. <개정 2019. 6. 18.>
 1. 설립목적
 2. 조합의 명칭
 3. 주된 사무소의 소재지
 4. 설립인가일
 5. 임원의 성명 및 주소
 6. 임원의 대표권을 제한하는 경우에는 그 내용
 7. 법 제41조제5항 단서에 따른 전문조합관리인을 선정한 경우에는 그 성명 및 주소

10. 조합원의 자격 등

가. 조합원의 자격 등 (법 제39조)

① 제25조에 따른 정비사업의 조합원(사업시행자가 신탁업자인 경우에는 위탁자를 말한다. 이하 이 조에서 같다)은 토지등소유자(재건축사업의 경우에는 재건축사업에 동의한 자만 해당한다)로 하되, 다음 각 호의 어느 하나에 해당하는 때에는 그 여러 명을 대표하는 1명을 조합원으로 본다. 다만, 「국가균형발전 특별법」 제18조에 따른 공공기관지방이전 및 혁신도시 활성화를 위한 시책 등에 따라 이전하는 공공기관이 소유한 토지 또는 건축물을 양수한 경우 양수한 자(공유의 경우 대표자 1명을 말한다)를 조합원으로 본다. <개정 2017. 8. 9., 2018. 3. 20.>
  1. 토지 또는 건축물의 소유권과 지상권이 여러 명의 공유에 속하는 때
  2. 여러 명의 토지등소유자가 1세대에 속하는 때. 이 경우 동일한 세대별 주민등록표 상에 등재되어 있지 아니한 배우자 및 미혼인 19세 미만의 직계비속은 1세대로 보며, 1세대로 구성된 여러 명의 토지등소유자가 조합설립인가 후 세대를 분리하여 동일한 세대에 속하지 아니하는 때에도 이혼 및 19세 이상 자녀의 분가(세대별 주민등록을 달리하고, 실거주지를 분가한 경우로 한정한다)를 제외하고는 1세대로 본다.
  3. 조합설립인가(조합설립인가 전에 제27조제1항제3호에 따라 신탁업자를 사업시행자로 지정한 경우에는 사업시행자의 지정을 말한다. 이하 이 조에서 같다) 후 1명의 토지등소유자로부터 토지 또는 건축물의 소유권이나 지상권을 양수하여 여러 명이 소유하게 된 때
② 「주택법」 제63조제1항에 따른 투기과열지구(이하 "투기과열지구"라 한다)로 지정된 지역에서 재건축사업을 시행하는 경우에는 조합설립인가 후, 재개발사업을 시행하는 경우에는 제74조에 따른 관리처분계획의 인가 후 해당 정비사업의 건축물 또는 토지를 양수(매매·증여, 그 밖의 권리의 변동을 수반하는 모든 행위를 포함하되, 상속·이혼으로 인한 양도·양수의 경우는 제외한다. 이하 이 조에서 같다)한 자는 제1항에도 불구하고 조합원이 될 수 없다. 다만, 양도인이 다음 각 호의 어느 하나에 해당하는 경우 그 양도인으로부터 그 건축물 또는 토지를 양수한 자는 그러하지 아니하다. <개정 2017. 10. 24., 2020. 6. 9.>
  1. 세대원(세대주가 포함된 세대의 구성원을 말한다. 이하 이 조에서 같다)의 근무상 또는 생업상의 사정이나 질병치료(「의료법」 제3조에 따른 의료기관의 장이 1년 이상의 치료나 요양이 필요하다고 인정하는 경우로 한정

한다)·취학·결혼으로 세대원이 모두 해당 사업구역에 위치하지 아니한 특별시·광역시·특별자치시·특별자치도·시 또는 군으로 이전하는 경우
2. 상속으로 취득한 주택으로 세대원 모두 이전하는 경우
3. 세대원 모두 해외로 이주하거나 세대원 모두 2년 이상 해외에 체류하려는 경우
4. 1세대(제1항제2호에 따라 1세대에 속하는 때를 말한다) 1주택자로서 양도하는 주택에 대한 소유기간 및 거주기간이 대통령령으로 정하는 기간 이상인 경우
5. 그 밖에 불가피한 사정으로 양도하는 경우로서 대통령령으로 정하는 경우

③ 사업시행자는 제2항 각 호 외의 부분 본문에 따라 조합원의 자격을 취득할 수 없는 경우 정비사업의 토지, 건축물 또는 그 밖의 권리를 취득한 자에게 제73조를 준용하여 손실보상을 하여야 한다.
[법률 제14567호(2017. 2. 8.) 부칙 제2조의 규정에 의하여 이 조 제1항 각 호 외의 부분 단서는 2018년 1월 26일까지 유효함]

(1) 조합원 (시행령 제37조)

① 법 제39조제2항제4호에서 "대통령령으로 정하는 기간"이란 다음 각 호의 구분에 따른 기간을 말한다. 이 경우 소유자가 피상속인으로부터 주택을 상속받아 소유권을 취득한 경우에는 피상속인의 주택의 소유기간 및 거주기간을 합산한다.
1. 소유기간: 10년
2. 거주기간(「주민등록법」 제7조에 따른 주민등록표를 기준으로 하며, 소유자가 거주하지 아니하고 소유자의 배우자나 직계존비속이 해당 주택에 거주한 경우에는 그 기간을 합산한다): 5년
② 법 제39조제2항제5호에서 "대통령령으로 정하는 경우"란 다음 각 호의 어느 하나에 해당하는 경우를 말한다. <개정 2020. 6. 23.>
1. 조합설립인가일부터 3년 이상 사업시행인가 신청이 없는 재건축사업의 건축물을 3년 이상 계속하여 소유하고 있는 자(소유기간을 산정할 때 소유자가 피상속인으로부터 상속받아 소유권을 취득한 경우에는 피상속인의 소유기간을 합산한다. 이하 제2호 및 제3호에서 같다)가 사업시행인가 신청 전에 양도하는 경우
2. 사업시행계획인가일부터 3년 이내에 착공하지 못한 재건축사업의 토지 또는 건축물을 3년 이상 계속하여 소유하고 있는 자가 착공 전에 양도하는 경우

3. 착공일부터 3년 이상 준공되지 않은 재개발사업·재건축사업의 토지를 3년 이상 계속하여 소유하고 있는 경우
4. 법률 제7056호 도시및주거환경정비법 일부개정법률 부칙 제2항에 따른 토지등소유자로부터 상속·이혼으로 인하여 토지 또는 건축물을 소유한 자
5. 국가·지방자치단체 및 금융기관(「주택법 시행령」 제71조제1호 각 목의 금융기관을 말한다)에 대한 채무를 이행하지 못하여 재개발사업·재건축사업의 토지 또는 건축물이 경매 또는 공매되는 경우
6. 「주택법」 제63조제1항에 따른 투기과열지구(이하 "투기과열지구"라 한다)로 지정되기 전에 건축물 또는 토지를 양도하기 위한 계약(계약금 지급내역 등으로 계약일을 확인할 수 있는 경우로 한정한다)을 체결하고, 투기과열지구로 지정된 날부터 60일 이내에 「부동산 거래신고 등에 관한 법률」 제3조에 따라 부동산 거래의 신고를 한 경우

(2) 고유식별정보의 처리 (시행령 제97조)

시·도지사, 시장·군수·구청장(해당 권한이 위임·위탁된 경우에는 그 권한을 위임·위탁받은 자를 포함한다) 또는 사업시행자는 다음 각 호의 사무를 수행하기 위하여 불가피한 경우 「개인정보 보호법 시행령」 제19조에 따른 주민등록번호 또는 외국인등록번호가 포함된 자료를 처리할 수 있다.
1. 법 제31조에 따른 추진위원회 구성 승인에 관한 사무
2. 법 제36조에 따른 토지등소유자의 동의방법 등의 업무를 위한 토지등소유자의 자격 확인에 관한 사무
3. 법 제39조에 따른 조합원의 자격 확인에 관한 사무
4. 법 제42조에 따른 조합임원의 겸임 확인을 위한 사무
5. 법 제43조에 따른 조합임원의 결격사유 확인에 관한 사무
6. 법 제52조에 따른 세입자의 주거 및 이주 대책에 관한 사무
7. 법 제74조에 따른 관리처분계획의 수립 및 인가에 관한 사무
8. 법 제86조에 따른 대지 또는 건축물의 소유권 이전에 관한 사무
9. 법 제102조에 따른 정비사업전문관리업 등록에 관한 사무
10. 법 제105조에 따른 정비사업전문관리업자의 결격사유 확인에 관한 사무
11. 법 제106조에 따른 정비사업전문관리업의 등록취소 등에 관한 사무
12. 법 제107조에 따른 정비사업전문관리업자에 대한 조사 등에 관한 사무

질의 1

국·공유지의 조합원 포함 여부 ('12. 2. 22.)

정비구역 내 국·공유지는 토지소유자로 보아 조합원에 포함할 수 있는지

회신내용

도정법 제19조제1항에 따라 정비사업의 조합원은 토지등소유자(주택재건축사업의 경우에는 주택재건축사업에 동의한 자에 한한다)로 하도록 하고 있고, 도정법 시행령 제28조제1항제5호에 따라 국유지·공유지에 대해서는 그 재산관리청을 토지등소유자로 산정하도록 하고 있으므로, 국유지·공유지의 재산관리청은 조합원에 포함됨이 타당한 것으로 판단됨

출처 : 국토교통부

질의 2

조합과 개인이 각각 50% 지분을 가진 경우 조합원 자격 여부 ('09. 3. 20.)

주택재건축사업 조합에서 지분(건축물+토지)을 50% 갖고 있고, 잔여 50% 지분(건축물+토지)을 본인이 갖고 있는 경우 조합원이 될 수 있는지

회신내용

도정법 제19조제1항의 규정에서는 "정비사업의 조합원은 토지등 소유자(주택재건축사업 사업의 경우에는 주택재건축사업에 동의한 자에 한한다)로 하되, 토지 또는 건축물의 소유권과 지상권이 수인의 공유에 속하는 때에는 그 수인을 대표하는 1인을 조합원으로 본다." 라고 조합원이 될 수 있는 자격을 규정하고 있음

따라서, 질의의 경우 조합은 사업시행자로서 조합원이 될 수 있는 지위에 있지 아니하므로 상기 규정에 따른 대표자로 귀하가 선임될 수 있는 것으로 보이는 바, 귀하께서 당해 주택재건축사업에 동의할 경우 조합원이 될 수 있을 것임

출처 : 국토교통부

> **질의 3**

공유지분 상가의 조합원 동의 받는 비율 ('10. 1. 21.)

주택재개발사업에서 수인을 대표하는 1인을 조합원으로 보고 있는데 상가가 공유지분으로 되어 있는 경우 공유지분자들의 동의는 몇 %를 받아야 하는지

> **회신내용**

도정법 제19조제1항제1호의 규정에 의하면 토지 또는 건축물의 소유권과 지상권이 수인의 공유에 속하는 때 등 각 호의 어느하나에 해당하는 때에는 그 수인을 대표하는 1인을 조합원으로 보고 있는 바, 토지 또는 건축물의 소유권과 지상권을 수인이 공유한 경우라면 공유자의 대표자를 선정하여 동의여부에 대한 의사를 표시하여야 할 것으로 보며, 공유자간의 의사불일치로 인해 대표자 선정이 되지 아니하거나, 일치된 의견으로 동의의 의사표시를 하지 못하는 경우 동의의 의사표시가 있다고 볼 수 없을 것임

출처 : 국토교통부

> **질의 4**

공유토지소유자가 증가한 경우 대표조합원을 선임하여야 하는지 ('12. 1. 9.)

수인이 공유한 도시환경정비사업구역내 토지에 대하여 대표조합원을 선임한 후 동 토지 공유자 중 1인의 토지소유권 일부가 제3자에게 이전되어 동 토지의 소유자가 증가한 경우 새로이 대표조합원을 선임하여야 하는지 여부

> **회신내용**

가. 도정법 제19조제1항에서 토지 또는 건축물의 소유권과 지상권이 수인의 공유에 속하는 때에는 그 수인을 대표하는 1인(이하 "대표조합원" 이라 한다)을 조합원으로 보도록 하고 있으나,

나. 대표조합원 선임 후 공유자 변경시 대표조합원 재선임여부 등에 대하여는 도정법에서 별도로 정하고 있지 아니하므로 질의의 경우 대표조합원 선임 조건, 매매자 상호간 계약 내용 등을 종합적으로 검토하여야 할 것임

출처 : 국토교통부

질의 5
도로지분 공유자의 조합임원 자격 유무 ('12. 6. 14.)
도로지분이 공유로 되어 있는 경우 조합장이나 임원이 될 수 있는지 여부

회신내용
도정법 제19조제1항제1호에 따르면 토지 또는 건축물의 소유권과 지상권이 수인의 공유에 속하는 때에는 그 수인을 대표하는 1인을 조합원으로 보도록 하고 있고, 같은 법 제20조제1항제6호에 따르면 조합임원의 권리·의무·보수·선임방법·변경 및 해임에 관한 사항은 조합정관에 포함하도록 하고 있음

출처 : 국토교통부

질의 6
조합원 자격 상실 시점 및 조합임원의 자격 보유 여부 ('12. 11. 7.)
가. 조합원이 개인사정에 의하여 조합과 청산절차를 진행 중인경우 조합원 자격 상실 시점이 조합과 협의매수 계약 체결일인지 아니면 조합으로부터 매수대금을 수령하고 소유권이전등기일인지 여부
나. 조합임원이 개인 사정으로 인하여 본인 소유의 토지 및 건축물을 양도하는 경우, 조합임원의 자격상실 시점은 언제인지 여부
다. 조합임원이 개인사정으로 본인 소유의 토지 및 건축물을 양도하고, 해당 정비구역내 토지 및 건축물을 새로이 양수한 경우 조합임원의 자격여부

회신내용
가. "가"에 대하여
　　도정법 제19조제1항 및 제20조제1항제2호에 따르면 정비사업의 조합원은 토지등소유자로 하도록 하고 있고, 조합원 자격에 관한 사항은 조합정관에 포함하도록 하고 있는바, 질의하신 조합원의 자격상실 시점은 해당 조합의 정관에 따라 판단하여야 할 사항임
나. "나", "다"에 대하여
　　도정법 제20조제1항제6호에 따르면 조합임원의 권리·의무·보수·선임방법·변경 및 해임에 관한 사항에 대해서는 조합정관에 포함하도록 하고 있으므로, 질의하신 조합임원의 자격상실 시점 및 자격 여부는 해당 조합의정관에 따라 판단하여야 할 것임

출처 : 국토교통부

질의 7

도정법 시행령 제30조제3항제2호(조합원 지위양도 관련)의 적용 ('12. 7. 2.)

도정법 시행령 제30조제3항제2호(2011.8.11 개정)는 2011.8.11. 이후부터 적용되는 것인지 아니면 시행령 개정 이전의 사항에 대해 소급적용이 가능한지

회신내용

가. 도정법 제19조제2항 및 같은 법 시행령 제30조제3항제2호(2009.8.11.시행)에 따라 투기과열지구로 지정된 지역안에서의 주택재건축사업의 경우 조합설립인가 후 당해 정비사업의 건축물 또는 토지를 양수(증여 포함)한 자는 조합원이 될 수 없으나, 양도자가 사업시행인가일로부터 2년 이내에 착공하지 못한 주택재건축사업의 토지 또는 건축물을 2년 이상 계속하여 소유하고 있는 경우 그 양도자로부터 그 건축물 또는 토지를 양수한 자는 그러하지 아니하도록 하고 있음

나. 또한 도정법 시행령 제30조제3항제2호 개정시 부칙<제21679호, 2009.8.11>에 별도의 소급적용 규정이 없으므로 도정법 시행령 제30조제3항제2호는 투기과열지구로 지정된 지역안에서의 주택재건축사업의 경우 조합설립인가 후 당해 정비사업의 건축물 또는 토지를 2009.8.11. 이후에 양수(증여 포함)한 자에 적용되는 것으로 판단됨

출처 : 국토교통부

질의 8

1인 소유 다세대건물을 매매하였을 경우 조합원의 자격 ('12. 7. 19.)

조합설립인가 시 A라는 1인 소유의 다세대건물(10세대, 각각 소유등기)을 2011.1.1 이후에 9세대를 매매했을 경우 조합원의 자격은 어떻게 되는지, A가 9세대를 매매하고, 본인의 소유물건 또한 매매를 했을 경우 조합원의 자격이 주어지는지 여부

회신내용

법률 제9444호 도정법 부칙 제10조에 따르면 조합설립인가를 받은 정비구역에서 2011년 1월 1일 전에 다음 각 목(토지의 소유권, 건축물의 소유권, 토지의 지상권)의 합이 2이상을 가진 토지등소유자가 2012년 12월 31일까지 다음 각 목의 합이 2(조합설립인가 전에「임대주택법」제6조에 따라 임대사업자로 등록한 토지등소유자의 경우에는 3을 말하며, 이 경우 임대주택에 한정한다) 이하를 양도하는 경우 법 제19조제1항제3호의 개

정규정에도 불구하고 조합원 자격의 적용에 있어서는 종전의 규정(2009.2.6. 법률 제9444호로 개정되기 전의 법률)에 따르도록 하고 있음

출처 : 국토교통부

질의 9

1세대에 속하는 토지등소유자에게 토지를 구입한 경우 조합원 자격 ('12. 7. 25.)

가. 조합설립인가 후 1세대에 속하는 토지등소유자 A, B, C, D 중 C로부터 토지를 구입한 갑의 경우 1인 단독 조합원으로 볼 수 있는지, 아니면 A, B, 갑, D를 대표하는 1인을 조합원으로 볼 수 있는지

나. 조합설립인가 후 1세대에 속하는 수인의 토지등소유자 A, B, C, D를 도정법 제19조제1항제3호의 1인의 토지등소유자와 동등하게 볼 수 있는지

회신내용

도정법 제19조제1항제2호에 따라 조합원은 토지등소유자로 하되, 수인의 토지등소유자가 1세대에 속하는 때에는 그 수인을 대표하는 1인을 조합원으로 보도록 하고 있으나, 조합설립인가 후 1세대가 소유하는 해당 토지를 1세대가 아닌 사람이 소유하게 된 경우 이를 1세대내의 토지로 보아 그 수인을 대표하는 1인을 조합원으로 보도록 하는 별도의 규정은 없으므로, 1세대에 속하는 토지를 1세대가 아닌 사람이 소유하게 된 때에는 해당 토지등소유자를 조합원으로 봄이 타당할 것으로 판단됨

출처 : 국토교통부

질의 10

도정법 제19조제1항제3호 개정 규정(법률 제9444호)의 적용 ('12. 2. 15.)

주택재건축정비사업구역내에 부부가 각각 하나의 주택을 소유하게 되어 도정법 제19조제1항제2호의 규정에 따라 대표하는 조합원을 선임하였고, 조합설립인가 후에 부인이 소유하고 있는 주택을 양도하는 경우, 2011.9.16. 개정된 같은 법 부칙 제9444호 제10조의 규정을 적용하지 못하는 개정취지는

> **회신내용**
>
> 도정법 제19조제1항제3호의 개정 규정(법률 제9444호, 2009. 2. 6. 공포·시행)은 조합설립인가 후 1인의 토지등소유자로부터 토지 또는 건축물의 소유권이나 지상권을 양수하여 수인이 소유하게 된 때에는 그 수인을 대표하는 1인만을 조합원으로 인정하고, 그 외의 자에게는 조합원 자격이 인정하지 아니하는 내용으로, 부동산 투기와 관계없는 토지등소유자들이 재산권 행사에 제약을 받는 등 선의의 피해사례를 방지하기 위해 현행 규정을 유지하면서, 법률 제9444호 도정법 일부개정 법률의 부칙에 조합원 자격에 관한 경과조치를 두게 된 것임
>
> 출처 : 국토교통부

질의 11

조합원이 아닌 토지등소유자가 분양권을 받을 수 있는지 여부 (법제처, '10. 2. 22.)

조합이 시행하거나 조합이 시장·군수 또는 주택공사 등과 공동으로 시행하는 정비사업의 경우에, 도정법 제19조제1항제3호에 따라 조합원이 되지 못한 토지등소유자가 해당 정비사업에 따른 건축물을 같은 법 제50조제1항에 따라 분양 받을 수 있는지

> **회신내용**
>
> 조합이 시행하거나 조합이 시장·군수 또는 주택공사 등과 공동으로 시행하는 정비사업의 경우에, 도정법 제19조제1항제3호에 따라 조합원이 되지 못한 토지등소유자는 해당 정비사업에 따른 건축물을 같은 법 제50조제1항에 따라 분양 받을 수 없음
>
> 출처 : 국토교통부

질의 12

조합설립인가 후 주택 등 매도 시 분양권 여부 ('10. 6. 4.)

주택재개발구역 안에서 주택 2동과 토지 1필지를 소유하고 있는 조합원이 조합설립인가 이후 주택 1동과 토지 1필지를 각각 매도한 경우 이를 매수한 자에게 분양권이 있는지

> **회신내용**

가. 도정법 제19조제1항제3호에 따르면 조합설립인가 후 1인의 토지등소유자로부터 토지 또는 건축물의 소유권이나 지상권을 양수하여 수인이 소유하게 된 때에는 그 수인을 대표하는 1인을 조합원으로 보도록 규정하고 있음
나. 참고로, 조합이 시행하거나 조합이 시장·E군수 또는 주택공사 등과 공동으로 시행하는 정비사업의 경우에 도정법 제19조제1항제3호에 따라 조합원이 되지 못한 토지등소유자는 해당 정비사업에 따른 건축물을 도정법 제50조제1항에 따라 분양 받을 수 없다는 법제처의 법령해석이 있었음

출처 : 국토교통부

> **질의 13**

대지부분 공유관계 발생 시 건축물 공급 가능 여부 (법제처, '10. 7. 12.)

가. 조합이 시행하거나 조합이 시장·군수 또는 주택공사 등과 공동으로 시행하는 정비사업에서 조합설립인가 후 1인의 토지등소유자로부터 건축물을 양수하여 수인이 소유하게 되고 그 대지부분에 공유관계가 발생한 경우, 시·도 조례로 주택공급에 관해 따로 정하여 도정법 제19조제1항에 따른 수인을 대표하는 1인 외의 토지등소유자에게 해당 정비사업에 따른 건축물을 같은 법 제50조제1항에 따라 공급할 수 있는지
나. 수도권 과밀억제권역에 위치하지 아니하는 지역에서 조합이 시행하거나 조합이 시장·군수 또는 주택공사 등과 공동으로 시행하는 주택재건축사업의 경우, 도정법 제19조제1항제3호에 따른 수인을 대표하는 1인 외의 토지등소유자에게 해당 정비사업에 따른 건축물을 같은 법 제50조제1항에 따라 공급할 수 있는지

> **회신내용**

가. 조합이 시행하거나 조합이 시장·군수 또는 주택공사 등과 공동으로 시행하는 정비사업에서 조합설립인가 후 1인의 토지등소유자로부터 건축물을 양수하여 수인이 소유하게 되고 그 대지부분에 공유관계가 발생한 경우, 시·도 조례로 주택공급에 관해 따로 정하여 도정법 제19조제1항에 따른 수인을 대표하는 1인 외의 토지등소유자에게 해당 정비사업에 따른 건축물을 같은 법 제50조제1항에 따라 공급할 수 없음
나. 수도권 과밀억제권역에 위치하지 아니하는 지역에서 조합이 시행하거나 조합이 시장·군수 또는 주택공사 등과 공동으로 시행하는 주택재건축사업의 경우, 도정법 제19조제1항제3호에 따른 수인을 대표하는 1인 외의 토지등소유자에게 해당 정비사업

> 에 따른 건축물을 같은 법 제50조제1항에 따라 공급할 수 있음

출처 : 국토교통부

질의 14

주택과 상가를 각각 1개씩 소유한 자가 상가를 양도한 경우 분양권 (법제처, '11. 8. 11.)

「주택법」제41조제1항의 규정에 의한 투기과열지구로 지정된 지역으로서 도정법에 따른 주택재건축사업구역내에 주택과 상가를 각각 1개씩 소유한 조합원이 조합설립인가 후 상가를 양도한 경우,

가. 상가를 양수한 자는 도정법 제50조제1항에 따라 정비사업에 따른 건축물을 분양받을 수 있는지

나. 기존 조합원인 양도인은 도정법 제19조제1항제3호에 의한 대표 조합원으로서 같은 법 제50조제1항에 따라 정비사업에 따른 건축물인 주택과 상가를 각각 1개씩 분양받을 수 있는지

회신내용

> 가. 상가를 양수한 자는 도정법 제19조제2항 각 호에 해당하지 않는 한 같은 법 제50조제1항에 따라 정비사업에 따른 건축물을 분양받을 수 없음
> 나. 기존 조합원인 양도인은 도정법 제50조제1항에 따라 정비사업에 따른 건축물인 주택과 상가를 각각 1개씩 분양받을 수는 없음

출처 : 국토교통부

질의 15

법인회사가 재건축아파트를 매수한 경우 분양방법 ('12. 7. 31.)

법인회사에서 재건축아파트를 매수하였을 때 조합원과 동등한 권리를 가질 수 있는지, 법인회사가 소유한 아파트만큼 아파트를 배정받을 수 있는지

회신내용

> 가. 도정법 제19조제1항에 따라 주택재건축사업의 조합원은 주택재건축사업에 동의한 토지등소유자로 하고 있으며, 도정법 제48조제2항제6호에 따르면 1세대 또는 1인이

하나 이상의 주택 또는 토지를 소유한 경우 1주택을 공급하고 있도록 하고 있으나, 도정법 제48조제2항제7호나목에서 「수도권정비계획법」제6조제1항제1호에 따른 과밀억제권역에 위치하지 아니한 주택재건축사업의 토지등소유자, 근로자(공무원인 근로자를 포함한다) 숙소, 기숙사 용도로 주택을 소유하고 있는 토지등소유자 또는 국가, 지방자치단체 및 주택공사등에게는 소유한 주택 수만큼 공급할 수 있도록 하고 있음

나. 또한, 도정법 제48조제2항제7호다목에 따르면 제1항제4호(분양대상자별 종전의 토지 또는 건축물의 명세 및 사업시행인가 고시가 있은 날을 기준으로 한 가격)에 따른 가격의 범위에서 2주택을 공급할 수 있고, 이 중 1주택은 주거전용면적을 60제곱미터 이하로 하도록 하고 있음

출처 : 국토교통부

11. 사업대행자의 주의의무 등 <(구)시행령 제19조>

① 사업대행자는 제17조의 규정에 의한 업무를 행함에 있어서는 선량한 관리자로서의 주의의무를 다하여야 한다.
② 사업대행자는 제17조의 규정에 의한 업무를 행함에 있어서 필요한 때에는 사업시행자에게 협조를 요청할 수 있으며, 사업시행자는 특별한 사유가 없는 한 이에 응하여야 한다.

질의 1

일부 토지를 양도한 경우 조합원 및 대의원의 자격 유무 ('12. 7. 10.)

대의원인 조합원이 소유하고 있는 대지와 도로부지(2필지)중 도로 1필지를 조합원이 아닌 타인에게 양도하였으나 대표자 선임동의서를 받지 않은 경우 양도한 조합원의 조합원 및 대의원의 자격 변동 여부

회신내용

도정법 제19조제1항제3호에 따르면 정비사업의 조합원은 토지등 소유자(주택재건축사업과 가로주택정비사업의 경우에는 주택재건축사업과 가로주택정비사업에 각각 동의한 자만 해당한다)로 하되, 조합설립인가 후 1인의 토지등소유자로부터 토지 또는 건축물의 소유권이나 지상권을 양수하여 수인이 소유하게 된 때 그 수인을 대표하는 1인을 조합원으로 보도록 하고 있고, 도정법 시행령 제36조제1항에 따르면 대의원은 조합원중에서 선출하도록 하고 있음

출처 : 국토교통부

> **질의 2**

일부 토지를 양도한 경우 조합원 자격 유무 ('12. 10. 4.)

주택재개발 정비사업조합에서 다수 필지의 토지 또는 다수의 건축물을 소유하고 있던 1인이 조합설립인가 이후 토지 또는 건축물의 일부를 다른 사람에게 양도하였을 경우, 조합원 자격이 있는지 여부

> **회신내용**

가. 도정법 제19조제1항제3호에 따라 정비사업의 조합원은 토지등소유자로 하되, 조합설립인가 후 1인의 토지등소유자로부터 토지 또는 건축물의 소유권이나 지상권을 양수하여 수인이 소유하게 된 때에는 그 수인을 대표하는 1인을 조합원으로 보도록 하고 있음

나. 또한, 도정법(법률 제9444호) 부칙 제10조에 따르면 조합설립인가를 받은 정비구역에서 2011년 1월 1일 전에 다음 각 목(토지의 소유권, 건축물의 소유권, 토지의 지상권)의 합이 2이상을 가진 토지등소유자가 2012년 12월 31일까지 다음 각 목의 합이 2(조합설립인가 전에 「임대주택법」 제6조에 따라 임대사업자로 등록한 토지등소유자의 경우에는 3을 말하며, 이 경우 임대주택에 한정한다) 이하를 양도하는 경우 법 제19조제1항제3호의 개정규정에도 불구하고 조합원 자격의 적용에 있어서는 종전의 규정(2009.2.6. 법률 제9444호로 개정되기 전의 법률)에 따르도록 하고 있음

출처 : 국토교통부

12. 정관의 기재사항 등

가. 정관의 기재사항 등 (법 제40조)

> **(구) [법률 제11059호, 2011. 9. 16. 일부개정 기준]**
>
> ❖ 정비조합의 구성
>
> 1. 정비조합 - 공법인과 민법상 사단법인
>
> 재개발조합과 재건축조합 모두 설립인가를 받음으로써 도시정비법상의 정비사업을 시행할 수 있는 권한을 갖는 행정주체(공법인)로서 지위를 부여받게 된다.
>
> 도시정비법 제27조도 이 점을 지적하여 조합에 관하여는 도시정비법에 규정된 것을 제외하고는 민법 중 사단법인에 관한 규정을 준용한다고 규정하고 있다.

2. 조합원

가. 자격

재개발사업의 경우에는 정비구역 안에 소재한 토지 또는 건축물의 소유자 또는 그 지상권자가 당연히 조합원으로 됨으로써 그 가입이 강제된다.

판례는, 재건축조합의 조합원 중 분양신청을 하지 않거나 철회하는 등 도시정비법 제47조 및 조합 정관이 정한 요건에 해당하여 현금청산대상자가 된 조합원은 조합원의 지위를 상실하다고 판시하였다.

- 대법원 2011. 1. 27. 선고 2008두14340
- 대법원 2012. 3. 29. 선고 2010두7765

나. 권리와 의무

조합원은 ① 관리처분계획에서 정한 주택 등의 분양청구권, ② 총회의 출석권, 발언권 및 의결권, ③ 임원의 선임권 및 피선임권, ④ 대의원의 선출권 및 피선출권, ⑤ 손실보상 및 손해배상청구권 등의 권리를 가지고, ① 정비사업비, 청산금, 부과금 등의 비용납부의무, ② 사업시행계획에 의한 철거 및 이주의무, ③ 관계 법령 및 정관, 총회 의결사항 준수의무, ④ 조합원 소유의 토지와 건물 등의 현물출자의무 등을 부담한다.

3. 정관

가. 정관의 내용

조합은 다음 각 호의 사항이 포함된 정관을 작성하여야 한다(법 제20조).
1. 조합의 명칭 및 주소
2. 조합원의 자격에 관한 사항
3. 조합원의 제명·탈퇴 및 교체에 관한 사항
4. 정비사업 예정구역의 위치 및 면적
5. 조합의 임원의 수 및 업무의 범위
6. 조합임원의 권리·의무·보수·선임방법·변경 및 해임에 관한 사항
7. 대의원의 수, 의결방법, 선임방법 및 선임절차
8. 조합의 비용부담 및 조합의 회계
9. 정비사업의 시행연도 및 시행방법
10. 총회의 소집절차·시기 및 의결방법
11. 총회의 개최 및 조합원의 총회소집요구에 관한 사항

11의2. 현금청산자에 대한 이자 지급에 관한 사항
12. 정비사업비의 부담시기 및 절차
13. 정비사업이 종결된 때의 청산절차
14. 청산금의 징수·지급의 방법 및 절차
15. 시공자·설계자의 선정 및 계약서에 포함될 내용
16. 정관의 변경절차
17. 그 밖에 정비사업의 추진 및 조합의 운영을 위하여 필요한 사항으로서 대통령령이 정하는 사항

나. 정관의 변경

조합이 정관을 변경하고자 하는 경우에는 총회를 개최하여 조합원 과반수(위 사항 중 제2호, 제3호, 제4호·제8호·제12호 또는 제15호의 경우에는 3분의2 이상)의 동의를 얻어 시장·군수의 이가를 받아야 한다.

① 조합의 정관에는 다음 각 호의 사항이 포함되어야 한다.
  1. 조합의 명칭 및 사무소의 소재지
  2. 조합원의 자격
  3. 조합원의 제명·탈퇴 및 교체
  4. 정비구역의 위치 및 면적
  5. 제41조에 따른 조합의 임원(이하 "조합임원"이라 한다)의 수 및 업무의 범위
  6. 조합임원의 권리·의무·보수·선임방법·변경 및 해임
  7. 대의원의 수, 선임방법, 선임절차 및 대의원회의 의결방법
  8. 조합의 비용부담 및 조합의 회계
  9. 정비사업의 시행연도 및 시행방법
  10. 총회의 소집 절차·시기 및 의결방법
  11. 총회의 개최 및 조합원의 총회소집 요구
  12. 제73조제3항에 따른 이자 지급
  13. 정비사업비의 부담 시기 및 절차
  14. 정비사업이 종결된 때의 청산절차
  15. 청산금의 징수·지급의 방법 및 절차
  16. 시공자·설계자의 선정 및 계약서에 포함될 내용
  17. 정관의 변경절차
  18. 그 밖에 정비사업의 추진 및 조합의 운영을 위하여 필요한 사항으로서 대통령령으로 정하는 사항
② 시·도지사는 제1항 각 호의 사항이 포함된 표준정관을 작성하여 보급할 수

있다. <개정 2019. 4. 23.>
③ 조합이 정관을 변경하려는 경우에는 제35조제2항부터 제5항까지의 규정에도 불구하고 총회를 개최하여 조합원 과반수의 찬성으로 시장·군수등의 인가를 받아야 한다. 다만, 제1항제2호·제3호·제4호·제8호·제13호 또는 제16호의 경우에는 조합원 3분의 2 이상의 찬성으로 한다.
④ 제3항에도 불구하고 대통령령으로 정하는 경미한 사항을 변경하려는 때에는 이 법 또는 정관으로 정하는 방법에 따라 변경하고 시장·군수등에게 신고하여야 한다.

(1) 조합 정관에 정할 사항 (시행령 제38조)

법 제40조제1항제18호에서 "대통령령으로 정하는 사항"이란 다음 각 호의 사항을 말한다.
1. 정비사업의 종류 및 명칭
2. 임원의 임기, 업무의 분담 및 대행 등에 관한 사항
3. 대의원회의 구성, 개회와 기능, 의결권의 행사방법 및 그 밖에 회의의 운영에 관한 사항
4. 법 제24조 및 제25조에 따른 정비사업의 공동시행에 관한 사항
5. 정비사업전문관리업자에 관한 사항
6. 정비사업의 시행에 따른 회계 및 계약에 관한 사항
7. 정비기반시설 및 공동이용시설의 부담에 관한 개략적인 사항
8. 공고·공람 및 통지의 방법
9. 토지 및 건축물 등에 관한 권리의 평가방법에 관한 사항
10. 법 제74조제1항에 따른 관리처분계획(이하 "관리처분계획"이라 한다) 및 청산(분할징수 또는 납입에 관한 사항을 포함한다)에 관한 사항
11. 사업시행계획서의 변경에 관한 사항
12. 조합의 합병 또는 해산에 관한 사항
13. 임대주택의 건설 및 처분에 관한 사항
14. 총회의 의결을 거쳐야 할 사항의 범위
15. 조합원의 권리·의무에 관한 사항
16. 조합직원의 채용 및 임원 중 상근(常勤)임원의 지정에 관한 사항과 직원 및 상근임원의 보수에 관한 사항
17. 그 밖에 시·도조례로 정하는 사항

(2) 정관의 경미한 변경사항 (시행령 제39조)

법 제40조제4항에서 "대통령령으로 정하는 경미한 사항"이란 다음 각 호의 사항을 말한다. <개정 2019. 6. 18.>
1. 법 제40조제1항제1호에 따른 조합의 명칭 및 사무소의 소재지에 관한 사항
2. 조합임원의 수 및 업무의 범위에 관한 사항
3. 삭제 <2019. 6. 18.>
4. 법 제40조제1항제10호에 따른 총회의 소집 절차·시기 및 의결방법에 관한 사항
5. 제38조제2호에 따른 임원의 임기, 업무의 분담 및 대행 등에 관한 사항
6. 제38조제3호에 따른 대의원회의 구성, 개회와 기능, 의결권의 행사방법, 그 밖에 회의의 운영에 관한 사항
7. 제38조제5호에 따른 정비사업전문관리업자에 관한 사항
8. 제38조제8호에 따른 공고·공람 및 통지의 방법에 관한 사항
9. 제38조제13호에 따른 임대주택의 건설 및 처분에 관한 사항
10. 제38조제14호에 따른 총회의 의결을 거쳐야 할 사항의 범위에 관한 사항
11. 제38조제16호에 따른 조합직원의 채용 및 임원 중 상근임원의 지정에 관한 사항과 직원 및 상근임원의 보수에 관한 사항
12. 착오·오기 또는 누락임이 명백한 사항
13. 법 제16조에 따른 정비구역 또는 정비계획의 변경에 따라 변경되어야 하는 사항
14. 그 밖에 시·도조례로 정하는 사항

> **질의 1**

조합총회에서 가칭 추진위원회 회계를 의결한 경우 적합 여부 ('10. 4. 6.)

추진위원회 승인 전 2개의 (가칭) 추진위원회에서 사용한 회계를 조합설립 후에 총회에서 포함하여 의결한 경우 도정법에 적합한지

> **회신내용**

운영규정 별표 제36조에 따르면 추진위원회는 조합설립인가일까지의 업무를 수행할 수 있고, 조합이 설립되면 모든 업무와 자산을 조합에 인계하고 해산토록 하고 있으며, 도

정법 제20조제1항제8호의 규정에 따르면 조합의 비용부담 및 조합의 회계는 정관에서 정하도록 하고 있으나, (가칭)추진위원회에 대하여는 도정법령상 이를 인정하는 명문의 규정을 두고 있지 않음

출처 : 국토교통부

질의 2

분양신청 하지 않은 조합원의 총회 투표권 보유 여부 ('12. 4. 17.)

조합원이 분양신청을 하지 않은 경우 총회 투표권을 부여해야 하는지

회신내용

도정법 제20조제1항제2호·8제3호·8제10호에 따르면 조합원의 자격, 조합원의 제명·8탈퇴 및 교체에 관한 사항, 총회의 의결방법에 관한 사항은 조합정관에 정하도록 하고 있으므로, 같은 법 제47에 따라 분양신청을 하지 아니하여 현금청산자가 된 자의 조합원의 자격, 총회 투표권 부여 여부 등에 대하여는 해당 조합의 정관등에 따라 판단하여야 함

출처 : 국토교통부

질의 3

표준정관 보다 완화된 조건의 임원자격을 정할 수 있는지 ('12. 11. 13.)

도정법 제20조제2항에 따른 표준정관에 비해 임원 조건 중의 토지 또는 건축물 소유기간, 사업시행구역 안의 거주기간을 완화하여 변경 할 수 있는지와 상기 내용이 도정법에 별도의 규정이 있는지

회신내용

도정법 제20조제1항제6호 및 같은 조 제2항에 따르면 조합임원의 권리·의무·보수·선임방법·변경 및 해임에 관한 사항에 관한사항은 조합정관에 정하도록 하고 있고, 국토해양부장관은 표준정관을 작성하여 보급할 수 있도록 하고 있으나, 조합의 표준정관은 예시적으로 작성된 것으로 특정 조합의 정관은 법령 및 관련규정의 범위 안에서 조합의 특성에 맞게 정하면 될 것임

출처 : 국토교통부

질의 4

무자격자로 판명된 감사가 수행한 업무의 효력 ('12. 10. 30.)

가. 무자격자로 판명된 감사가 작성하여 총회에서 보고한 결산·예산에 대한 감사보고가 유효한지 여부

나. 무자격자로 판명된 감사가 결산 및 예산에 대하여 감사한 내용을 적법하게 새로 선임된 감사가 다시 결산 및 예산에 대한 감사를 해야 하는지 여부

다. 감사가 없는 조합원 총회가 적법한지 여부

회신내용

도정법 제20조제1항제6호 및 같은 법 시행령 제31조에 따르면 조합임원의 권리·의무·보수·선임방법·변경 및 해임에 관한 사항, 임원의 임기, 업무의 분담 및 대행 등에 관한 사항에 대해서는 조합정관에 포함하도록 하고 있고, 또한 도정법 제24조제5항에 따라 총회의 소집절차·시기 및 의결방법 등에 관한 사항에 관하여 정관으로 정하도록 하고 있으므로, 질의의 경우 해당 조합의 정관에 따라 판단하여야 할 것임

출처 : 국토교통부

질의 5

임기만료된 조합임원 업무수행의 적정성 및 임원의 자격('12. 10. 12.)

가. 조합정관에 조합임원 임기만료 1개월 전에 임원선출 총회를 열도록 하고 있으나 임원선출 총회를 열지 않고 임기가 만료된 경우, 조합임원이 행한 행위의 위법 여부

나. 정관변경, 예산(안), 정비업체 업무정지 및 해약, 임원선임 등의 안건으로 총회를 개최하는 경우 서면동의서에 지문날인 및 자필서명하고 주민등록이나 여권을 복사하여 첨부하여야 하는지, 이 경우 조합원 20%가 직접참석 하여야 하는지

다. 조합장이 명예훼손, 열람·복사거부 사건으로 각각 200만원, 150만원의 벌금형, 손해배상금 150만원을 선고 받은 경우 조합장의 자격유지 여부

회신내용

가. 질의 "가" 및 "다"에 대하여

　도정법 제20조제1항 및 같은 법 시행령 제31조에 따르면 조합임원의 권리·의무·

보수·선임방법·변경 및 해임에 관한 사항, 임원의 임기·업무분담 및 대행 등에 관한 사항은 해당 조합정관에 정하도록 하고 있으므로, 질의하신 임기 만료시 임원 선출 관련 사항의 적정여부는 해당 조합의 정관에 따라 판단하여야 할 것이므로, 이에 대한 보다 구체적인 내용은 해당 조합설립인가권자인 관할 시장·군수·구청장에게 문의하여 주시기 바라며, 또한 도정법 제23조제2항에 따르면 조합임원이 이 법을 위반하여 벌금 100만원 이상의 형을 선고받고 5년이 지나지 아니한 자에 해당되거나, 선임 당시 그에 해당하는 자이었음이 판명된 때에는 당연 퇴임하도록 하고 있음

나. 질의 "나"에 대하여

도정법 제24조제5항 및 같은 법 시행령 제34조제2항에 따르면 총회의 소집절차, 시기 및 의결방법은 조합정관에 정하도록 하고 있고, 창립총회·사업시행계획서와 관리처분계획의 수립 및 변경을 의결하는 총회의 경우에는 조합원의 100분의 20 이상 직접 출석하도록 하고 있음

출처 : 국토교통부

질의 6
대의원회 구성 및 조합설립인가가 가능한 대의원 수 ('12. 4. 24.)

조합정관에서 정한 대의원수에는 미달되나 도정법 제25조제2항에는 충족된 경우 (조합원수 1,100인, 창립총회에서 선임한 정관상 대의원수 115인, 무자격자를 제외한 대의원수 110인) 대의원회 구성 및 조합설립인가가 가능한지 여부

회신내용

도정법 제20조제1항제7호에 따라 "대의원의 수, 의결방법, 선임방법 및 선임절차"는 조합정관에 포함하도록 하고 있고, 같은법 제25조제2항에 따라 대의원회는 조합원의 10분의 1이 100인을 넘는 경우에는 조합원의 10분의 1 범위 안에서 100인 이상으로 구성할 수 있으므로, 대의원회를 구성하는 대의원의 수는 같은 법 제25조제2항에 따른 대의원 수의 범위와 조합정관에 적합하여야 할 것으로 판단됨

출처 : 국토교통부

질의 7
총회의결과 다르게 자금을 차입하여 집행한 경우의 적정성 ('12. 1. 10.)

제반 사업비(이주비 및 사업경비)에 대하여 창립총회에서 의결한 내용(시공자 또

는 시중은행의 대출금 및 이율 등)과 다르게 자금을 차입(사채나 입찰보증금 등으로 조달, 이율변동 등)하여 집행한다면 적법한 것인지 여부

> **회신내용**
>
> 도정법 제20조제1항제8호에 따라 "조합의 비용부담 및 조합의 회계"는 조합정관에 포함하도록 하고 있고, 같은 법 제24조제3항제2호에 따라 "자금의 차입과 그 방법·이율 및 상환방법"은 총회의 의결을 거치도록 하고 있으므로 귀 질의하신 자금 차입의 적정성에 대하여는 조합정관 및 총회 의결 결과에 따라 판단할 사항임

출처 : 국토교통부

질의 8

직무대행자가 회의주재 및 계약, 분양업무를 할 수 있는지 ('12. 11. 1.)

직무대행자로 선임된 자가 각종 회의(이사회, 대의원회, 총회) 및 업체와의 계약, 분양신청업무를 할 수 있는지

> **회신내용**
>
> 가. 도정법 제24조제2항에 따르면 총회는 도정법 제23조제4항의 경우를 제외하고는 조합장의 직권 또는 조합원 5분의 1이상 또는 대의원 3분의 2이상의 요구로 조합장이 소집하도록 하고 있음
> 나. 또한, 도정법 제20조제1항제10호 및 같은 법 시행령 제31조 제2호에 따르면 총회의 소집절차·시기 및 의결방법, 임원의 임기, 업무의 분담 및 대행 등에 관한 사항은 조합 정관에 정하도록 하고 있음

출처 : 국토교통부

질의 9

마감자재 업체선정 취소건이 총회 안건으로 성립할 수 있는지 ('12. 2. 23.)

2009.3월 선정한 마감자재 업체의 선정 취소 건이 총회 안건으로 성립할 수 있는지 여부 및 이사회 결정으로 총회 직접 참석자에게 교통비 명목으로 5만원 지급 후 사후에 총회 의결을 받는 것이 가능한지

> **회신내용**
>
> 도정법 제20조제1항 및 같은 법 시행령 제31조에 따라 조합의 비용부담 및 조합의 회계, 총회의 소집절차 및 시행방법, 정비사업의 시행에 따른 회계 및 계약에 관한 사항, 총회의 의결을 거쳐야 할 사항의 범위 등에 대하여는 조합정관에서 정하도록 하고 있으므로, 귀 질의하신 특정 사안에 대한 총회 의결 여부나 의결 방법 등에 대하여는 조합정관 등에 따라 판단하여야 할 사항임

출처 : 국토교통부

질의 10

계약서를 작성하지 아니하고 용역을 수행해도 되는지 ('12. 3. 15.)

재개발조합 임원이 조합을 운영함에 있어 용역계약서(대의원회의 경호용역, 사회자, 촬영기사 등 관련 용역)도 작성하지 아니하고 관련 업무를 진행하고 관련 업무가 완료된 이후 계약서를 작성하여도 되는지

> **회신내용**
>
> 도정법 제20조제1항제17호 및 같은 법 시행령 제31조제6호에 따르면 정비사업의 추진 및 조합의 운영을 위하여 조합정관에 정비사업의 시행에 따른 회계 및 계약에 관한 사항을 정하도록 하고 있고, 도정법 제27조에서 조합에 관하여는 이 법에 규정된 것을 제외하고는 민법중 사단법인에 관한 규정을 준용하도록 하고 있으므로, 귀 질의하신 계약 관련 조합 운영의 적정성 여부는 조합 정관 등에 따라 판단하여야 할 사항으로 보임

출처 : 국토교통부

질의 11

분양신청을 하지 아니한 자의 조합원 자격 상실 여부 ('12. 9. 10.)

분양신청기간 내에 분양신청을 하지 아니한 자의 조합원 자격상실 여부

> **회신내용**
>
> 도정법 제20조제1항제2호 및 제3호에 따르면 조합원의 자격에 관한 사항, 조합원의 제명·탈퇴 및 교체에 관한 사항 등은 해당조합의 정관에 정하도록 하고 있으므로, 질의하신 조합원의 자격상실여부에 대하여는 해당 조합의 정관에 따라 판단하여야 할 사항임

출처 : 국토교통부

13. 조합의 임원

가. 조합의 임원 (법 제41조)

(구) [법률 제11059호, 2011. 9. 16. 일부개정 기준]

1. 임원

  가. 임원의 선임

  조합은 임원으로 조합장, 이사, 감사를 두는데, 조합장은 조합을 대표하고 총회 또는 대의원회의 장이 된다(법 제21조 제1항, 제22조 제1항).

  나. 임원의 해임

  조합임원의 해임은 총회의 의결로 할 수 있으나, 조합장이 총회를 개최하지 않는 경우 조합원 10분의1 이상의 발의로 소집된 총회에서 조합원 과반수의 출석과 출석 조합원 과반수의 동의를 얻어 할 수 있다.

---

① 조합은 다음 각 호의 어느 하나의 요건을 갖춘 조합장 1명과 이사, 감사를 임원으로 둔다. 이 경우 조합장은 선임일부터 제74조제1항에 따른 관리처분계획인가를 받을 때까지는 해당 정비구역에서 거주(영업을 하는 자의 경우 영업을 말한다. 이하 이 조 및 제43조에서 같다)하여야 한다. <개정 2019. 4. 23.>
  1. 정비구역에서 거주하고 있는 자로서 선임일 직전 3년 동안 정비구역 내 거주 기간이 1년 이상일 것
  2. 정비구역에 위치한 건축물 또는 토지(재건축사업의 경우에는 건축물과 그 부속토지를 말한다)를 5년 이상 소유하고 있을 것
  3. 삭제 <2019. 4. 23.>
② 조합의 이사와 감사의 수는 대통령령으로 정하는 범위에서 정관으로 정한다.
③ 조합은 총회 의결을 거쳐 조합임원의 선출에 관한 선거관리를 「선거관리위원회법」 제3조에 따라 선거관리위원회에 위탁할 수 있다.
④ 조합임원의 임기는 3년 이하의 범위에서 정관으로 정하되, 연임할 수 있다.
⑤ 조합임원의 선출방법 등은 정관으로 정한다. 다만, 시장·군수등은 다음 각 호의 어느 하나에 해당하는 경우 시·도조례로 정하는 바에 따라 변호사·회계사·기술사 등으로서 대통령령으로 정하는 요건을 갖춘 자를 전문조합관리인으로 선정하여 조합임원의 업무를 대행하게 할 수 있다. <개정 2019. 4. 23.>

1. 조합임원이 사임, 해임, 임기만료, 그 밖에 불가피한 사유 등으로 직무를 수행할 수 없는 때부터 6개월 이상 선임되지 아니한 경우
2. 총회에서 조합원 과반수의 출석과 출석 조합원 과반수의 동의로 전문조합관리인의 선정을 요청하는 경우

⑥ 제5항에 따른 전문조합관리인의 선정절차, 업무집행 등에 필요한 사항은 대통령령으로 정한다.

(1) 조합임원의 수 (시행령 제40조)

법 제41조제1항에 따라 조합에 두는 이사의 수는 3명 이상으로 하고, 감사의 수는 1명 이상 3명 이하로 한다. 다만, 토지등소유자의 수가 100인을 초과하는 경우에는 이사의 수를 5명 이상으로 한다.

(2) 전문조합관리인의 선정 (시행령 제41조)

① 법 제41조제5항 단서에서 "대통령령으로 정하는 요건을 갖춘 자"란 다음 각 호의 어느 하나에 해당하는 사람을 말한다. <개정 2020. 2. 18.>
  1. 다음 각 목의 어느 하나에 해당하는 자격을 취득한 후 정비사업 관련 업무에 5년 이상 종사한 경력이 있는 사람
     가. 변호사
     나. 공인회계사
     다. 법무사
     라. 세무사
     마. 건축사
     바. 도시계획·건축분야의 기술사
     사. 감정평가사
     아. 행정사(일반행정사를 말한다. 이하 같다)
  2. 조합임원으로 5년 이상 종사한 사람
  3. 공무원 또는 공공기관의 임직원으로 정비사업 관련 업무에 5년 이상 종사한 사람
  4. 정비사업전문관리업자에 소속되어 정비사업 관련 업무에 10년 이상 종사한 사람
  5. 「건설산업기본법」 제2조제7호에 따른 건설사업자에 소속되어 정비사업 관련 업무에 10년 이상 종사한 사람
  6. 제1호부터 제5호까지의 경력을 합산한 경력이 5년 이상인 사람. 이 경우

같은 시기의 경력은 중복하여 계산하지 아니하며, 제4호 및 제5호의 경력은 2분의 1만 포함하여 계산한다.
② 시장·군수등은 법 제41조제5항 단서에 따른 전문조합관리인(이하 "전문조합관리인"이라 한다)의 선정이 필요하다고 인정하거나 조합원(추진위원회의 경우에는 토지등소유자를 말한다. 이하 이 조에서 같다) 3분의 1 이상이 전문조합관리인의 선정을 요청하면 공개모집을 통하여 전문조합관리인을 선정할 수 있다. 이 경우 조합 또는 추진위원회의 의견을 들어야 한다.
③ 전문조합관리인은 선임 후 6개월 이내에 법 제115조에 따른 교육을 60시간 이상 받아야 한다. 다만, 선임 전 최근 3년 이내에 해당 교육을 60시간 이상 받은 경우에는 그러하지 아니하다.
④ 전문조합관리인의 임기는 3년으로 한다.

14. 조합임원의 직무 등

가. 조합임원의 직무 등 (법 제42조)

① 조합장은 조합을 대표하고, 그 사무를 총괄하며, 총회 또는 제46조에 따른 대의원회의 의장이 된다.
② 제1항에 따라 조합장이 대의원회의 의장이 되는 경우에는 대의원으로 본다.
③ 조합장 또는 이사가 자기를 위하여 조합과 계약이나 소송을 할 때에는 감사가 조합을 대표한다.
④ 조합임원은 같은 목적의 정비사업을 하는 다른 조합의 임원 또는 직원을 겸할 수 없다

(1) 대의원회가 총회의 권한을 대행할 수 없는 사항 (시행령 제43조)

법 제46조제4항에서 "대통령령으로 정하는 사항"이란 다음 각 호의 사항을 말한다.
1. 법 제45조제1항제1호에 따른 정관의 변경에 관한 사항(법 제40조제4항에 따른 경미한 사항의 변경은 법 또는 정관에서 총회의결사항으로 정한 경우로 한정한다)
2. 법 제45조제1항제2호에 따른 자금의 차입과 그 방법·이자율 및 상환방법에 관한 사항
3. 법 제45조제1항제4호에 따른 예산으로 정한 사항 외에 조합원에게 부담이 되는 계약에 관한 사항

4. 법 제45조제1항제5호에 따른 시공자·설계자 또는 감정평가업자(법 제74조 제2항에 따라 시장·군수등이 선정·계약하는 감정평가업자는 제외한다)의 선정 및 변경에 관한 사항
5. 법 제45조제1항제6호에 따른 정비사업전문관리업자의 선정 및 변경에 관한 사항
6. 법 제45조제1항제7호에 따른 조합임원의 선임 및 해임과 제42조제1항제2호에 따른 대의원의 선임 및 해임에 관한 사항. 다만, 정관으로 정하는 바에 따라 임기중 궐위된 자(조합장은 제외한다)를 보궐선임하는 경우를 제외한다.
7. 법 제45조제1항제9호에 따른 사업시행계획서의 작성 및 변경에 관한 사항(법 제50조제1항 본문에 따른 정비사업의 중지 또는 폐지에 관한 사항을 포함하며, 같은 항 단서에 따른 경미한 변경은 제외한다)
8. 법 제45조제1항제10호에 따른 관리처분계획의 수립 및 변경에 관한 사항(법 제74조제1항 각 호 외의 부분 단서에 따른 경미한 변경은 제외한다)
9. 법 제45조제2항에 따라 총회에 상정하여야 하는 사항
10. 제42조제1항제1호에 따른 조합의 합병 또는 해산에 관한 사항. 다만, 사업완료로 인한 해산의 경우는 제외한다.
11. 제42조제1항제3호에 따른 건설되는 건축물의 설계 개요의 변경에 관한 사항
12. 제42조제1항제4호에 따른 정비사업비의 변경에 관한 사항

(2) 고유식별정보의 처리 (시행령 제97조)

시·도지사, 시장·군수·구청장(해당 권한이 위임·위탁된 경우에는 그 권한을 위임·위탁받은 자를 포함한다) 또는 사업시행자는 다음 각 호의 사무를 수행하기 위하여 불가피한 경우 「개인정보 보호법 시행령」 제19조에 따른 주민등록번호 또는 외국인등록번호가 포함된 자료를 처리할 수 있다.
1. 법 제31조에 따른 추진위원회 구성 승인에 관한 사무
2. 법 제36조에 따른 토지등소유자의 동의방법 등의 업무를 위한 토지등소유자의 자격 확인에 관한 사무
3. 법 제39조에 따른 조합원의 자격 확인에 관한 사무
4. 법 제42조에 따른 조합임원의 겸임 확인을 위한 사무
5. 법 제43조에 따른 조합임원의 결격사유 확인에 관한 사무
6. 법 제52조에 따른 세입자의 주거 및 이주 대책에 관한 사무
7. 법 제74조에 따른 관리처분계획의 수립 및 인가에 관한 사무
8. 법 제86조에 따른 대지 또는 건축물의 소유권 이전에 관한 사무
9. 법 제102조에 따른 정비사업전문관리업 등록에 관한 사무

10. 법 제105조에 따른 정비사업전문관리업자의 결격사유 확인에 관한 사무
11. 법 제106조에 따른 정비사업전문관리업의 등록취소 등에 관한 사무
12. 법 제107조에 따른 정비사업전문관리업자에 대한 조사 등에 관한 사무

15. 조합임원의 결격사유 및 해임

가. 조합임원의 결격사유 및 해임 (법 제43조)

① 다음 각 호의 어느 하나에 해당하는 자는 조합임원 또는 전문조합관리인이 될 수 없다. <개정 2019. 4. 23., 2020. 6. 9.>
  1. 미성년자·피성년후견인 또는 피한정후견인
  2. 파산선고를 받고 복권되지 아니한 자
  3. 금고 이상의 실형을 선고받고 그 집행이 종료(종료된 것으로 보는 경우를 포함한다)되거나 집행이 면제된 날부터 2년이 지나지 아니한 자
  4. 금고 이상의 형의 집행유예를 받고 그 유예기간 중에 있는 자
  5. 이 법을 위반하여 벌금 100만원 이상의 형을 선고받고 10년이 지나지 아니한 자
② 조합임원이 다음 각 호의 어느 하나에 해당하는 경우에는 당연 퇴임한다. <개정 2019. 4. 23., 2020. 6. 9.>
  1. 제1항 각 호의 어느 하나에 해당하게 되거나 선임 당시 그에 해당하는 자이었음이 밝혀진 경우
  2. 조합임원이 제41조제1항에 따른 자격요건을 갖추지 못한 경우
③ 제2항에 따라 퇴임된 임원이 퇴임 전에 관여한 행위는 그 효력을 잃지 아니한다.
④ 조합임원은 제44조제2항에도 불구하고 조합원 10분의 1 이상의 요구로 소집된 총회에서 조합원 과반수의 출석과 출석 조합원 과반수의 동의를 받아 해임할 수 있다. 이 경우 요구자 대표로 선출된 자가 해임 총회의 소집 및 진행을 할 때에는 조합장의 권한을 대행한다.
⑤ 제41조제5항제2호에 따라 시장·군수등이 전문조합관리인을 선정한 경우 전문조합관리인이 업무를 대행할 임원은 당연 퇴임한다. <신설 2019. 4. 23.>
  [제목개정 2019. 4. 23.]

  (1) 고유식별정보의 처리 (시행령 제97조)

시·도지사, 시장·군수·구청장(해당 권한이 위임·위탁된 경우에는 그 권한을 위

임·위탁받은 자를 포함한다) 또는 사업시행자는 다음 각 호의 사무를 수행하기 위하여 불가피한 경우 「개인정보 보호법 시행령」 제19조에 따른 주민등록번호 또는 외국인등록번호가 포함된 자료를 처리할 수 있다.

1. 법 제31조에 따른 추진위원회 구성 승인에 관한 사무
2. 법 제36조에 따른 토지등소유자의 동의방법 등의 업무를 위한 토지등소유자의 자격 확인에 관한 사무
3. 법 제39조에 따른 조합원의 자격 확인에 관한 사무
4. 법 제42조에 따른 조합임원의 겸임 확인을 위한 사무
5. 법 제43조에 따른 조합임원의 결격사유 확인에 관한 사무
6. 법 제52조에 따른 세입자의 주거 및 이주 대책에 관한 사무
7. 법 제74조에 따른 관리처분계획의 수립 및 인가에 관한 사무
8. 법 제86조에 따른 대지 또는 건축물의 소유권 이전에 관한 사무
9. 법 제102조에 따른 정비사업전문관리업 등록에 관한 사무
10. 법 제105조에 따른 정비사업전문관리업자의 결격사유 확인에 관한 사무
11. 법 제106조에 따른 정비사업전문관리업의 등록취소 등에 관한 사무
12. 법 제107조에 따른 정비사업전문관리업자에 대한 조사 등에 관한 사무

질의 1

조합임원 해임 시 총회 발의 요건의 적정성 ('12. 4. 25.)

조합 임원을 해임할 경우 총회 발의(요구) 요건의 적정성 여부

회신내용

도정법 제23조제4항 및 제24조제2항에 따라 조합임원의 해임은 조합장의 직권 또는 조합원 5분의 1 이상 또는 대의원 3분의 2이상의 요구로 조합장이 소집한 조합총회의 의결을 거치거나 조합원 10분의 1 이상의 발의로 소집된 총회에서 조합원 과반수의 출석과 출석 조합원 과반수의 동의를 얻어 할 수 있도록 규정하고 있음. 따라서, 총회 발의(요구)요건의 적정성 여부는 해당 조합의 총회 개최시 적용한 관계 규정과 조합정관 등을 종합적으로 고려하여 판단하여야 함

출처 : 국토교통부

질의 2

조합임원 해임총회 개최시 법원의 허가를 받아야 하는지 ('12. 10. 30.)

도정법 제23조제4항에 따른 조합임원 해임총회 개최시 법원의 허가를 받아야 하는지, 조합원 10분의 1 이상의 발의로 소집된 총회에서 조합원 과반수의 출석과 출석 조합원 과반수의 동의를 얻으면 조합임원을 해임 할 수 있는지

회신내용

도정법 제23조제4항에서는 조합임원의 해임은 도정법 제24조에도 불구하고 조합원 10분의 1 이상의 발의로 소집된 총회에서 조합원 과반수의 출석과 출석 조합원 과반수의 동의를 얻어 할 수 있도록 하고 있으나, 이 경우 법원의 허가를 받도록 하는 별도의 규정은 없음

출처 : 국토교통부

질의 3

도정법 제23조제1항제5호의 "벌금 100만 원 이상"의 의미 ('12. 6. 7.)

도정법 제23조제1항제5호 및 운영규정 별표 제16조제1항제6호와 관련하여 사건별 벌금액은 각각 100만원 미만이지만 사건별 벌금 합계액이 100만원 이상인 경우 동 규정에 따른 벌금 100만원 이상에 해당되는지

회신내용

도정법 제23조제1항제5호 및 운영규정 별표 제16조제1항제6호에서 벌금 100만원 이상이란 수차례의 벌금형을 합산한 금액이 아니라 개별 사건에 대한 벌금 100만원 이상을 말하는 것임

출처 : 국토교통부

질의 4

도정법 제23조제1항제5호 "형의 선고"의 의미 ('12. 10. 9.)

도정법 제23조제1항제5호에 따르면 이 법을 위반하여 벌금 100만원 이상의 형을 선고받고 5년이 지나지 아니한 자는 조합의 임원이 될 수 없다고 하는 바,

이 때 "형의 선고"는 대법원의 최종 확정 선고를 말하는 것인지, 이 경우 대법원 확정 판결까지 직무를 수행할 수 있는지

> **회신내용**
>
> 도정법 제23조제1항제5호의 내용 중 "형의 선고"는 확정 판결을 의미하는 것이고, 도정법 제20조제1항제6호에 따르면 조합임원의 권리·의무·선임방법·변경 및 해임에 관한 사항은 조합의 정관으로 정하도록 하고 있으므로, 질의하신 직무수행에 대하여는 해당 조합의 정관에 따라 판단하여야 할 것임

출처 : 국토교통부

16. 총회의 소집 (법 제44조)

① 조합에는 조합원으로 구성되는 총회를 둔다.
② 총회는 조합장이 직권으로 소집하거나 조합원 5분의 1 이상(정관의 기재사항 중 제40조제1항제6호에 따른 조합임원의 권리·의무·보수·선임방법·변경 및 해임에 관한 사항을 변경하기 위한 총회의 경우는 10분의 1 이상으로 한다) 또는 대의원 3분의 2 이상의 요구로 조합장이 소집한다. <개정 2019. 4. 23.>
③ 제2항에도 불구하고 조합임원의 사임, 해임 또는 임기만료 후 6개월 이상 조합임원이 선임되지 아니한 경우에는 시장·군수등이 조합임원 선출을 위한 총회를 소집할 수 있다.
④ 제2항 및 제3항에 따라 총회를 소집하려는 자는 총회가 개최되기 7일 전까지 회의 목적·안건·일시 및 장소를 정하여 조합원에게 통지하여야 한다.
⑤ 총회의 소집 절차·시기 등에 필요한 사항은 정관으로 정한다.

17. 총회의 의결

가. 총회의 의결 (법 제45조)

(구) [법률 제11059호, 2011. 9. 16. 일부개정 기준]

1. 조합원총회

　가. 소집권자

조합에는 조합원으로 구성되는 총회를 두어야 하는데, 조합장의 직권 또는 조합원 5분의1 이상 또는 대의원 3분의2 이상의 요구로 조합장이 총회를 소집한다(법 제24조 제2항).

나. 소집절차·시기 및 의결방법

사업시행계획서 및 관리처분계획의 수립 및 변경의 경우 조합원 과반수의 동의를 받아야 하고(법 제24조 제3항, 제6항), 정비사업비가 10% 이상 증가하는 경우 조합원 3분의2 이상 동의를 받아야 한다.
- 대법원 2010. 4. 15. 선고 2009다54591

① 다음 각 호의 사항은 총회의 의결을 거쳐야 한다. <개정 2019. 4. 23., 2020. 4. 7., 2021. 3. 16.>
  1. 정관의 변경(제40조제4항에 따른 경미한 사항의 변경은 이 법 또는 정관에서 총회의결사항으로 정한 경우로 한정한다)
  2. 자금의 차입과 그 방법·이자율 및 상환방법
  3. 정비사업비의 세부 항목별 사용계획이 포함된 예산안 및 예산의 사용내역
  4. 예산으로 정한 사항 외에 조합원에게 부담이 되는 계약
  5. 시공자·설계자 및 감정평가법인등(제74조제4항에 따라 시장·군수등이 선정·계약하는 감정평가법인등은 제외한다)의 선정 및 변경. 다만, 감정평가법인등 선정 및 변경은 총회의 의결을 거쳐 시장·군수등에게 위탁할 수 있다.
  6. 정비사업전문관리업자의 선정 및 변경
  7. 조합임원의 선임 및 해임
  8. 정비사업비의 조합원별 분담내역
  9. 제52조에 따른 사업시행계획서의 작성 및 변경(제50조제1항 본문에 따른 정비사업의 중지 또는 폐지에 관한 사항을 포함하며, 같은 항 단서에 따른 경미한 변경은 제외한다)
  10. 제74조에 따른 관리처분계획의 수립 및 변경(제74조제1항 각 호 외의 부분 단서에 따른 경미한 변경은 제외한다)
  11. 제89조에 따른 청산금의 징수·지급(분할징수·분할지급을 포함한다)과 조합 해산 시의 회계보고
  12. 제93조에 따른 비용의 금액 및 징수방법
  13. 그 밖에 조합원에게 경제적 부담을 주는 사항 등 주요한 사항을 결정하기 위하여 대통령령 또는 정관으로 정하는 사항
② 제1항 각 호의 사항 중 이 법 또는 정관에 따라 조합원의 동의가 필요한 사

항은 총회에 상정하여야 한다.
③ 총회의 의결은 이 법 또는 정관에 다른 규정이 없으면 조합원 과반수의 출석과 출석 조합원의 과반수 찬성으로 한다.
④ 제1항제9호 및 제10호의 경우에는 조합원 과반수의 찬성으로 의결한다. 다만, 정비사업비가 100분의 10(생산자물가상승률분, 제73조에 따른 손실보상 금액은 제외한다) 이상 늘어나는 경우에는 조합원 3분의 2 이상의 찬성으로 의결하여야 한다.
⑤ 조합원은 서면으로 의결권을 행사하거나 다음 각 호의 어느 하나에 해당하는 경우에는 대리인을 통하여 의결권을 행사할 수 있다. 서면으로 의결권을 행사하는 경우에는 정족수를 산정할 때에 출석한 것으로 본다.
　1. 조합원이 권한을 행사할 수 없어 배우자, 직계존비속 또는 형제자매 중에서 성년자를 대리인으로 정하여 위임장을 제출하는 경우
　2. 해외에 거주하는 조합원이 대리인을 지정하는 경우
　3. 법인인 토지등소유자가 대리인을 지정하는 경우. 이 경우 법인의 대리인은 조합임원 또는 대의원으로 선임될 수 있다.
⑥ 총회의 의결은 조합원의 100분의 10 이상이 직접 출석하여야 한다. 다만, 창립총회, 사업시행계획서의 작성 및 변경, 관리처분계획의 수립 및 변경을 의결하는 총회 등 대통령령으로 정하는 총회의 경우에는 조합원의 100분의 20 이상이 직접 출석하여야 한다.
⑦ 총회의 의결방법 등에 필요한 사항은 정관으로 정한다.

(1) 총회의 의결사항 (시행령 제42조)

① 법 제45조제1항제13호에 따라 총회의 의결을 거쳐야 하는 사항은 다음 각 호와 같다.
　1. 조합의 합병 또는 해산에 관한 사항
　2. 대의원의 선임 및 해임에 관한 사항
　3. 건설되는 건축물의 설계 개요의 변경
　4. 정비사업비의 변경
② 법 제45조제6항 단서에서 "창립총회, 사업시행계획서의 작성 및 변경, 관리처분계획의 수립 및 변경을 의결하는 총회 등 대통령령으로 정하는 총회"란 다음 각 호의 어느 하나에 해당하는 총회를 말한다.
　1. 창립총회
　2. 사업시행계획서의 작성 및 변경을 위하여 개최하는 총회
　3. 관리처분계획의 수립 및 변경을 위하여 개최하는 총회

4. 정비사업비의 사용 및 변경을 위하여 개최하는 총회

(2) 대의원회가 총회의 권한을 대행할 수 없는 사항 (시행령 제43조)

 법 제46조제4항에서 "대통령령으로 정하는 사항"이란 다음 각 호의 사항을 말한다.
 1. 법 제45조제1항제1호에 따른 정관의 변경에 관한 사항(법 제40조제4항에 따른 경미한 사항의 변경은 법 또는 정관에서 총회의결사항으로 정한 경우로 한정한다)
 2. 법 제45조제1항제2호에 따른 자금의 차입과 그 방법·이자율 및 상환방법에 관한 사항
 3. 법 제45조제1항제4호에 따른 예산으로 정한 사항 외에 조합원에게 부담이 되는 계약에 관한 사항
 4. 법 제45조제1항제5호에 따른 시공자·설계자 또는 감정평가업자(법 제74조제2항에 따라 시장·군수등이 선정·계약하는 감정평가업자는 제외한다)의 선정 및 변경에 관한 사항
 5. 법 제45조제1항제6호에 따른 정비사업전문관리업자의 선정 및 변경에 관한 사항
 6. 법 제45조제1항제7호에 따른 조합임원의 선임 및 해임과 제42조제1항제2호에 따른 대의원의 선임 및 해임에 관한 사항. 다만, 정관으로 정하는 바에 따라 임기중 궐위된 자(조합장은 제외한다)를 보궐선임하는 경우를 제외한다.
 7. 법 제45조제1항제9호에 따른 사업시행계획서의 작성 및 변경에 관한 사항(법 제50조제1항 본문에 따른 정비사업의 중지 또는 폐지에 관한 사항을 포함하며, 같은 항 단서에 따른 경미한 변경은 제외한다)
 8. 법 제45조제1항제10호에 따른 관리처분계획의 수립 및 변경에 관한 사항(법 제74조제1항 각 호 외의 부분 단서에 따른 경미한 변경은 제외한다)
 9. 법 제45조제2항에 따라 총회에 상정하여야 하는 사항
 10. 제42조제1항제1호에 따른 조합의 합병 또는 해산에 관한 사항. 다만, 사업 완료로 인한 해산의 경우는 제외한다.
 11. 제42조제1항제3호에 따른 건설되는 건축물의 설계 개요의 변경에 관한 사항
 12. 제42조제1항제4호에 따른 정비사업비의 변경에 관한 사항

질의 1
2012.2.1. 개정·시행 도정법 제24조제7항의 적용 가능 여부 ('12. 3. 28.)

조합장 및 임원이 없는 상태로 3년이 경과된 경우 2012.2.1. 개정·시행된 도정법 제24조제7항을 적용하여 조합 임원 선출을 위한 총회를 소집할 수 있는지

> **회신내용**
>
> 도정법 제24조제7항에 따르면 조합 임원의 퇴임 또는 해임 후 6개월 이상 조합 임원이 선임되지 아니한 경우에는 시장·군수가 조합 임원 선출을 위하여 총회를 소집할 수 있도록 있음

출처 : 국토교통부

질의 2

사업시행계획서의 수립 시 조합총회 의결 필요 여부 ('09. 8. 7.)

도정법 제24조제3항 제9의2호에 대하여 조합 총회의 의결을 거쳐야 하는지

> **회신내용**
>
> 도정법 제30조에 따른 사업시행계획서의 수립 및 변경(제28조제1항에 따른 정비사업의 중지 또는 폐지에 관한 사항을 포함하며, 같은 항 단서에 따른 경미한 변경은 제외한다)에 관한 사항은 동법 제24조제3항에 총회의 의결을 거쳐야 한다고 규정하고 있음

출처 : 국토교통부

질의 3

협력업체를 선정하는 경우 총회의결을 거쳐야 하는지 ('12. 10. 5.)

사업시행계획 수립을 위해 협력업체를 선정하는 경우 도정법 제24조제3항제9의2호에 따라 총회 의결을 거쳐야 하는지

> **회신내용**
>
> 도정법 제24조제3항제9의2호에 따르면 같은 법 제30조에 따른 사업시행계획서의 수립 및 변경을 하는 경우 총회의 의결을 거치도록 하고 있으나, 이는 사업시행계획서 작성을 위한 업체선정이 아닌 사업시행계획서의 수립이나 변경을 하는 경우 적용되는 것임

출처 : 국토교통부

제3장 정비사업의 시행 181

> 질의 4

운영비를 차입할 경우 총회의 의결을 받아야 하는지 ('12. 5. 3.)

추진위 또는 조합에서 정비사업전문관리업체 또는 시공자에게 운영비를 차입할 때 주민총회 또는 총회의 의결을 받아야 하는지

> 회신내용

운영규정 별표 제21조 각 호에 해당하는 경우 주민총회의 의결을 거쳐 결정하도록 하고 있으며, 도정법 제24조제3항제2호에 따라 "자금의 차입과 그 방법·이율 및 상환방법"에 대하여는 조합총회의 의결을 거치도록 하고 있음

출처 : 국토교통부

> 질의 5

OS계약체결 또는 용역비 지급 시 총회의결을 거쳐야 하는지 ('12. 5. 9.)

조합설립동의서 징구, 총회를 위한 서면결의서 징구, 총회를 위한 경호·경비, 홍보·진행 업무 등을 위한 각 OS요원(업체)와 용역체결하거나 용역비를 지급하려면 도정법 제24조제3항제5호의 예산으로 정한 사항외에 조합원이 부담이 될 계약에 관한 규정에 따라 총회의 의결을 거쳐야 하는지 여부

> 회신내용

조합설립을 위한 각 용역업체와 계약체결 및 용역비 지급이 도정법 제24조제3항제5호의 규정을 적용해야 하는지 여부는 해당 용역계약의 내용이나 지급 용역비의 유형이나 성격, 예산에 반영여부 등을 종합적으로 고려하여 판단하여야 할 사항으로 보임

출처 : 국토교통부

> 질의 6

도정법 제24조제5항 "직접 출석한 조합원"의 의미 ('12. 9. 26.)

도정법 제24조제5항 및 제6항과 관련하여 총회에 직접 출석해야 하는 조합원의 비율이 100분의 20인 경우 직접 출석한 조합원이란 서면결의서를 제출한 자를 제외한 참석 조합원인지 서면결의서를 제출하고 참석한 조합원도 포함하는지, 총

회의결을 거쳐야하는 사항중 조합원 과반수의 동의를 받아야 하는 경우 총회의결 전에 받아야 하는지 총회의결 후에 받아도 되는지

> **회신내용**
>
> 가. 도정법 제24조제5항에 따르면 창립총회, 사업시행계획서와 관리처분계획의 수립 및 변경을 의결하는 총회 등 대통령령으로 정하는 총회의 경우에는 조합원의 100분의 20 이상이 직접 출석하도록 하고 있으며, 이 경우 직접 출석은 서면결의서 제출여부와 관계없이 조합 총회에 직접 참석한 경우 이를 직접 출석으로 볼 수 있을 것임
> 나. 또한, 도정법 제20조제1항제10호에 따라 총회의 의결방법은 정관에 포함하도록 하고 있으므로, 질의하신 총회의 의결방법에 대하여는 해당 조합의 정관에 따라 판단하여야 할 것임

출처 : 국토교통부

질의 7

재건축사업의 창립총회 성원 산정법 ('12. 8. 10.)

주택재건축사업의 경우 창립총회의 성원 또는 의사결정은 조합설립의 동의여부와 관계없이 전체 토지등소유자의 과반수 이상이 참석하여야 하는지, 아니면 도정법 시행령 제22조의2제5항의 규정에 의거 조합설립에 동의한 토지등소유자의 과반수 이상만 참석하면 되는지

> **회신내용**
>
> 가. 도정법 시행령 제22조의2제5항에 따르면 창립총회의 의사결정은 토지등소유자(주택재건축사업의 경우 조합설립에 동의한 토지등소유자로 한정한다)의 과반수 출석과 출석한 토지등소유자 과반수 찬성으로 결의하도록 하고 있고, 조합임원 및 대의원의 선임은 제4항제1호에 따라 확정된 정관에서 정하는 바에 따라 선출한다고 하고 있음
> 나. 또한, 도정법 제24조제5항에서 총회의 소집절차·시기 및 의결방법 등에 관하여는 정관으로 정하도록 하면서 총회에서 의결을 하는 경우에는 조합원의 100분의 10(창립총회, 사업시행계획서와 관리처분계획의 수립 및 변경을 의결하는 총회 등 대통령령으로 정하는 총회의 경우에는 조합원의 100분의 20을 말한다) 이상이 직접 출석하도록 하고 있음

출처 : 국토교통부

제3장 정비사업의 시행   183

질의 8
서면결의서 징구 가능 조합원 비율 ('12. 8. 14.)

도정법 제24조제5항에 따르면 총회의 직접 참석을 조합원의 100분의 10 또는 100분의 20 이상으로 규정하고 있는데 나머지 80~90%에 대하여는 서면결의서 징구가 가능한지와 서면결의서 징구를 외부 용역업체(OS요원)을 활용하는 것이 위법인지

회신내용

도정법 제20조제1항제10호에 따르면 총회의 소집절차·시기 및 의결방법에 관한 사항은 조합정관에 포함하도록 하고 있으므로, 서면결의서에 의한 총회 의결방법은 조합정관에 따라 판단해야 할 것으로 보이며, 도정법 제69조제1항에 따르면 조합설립의 동의 및 정비사업의 동의 등에 관한 업무의 대행은 시·도지사에게 등록된 정비사업전문관리업자가 추진위원회 또는 사업시행자로부터 위탁을 받아 할 수 있도록 하고 있음

출처 : 국토교통부

질의 9
서면결의서 제출 후 총회에 직접 참석한 경우 직참비율 산정 ('12. 8. 20.)

서면결의서를 제출한 조합원이 서면결의 철회서를 제출하지 않고 총회에 직접 참석한 경우 직접참석 조합원으로 계산할 수 있는지 등

회신내용

도정법 제24조제5항에 따라 총회의 소집절차·시기 및 의결방법 등에 관하여는 정관으로 정하도록 하면서 총회에서 의결을 하는 경우에는 조합원의 100분의 10(창립총회, 사업시행계획서와 관리처분계획의 수립 및 변경을 의결하는 총회는 조합원의 100분의20) 이상이 직접 출석하도록 하고 있으며, 서면결의서를 제출하였다 하더라도 총회에 참석하였다면 총회 직접 출석으로 봄이 타당할 것으로 판단됨

출처 : 국토교통부

질의 10
금융대출기관 변경건을 총회에서 사후 추인할 수 있는지 ('12. 2. 24.)

주택재개발정비사업 조합이 이주비에 대한 금융대출기관 변경건에 대하여 이사회 및 대의원회의 의결을 거쳐 처리하고 추후에 정기총회나 임시총회에서 추인받아서 처리할 수 있는지

회신내용

도정법 제24조제3항제2호에 따르면 '자금의 차입과 그 방법·이율 및 상환방법'은 조합 총회의 의결을 거치도록 하고 있고, 도정법 제25조제2항 및 같은법 시행령 제35조제1호에 따르면 도정법 제24조제3항제2호의 총회 의결사항은 대의원회에서 대행할 수 없도록 규정하고 있으므로, 질의의 경우가 이에 해당하는 경우에는 동 규정에 따라야 할 것으로 사료됨

출처 : 국토교통부

질의 11

재개발사업 사업시행인가 동의율 및 동의 방법 ('12. 10. 30.)

① 주택재개발사업 사업시행인가 동의율
② 사업시행인가신청시 미리받은 사업시행인가 동의서 및 인감증명서가 유효한지 여부

회신내용

도정법 제24조제6항에 따르면 사업시행계획서의 수립 및 변경인 경우에는 조합원 과반수의 동의를 받도록 하고 있으나, 도정법 제24조제6항 및 제28조제5항의 동의 형식에 대하여는 도정법에서 별도 규정하는 바가 없으며, 총회 의결방법 등은 정관에서 정하도록 하고 있음

출처 : 국토교통부

질의 12

사업시행인가 신청시 제출하는 총회의결서 사본 ('12. 5. 10.)

가. 도정법 시행규칙 제9조제1항제2호에 따라 사업시행인가 신청시 총회의결서 사본을 제출하도록 하고 있는데 총회속기록, 회의록 및 변호사의 공증을 받은 의사록을 제출해야 하는지 아니면 총회에 참석한 조합원 의결서와 서면결

의서 모두 제출해야 하는지
나. 도정법 시행규칙 제9조제1항제2호의 총회의결서 사본이란 어떤 서류를 말하는 것인지

회신내용

가. 도정법 제24조제5항에 따르면 총회의 소집절차·시기 및 의결방법 등에 관하여는 정관으로 정하도록 하고 있으나, 총회에서 의결을 하는 경우에는 사업시행계획서를 의결하는 총회 등 대통령령으로 정하는 총회의 경우에는 조합원의 100분의 20 이상이 직접 출석하도록 하고 있으며, 도정법 제24조제6항 및 제28조제5항에서는 사업시행계획서의 수립 및 변경시, 사업시행인가 신청 전에 미리 총회를 개최하여 조합원 과반수의 동의를 얻도록 하고 있음

나. 귀 질의하신 도정법 시행규칙 제9조제1항제2호의 총회의결서사본은 사업시행인가시 관련 규정에 따른 총회 의결의 이행사항을 확인하기 위한 서류를 말하는 것으로 보이니, 각 규정에 따른 총회의결서 사본의 구체적인 내용에 대하여는 사업시행인가 권자인 관할 시장·군수·구청장에게 문의함이 바람직

출처 : 국토교통부

질의 13

재건축사업에서 평가업자를 조합총회에서 선정할 수 있는지 ('12. 7. 6.)

주택재건축사업에서 사업시행자가 반드시 도정법 제48조제6항에 따라 시장·군수에게 감정평가업자의 선정·3계약을 요청하고 감정평가에 필요한 비용을 미리 예치하여야 하는지 아니면 조합에서 조합총회 등을 통해 감정평가업자 2인 이상과 직접 계약할 수 있는지

회신내용

도정법 제24조제3항제6호 따르면 감정평가업자(주택재개발사업은 제외한다)의 선정 및 변경은 총회의 의결을 거치거나 총회 의결을 거쳐 시장·=군수·?구청장에게 위탁할 수 있도록 하고 있고, 도정법 제48조제6항에 따르면 주택재건축사업에서 사업시행자가 도정법 제48조제1항제3호 및 제4호에 따른 재산에 대하여 감정평가업자의 평가를 받으려는 경우에는 제5항 각 호의 방법을 준용하여 할 수 있도록 하고 있으므로, 주택재건축사업의 경우 조합은 총회 의결을 거쳐 감정평가업자를 선정할 수 있음

출처 : 국토교통부

18. 대의원회

가. 대의원회 (법 제46조)

① 조합원의 수가 100명 이상인 조합은 대의원회를 두어야 한다.
② 대의원회는 조합원의 10분의 1 이상으로 구성한다. 다만, 조합원의 10분의 1이 100명을 넘는 경우에는 조합원의 10분의 1의 범위에서 100명 이상으로 구성할 수 있다.
③ 조합장이 아닌 조합임원은 대의원이 될 수 없다.
④ 대의원회는 총회의 의결사항 중 대통령령으로 정하는 사항 외에는 총회의 권한을 대행할 수 있다.
⑤ 대의원의 수, 선임방법, 선임절차 및 대의원회의 의결방법 등은 대통령령으로 정하는 범위에서 정관으로 정한다.

(1) 대의원회가 총회의 권한을 대행할 수 없는 사항 (시행령 제43조)

법 제46조제4항에서 "대통령령으로 정하는 사항"이란 다음 각 호의 사항을 말한다.

1. 법 제45조제1항제1호에 따른 정관의 변경에 관한 사항(법 제40조제4항에 따른 경미한 사항의 변경은 법 또는 정관에서 총회의결사항으로 정한 경우로 한정한다)
2. 법 제45조제1항제2호에 따른 자금의 차입과 그 방법·이자율 및 상환방법에 관한 사항
3. 법 제45조제1항제4호에 따른 예산으로 정한 사항 외에 조합원에게 부담이 되는 계약에 관한 사항
4. 법 제45조제1항제5호에 따른 시공자·설계자 또는 감정평가업자(법 제74조제2항에 따라 시장·군수등이 선정·계약하는 감정평가업자는 제외한다)의 선정 및 변경에 관한 사항
5. 법 제45조제1항제6호에 따른 정비사업전문관리업자의 선정 및 변경에 관한 사항
6. 법 제45조제1항제7호에 따른 조합임원의 선임 및 해임과 제42조제1항제2호에 따른 대의원의 선임 및 해임에 관한 사항. 다만, 정관으로 정하는 바에 따라 임기중 궐위된 자(조합장은 제외한다)를 보궐선임하는 경우를 제외한다.
7. 법 제45조제1항제9호에 따른 사업시행계획서의 작성 및 변경에 관한 사항(법 제50조제1항 본문에 따른 정비사업의 중지 또는 폐지에 관한 사항을

포함하며, 같은 항 단서에 따른 경미한 변경은 제외한다)
8. 법 제45조제1항제10호에 따른 관리처분계획의 수립 및 변경에 관한 사항 (법 제74조제1항 각 호 외의 부분 단서에 따른 경미한 변경은 제외한다)
9. 법 제45조제2항에 따라 총회에 상정하여야 하는 사항
10. 제42조제1항제1호에 따른 조합의 합병 또는 해산에 관한 사항. 다만, 사업 완료로 인한 해산의 경우는 제외한다.
11. 제42조제1항제3호에 따른 건설되는 건축물의 설계 개요의 변경에 관한 사항
12. 제42조제1항제4호에 따른 정비사업비의 변경에 관한 사항

(2) 대의원회 (시행령 제44조)

① 대의원은 조합원 중에서 선출한다.
② 대의원의 선임 및 해임에 관하여는 정관으로 정하는 바에 따른다.
③ 대의원의 수는 법 제46조제2항에 따른 범위에서 정관으로 정하는 바에 따른다.
④ 대의원회는 조합장이 필요하다고 인정하는 때에 소집한다. 다만, 다음 각 호의 어느 하나에 해당하는 때에는 조합장은 해당일부터 14일 이내에 대의원회를 소집하여야 한다.
  1. 정관으로 정하는 바에 따라 소집청구가 있는 때
  2. 대의원의 3분의 1 이상(정관으로 달리 정한 경우에는 그에 따른다)이 회의의 목적사항을 제시하여 청구하는 때
⑤ 제4항 각 호의 어느 하나에 따른 소집청구가 있는 경우로서 조합장이 제4항 각 호 외의 부분 단서에 따른 기간 내에 정당한 이유 없이 대의원회를 소집하지 아니한 때에는 감사가 지체 없이 이를 소집하여야 하며, 감사가 소집하지 아니하는 때에는 제4항 각 호에 따라 소집을 청구한 사람의 대표가 소집한다. 이 경우 미리 시장·군수등의 승인을 받아야 한다.
⑥ 제5항에 따라 대의원회를 소집하는 경우에는 소집주체에 따라 감사 또는 제4항 각 호에 따라 소집을 청구한 사람의 대표가 의장의 직무를 대행한다.
⑦ 대의원회의 소집은 집회 7일 전까지 그 회의의 목적·안건·일시 및 장소를 기재한 서면을 대의원에게 통지하는 방법에 따른다. 이 경우 정관으로 정하는 바에 따라 대의원회의 소집내용을 공고하여야 한다.
⑧ 대의원회는 재적대의원 과반수의 출석과 출석대의원 과반수의 찬성으로 의결한다. 다만, 그 이상의 범위에서 정관으로 달리 정하는 경우에는 그에 따른다.
⑨ 대의원회는 제7항 전단에 따라 사전에 통지한 안건만 의결할 수 있다. 다만, 사전에 통지하지 아니한 안건으로서 대의원회의 회의에서 정관으로 정하는 바에 따라 채택된 안건의 경우에는 그러하지 아니하다.

⑩ 특정한 대의원의 이해와 관련된 사항에 대해서는 그 대의원은 의결권을 행사할 수 없다.

> **질의 1**

법정대의원 수가 미달된 상태에서 심의된 안건의 총회의결 효력 ('12. 9. 28.)

도정법 제25조제2항에서 정하고 있는 법적 대의원 수에 미달된 상태에서 대의원회를 개최하여 정관이 정하는 바에 따라 총회부의 안건을 사전심의한 후 동 안건을 총회에서 의결한 경우 총회의결이 유효한 것인지

> **회신내용**

가. 도정법 제24조제3항에서 총회 의결 사항을 규정하고 있고, 같은 법 제25조제2항 및 같은 법 시행령 제35조에서 총회의결 사항 중 대의원회에서 총회 권한 대행이 가능한 사항을 규정하고 있음
나. 총회의결의 유효여부는 정관에서 정한 대의원회의 심의절차나 총회의결의 적합성 등을 종합적으로 고려하여야 할 것으로 보임

출처 : 국토교통부

> **질의 2**

대의원회에서 정비사업전문관리업자 선정 가능 여부 ('09. 9. 7.)

대의원회에서 정비사업전문관리업자와 계약을 해지할 수 있는지 및 새로운 정비업체를 가선정해서 총회에 추인을 받을 수 있는지

> **회신내용**

도정법 제25조제2항에 따르면 대의원회는 총회의 의결사항 중 정비사업전문관리업자의 선정 및 변경 등을 포함한 대통령령으로 정하는 사항을 제외하고는 총회의 권한을 대행할 수 있다고 규정하고 있으므로 대의원회에서 정비사업전문관리업자와 계약을 해지하거나 새로이 선정할 수 없음

출처 : 국토교통부

질의 3

대의원 추가선임의 총회 의결사항 여부 ('10. 8. 25.)

조합원의 10분의 1이 100인을 넘지 않은 경우로서 대의원의 추가선임이 대의원회 의결사항인지 아니면 총회 의결사항인지

회신내용

도정법 시행령 제35조제2호에 따르면 정관이 정하는 바에 따라 임기 중 궐위된 대의원을 보궐선임하는 경우에는 대의원회가 총회의 권한을 대행할 수 있도록 하고 있으나, 대의원의 선임 및 해임에 관한 사항은 총회의 의결사항으로 도정법 시행령 제34조 제2호에 규정되어 있음

출처 : 국토교통부

질의 4

궐위된 대의원 선임은 대의원회에서 하는지 총회에서 하는지 ('12. 9. 18.)

궐위된 대의원 2인을 대의원회에서 보궐선임 할 수 있는지, 총회의결사항으로 총회에서 보궐선임 해야 하는지

회신내용

도정법 제25조에서는 대의원회의 대의원 수에 관하여 최소한의 범위를 규정하면서 대통령령이 정하는 범위 안에서 대의원의 수·의결방법·선임방법 및 선임절차 등에 관하여는 정관으로 정하도록 하고 있으며, 대의원회 의결을 위해서는 상기 법령에서 정한 최소한의 대의원 수(재적대의원 수)의 과반수 이상이 출석하여 출석대의원 과반수의 찬성으로 의결하여야 함

출처 : 국토교통부

질의 5

조합장은 당연히 대의원에 해당하는지 여부 (법제처, '10. 10. 15.)

도정법 시행령 제36조제1항에 따르면, 대의원은 조합원 중에서 선출하며, 대의원회의 의장은 조합장이 된다고 규정하고 있는바, 대의원회의 의장이 되는 조합장은 정관에 따라 대의원으로 선임되지 않은 경우에도 당연히 대의원에 해당하는지

> **회신내용**
>
> 대의원회의 의장이 되는 조합장이 정관에 따라 대의원으로 선임되지 않은 경우에도 당연히 대의원에 해당하는 것은 아님

출처 : 국토교통부

질의 6

조합설립에 미 동의하면 대의원이 될 수 없다고 정관에 정할 수 있는지 ('10. 11. 11.)

주택재개발 정비사업조합 표준정관 제24조제3항과 달리 "조합설립에 동의하지 않은 자는 대의원이 될 수 없다"고 정관에 규정할 수 있는지

> **회신내용**
>
> 도정법 시행령 제36조제1항에 따라 대의원은 조합원 중에서 선출하는 것이며, 해당 조합의 정관은 법령 및 관계규정의 범위를 벗어나서 정할 수는 없는 것임

출처 : 국토교통부

질의 7

대의원회를 개최하여 궐위된 대의원을 보궐선임 할 수 있는지 ('13. 3. 14.)

조합이 대의원회를 적법하게 구성하여 운영 중 대의원 궐위로 도정법 제25조제2항에 따른 대의원 수에 미달하게 된 경우 대의원회를 개최하여 궐위된 대의원에 대한 보궐선임이 가능한지

> **회신내용**
>
> 가. 도정법 제25조제2항에서 조합 총회의 권한대행기관인 대의원회가 그 대표성을 확보할 수 있도록 대의원 수에 관한 최소한의 범위를 정하고 있고, 도정법 시행령 제35조에서는 정관이 정하는 바에 따라 임기 중 궐위된 자를 보궐선임하는 경우에는 대의원회가 총회의 권한을 대행할 수 있도록 하고 있음
> 나. 따라서, 대의원 수가 도정법 제25조제2항에서 정한 대의원수에 미달된 경우 대의원

회가 총회의 권한을 대행하여 보궐선임할 수 있을 것으로 판단되며, 이 경우 대의원의 선임방법 및 선임절차 등에 대하여는 해당 조합의 정관이 정하는 바에 따라야 할 것임

출처 : 국토교통부

질의 8

법정 대의원 수에 미달하여 구성된 대의원회 의결의 효력 ('12. 3. 7.)

조합이 대의원회를 적법하게 구성하여 운영 중 대의원 궐위 등으로 일시적으로 도정법 제25조제2항에 따른 대의원 수에 미달하게 된 경우, 해당 대위원회 의결이 유효한 것인지 여부

회신내용

도정법 제25조에서는 조합 총회의 권한대행기관인 대의원회가 그 대표성을 확보할 수 있도록 대의원 수에 관한 최소한의 범위를 정하고 있고, 도정법 시행령 제36조제8항에서 대의원회는 재적대의원 과반수의 출석과 출석대의원 과반수의 찬성으로 의결하고, 이 경우 그 이상의 범위에서 정관이 달리 정하는 경우에는 그에 따르도록 하고 있으므로 동 규정에 적합한 경우 대의원회를 개최할 수 있을 것으로 보이나, 대의원 수가 법령에서 정한 범위에 미달하게 된 경우 빠른 시일내에 대의원을 선임하여야 할 것임

출처 : 국토교통부

질의 9

대의원회가 총회의 권한을 대행할 수 있는 업무 ('12. 5. 17.)

도정법 제24조제3항 각호의 안건을 사업의 신속, 비용절감 등을 위하여 대의원회에 위임하여 의결할 수 있는지 아니면 각호의 안건 중 같은 법 제25조제2항에 의거 대통령령이 정하는 사항을 제외하고는 대의원회에 위임할 수 있는지 여부

회신내용

도정법 제24조제3항 및 도정법 시행령 제34조에 따르면 각 호의 사항(정관의 변경 등)은 총회의 의결을 거치도록 하고 있고, 도정법 제25조제2항 및 도정법 시행령 제35조에서 총회의 의결사항중 도정법 제35조의 각 호에서 정하는 사항을 제외하고는 대의원회는 총회의 권한을 대행할 수 있도록 하고 있음

출처 : 국토교통부

19. 주민대표회의

가. 주민대표회의 (법 제47조)

① 토지등소유자가 시장·군수등 또는 토지주택공사등의 사업시행을 원하는 경우에는 정비구역 지정·고시 후 주민대표기구(이하 "주민대표회의"라 한다)를 구성하여야 한다.
② 주민대표회의는 위원장을 포함하여 5명 이상 25명 이하로 구성한다.
③ 주민대표회의는 토지등소유자의 과반수의 동의를 받아 구성하며, 국토교통부령으로 정하는 방법 및 절차에 따라 시장·군수등의 승인을 받아야 한다.
④ 제3항에 따라 주민대표회의 구성에 동의한 자는 제26조제1항제8호 후단에 따른 사업시행자의 지정에 동의한 것으로 본다. 다만, 사업시행자의 지정 요청 전에 시장·군수등 및 주민대표회의에 사업시행자의 지정에 대한 반대의 의사표시를 한 토지등소유자의 경우에는 그러하지 아니하다.
⑤ 주민대표회의 또는 세입자(상가세입자를 포함한다. 이하 같다)는 사업시행자가 다음 각 호의 사항에 관하여 제53조에 따른 시행규정을 정하는 때에 의견을 제시할 수 있다. 이 경우 사업시행자는 주민대표회의 또는 세입자의 의견을 반영하기 위하여 노력하여야 한다.
  1. 건축물의 철거
  2. 주민의 이주(세입자의 퇴거에 관한 사항을 포함한다)
  3. 토지 및 건축물의 보상(세입자에 대한 주거이전비 등 보상에 관한 사항을 포함한다)
  4. 정비사업비의 부담
  5. 세입자에 대한 임대주택의 공급 및 입주자격
  6. 그 밖에 정비사업의 시행을 위하여 필요한 사항으로서 대통령령으로 정하는 사항
⑥ 주민대표회의의 운영, 비용부담, 위원의 선임 방법 및 절차 등에 필요한 사항은 대통령령으로 정한다.

(1) 주민대표회의 (시행령 제45조)

① 법 제47조제1항에 따른 주민대표회의(이하 "주민대표회의"라 한다)에는 위원장과 부위원장 각 1명과 1명 이상 3명 이하의 감사를 둔다
② 법 제47조제5항제6호에서 "대통령령으로 정하는 사항"이란 다음 각 호의 사항을 말한다.

1. 법 제29조제4항에 따른 시공자의 추천
2. 다음 각 목의 변경에 관한 사항
    가. 법 제47조제5항제1호에 따른 건축물의 철거
    나. 법 제47조제5항제2호에 따른 주민의 이주(세입자의 퇴거에 관한 사항을 포함한다)
    다. 법 제47조제5항제3호에 따른 토지 및 건축물의 보상(세입자에 대한 주거이전비 등 보상에 관한 사항을 포함한다)
    라. 법 제47조제5항제4호에 따른 정비사업비의 부담
3. 관리처분계획 및 청산에 관한 사항(법 제23조제1항제1호부터 제3호까지의 방법으로 시행하는 주거환경개선사업은 제외한다)
4. 제3호에 따른 사항의 변경에 관한 사항

③ 시장·군수등 또는 토지주택공사등은 주민대표회의의 운영에 필요한 경비의 일부를 해당 정비사업비에서 지원할 수 있다.
④ 주민대표회의의 위원의 선출·교체 및 해임, 운영방법, 운영비용의 조달 그 밖에 주민대표회의의 운영에 필요한 사항은 주민대표회의가 정한다.

(2) 주민대표회의의 구성승인 신청 등 (시행규칙 제9조)

법 제47조제1항에 따른 주민대표회의(이하 "주민대표회의"라 한다)를 구성하여 승인을 받으려는 토지등소유자는 별지 제7호서식의 주민대표회의 승인신청서(전자문서로 된 신청서를 포함한다)에 다음 각 호의 서류(전자문서를 포함한다)를 첨부하여 시장·군수등에게 제출하여야 한다.
1. 영 제45조제4항에 따라 주민대표회의가 정하는 운영규정
2. 토지등소유자의 주민대표회의 구성 동의서
3. 주민대표회의 위원장·부위원장 및 감사의 주소 및 성명
4. 주민대표회의 위원장·부위원장 및 감사의 선임을 증명하는 서류
5. 토지등소유자의 명부

질의 1

법이 개정된 경우 정관을 변경하여 조합설립동의를 다시 받아야 하는지 ('12. 5. 3.)

도정법 시행령 제26조제2항에 따라 설계개요, 개략적인 금액, 조합정관 등을 포함하여 조합설립동의서를 받고 있는데, 조합정관에 이자지급에 관한 사항이 빠진

채 2012.8.2.전까지 조합설립인가 신청이 없는 경우 조합정관에 이자지급에 관한 사항을 포함하여 조합설립동의서를 다시 받아야 하는지 여부 등

회신내용

도정법 제47조제2항의 개정규정에 따라 사업시행자는 제1항에 따른 기간 내에 현금으로 청산하지 아니한 경우에는 정관등으로 정하는 바에 따라 해당 토지등소유자에게 이자를 지급하도록 하고 있으나, 같은 법 부칙<법률 제11293호, 2012.2.1> 제8조에 따라 제20조제1항 및 제47조제2항의 개정규정은 이 법 시행(2012.8.2.) 후 최초로 조합 설립인가를 신청하는 정비사업부터 적용하도록 하고 있으며, 귀 질의 경우와 같이 2012.8.2. 이후 조합설립인가를 신청을 하는 경우에는 같은 법 개정규정 제20조제1항제11의2에 따라 조합정관에 법 제47조제2항에 따른 이자 지급에 관한 사항을 포함하여 조합설립동의서를 받아야 할 것으로 판단됨

출처 : 국토교통부

질의 2

동의서 징구가 추진위원회 업무인지 주민대표회의 업무인지 ('09. 12. 22.)

도정법 시행령 제22조제2호 토지등소유자의 동의서 징구 등이 추진위원회의 업무 범위인지 아니면, 주민대표회의의 업무 범위인지

회신내용

도정법 시행령 제22조제2호에서 규정한 토지등소유자의 동의서징구는 추진위원회의 업무를 말하는 것이며, 주민대표회의의 업무에 대하여는 도정법 제26조제4항 각호 및 동법 시행령 제37조제3항 각호에 규정하고 있음

출처 : 국토교통부

질의 3

사업시행자가 정비사업 포기 시 주민대표회의 효력 여부 ('10. 3. 24.)

도정법 제26조제1항에 따라 사업시행자를 LH공사로 지정하고 주민대표회의를 구성하여 진행하던 중 사업시행자가 정비사업을 포기할 경우, 주민대표회의는 계속 유효한지와 도정법 제10조에 따라 다른 공공기관으로 사업시행을 승계하여

정비사업을 진행할 수 있는지

> **회신내용**
>
> 주민대표회의는 도정법 제26조에 따라 토지등소유자가 정비구역지정 고시 후 당해 시장·군수·구청장의 승인을 받아 구성하는 것으로, 사업시행자의 사업 포기가 승인된 주민대표회의의 유효 여부에 직접적인 영향을 미치는 것은 아닌 것으로 보여 지나, 도정법 시행령 제37조제5항에 따르면 주민대표회의의 운영에 관한 필요한 사항은 주민대표회의 운영규정으로 정하도록 규정하고 있고, 도정법 제10조에 따르면 사업시행자와 정비사업과 관련하여 권리를 갖는 자의 변동이 있을 때에는 종전의 사업시행자와 권리자의 권리·의무는 새로이 사업시행자와 권리자로 된 자가 이를 승계하는 것임

출처 : 국토교통부

20. 토지등소유자 전체회의 (법 제48조)

① 제27조제1항제3호에 따라 사업시행자로 지정된 신탁업자는 다음 각 호의 사항에 관하여 해당 정비사업의 토지등소유자(재건축사업의 경우에는 신탁업자를 사업시행자로 지정하는 것에 동의한 토지등소유자를 말한다. 이하 이 조에서 같다) 전원으로 구성되는 회의(이하 "토지등소유자 전체회의"라 한다)의 의결을 거쳐야 한다.
  1. 시행규정의 확정 및 변경
  2. 정비사업비의 사용 및 변경
  3. 정비사업전문관리업자와의 계약 등 토지등소유자의 부담이 될 계약
  4. 시공자의 선정 및 변경
  5. 정비사업비의 토지등소유자별 분담내역
  6. 자금의 차입과 그 방법·이자율 및 상환방법
  7. 제52조에 따른 사업시행계획서의 작성 및 변경(제50조제1항 본문에 따른 정비사업의 중지 또는 폐지에 관한 사항을 포함하며, 같은 항 단서에 따른 경미한 변경은 제외한다)
  8. 제74조에 따른 관리처분계획의 수립 및 변경(제74조제1항 각 호 외의 부분 단서에 따른 경미한 변경은 제외한다)
  9. 제89조에 따른 청산금의 징수·지급(분할징수·분할지급을 포함한다)과 조합 해산 시의 회계보고
  10. 제93조에 따른 비용의 금액 및 징수방법

11. 그 밖에 토지등소유자에게 부담이 되는 것으로 시행규정으로 정하는 사항
② 토지등소유자 전체회의는 사업시행자가 직권으로 소집하거나 토지등소유자 5분의 1 이상의 요구로 사업시행자가 소집한다.
③ 토지등소유자 전체회의의 소집 절차·시기 및 의결방법 등에 관하여는 제44조제5항, 제45조제3항·제4항·제6항 및 제7항을 준용한다. 이 경우 "총회"는 "토지등소유자 전체회의"로, "정관"은 "시행규정"으로, "조합원"은 "토지등소유자"로 본다.

21. 민법의 준용 (법 제49조)

조합에 관하여는 이 법에 규정된 사항을 제외하고는 「민법」 중 사단법인에 관한 규정을 준용한다.

제3절 사업시행계획 등

1. 사업시행계획인가

(구) [법률 제11059호, 2011. 9. 16. 일부개정 기준]

사업시행계획의 수립 및 사업시행인가

제1절 의의 및 절차

1. 의의

사업시행계획이란 토지이용계획, 건축물의 높이 및 용적률에 관한 건축계획, 정비기반시설 등 설치계획, 이주대책 등 정비사업을 위한 포괄적이고 구체적인 계획, 즉 마스터플랜이며, 행정청의 인가로 그 효력이 발생한다.

2. 절차

도시정비법상 사업시행자(사업시행자가 시장·군수인 경우를 제외한다)는 정비사업을 시행하고자 하는 경우에는 사업시행계획서에 정관 등과 그 밖에 국토교통부령이 정하는 서류를 첨부하여 시장·군수에게 제출하고 사업시행인가를 받아야 하고, 인가받은 내용을 변경하거나 정비사업을 중지 또는 폐지하고

자 하는 경우에도 또한 같다.
- 도시정비법 시행령

    제38조 (사업시행인가의 경미한 변경) <변경>

    제38조 (조합 정관에 정할 사항) 법 제40조제1항제18호에서 "대통령령으로 정하는 사항"이란 다음 각 호의 사항을 말한다.
    1. 정비사업의 종류 및 명칭
    2. 임원의 임기, 업무의 분담 및 대행 등에 관한 사항
    3. 대의원회의 구성, 개회와 기능, 의결권의 행사방법 및 그 밖에 회의의 운영에 관한 사항
    4. 법 제24조 및 제25조에 따른 정비사업의 공동시행에 관한 사항
    5. 정비사업전문관리업자에 관한 사항
    6. 정비사업의 시행에 따른 회계 및 계약에 관한 사항
    7. 정비기반시설 및 공동이용시설의 부담에 관한 개략적인 사항
    8. 공고·공람 및 통지의 방법
    9. 토지 및 건축물 등에 관한 권리의 평가방법에 관한 사항
    10. 법 제74조제1항에 따른 관리처분계획(이하 "관리처분계획"이라 한다) 및 청산(분할징수 또는 납입에 관한 사항을 포함한다)에 관한 사항
    11. 사업시행계획서의 변경에 관한 사항
    12. 조합의 합병 또는 해산에 관한 사항
    13. 임대주택의 건설 및 처분에 관한 사항
    14. 총회의 의결을 거쳐야 할 사항의 범위
    15. 조합원의 권리·의무에 관한 사항
    16. 조합직원의 채용 및 임원 중 상근(상근)임원의 지정에 관한 사항과 직원 및 상근임원의 보수에 관한 사항
    17. 그 밖에 시·도조례로 정하는 사항

건축법 제4조

법 제28조

사업시행계획은 도시정비법 제4조 제5항에 따라 고시된 정비계획에 따라 작성되어야 하는데 그 사업 시행계획서에는 ① 토지이용계획(건축물배치계획을 포함한다) ② 정비기반시설 및 공동이용시설의 설치 계획, ③ 임시수용시설을 포함한 주민이주대책, ④ 세입자의 주거 및 이주대책, ⑤ 사업시행기간 동안의 정비구역 내 가로등 설치, 폐쇄회로 텔레비전 설치 등 범죄예방대책, ⑥ 임대주택의 건설계획, ⑦ 건축물의 높이 및 용적률 등에 관한 건축계획, ⑧ 정비사업의 시행과정에서 발생하는 폐기물의 처리계획, ⑨ 교육시설의 교육환경 보호에 관한 계획(정비구역으로부터 200미터 이내에 교육시설이 설치되어 있는 경우에 한한다), ⑩ 시행규칙(시장·군수 또는 주택공사 등이 단독으로 시행하는

정비사업에 한한다), ⑪ 정비사업비, ⑫ 그 밖에 사업시행을 위하여 필요한 사항으로서 대통령령으로 정하는 바에 따라 시·도 조례로 정하는 사항이 포함되어야 한다(법 제30조, 시행령 제41조 제2항).

조합원 과반수의 동의를 받아야 하고, 의결을 위한 총회에는 조합원의 100분의20 이상이 출석하여야 한다(법 제24조 제3항, 제5항, 제6항).

제2절 사업시행계획 및 사업시행인가의 법적 성격과 소의 이익 등

1. 사업시행계획의 법적 성격

사업시행계획은 사업시행인가로부터 독립된 행정처분이다.
따라서 사업시행계획 자체에 하자(동의정족수 미달, 정비계획에 위반 등)가 있을 때에는 사업시행계획에 대한 취소소송 또는 무효 확인소송을 제기하여야 한다.

- 대법원 2009. 11. 2. 자 2009마596
- 대법원 2009. 9. 17. 선고 2007다2428

2. 사업시행인가의 법적 성격

- 대법원 2008. 1. 10. 선고 2007두16691
- 대법원 2010. 12. 9. 선고 2009두4913
- 대법원 2010. 12. 9. 선고 2010두1248
- 대법원 2013. 6. 13. 선고 2011두19994

3. 사업시행인가와 변경인가의 관계 및 소의 이익 등

- 대법원 2012. 3. 22. 선고 2011두6400
- 대법원 2012. 9. 27. 선고 2010두16219
- 대법원 2010. 12. 9. 선고 2009두4913

가. 사업시행계획인가 (법 제50조)

① 사업시행자(제25조제1항 및 제2항에 따른 공동시행의 경우를 포함하되, 사업시행자가 시장·군수등인 경우는 제외한다)는 정비사업을 시행하려는 경우에는 제52조에 따른 사업시행계획서(이하 "사업시행계획서"라 한다)에 정관등과 그 밖에 국토교통부령으로 정하는 서류를 첨부하여 시장·군수등에게 제출하고 사업시행계획인가를 받아야 하고, 인가받은 사항을 변경하거나 정비사업을

중지 또는 폐지하려는 경우에도 또한 같다. 다만, 대통령령으로 정하는 경미한 사항을 변경하려는 때에는 시장·군수등에게 신고하여야 한다.
② 시장·군수등은 특별한 사유가 없으면 제1항에 따라 사업시행계획서의 제출이 있은 날부터 60일 이내에 인가 여부를 결정하여 사업시행자에게 통보하여야 한다.
③ 사업시행자(시장·군수등 또는 토지주택공사등은 제외한다)는 사업시행계획인가를 신청하기 전에 미리 총회의 의결을 거쳐야 하며, 인가받은 사항을 변경하거나 정비사업을 중지 또는 폐지하려는 경우에도 또한 같다. 다만, 제1항 단서에 따른 경미한 사항의 변경은 총회의 의결을 필요로 하지 아니한다.
④ 토지등소유자가 제25조제1항제2호에 따라 재개발사업을 시행하려는 경우에는 사업시행계획인가를 신청하기 전에 사업시행계획서에 대하여 토지등소유자의 4분의 3 이상 및 토지면적의 2분의 1 이상의 토지소유자의 동의를 받아야 한다. 다만, 인가받은 사항을 변경하려는 경우에는 규약으로 정하는 바에 따라 토지등소유자의 과반수의 동의를 받아야 하며, 제1항 단서에 따른 경미한 사항의 변경인 경우에는 토지등소유자의 동의를 필요로 하지 아니한다.
⑤ 지정개발자가 정비사업을 시행하려는 경우에는 사업시행계획인가를 신청하기 전에 토지등소유자의 과반수의 동의 및 토지면적의 2분의 1 이상의 토지소유자의 동의를 받아야 한다. 다만, 제1항 단서에 따른 경미한 사항의 변경인 경우에는 토지등소유자의 동의를 필요로 하지 아니한다.
⑥ 제26조제1항제1호 및 제27조제1항제1호에 따른 사업시행자는 제5항에도 불구하고 토지등소유자의 동의를 필요로 하지 아니한다.
⑦ 시장·군수등은 제1항에 따른 사업시행계획인가(시장·군수등이 사업시행계획서를 작성한 경우를 포함한다)를 하거나 정비사업을 변경·중지 또는 폐지하는 경우에는 국토교통부령으로 정하는 방법 및 절차에 따라 그 내용을 해당 지방자치단체의 공보에 고시하여야 한다. 다만, 제1항 단서에 따른 경미한 사항을 변경하려는 경우에는 그러하지 아니하다.

(1) 사업시행계획인가의 경미한 변경 (시행령 제46조)

법 제50조제1항 단서에서 "대통령령으로 정하는 경미한 사항을 변경하려는 때"란 다음 각 호의 어느 하나에 해당하는 때를 말한다. <개정 2020. 6. 23.>
1. 정비사업비를 10퍼센트의 범위에서 변경하거나 관리처분계획의 인가에 따라 변경하는 때. 다만, 「주택법」 제2조제5호에 따른 국민주택을 건설하는 사업인 경우에는 「주택도시기금법」에 따른 주택도시기금의 지원금액이 증가되지 아니하는 경우만 해당한다.

2. 건축물이 아닌 부대시설·복리시설의 설치규모를 확대하는 때(위치가 변경되는 경우는 제외한다)
3. 대지면적을 10퍼센트의 범위에서 변경하는 때
4. 세대수와 세대당 주거전용면적을 변경하지 않고 세대당 주거전용면적의 10퍼센트의 범위에서 세대 내부구조의 위치 또는 면적을 변경하는 때
5. 내장재료 또는 외장재료를 변경하는 때
6. 사업시행계획인가의 조건으로 부과된 사항의 이행에 따라 변경하는 때
7. 건축물의 설계와 용도별 위치를 변경하지 아니하는 범위에서 건축물의 배치 및 주택단지 안의 도로선형을 변경하는 때
8. 「건축법 시행령」 제12조제3항 각 호의 어느 하나에 해당하는 사항을 변경하는 때
9. 사업시행자의 명칭 또는 사무소 소재지를 변경하는 때
10. 정비구역 또는 정비계획의 변경에 따라 사업시행계획서를 변경하는 때
11. 법 제35조제5항 본문에 따른 조합설립변경 인가에 따라 사업시행계획서를 변경하는 때
12. 그 밖에 시·도조례로 정하는 사항을 변경하는 때

(2) 사업시행계획인가의 신청 및 고시 (시행규칙 제10조)

① 법 제50조제1항 본문에 따라 사업시행자(법 제25조제1항 및 제2항에 따른 공동시행의 경우를 포함하되, 사업시행자가 시장·군수등인 경우를 제외하며, 사업시행자가 둘 이상인 경우에는 그 대표자를 말한다. 이하 같다)가 사업시행계획인가(변경·중지 또는 폐지인가를 포함한다)를 신청하려는 경우 신청서(전자문서로 된 신청서를 포함한다)는 별지 제8호서식에 따른다.
② 법 제50조제1항 본문에서 "국토교통부령으로 정하는 서류"란 다음 각 호의 구분에 따른 서류(전자문서를 포함한다)를 말한다.
  1. 사업시행계획인가: 다음 각 목의 서류
    가. 총회의결서 사본. 다만, 법 제25조제1항제2호에 따라 토지등소유자가 재개발사업을 시행하는 경우 또는 법 제27조에 따라 지정개발자를 사업시행자로 지정한 경우에는 토지등소유자의 동의서 및 토지등소유자의 명부를 첨부한다.
    나. 법 제52조에 따른 사업시행계획서
    다. 법 제57조제3항에 따라 제출하여야 하는 서류
    라. 법 제63조에 따른 수용 또는 사용할 토지 또는 건축물의 명세 및 소유권 외의 권리의 명세서(재건축사업의 경우에는 법 제26조제1항제1호

및 제27조제1항제1호에 해당하는 사업을 시행하는 경우로 한정한다)
  2. 사업시행계획 변경·중지 또는 폐지인가: 다음 각 목의 서류
     가. 제1호다목의 서류
     나. 변경·중지 또는 폐지의 사유 및 내용을 설명하는 서류
③ 시장·군수등은 법 제50조제7항에 따라 같은 조 제1항에 따른 사업시행계획인가(시장·군수등이 사업시행계획서를 작성한 경우를 포함한다)를 하거나 그 정비사업을 변경·중지 또는 폐지하는 경우에는 다음 각 호의 구분에 따른 사항을 해당 지방자치단체의 공보에 고시하여야 한다.
  1. 사업시행계획인가: 다음 각 목의 사항
     가. 정비사업의 종류 및 명칭
     나. 정비구역의 위치 및 면적
     다. 사업시행자의 성명 및 주소(법인인 경우에는 법인의 명칭 및 주된 사무소의 소재지와 대표자의 성명 및 주소를 말한다. 이하 같다)
     라. 정비사업의 시행기간
     마. 사업시행계획인가일
     바. 수용 또는 사용할 토지 또는 건축물의 명세 및 소유권 외의 권리의 명세(해당하는 사업을 시행하는 경우로 한정한다)
     사. 건축물의 대지면적·건폐율·용적률·높이·용도 등 건축계획에 관한 사항
     아. 주택의 규모 등 주택건설계획
     자. 법 제97조에 따른 정비기반시설 및 토지 등의 귀속에 관한 사항
  2. 변경·중지 또는 폐지인가: 다음 각 목의 사항
     가. 제1호가목부터 마목까지의 사항
     나. 변경·중지 또는 폐지의 사유 및 내용
④ 시장·군수등은 제3항에 따라 고시한 내용을 해당 지방자치단체의 인터넷 홈페이지에 실어야 한다.

질의 1

사업시행인가신청 시 서면동의 후 총회 의결을 얻어야 하는지 ('09. 10. 28.)

사업시행인가 신청시 조합원의 동의방법으로 서면동의를 받은 후 총회에서 과반수의 의결을 얻어야 하는지

> **회신내용**

> 도정법 제28조제5항에 따르면 사업시행자(시장·군수 또는 주택공사등을 제외함)는 사업시행인가를 신청(인가받은 내용을 변경하거나 정비사업을 중지 또는 폐지하고자 하는 경우 포함)하기 전에 미리 총회를 개최하여 조합원 과반수의 동의를 얻도록 규정하고, 다만 사업시행자가 지정개발자인 경우에는 정비구역 안의 토지면적 50퍼센트 이상 토지소유자의 동의와 토지등소유자 과반수의 동의를 각각 얻어야 하며, 제1항 단서에 따른 경미한 변경인 경우에는 총회 의결을 필요로 하지 아니한다고 규정하고 있음
> 따라서, 질의의 경우 총회를 개최하고 전체 조합원 과반수의 동의(의결)를 얻은 후 동법 시행규칙 제9조제1항에 따라 사업시행인가신청서에 "총회의결서 사본" 등을 첨부하여 시장·군수에게 제출하면 되는 것임

출처 : 국토교통부

> **질의 2**

사업시행 인가조건 이행이 사업시행계획의 경미한 변경인지 ('12. 9. 26.)

교육청과의 협의과정에서 옹벽 공법의 변경 등 사업시행인가조건내용을 이행하기 위하여 하수관로의 위치 및 규격 등이 변경되었을 경우, 사업시행인가의 경미한 변경에 해당하는지 여부

> **회신내용**

> 가. 도정법 제28조제3항에 따라 시장·군수는 사업시행인가를 하고자 하는 경우에는 해당 지방자치단체의 교육감 또는 교육장과 협의하도록 하고 있고, 같은 법 제28조 1항 단서에 따라 같은 법 시행령 제38조 각호의 어느 하나에 해당하는 때에는 사업시행인가의 경미한 변경으로 규정하고 있음
> 나. 질의의 경우가 사업시행인가를 위한 교육청 등과의 협의결과를 사업시행인가조건에 반영하여 옹벽공법을 변경하고 이에 따른 하수관로 위치, 규격 등을 변경하는 것이라면 같은법 시행령 제38조제6호에 따른 사업시행인가의 조건으로 부과된 사항의 이행에 따라 변경하는 때로 볼 수 있을 것으로 판단됨

출처 : 국토교통부

> **질의 3**

사업시행인가 시 동의율 확인을 위해 동의서를 제출받아야 하는지 ('10. 5. 25.)

도정법 제28조제5항에 따라 사업시행자는 사업시행인가를 신청하기 전에 미리 총회를 개최하여 조합원 과반수의 동의를 얻어야 하는 바, 사업시행인가 시 과반수 동의를 확인하기 위해 총회회의록 외에 토지등소유자의 동의서를 별도로 제출받아 확인하여야 하는지

회신내용

도정법 제28조제1항 본문에 따라 사업시행자는 사업시행인가를 받고자 하는 때에는 별지 제6호 서식의 사업(시행·변경·중지·폐지)인가신청서에 총회의결서 사본 등을 첨부하여 시장·군수에게 제출하도록 도정법 시행규칙 제9조제1항에 규정하고 있는 바, 도정법 제28조제5항에 따른 총회의 동의요건 적합 여부를 판단하기 위하여 총회 회의록 외에 토지등소유자의 동의서를 별도로 제출받을지는 당해 인가권자가 사업시행인가 여부를 검토함에 있어 그 필요성에 따라 판단·t결정할 사항임

출처 : 국토교통부

질의 4

'09.8.7.전 진행 중인 사업도 현행규정에 따라 사업시행인가 변경신청 여부 ('10. 6. 20.)

2009.8.7 이후 사업시행 변경인가를 받고자 하는 경우 2009.8.7부터 시행되고 있는 도정법 제28조의 개정규정에 따라 변경인가신청을 하여야 하는지 아니면 개정규정 시행 전 종전 규정에 따라 신청을 하여야 하는지

회신내용

도정법 제28조제5항에 따라 사업시행인가 받은 내용을 변경하고자 하는 경우에는 당해 시장·군수·구청장에게 사업시행인가사항에 대한 변경인가 신청을 하기 전에 미리 총회를 개최하여 조합원과반수의 동의를 얻도록 되어 있고, 동 규정은 도정법 제28조의 개정 규정이 시행된 이후에 사업시행인가사항에 대한 변경인가신청을 최초로 하는 것도 도정법 부칙<제9444호, 2009.2.6> 제6조에 따라 도정법 제28조의 개정 규정을 적용하여야 할 것임

출처 : 국토교통부

질의 5

일반분양이 완료된 경우 사업시행변경인가 동의 요건 ('12. 6. 1.)

주택재개발정비사업의 조합원 분양 및 일반분양이 완료된 상태에서 경비실의 위치를 변경하기 위한 사업시행변경인가를 신청하기 위해서는 도정법 제28조제5항에 따른 조합원 과반수의 동의를 얻어야 하는지 아니면 「7주택법」제16조 및 같은 법 시행규칙 제11조제3항에 따라 일반분양자를 포함한 수분양자 5분의 4 이상의 동의를 얻어야 하는지 여부

회신내용

도정법 제28조제5항 및 같은 법 시행령 제38조에 따라 경비실의 위치를 변경하는 것은 사업시행인가의 경미한 변경에 해당하지 않으므로 사업시행자는 사업시행변경인가를 신청하기 전에 미리 총회를 개최하여 조합원 과반수의 동의를 얻어야 할 것으로 판단되며, '주택법 시행규칙」제11조제3항에 따라 공급가격의 변경을 초래하거나 호당 또는 세대 당 주택공급면적 또는 대지지분의 변경을 초래하지 않는 경비실의 위치를 변경하는 경우 입주자의 동의를 받도록 규정하고 있지 않음

출처 : 국토교통부

질의 6

사업시행인가 변경에 따른 조합원 과반수 동의 시 동의서 제출 여부 ('10. 11. 18.)

도정법 제28조제5항의 내용 중 "미리 총회를 개최하여 조합원과반수의 동의를 얻어야 한다" 라는 것은 총회에서 조합원 과반수 동의를 얻어라는 것인지 아니면 과반수의 동의서를 첨부하여야 한다는 것인지

회신내용

도정법 제28조제5항의 내용 중 "조합원 과반수의 동의를 얻어야 한다" 라고 되어 있는 것은 총회를 개최하여 전체 조합원 과반수의 동의(의결)를 얻도록 하고 있는 것임

출처 : 국토교통부

질의 7

정비구역 내에 보금자리주택건설시 사업계획승인을 받아야 하는지 (법제처, '11. 11. 24.)

보금자리법 제4조에 따라 국토해양부장관으로부터 보금자리주택사업자로 지정받은 자가 주택재개발사업을 위한 정비구역 중 일부 단지에 같은 법 제2조제1호에 따른 보금자리주택을 건설하려는 경우, 도정법 제28조제1항에 따른 사업시행인가 외에 별도로 보금자리법 제35조제1항에 따른 주택건설사업계획 승인도 받아야 하는지

회신내용

보금자리법 제4조에 따라 국토해양부장관으로부터 보금자리주택사업자로 지정받은 자가 주택재개발사업을 위한 정비구역 중 일부 단지에 같은 법 제2조제1호에 따른 보금자리주택을 건설하려는 경우, 도정법 제28조제1항에 따른 사업시행인가 외에 별도로 보금자리법 제35조제1항에 따른 주택건설사업계획 승인도 받아야 할 것임

출처 : 국토교통부

질의 8

사업시행인가의 경미한 변경인 경우 총회를 개최해야 하는지 ('12. 5. 29.)

도정법 시행령 제38조의 규정에 의한 사업시행인가의 경미한 변경인 경우 총회를 개최해야 하는지

회신내용

도정법 제28조제5항에 따르면 사업시행자는 사업시행인가를 신청(인가받은 내용을 변경하거나 정비사업을 중지 또는 폐지하고자 하는 경우를 포함한다)하기 전에 미리 총회를 개최하여 조합원 동의를 얻도록 하고 있으나, 사업시행인가의 경미한 변경인 경우에는 총회 의결이 필요하지 않음

출처 : 국토교통부

질의 9

시행자가 토지등의 소유권을 양도한 경우 권리·의무 변경 ('12. 10. 10.)

사업시행인가를 득한 토지등소유자 방식의 도시환경정비사업에서 사업시행자가 소유하고 있는 토지 및 건축물의 소유권 전부를 타인에게 양도하였을 경우, 종전의 사업시행자의 권리·의무가 양수한 타인에게 승계되는지와 사업시행자 변경이 사업시행인가의 경미한 변경인지 및 사업시행을 변경할 경우 종전 사업시행자의 포기각서가 필요한지

회신내용

가. 도정법 제28조제7항에 따라 도시환경정비사업을 토지등소유자가 시행하고자 하는 경우에는 사업시행인가를 신청하기전에 제30조에 따른 사업시행계획서에 대하여 토지등소유자의 4분의3이상의 동의를 얻도록 하고 있고, 인가 받은 사항을 변경하고자 하는 경우에는 규약이 정하는 바에 따라 토지등소유자의 과반수의 동의를 얻어야 하며, 같은 법 제28조 제1항 단서에 따른 경미한 변경인 경우에는 토지등소유자의 동의를 필요로 하지 않도록 하고 있습니다. 또한, 도정법 제10조에 따르면 사업시행자의 변동이 있은 때에는 종전의 사업시행자의 권리·의무는 새로이 사업시행자가 된 자가 이를 승계하도록 하고 있으므로, 동 규정에 따라 새로이 사업시행자가 된 자는 종전의 사업시행자의 권리·의무를 승계하는 것으로 판단됨

나. 한편, 도정법 시행령 제38조에 따르면 사업시행자의 변경은 사업시행인가의 경미한 사항에 포함되지 아니하는 것으로 보이며, 사업시행자 변경을 포함한 사업시행변경 인가시 종전사업시행자의 포기각서 제출에 대하여는 도정법에 별도 규정하고 있는 바가 없음

출처 : 국토교통부

질의 10

사업시행자가 변경된 경우의 규약 및 사업시행인가 변경 ('12. 10. 25.)

가. 토지등소유자방식 도시환경정비사업에서 종전 사업시행자의 권리·의무가 새로운 사업시행자에게 양도된 경우 ① 총회를 개최하여 규약 내용을 변경해야 하는지(권리·의무가 자동승계 되는 것으로 간주 할 수 있는지), ② 총회 개최시 종전사업시행자 동의 없이 새로운 사업시행자가 규약에 따른 총회를 개최할 수 있는지

나. 도정법 제28조제7항 단서에서 인가 받은 사항을 변경하고자하는 경우에는 규약이 정하는 바에 따라 토지등소유자의 과반수의 동의를 얻도록 하고 있는

바, 규약에서 별도로 정한것이 없는 경우 토지등소유자의 과반수 동의를 얻으면 되는지

> **회신내용**
>
> 가. 도정법 제10조에 따르면 사업시행자와 정비사업과 관련하여 권리를 갖는 자(이하 "권리자"라 한다)의 변동이 있은 때에는 종전의 사업시행자와 권리자의 권리·의무는 새로이 사업시행자와 권리자로 된 자가 이를 승계하도록 하고 있음
> 나. 도정법 제28조제7항에 따라 도시환경정비사업을 토지등소유자가 시행하는 경우 인가 받은 사항을 변경하고자 하는 경우에는 규약이 정하는 바에 따라 토지등소유자의 과반수의 동의를 얻도록 하고 있으므로, 해당 규약에 따라 판단하여야 할 것임

출처 : 국토교통부

2. 기반시설의 기부채납 기준 (법 제51조)

① 시장·군수등은 제50조제1항에 따라 사업시행계획을 인가하는 경우 사업시행자가 제출하는 사업시행계획에 해당 정비사업과 직접적으로 관련이 없거나 과도한 정비기반시설의 기부채납을 요구하여서는 아니 된다.
② 국토교통부장관은 정비기반시설의 기부채납과 관련하여 다음 각 호의 사항이 포함된 운영기준을 작성하여 고시할 수 있다.
  1. 정비기반시설의 기부채납 부담의 원칙 및 수준
  2. 정비기반시설의 설치기준 등
③ 시장·군수등은 제2항에 따른 운영기준의 범위에서 지역여건 또는 사업의 특성 등을 고려하여 따로 기준을 정할 수 있으며, 이 경우 사전에 국토교통부장관에게 보고하여야 한다.

3. 사업시행계획서의 작성

가. 사업시행계획서의 작성 (법 제52조)

① 사업시행자는 정비계획에 따라 다음 각 호의 사항을 포함하는 사업시행계획서를 작성하여야 한다. <개정 2018. 1. 16.>
  1. 토지이용계획(건축물배치계획을 포함한다)
  2. 정비기반시설 및 공동이용시설의 설치계획
  3. 임시거주시설을 포함한 주민이주대책

4. 세입자의 주거 및 이주 대책
　5. 사업시행기간 동안 정비구역 내 가로등 설치, 폐쇄회로 텔레비전 설치 등 범죄예방대책
　6. 제10조에 따른 임대주택의 건설계획(재건축사업의 경우는 제외한다)
　7. 제54조제4항에 따른 소형주택의 건설계획(주거환경개선사업의 경우는 제외한다)
　8. 공공지원민간임대주택 또는 임대관리 위탁주택의 건설계획(필요한 경우로 한정한다)
　9. 건축물의 높이 및 용적률 등에 관한 건축계획
　10. 정비사업의 시행과정에서 발생하는 폐기물의 처리계획
　11. 교육시설의 교육환경 보호에 관한 계획(정비구역부터 200미터 이내에 교육시설이 설치되어 있는 경우로 한정한다)
　12. 정비사업비
　13. 그 밖에 사업시행을 위한 사항으로서 대통령령으로 정하는 바에 따라 시·도조례로 정하는 사항
② 사업시행자가 제1항에 따른 사업시행계획서에 「공공주택 특별법」 제2조제1호에 따른 공공주택(이하 "공공주택"이라 한다) 건설계획을 포함하는 경우에는 공공주택의 구조·기능 및 설비에 관한 기준과 부대시설·복리시설의 범위, 설치기준 등에 필요한 사항은 같은 법 제37조에 따른다

(1) 사업시행계획서의 작성 (시행령 제47조)

① 법 제52조제1항제11호에 따른 교육시설의 교육환경 보호에 관한 계획에 포함될 사항에 관하여는 「교육환경 보호에 관한 법률 시행령」 제16조제1항을 준용한다.
② 법 제52조제1항제13호에서 "대통령령으로 정하는 바에 따라 시·도조례로 정하는 사항"이란 다음 각 호의 사항 중 시·도조례로 정하는 사항을 말한다.
　1. 정비사업의 종류·명칭 및 시행기간
　2. 정비구역의 위치 및 면적
　3. 사업시행자의 성명 및 주소
　4. 설계도서
　5. 자금계획
　6. 철거할 필요는 없으나 개·보수할 필요가 있다고 인정되는 건축물의 명세 및 개·보수계획
　7. 정비사업의 시행에 지장이 있다고 인정되는 정비구역의 건축물 또는 공작

물 등의 명세
8. 토지 또는 건축물 등에 관한 권리자 및 그 권리의 명세
9. 공동구의 설치에 관한 사항
10. 정비사업의 시행으로 법 제97조제1항에 따라 용도가 폐지되는 정비기반시설의 조서·도면과 새로 설치할 정비기반시설의 조서·도면(토지주택공사등이 사업시행자인 경우만 해당한다)
11. 정비사업의 시행으로 법 제97조제2항에 따라 용도가 폐지되는 정비기반시설의 조서·도면 및 그 정비기반시설에 대한 둘 이상의 감정평가업자의 감정평가시와 새로 설치할 정비기반시설의 조서·도면 및 그 설치비용 계산서
12. 사업시행자에게 무상으로 양여되는 국·공유지의 조서
13. 「물의 재이용 촉진 및 지원에 관한 법률」에 따른 빗물처리계획
14. 기존주택의 철거계획서(석면을 함유한 건축자재가 사용된 경우에는 그 현황과 해당 자재의 철거 및 처리계획을 포함한다)
15. 정비사업 완료 후 상가세입자에 대한 우선 분양 등에 관한 사항

③ 제2항제9호에 따른 공동구의 설치에 관한 사항은 「국토의 계획 및 이용에 관한 법률 시행령」 제36조 및 제37조를 준용한다.

(2) 고유식별정보의 처리 (시행령 제97조)

시·도지사, 시장·군수·구청장(해당 권한이 위임·위탁된 경우에는 그 권한을 위임·위탁받은 자를 포함한다) 또는 사업시행자는 다음 각 호의 사무를 수행하기 위하여 불가피한 경우 「개인정보 보호법 시행령」 제19조에 따른 주민등록번호 또는 외국인등록번호가 포함된 자료를 처리할 수 있다.

1. 법 제31조에 따른 추진위원회 구성 승인에 관한 사무
2. 법 제36조에 따른 토지등소유자의 동의방법 등의 업무를 위한 토지등소유자의 자격 확인에 관한 사무
3. 법 제39조에 따른 조합원의 자격 확인에 관한 사무
4. 법 제42조에 따른 조합임원의 겸임 확인을 위한 사무
5. 법 제43조에 따른 조합임원의 결격사유 확인에 관한 사무
6. 법 제52조에 따른 세입자의 주거 및 이주 대책에 관한 사무
7. 법 제74조에 따른 관리처분계획의 수립 및 인가에 관한 사무
8. 법 제86조에 따른 대지 또는 건축물의 소유권 이전에 관한 사무
9. 법 제102조에 따른 정비사업전문관리업 등록에 관한 사무
10. 법 제105조에 따른 정비사업전문관리업자의 결격사유 확인에 관한 사무
11. 법 제106조에 따른 정비사업전문관리업의 등록취소 등에 관한 사무
12. 법 제107조에 따른 정비사업전문관리업자에 대한 조사 등에 관한 사무

> **질의 1**

주택단지 출입구 변경 시 사업시행인가 경미한 변경 여부 ('09. 12. 28.)

인가 받은 재개발사업에서 정비기반시설 및 건축물의 건축계획변경 없이 단순 교통체계(양방통행→일방통행) 및 주택단지 차량진출입구의 위치를 변경할 경우 경미한 변경에 해당되는지

> **회신내용**

사업시행자가 정비사업을 시행하려면 도정법 제28조제1항에 의하여 시장·군수·구청장에게 정비기반시설 및 공동이용시설의 설치계획이 포함 된 도정법 제30조의 규정에 의한 사업시행계획서를 첨부하여 사업시행인가를 받도록 하고 있고, 건축물의 설계와 용도별 위치를 변경하지 아니하는 범위 안에서 건축물의 배치 및 주택단지 안의 도로 선형의 변경 및 그 밖에 시·도 조례로 정하는 사항을 변경하는 때에는 도정법 시행령 제38조제7호 및 제12호에 사업시행인가의 경미한 변경사항으로 규정하고 있음

따라서, 상기 도로가 주택단지 안의 도로가 아닌 경우라면 도정법 시행령 제38조제7호의 규정에 의한 경미한 사항의 변경에 해당하지 않는 것으로 보입니다만 관련 조례에서 별도로 규정하고 있는 경우라면 그에 따라 판단하여야 할 사항임

출처 : 국토교통부

> **질의 2**

도정법 제30조의3제1항 중 지방도시계획위원회의 종류 ('12. 1. 17.)

도정법 제30조의3제1항에 따라 과밀억제권역에서 시행하는 주택재건축사업을 "법적상한용적률" 까지 건축하기 위하여 심의를 거쳐야하는 지방도시계획위원회는 시·도 도시계획위원회를 말하는 것인지 또는 시·군·구 도시계획위원회를 말하는 것인지 여부

> **회신내용**

도정법 제30조의3제1항에서 같은 법 제4조제4항에 따른 지방도시계획위원회 심의를 거치도록 하고 있는 바, 동 규정에 따른 지방도시계획위원회라 함은 시·도 또는 대도시에 설치된 지방도시계획위원회를 말하는 것임

출처 : 국토교통부

질의 3

주거환경개선사업 구역내 정비기반시설공사에 따른 추가공사 비용부담 ('12. 2. 22.)

주거환경개선사업 구역(현지개량사업)에서 정비기반시설(도로)의 공사로 인하여 발생된 배전설비 이전 등 타공사의 비용을 누가 부담하여야 하는지

회신내용

도정법 제30조에 따라 시장·군수 또는 주택공사등이 시행하는 정비사업은 사업시행계획서의 작성시 시행규정을 포함하도록 되어있고, 도정법 시행령 제41조제1항에 따라 시행규정 작성시 도로 등 정비기반시설의 비용부담에 관한 사항이 포함되도록 하고 있으나 도로공사에 수반하는 타공사 비용의 부담에 대해서는 도정법에서 규정하는 바가 없으므로, 타공사 비용 부담 주체에 대해서는 도로법 등 관련 법령과 사업시행계획서 등을 종합적으로 검토하여 결정하여야 할 것으로 판단됨

출처 : 국토교통부

4. 시행규정의 작성 (법 제53조)

시장·군수등, 토지주택공사등 또는 신탁업자가 단독으로 정비사업을 시행하는 경우 다음 각 호의 사항을 포함하는 시행규정을 작성하여야 한다.
1. 정비사업의 종류 및 명칭
2. 정비사업의 시행연도 및 시행방법
3. 비용부담 및 회계
4. 토지등소유자의 권리·의무
5. 정비기반시설 및 공동이용시설의 부담
6. 공고·공람 및 통지의 방법
7. 토지 및 건축물에 관한 권리의 평가방법
8. 관리처분계획 및 청산(분할징수 또는 납입에 관한 사항을 포함한다). 다만, 수용의 방법으로 시행하는 경우는 제외한다.
9. 시행규정의 변경
10. 사업시행계획서의 변경
11. 토지등소유자 전체회의(신탁업자가 사업시행자인 경우로 한정한다)
12. 그 밖에 시·도조례로 정하는 사항

5. 재건축사업 등의 용적률 완화 및 소형주택 건설비율

가. 재건축사업 등의 용적률 완화 및 소형주택 건설비율 (법 제54조)

① 사업시행자는 다음 각 호의 어느 하나에 해당하는 정비사업(「도시재정비 촉진을 위한 특별법」 제2조제1호에 따른 재정비촉진지구에서 시행되는 재개발사업 및 재건축사업은 제외한다. 이하 이 조에서 같다)을 시행하는 경우 정비계획(이 법에 따라 정비계획으로 의제되는 계획을 포함한다. 이하 이 조에서 같다)으로 정하여진 용적률에도 불구하고 지방도시계획위원회의 심의를 거쳐 「국토의 계획 및 이용에 관한 법률」 제78조 및 관계 법률에 따른 용적률의 상한(이하 이 조에서 "법적상한용적률"이라 한다)까지 건축할 수 있다.
  1. 「수도권정비계획법」 제6조제1항제1호에 따른 과밀억제권역(이하 "과밀억제권역"이라 한다)에서 시행하는 재개발사업 및 재건축사업(「국토의 계획 및 이용에 관한 법률」 제78조에 따른 주거지역으로 한정한다. 이하 이 조에서 같다)
  2. 제1호 외의 경우 시·도조례로 정하는 지역에서 시행하는 재개발사업 및 재건축사업
② 제1항에 따라 사업시행자가 정비계획으로 정하여진 용적률을 초과하여 건축하려는 경우에는 「국토의 계획 및 이용에 관한 법률」 제78조에 따라 특별시·광역시·특별자치시·특별자치도·시 또는 군의 조례로 정한 용적률 제한 및 정비계획으로 정한 허용세대수의 제한을 받지 아니한다.
③ 제1항의 관계 법률에 따른 용적률의 상한은 다음 각 호의 어느 하나에 해당하여 건축행위가 제한되는 경우 건축이 가능한 용적률을 말한다.
  1. 「국토의 계획 및 이용에 관한 법률」 제76조에 따른 건축물의 층수제한
  2. 「건축법」 제60조에 따른 높이제한
  3. 「건축법」 제61조에 따른 일조 등의 확보를 위한 건축물의 높이제한
  4. 「공항시설법」 제34조에 따른 장애물 제한표면구역 내 건축물의 높이제한
  5. 「군사기지 및 군사시설 보호법」 제10조에 따른 비행안전구역 내 건축물의 높이제한
  6. 「문화재보호법」 제12조에 따른 건설공사 시 문화재 보호를 위한 건축제한
  7. 그 밖에 시장·군수등이 건축 관계 법률의 건축제한으로 용적률의 완화가 불가능하다고 근거를 제시하고, 지방도시계획위원회 또는 「건축법」 제4조에 따라 시·도에 두는 건축위원회가 심의를 거쳐 용적률 완화가 불가능하다고 인정한 경우
④ 사업시행자는 법적상한용적률에서 정비계획으로 정하여진 용적률을 뺀 용적

률(이하 "초과용적률"이라 한다)의 다음 각 호에 따른 비율에 해당하는 면적에 주거전용면적 60제곱미터 이하의 소형주택을 건설하여야 한다. 다만, 제26조제1항제1호 및 제27조제1항제1호에 따른 정비사업을 시행하는 경우에는 그러하지 아니하다.

1. 과밀억제권역에서 시행하는 재건축사업은 초과용적률의 100분의 30 이상 100분의 50 이하로서 시·도조례로 정하는 비율
2. 과밀억제권역에서 시행하는 재개발사업은 초과용적률의 100분의 50 이상 100분의 75 이하로서 시·도조례로 정하는 비율
3. 과밀억제권역 외의 지역에서 시행하는 재건축사업은 초과용적률의 100분의 50 이하로서 시·도조례로 정하는 비율
4. 과밀억제권역 외의 지역에서 시행하는 재개발사업은 초과용적률의 100분의 75 이하로서 시·도조례로 정하는 비율

(1) 소형주택의 공급방법 등 (시행령 제48조)

① 사업시행자는 법 제54조제4항에 따라 건설한 소형주택 중 법 제55조제1항에 따른 인수자에게 공급하여야 하는 소형주택을 공개추첨의 방법으로 선정하여야 하며, 그 선정결과를 지체 없이 같은 항에 따른 인수자에게 통보하여야 한다.
② 사업시행자가 제1항에 따라 선정된 소형주택을 공급하는 경우에는 시·도지사, 시장·군수·구청장 순으로 우선하여 인수할 수 있다. 다만, 시·도지사 및 시장·군수·구청장이 소형주택을 인수할 수 없는 경우에는 시·도지사는 국토교통부장관에게 인수자 지정을 요청하여야 한다.
③ 국토교통부장관은 제2항 단서에 따라 시·도지사로부터 인수자 지정 요청이 있는 경우에는 30일 이내에 인수자를 지정하여 시·도지사에게 통보하여야 하며, 시·도지사는 지체 없이 이를 시장·군수·구청장에게 보내어 그 인수자와 소형주택의 공급에 관하여 협의하도록 하여야 한다.
④ 법 제55조제4항 본문에서 "대통령령으로 정하는 장기공공임대주택"이란 공공임대주택으로서 「공공주택 특별법」 제50조의2제1항에 따른 임대의무기간(이하 "임대의무기간"이라 한다)이 20년 이상인 것을 말한다.
⑤ 법 제55조제4항 단서에서 "토지등소유자의 부담 완화 등 대통령령으로 정하는 요건에 해당하는 경우"란 다음 각 호의 어느 하나에 해당하는 경우를 말한다.
   1. 가목의 가액을 나목의 가액으로 나눈 값이 100분의 80 미만인 경우. 이 경우 가목 및 나목의 가액은 사업시행계획인가 고시일을 기준으로 하여 산정하되 구체적인 산정방법은 국토교통부장관이 정하여 고시한다.
      가. 정비사업 후 대지 및 건축물의 총 가액에서 총사업비를 제외한 가액

나. 정비사업 전 토지 및 건축물의 총 가액
2. 시·도지사가 정비구역의 입지, 토지등소유자의 조합설립 동의율, 정비사업비의 증가규모, 사업기간 등을 고려하여 토지등소유자의 부담이 지나치게 높다고 인정하는 경우
⑥ 법 제55조제5항에서 "대통령령으로 정하는 가격"이란 다음 각 호의 구분에 따른 가격을 말한다.
1. 임대의무기간이 10년 이상인 경우: 감정평가액(시장·군수등이 지정하는 둘 이상의 감정평가업자가 평가한 금액을 산술평균한 금액을 말한다. 이하 제2호에서 같다)의 100분의 30에 해당하는 가격
2. 임대의무기간이 10년 미만인 경우: 감정평가액의 100분의 50에 해당하는 가격

질의 1

용적률관련 정비계획의 경미한 변경 ('12. 4. 26.)

재건축사업의 최초 정비구역 용적률은 200%이고, 도정법 제30조의2에 의한 임대주택을 포함한 용적률이 220%인 경우 용적률을 도정법 제30조의3에 따라 법적상한용적률을 249.3%로 변경시 도정법 시행령 제12조제7호의 규정에 따른 정비계획의 경미한 변경인지 여부

회신내용

도정법 제30조의3은 기본계획 및 정비계획에 불구하고 용적률을 조정하는 것이므로 기본계획 및 정비계획의 변경절차 없이 사업시행계획서의 변경으로 해당 규정을 적용할 수 있음

출처 : 국토교통부

질의 2

재건축 용적률 완화 및 소형주택 건설에 따른 정비계획변경 ('12. 5. 16.)

조합설립인가만 득한 재건축의 경우로써 정비계획상 용적률 200%에서 도정법 제30조의3에 따라 예정법적상한용적률인 249.3%로 변경될 때 정비계획의 경미한 변경인지 아니면 중대한 변경으로 보아야 하는지

회신내용

도정법 제30조의3 및 「주택재건축사업의 용적률 완화 및 소형주택 건설 등 업무처리기준」 5. 경과조치 5-4.에 따라 법 제30조의3 규정은 종전 기본계획 및 정비계획에 불구하고 용적률을 조정하는 것이므로 기본계획 및 정비계획의 변경절차 없이 사업시행계획서의 변경만으로 개정규정을 적용할 수 있음

출처 : 국토교통부

질의 3

도정법 개정('09.4.22. 법률 제9632호)전 시행 재건축사업 임대주택 공급 (법제처, '10. 3. 5.)

가. 2009. 4. 22. 법률 제9632호로 개정·시행된 도정법 부칙 제3항과 관련하여, 같은 법 개정 전에 주택재건축사업의 사업시행인가를 받았으나 관리처분계획인가를 받지 않은 경우 도정법 제30조의3에서 규정한 내용에 따라 사업시행 변경인가를 받아야 하는지

나. 2009. 4. 22. 법률 제9632호로 도정법이 개정되기 전에 주택재건축사업의 사업시행인가 및 관리처분계획인가를 받은 경우로서 사업시행 변경인가없이 공사가 완료되어 준공인가된 경우, 개정 전 도정법 제30조의2 규정에 따라 재건축임대주택을 공급할 의무가 있는지

회신내용

가. 2009. 4. 22. 법률 제9632호로 개정·시행된 도정법 부칙 제3항과 관련하여, 같은 법 개정 전에 주택재건축사업의 사업시행인가를 받았으나 관리처분계획인가를 받지 않은 경우 도정법 제30조의3에서 규정한 내용에 따라 사업시행 변경인가를 받아야 함

나. 2009. 4. 22. 법률 제9632호로 도정법이 개정되기 전에 주택재건축사업의 사업시행인가 및 관리처분계획인가를 받은 경우로서 사업시행 변경인가 없이 공사가 완료되어 준공인가된 경우, 개정 전 도정법 제30조의2 규정에 따라 재건축임대주택을 공급할 의무가 있음

출처 : 국토교통부

질의 4

도정법 제30조의3제1항 및 제2항의 적용 방법 ('12. 4. 25.)

가. 정비구역이 지정된 주택재개발정비사업지역에서 사업시행자가 정비계획상 용적률을 초과하여 건축하지 않는 경우에도 사업시행인가 신청 전에 도정법 제30조의3제1항에 따른 '법정상한용적률'을 지방도시계획위원회 심의를 거쳐 확정해야 하는지 여부

나. 도정법 제30조의3제2항에 따른 소형주택 건설은 사업시행자가 정비계획상 용적률을 초과하여 건축할 때 적용하는 사항인지 아니면 정비계획상 용적률 초과여부와 관계없이 적용하는 사항인지 여부

회신내용

가. 질의 '가'에 대하여
　도정법 제30조의3제1항에 따라 동조 동항 각 호의 어느 하나에 해당하는 정비사업을 시행하는 경우 그 사업시행자는 제4조에 따라 정비계획으로 정하여진 용적률에도 불구하고 같은 조 제4항에 따른 지방도시계획위원회의 심의를 거쳐 국토계획법 제78조 및 관계 법률에 따른 용적률의 상한까지 건축할 수 있도록 하고 있음

나. 질의 '나'에 대하여
　도정법 제30조의3제2항에 따라 사업시행자는 법적상한용적률에서 정비계획으로 정하여진 용적률을 뺀 용적률의 다음 각 호에 따른 비율에 해당하는 면적에 주거전용면적 60제곱미터 이하의 소형주택을 건설하여야 하도록 하고 있으며, 이는 정비계획상 용적률을 초과하여 건축하는지 여부와 관계없이 적용되는 것임

출처 : 국토교통부

6. 소형주택의 공급 및 인수

가. 소형주택의 공급 및 인수 (법 제55조)

① 사업시행자는 제54조제4항에 따라 건설한 소형주택을 국토교통부장관, 시·도지사, 시장, 군수, 구청장 또는 토지주택공사등(이하 이 조에서 "인수자"라 한다)에 공급하여야 한다.
② 제1항에 따른 소형주택의 공급가격은 「공공주택 특별법」 제50조의4에 따라 국토교통부장관이 고시하는 공공건설임대주택의 표준건축비로 하며, 부속 토지는 인수자에게 기부채납한 것으로 본다.

③ 사업시행자는 제54조제1항 및 제2항에 따라 정비계획상 용적률을 초과하여 건축하려는 경우에는 사업시행계획인가를 신청하기 전에 미리 제1항 및 제2항에 따른 소형주택에 관한 사항을 인수자와 협의하여 사업시행계획서에 반영하여야 한다.
④ 제1항 및 제2항에 따른 소형주택의 인수를 위한 절차와 방법 등에 필요한 사항은 대통령령으로 정할 수 있으며, 인수된 소형주택은 대통령령으로 정하는 장기공공임대주택으로 활용하여야 한다. 다만, 토지등소유자의 부담 완화 등 대통령령으로 정하는 요건에 해당하는 경우에는 인수된 소형주택을 장기공공임대주택이 아닌 임대주택으로 활용할 수 있다.
⑤ 제2항에도 불구하고 제4항 단서에 따른 임대주택의 인수자는 임대의무기간에 따라 감정평가액의 100분의 50 이하의 범위에서 대통령령으로 정하는 가격으로 부속 토지를 인수하여야 한다.

(1) 소형주택의 공급방법 등 (시행령 제48조)

① 사업시행자는 법 제54조제4항에 따라 건설한 소형주택 중 법 제55조제1항에 따른 인수자에게 공급하여야 하는 소형주택을 공개추첨의 방법으로 선정하여야 하며, 그 선정결과를 지체 없이 같은 항에 따른 인수자에게 통보하여야 한다.
② 사업시행자가 제1항에 따라 선정된 소형주택을 공급하는 경우에는 시·도지사, 시장·군수·구청장 순으로 우선하여 인수할 수 있다. 다만, 시·도지사 및 시장·군수·구청장이 소형주택을 인수할 수 없는 경우에는 시·도지사는 국토교통부장관에게 인수자 지정을 요청하여야 한다.
③ 국토교통부장관은 제2항 단서에 따라 시·도지사로부터 인수자 지정 요청이 있는 경우에는 30일 이내에 인수자를 지정하여 시·도지사에게 통보하여야 하며, 시·도지사는 지체 없이 이를 시장·군수·구청장에게 보내어 그 인수자와 소형주택의 공급에 관하여 협의하도록 하여야 한다.
④ 법 제55조제4항 본문에서 "대통령령으로 정하는 장기공공임대주택"이란 공공임대주택으로서 「공공주택 특별법」 제50조의2제1항에 따른 임대의무기간(이하 "임대의무기간"이라 한다)이 20년 이상인 것을 말한다.
⑤ 법 제55조제4항 단서에서 "토지등소유자의 부담 완화 등 대통령령으로 정하는 요건에 해당하는 경우"란 다음 각 호의 어느 하나에 해당하는 경우를 말한다.
  1. 가목의 가액을 나목의 가액으로 나눈 값이 100분의 80 미만인 경우. 이 경우 가목 및 나목의 가액은 사업시행계획인가 고시일을 기준으로 하여 산정하되 구체적인 산정방법은 국토교통부장관이 정하여 고시한다.
    가. 정비사업 후 대지 및 건축물의 총 가액에서 총사업비를 제외한 가액

나. 정비사업 전 토지 및 건축물의 총 가액
    2. 시·도지사가 정비구역의 입지, 토지등소유자의 조합설립 동의율, 정비사업비의 증가규모, 사업기간 등을 고려하여 토지등소유자의 부담이 지나치게 높다고 인정하는 경우
⑥ 법 제55조제5항에서 "대통령령으로 정하는 가격"이란 다음 각 호의 구분에 따른 가격을 말한다.
    1. 임대의무기간이 10년 이상인 경우: 감정평가액(시장·군수등이 지정하는 둘 이상의 감정평가업자가 평가한 금액을 산술평균한 금액을 말한다. 이하 제2호에서 같다)의 100분의 30에 해당하는 가격
    2. 임대의무기간이 10년 미만인 경우: 감정평가액의 100분의 50에 해당하는 가격

7. 관계 서류의 공람과 의견청취

가. 관계 서류의 공람과 의견청취 (법 제56조)

① 시장·군수등은 사업시행계획인가를 하거나 사업시행계획서를 작성하려는 경우에는 대통령령으로 정하는 방법 및 절차에 따라 관계 서류의 사본을 14일 이상 일반인이 공람할 수 있게 하여야 한다. 다만, 제50조제1항 단서에 따른 경미한 사항을 변경하려는 경우에는 그러하지 아니하다.
② 토지등소유자 또는 조합원, 그 밖에 정비사업과 관련하여 이해관계를 가지는 자는 제1항의 공람기간 이내에 시장·군수등에게 서면으로 의견을 제출할 수 있다.
③ 시장·군수등은 제2항에 따라 제출된 의견을 심사하여 채택할 필요가 있다고 인정하는 때에는 이를 채택하고, 그러하지 아니한 경우에는 의견을 제출한 자에게 그 사유를 알려주어야 한다.

(1) 관계 서류의 공람 (시행령 제49조)

시장·군수등은 법 제56조제1항 본문에 따라 사업시행계획인가 또는 사업시행계획서 작성과 관계된 서류를 일반인에게 공람하게 하려는 때에는 그 요지와 공람장소를 해당 지방자치단체의 공보등에 공고하고, 토지등소유자에게 공고내용을 통지하여야 한다.

> **질의 1**

사업시행계획서 공람 및 통지를 해야하는 정비사업은 ('12. 8. 20.)

도정법 제31조 및 같은 법 시행령 제42조에 따라 시장·군수가 일반인에게 공람하는 경우 토지등소유자에게 공고내용을 통지하는 규정이 주택재개발사업 및 주택재건축사업에 모두 해당되는지

> **회신내용**

도정법 제31조 및 같은 법 시행령 제42조에 따라 사업시행인가 또는 사업시행계획서 작성과 관계된 서류를 일반인에게 공람하게 하려는 때에는 그 요지와 공람장소를 해당 지방자치단체의 공보등에 공고하고, 토지등소유자에게 공고내용을 통지하도록 하고 있으며, 동 규정은 정비사업에 해당하는 주택재건축사업 및 주택재개발사업 모두 적용됨

출처 : 국토교통부

8. 인·허가등의 의제 등 (법 제57조)

(구) [법률 제11059호, 2011. 9. 16. 일부개정 기준]

1 사업시행인가의 효과

사업시행자가 사업시행인가를 받은 때에는 주택법, 건축법 등 각종 법률에 따른 인·허가가 있은 것으로 의제되고[6], 그 고시가 있은 때에는 각 법률에 의한 인·허가 등의 고시·공고 등이 있은 것으로 의제 된다(법 제32조).
그리고 사업시행자는 정비구역 안에서 정비사업(재건축사업의 경우에는 법 제8조 제4항 제1호의 규정에 해당하는 사업으로 한정한다)을 시행하기 위하여

---

[6] 의제되는 인·허가로는 주택법 제16조에 의한 사업계획의 승인, 건축법 제11조에 의한 건축허가, 같은 법 제20조에 따른 가설 건축물의 건축허가 또는 축조신고 및 같은 법 제29조에 따른 건축협의, 도로법 제34조에 의한 도로공사시행의 허가 및 같은 법 제38조에 의한 도로점용의 허가, 농지법 제34조에 의한 농지전용의 허가, ·혐의 및 같은 법 제35조에 의한 농지전용신고, 산지관리법 제14조, 제15조에 따른 산지전용허가 및 산지전용신고, 같은 법 제15조의2에 따른 산지 일시사용허가·신고와 산림자원의 조성 및 관리에 관한 법률 제36조 제1항, 제4항에 따른 입목벌채 등의 허가 및 산림보호법 제9조 제1항 및 제2항 제1호에 따른 산림보호구역에서의 행위의 허가, 하천법 제30조에 따른 하천공사 시행의 허가 및 하천공사실시계획의 인가, 같은 법 제33조에 따른 하천의 점용허가 및 같은 법 제52조 또는 제54조에 따른 전용 상수도 또는 전용공업용수도 설치의 인가, 하수도법 제16조에 의한 공공하수도 사업의 허가 및 같은 법 제34조 제2항에 따른 개인 하수처리시설의 설치신고, 국유재산법 제30조에 따른 사용허가(주택재개발사업 및 도시환경정비사업에 한한다), 공유재산 및 물품관리법 제20조에 따른 사용·수익허가(주택재개발사업 및 도시환경정비사업만 해당한다). 국토관리법 제86조에 따른 도시·군계획시설사업시행자의 지정 및 같은 법 제88조에 따른 실시계획의 인가 등이 있다.

> 필요한 경우에는 공익사업법 제3조에 의하여 토지·물건 또는 그 밖의 권리를 취득하거나 사용할 수 있는데(법 제38조), 이때 공익사업법 소정의 사업인정 및 그 고시가 있은 것으로 의제된다(법 제40조, 제1항, 제2항).
> 다만 위 수용·사용에 대한 재결의 신청은 공익사업법의 규정에도 불구하고 사업시행인가시에 정한 사업시행기간 이내에 이를 행하여야 한다(법 제40조 제3항).

① 사업시행자가 사업시행계획인가를 받은 때(시장·군수등이 직접 정비사업을 시행하는 경우에는 사업시행계획서를 작성한 때를 말한다. 이하 이 조에서 같다)에는 다음 각 호의 인가·허가·승인·신고·등록·협의·동의·심사·지정 또는 해제(이하 "인·허가등"이라 한다)가 있은 것으로 보며, 제50조제9항에 따른 사업시행계획인가의 고시가 있은 때에는 다음 각 호의 관계 법률에 따른 인·허가등의 고시·공고 등이 있은 것으로 본다. <개정 2020. 3. 31., 2020. 6. 9., 2021. 3. 16.>
  1. 「주택법」 제15조에 따른 사업계획의 승인
  2. 「공공주택 특별법」 제35조에 따른 주택건설사업계획의 승인
  3. 「건축법」 제11조에 따른 건축허가, 같은 법 제20조에 따른 가설건축물의 건축허가 또는 축조신고 및 같은 법 제29조에 따른 건축협의
  4. 「도로법」 제36조에 따른 도로관리청이 아닌 자에 대한 도로공사 시행의 허가 및 같은 법 제61조에 따른 도로의 점용 허가
  5. 「사방사업법」 제20조에 따른 사방지의 지정해제
  6. 「농지법」 제34조에 따른 농지전용의 허가·협의 및 같은 법 제35조에 따른 농지전용신고
  7. 「산지관리법」 제14조·제15조에 따른 산지전용허가 및 산지전용신고, 같은 법 제15조의2에 따른 산지일시사용허가·신고와 「산림자원의 조성 및 관리에 관한 법률」 제36조제1항·제4항에 따른 입목벌채등의 허가·신고 및 「산림보호법」 제9조제1항 및 같은 조 제2항제1호에 따른 산림보호구역에서의 행위의 허가. 다만, 「산림자원의 조성 및 관리에 관한 법률」에 따른 채종림·시험림과 「산림보호법」에 따른 산림유전자원보호구역의 경우는 제외한다.
  8. 「하천법」 제30조에 따른 하천공사 시행의 허가 및 하천공사실시계획의 인가, 같은 법 제33조에 따른 하천의 점용허가 및 같은 법 제50조에 따른 하천수의 사용허가
  9. 「수도법」 제17조에 따른 일반수도사업의 인가 및 같은 법 제52조 또는 제54조에 따른 전용상수도 또는 전용공업용수도 설치의 인가

10. 「하수도법」 제16조에 따른 공공하수도 사업의 허가 및 같은 법 제34조제2항에 따른 개인하수처리시설의 설치신고
11. 「공간정보의 구축 및 관리 등에 관한 법률」 제15조제3항에 따른 지도등의 간행 심사
12. 「유통산업발전법」 제8조에 따른 대규모점포등의 등록
13. 「국유재산법」 제30조에 따른 사용허가(재개발사업으로 한정한다)
14. 「공유재산 및 물품 관리법」 제20조에 따른 사용·수익허가(재개발사업으로 한정한다)
15. 「공간정보의 구축 및 관리 등에 관한 법률」 제86조제1항에 따른 사업의 착수·변경의 신고
16. 「국토의 계획 및 이용에 관한 법률」 제86조에 따른 도시·군계획시설사업시행자의 지정 및 같은 법 제88조에 따른 실시계획의 인가
17. 「전기안전관리법」 제8조에 따른 자가용전기설비의 공사계획의 인가 및 신고
18. 「화재예방, 소방시설 설치·유지 및 안전관리에 관한 법률」 제7조제1항에 따른 건축허가등의 동의, 「위험물안전관리법」 제6조제1항에 따른 제조소등의 설치의 허가(제조소등은 공장건축물 또는 그 부속시설과 관계있는 것으로 한정한다)

② 사업시행자가 공장이 포함된 구역에 대하여 재개발사업의 사업시행계획인가를 받은 때에는 제1항에 따른 인·허가등 외에 다음 각 호의 인·허가등이 있은 것으로 보며, 제50조제9항에 따른 사업시행계획인가를 고시한 때에는 다음 각 호의 관계 법률에 따른 인·허가 등의 고시·공고 등이 있은 것으로 본다. <개정 2021. 3. 16.>

1. 「산업집적활성화 및 공장설립에 관한 법률」 제13조에 따른 공장설립등의 승인 및 같은 법 제15조에 따른 공장설립등의 완료신고
2. 「폐기물관리법」 제29조제2항에 따른 폐기물처리시설의 설치승인 또는 설치신고(변경승인 또는 변경신고를 포함한다)
3. 「대기환경보전법」 제23조, 「물환경보전법」 제33조 및 「소음·진동관리법」 제8조에 따른 배출시설설치의 허가 및 신고
4. 「총포·도검·화약류 등의 안전관리에 관한 법률」 제25조제1항에 따른 화약류저장소 설치의 허가

③ 사업시행자는 정비사업에 대하여 제1항 및 제2항에 따른 인·허가등의 의제를 받으려는 경우에는 제50조제1항에 따른 사업시행계획인가를 신청하는 때에 해당 법률에서 정하는 관계 서류를 함께 제출하여야 한다. 다만, 사업시행계획인가를 신청한 때에 시공자가 선정되어 있지 아니하여 관계 서류를 제출

할 수 없거나 제6항에 따라 사업시행계획인가를 하는 경우에는 시장·군수등이 정하는 기한까지 제출할 수 있다. <개정 2020. 6. 9.>
④ 시장·군수등은 사업시행계획인가를 하거나 사업시행계획서를 작성하려는 경우 제1항 각 호 및 제2항 각 호에 따라 의제되는 인·허가등에 해당하는 사항이 있는 때에는 미리 관계 행정기관의 장과 협의하여야 하고, 협의를 요청받은 관계 행정기관의 장은 요청받은 날(제3항 단서의 경우에는 서류가 관계 행정기관의 장에게 도달된 날을 말한다)부터 30일 이내에 의견을 제출하여야 한다. 이 경우 관계 행정기관의 장이 30일 이내에 의견을 제출하지 아니하면 협의된 것으로 본다.
⑤ 시장·군수등은 사업시행계획인가(시장·군수등이 사업시행계획서를 작성한 경우를 포함한다)를 하려는 경우 정비구역부터 200미터 이내에 교육시설이 설치되어 있는 때에는 해당 지방자치단체의 교육감 또는 교육장과 협의하여야 하며, 인가받은 사항을 변경하는 경우에도 또한 같다.
⑥ 시장·군수등은 제4항 및 제5항에도 불구하고 천재지변이나 그 밖의 불가피한 사유로 긴급히 정비사업을 시행할 필요가 있다고 인정하는 때에는 관계 행정기관의 장 및 교육감 또는 교육장과 협의를 마치기 전에 제50조제1항에 따른 사업시행계획인가를 할 수 있다. 이 경우 협의를 마칠 때까지는 제1항 및 제2항에 따른 인·허가등을 받은 것으로 보지 아니한다.
⑦ 제1항이나 제2항에 따라 인·허가등을 받은 것으로 보는 경우에는 관계 법률 또는 시·도조례에 따라 해당 인·허가등의 대가로 부과되는 수수료와 해당 국·공유지의 사용 또는 점용에 따른 사용료 또는 점용료를 면제한다.

질의 1

국·공유지의 사용료 또는 점용료를 면제받는 시점은 ('12. 3. 28.)
재개발사업 추진 중 국유지·공유지의 사용 또는 점용에 따른 사용료 또는 점용료를 면제받는 시점은

회신내용

도정법 제32조제1항에 따르면 사업시행자가 사업시행인가를 받은 때에는 다른 법률에 따른 인·허가등이 있은 것으로 보고 있으며, 같은 법 제32조제6항에서 정비사업에 대하여 다른 법률에 따른 인·허가등을 받은 것으로 보는 경우에는 관계 법률 또는 시·도조례에 따라 해당 인·허가등의 대가로 부과되는 수수료와 해당 국유지·공유지의 사용 또는 점용에 따른 사용료 또는 점용료를 면제하도록 하고 있음

출처 : 국토교통부

9. 사업시행계획인가의 특례

가. 사업시행계획인가의 특례 (법 제58조)

① 사업시행자는 일부 건축물의 존치 또는 리모델링(「주택법」 제2조제25호 또는 「건축법」 제2조제1항제10호에 따른 리모델링을 말한다. 이하 같다)에 관한 내용이 포함된 사업시행계획서를 작성하여 사업시행계획인가를 신청할 수 있다.
② 시장·군수등은 존치 또는 리모델링하는 건축물 및 건축물이 있는 토지가 「주택법」 및 「건축법」에 따른 다음 각 호의 건축 관련 기준에 적합하지 아니하더라도 대통령령으로 정하는 기준에 따라 사업시행계획인가를 할 수 있다.
    1. 「주택법」 제2조제12호에 따른 주택단지의 범위
    2. 「주택법」 제35조제1항제3호 및 제4호에 따른 부대시설 및 복리시설의 설치기준
    3. 「건축법」 제44조에 따른 대지와 도로의 관계
    4. 「건축법」 제46조에 따른 건축선의 지정
    5. 「건축법」 제61조에 따른 일조 등의 확보를 위한 건축물의 높이 제한
③ 사업시행자가 제1항에 따라 사업시행계획서를 작성하려는 경우에는 존치 또는 리모델링하는 건축물 소유자의 동의(「집합건물의 소유 및 관리에 관한 법률」 제2조제2호에 따른 구분소유자가 있는 경우에는 구분소유자의 3분의 2 이상의 동의와 해당 건축물 연면적의 3분의 2 이상의 구분소유자의 동의로 한다)를 받아야 한다. 다만, 정비계획에서 존치 또는 리모델링하는 것으로 계획된 경우에는 그러하지 아니한다.

(1) 사업시행계획인가의 특례 (시행령 제50조)

법 제58조제2항 각 호 외의 부분에서 "대통령령으로 정하는 기준"이란 다음 각 호의 기준을 말한다.
    1. 「건축법」 제44조에 따른 대지와 도로의 관계는 존치 또는 리모델링되는 건축물의 출입에 지장이 없다고 인정되는 경우 적용하지 아니할 수 있다.
    2. 「건축법」 제46조에 따른 건축선의 지정은 존치 또는 리모델링되는 건축물에 대해서는 적용하지 아니할 수 있다.
    3. 「건축법」 제61조에 따른 일조 등의 확보를 위한 건축물의 높이 제한은 리모델링되는 건축물에 대해서는 적용하지 아니할 수 있다.

4. 「주택법」 제2조제12호에도 불구하고 존치 또는 리모델링(「주택법」 제2조제25호 또는 「건축법」 제2조제1항제10호에 따른 리모델링을 말한다. 이하 같다)되는 건축물도 하나의 주택단지에 있는 것으로 본다.
5. 「주택법」 제35조에 따른 부대시설·복리시설의 설치기준은 존치 또는 리모델링되는 건축물을 포함하여 적용할 수 있다.

질의 1

주택재건축사업계획 변경시 정비구역내 토지등소유자의 동의 여부 (법제처 '11. 12. 8.)

도정법(2002. 12. 30. 법률 제6852호로 제정되어 2003. 7. 1. 시행된 것)이 제정·시행되기 전, 「주택건설촉진법」(2002. 12. 30. 법률 제6836호로 타법개정되어 2003. 1. 1. 시행된 것) 제33조제1항에 따라 주택건설(재건축)사업계획승인을 하면서 조건을 부과하였는데, 이후 사업시행자가 조건을 이행하여 승인권자가 입주자모집공고 전에 주택건설사업계획변경승인을 함에 있어, 위 조건으로 부과된 사항을 이행함에 따라 사업계획의 경미한 변경사항을 규정한 「주택건설촉진법시행규칙」(2003. 1. 30. 건설교통부령 제349호로 일부개정되어 2003. 2. 1. 시행된 것) 제21조제1항제2호, 제4호 또는 제7호의 범위를 벗어난 변경이 발생한 경우, 이를 사업계획의 경미하지 않은 사항의 변경으로 보아 정비구역안의 토지등소유자의 동의를 받아야 하는지

회신내용

도정법(2002. 12. 30. 법률 제6852호로 제정되어 2003. 7. 1. 시행된 것)이 제정·시행되기 전, 「주택건설촉진법」(2002. 12. 30. 법률 제6836호로 타법개정되어 2003. 1. 1. 시행된 것) 제33조제1항에 따라 주택건설(재건축)사업계획승인을 하면서 조건을 부과하였는데, 이후 사업시행자가 조건을 이행하여 승인권자가 입주자모집공고 전에 주택건설사업계획변경승인을 함에 있어, 위 조건으로 부과된 사항을 이행함에 따라 사업계획의 경미한 변경사항을 규정한 「주택건설촉진법 시행규칙」(2003. 1. 30. 건설교통부령 제349호로 일부개정되어 2003. 2. 1. 시행된 것) 제21조제1항제2호, 제4호 또는 제7호의 범위를 벗어난 변경이 발생한 경우, 사업계획의 경미한 변경인지 여부를 불문하고 정비구역안의 토지등소유자의 동의를 받아야 하는 것은 아님

출처 : 국토교통부

질의 2

사업시행인가 신청시 존치 건축물에 대한 동의 여부 (법제처, '11. 6. 9.)

주택재개발사업 시행자가 도정법 제33조에 따라 일부 건축물의 존치에 관한 내용이 포함된 사업시행계획서를 작성하여 사업시행인가를 신청하는 경우, 존치되는 건축물 소유자의 동의를 얻어야 하는지

회신내용

주택재개발사업 시행자가 도정법 제33조에 따라 일부 건축물의 존치에 관한 내용이 포함된 사업시행계획서를 작성하여 사업시행인가를 신청하는 경우, 존치되는 건축물 소유자의 동의를 얻어야 함

출처 : 국토교통부

10. 정비구역의 분할 및 결합 <(구)법 제34조>

① 시장·군수는 정비사업의 효율적인 추진 또는 도시의 경관보호를 위하여 필요하다고 인정하는 경우에는 제4조의 규정에 의한 정비구역을 2 이상의 구역으로 분할하거나, 서로 떨어진 2 이상의 구역(제4조제1항에 따라 대통령령으로 정하는 요건에 해당하는 구역에 한한다) 또는 정비구역을 제4조제1항에 따라 하나의 정비구역으로 지정 신청할 수 있다. <개정 2009.2.6>

② 제1항에 따라 정비구역을 분할하거나 서로 떨어진 지역을 하나의 정비구역으로 지정하여 정비사업을 시행하고자 하는 경우 시행 방법과 절차에 관한 세부사항은 시·도조례로 정한다. <신설 2009.2.6, 2012.2.1>

질의 1

2개 정비구역으로 분할되어 있는 경우의 추진위원회 구성 방법 ('12. 1. 18.)

△△주공7단지주택재건축 정비구역 지정 고시된 내용에는 '주공 7-1단지'와 '주공7-2단지' 2개의 정비구역으로 분할되어 있는 바, 정비구역 지정에 따라 '주공7-1단지', '주공7-2단지' 각각의 조합설립추진위원회 구성이 가능한지

> **회신내용**
>
> 도정법 제34조에 따라 시장·군수는 정비사업의 효율적인 추진 또는 도시의 경관보호를 위하여 필요하다고 인정하는 경우에는 정비구역을 2 이상의 구역으로 분할하여 지정 신청할 수 있으며, 이때 정비사업의 시행 방법과 절차에 관한 세부 사항은 시·도 조례로 정하도록 하고 있음

출처 : 국토교통부

11. 순환정비방식의 정비사업 등

가. 순환정비방식의 정비사업 등 (법 제59조)

① 사업시행자는 정비구역의 안과 밖에 새로 건설한 주택 또는 이미 건설되어 있는 주택의 경우 그 정비사업의 시행으로 철거되는 주택의 소유자 또는 세입자(정비구역에서 실제 거주하는 자로 한정한다. 이하 이 항 및 제61조제1항에서 같다)를 임시로 거주하게 하는 등 그 정비구역을 순차적으로 정비하여 주택의 소유자 또는 세입자의 이주대책을 수립하여야 한다.

② 사업시행자는 제1항에 따른 방식으로 정비사업을 시행하는 경우에는 임시로 거주하는 주택(이하 "순환용주택"이라 한다)을 「주택법」 제54조에도 불구하고 제61조에 따른 임시거주시설로 사용하거나 임대할 수 있으며, 대통령령으로 정하는 방법과 절차에 따라 토지주택공사등이 보유한 공공임대주택을 순환용주택으로 우선 공급할 것을 요청할 수 있다.

③ 사업시행자는 순환용주택에 거주하는 자가 정비사업이 완료된 후에도 순환용주택에 계속 거주하기를 희망하는 때에는 대통령령으로 정하는 바에 따라 분양하거나 계속 임대할 수 있다. 이 경우 사업시행자가 소유하는 순환용주택은 제74조에 따라 인가받은 관리처분계획에 따라 토지등소유자에게 처분된 것으로 본다.

(1) 순환용주택의 우선공급 요청 등 (시행령 제51조)

① 사업시행자는 법 제59조제2항에 따라 법 제74조에 따른 관리처분계획의 인가를 신청한 후 다음 각 호의 서류를 첨부하여 토지주택공사등에 토지주택공사등이 보유한 공공임대주택을 법 제59조제2항에 따른 순환용주택(이하 "순환용주택"이라 한다)으로 우선 공급할 것을 요청할 수 있다.

1. 사업시행계획인가 고시문 사본
   2. 관리처분계획의 인가 신청서 사본
   3. 정비구역 내 이주대상 세대수
   4. 법 제59조제1항에 따른 주택의 소유자 또는 세입자로서 순환용주택 이주희망 대상자
   5. 이주시기 및 사용기간
   6. 그 밖에 토지주택공사등이 필요하다고 인정하는 사항
② 토지주택공사등은 제1항에 따라 사업시행자로부터 공공임대주택의 공급 요청을 받은 경우에는 그 요청을 받은 날부터 30일 이내에 사업시행자에게 다음 각 호의 내용을 통지하여야 한다.
   1. 해당 정비구역 인근에서 공급 가능한 공공임대주택의 주택 수, 주택 규모 및 공급가능 시기
   2. 임대보증금 등 공급계약에 관한 사항
   3. 그 밖에 토지주택공사등이 필요하다고 인정하는 사항
③ 제2항제1호에 따른 공급 가능한 주택 수는 제1항에 따라 요청을 한 날 당시 공급 예정인 물량의 2분의 1 범위로 한다. 다만, 주변 지역에 전세가격 급등 등의 우려가 있어 순환용주택의 확대 공급이 필요한 경우 2분의 1을 초과할 수 있다.
④ 토지주택공사등은 세대주로서 해당 세대 월평균 소득이 전년도 도시근로자 월평균 소득의 70퍼센트 이하인 거주자(제1항에 따른 요청을 한 날 당시 해당 정비구역에 2년 이상 거주한 사람에 한정한다)에게 순환용주택을 공급하되, 다음 각 호의 순위에 따라 공급하여야 한다. 이 경우 같은 순위에서 경쟁이 있는 경우 월평균 소득이 낮은 사람에게 우선 공급한다.
   1. 1순위: 정비사업의 시행으로 철거되는 주택의 세입자(정비구역에서 실제 거주하는 자로 한정한다)로서 주택을 소유하지 아니한 사람
   2. 2순위: 정비사업의 시행으로 철거되는 주택의 소유자(정비구역에서 실제 거주하는 자로 한정한다)로서 그 주택 외에는 주택을 소유하지 아니한 사람
⑤ 제1항부터 제4항까지의 규정에서 정한 사항 외에 공급계약의 체결, 순환용주택의 반환 등 순환용주택의 공급에 필요한 세부사항은 토지주택공사등이 따로 정할 수 있다.

(2) 순환용주택의 분양 또는 임대 (시행령 제52조)

법 제59조제3항에 따라 순환용주택에 거주하는 자가 순환용주택에 계속 거주하기를 희망하는 경우 토지주택공사등은 다음 각 호의 기준에 따라 분양을 하거

나 계속하여 임대할 수 있다.
1. 순환용주택에 거주하는 자가 해당 주택을 분양받으려는 경우 토지주택공사 등은 「공공주택 특별법」 제50조의2에서 정한 매각 요건 및 매각 절차 등에 따라 해당 거주자에게 순환용주택을 매각할 수 있다. 이 경우 「공공주택 특별법 시행령」 제54조제1항 각 호에 따른 임대주택의 구분은 순환용주택으로 공급할 당시의 유형에 따른다.
2. 순환용주택에 거주하는 자가 계속 거주하기를 희망하고 「공공주택 특별법」 제48조 및 제49조에 따른 임대주택 입주자격을 만족하는 경우 토지주택공사등은 그 자와 우선적으로 임대차계약을 체결할 수 있다.

(3) 관리처분의 방법 등 (시행령 제63조)

① 법 제23조제1항제4호의 방법으로 시행하는 주거환경개선사업과 재개발사업의 경우 법 제74조제4항에 따른 관리처분은 다음 각 호의 방법에 따른다.
1. 시·도조례로 분양주택의 규모를 제한하는 경우에는 그 규모 이하로 주택을 공급할 것
2. 1개의 건축물의 대지는 1필지의 토지가 되도록 정할 것. 다만, 주택단지의 경우에는 그러하지 아니하다.
3. 정비구역의 토지등소유자(지상권자는 제외한다. 이하 이 항에서 같다)에게 분양할 것. 다만, 공동주택을 분양하는 경우 시·도조례로 정하는 금액·규모·취득 시기 또는 유형에 대한 기준에 부합하지 아니하는 토지등소유자는 시·도조례로 정하는 바에 따라 분양대상에서 제외할 수 있다.
4. 1필지의 대지 및 그 대지에 건축된 건축물(법 제79조제4항 전단에 따라 보류지로 정하거나 조합원 외의 자에게 분양하는 부분은 제외한다)을 2인 이상에게 분양하는 때에는 기존의 토지 및 건축물의 가격(제93조에 따라 사업시행방식이 전환된 경우에는 환지예정지의 권리가액을 말한다. 이하 제7호에서 같다)과 제59조제4항 및 제62조제3호에 따라 토지등소유자가 부담하는 비용(재개발사업의 경우에만 해당한다)의 비율에 따라 분양할 것
5. 분양대상자가 공동으로 취득하게 되는 건축물의 공용부분은 각 권리자의 공유로 하되, 해당 공용부분에 대한 각 권리자의 지분비율은 그가 취득하게 되는 부분의 위치 및 바닥면적 등의 사항을 고려하여 정할 것
6. 1필지의 대지 위에 2인 이상에게 분양될 건축물이 설치된 경우에는 건축물의 분양면적의 비율에 따라 그 대지소유권이 주어지도록 할 것(주택과 그 밖의 용도의 건축물이 함께 설치된 경우에는 건축물의 용도 및 규모 등을 고려하여 대지지분이 합리적으로 배분될 수 있도록 한다). 이 경우 토지의

소유관계는 공유로 한다.
7. 주택 및 부대시설·복리시설의 공급순위는 기존의 토지 또는 건축물의 가격을 고려하여 정할 것. 이 경우 그 구체적인 기준은 시·도조례로 정할 수 있다.

② 재건축사업의 경우 법 제74조제4항에 따른 관리처분은 다음 각 호의 방법에 따른다. 다만, 조합이 조합원 전원의 동의를 받아 그 기준을 따로 정하는 경우에는 그에 따른다.
1. 제1항제5호 및 제6호를 적용할 것
2. 부대시설·복리시설(부속토지를 포함한다. 이하 이 호에서 같다)의 소유자에게는 부대시설·복리시설을 공급할 것. 다만, 다음 각 목의 어느 하나에 해당하는 경우에는 1주택을 공급할 수 있다.
   가. 새로운 부대시설·복리시설을 건설하지 아니하는 경우로서 기존 부대시설·복리시설의 가액이 분양주택 중 최소분양단위규모의 추산액에 정관등으로 정하는 비율(정관등으로 정하지 아니하는 경우에는 1로 한다. 이하 나목에서 같다)을 곱한 가액보다 클 것
   나. 기존 부대시설·복리시설의 가액에서 새로 공급받는 부대시설·복리시설의 추산액을 뺀 금액이 분양주택 중 최소분양단위규모의 추산액에 정관등으로 정하는 비율을 곱한 가액보다 클 것
   다. 새로 건설한 부대시설·복리시설 중 최소분양단위규모의 추산액이 분양주택 중 최소분양단위규모의 추산액보다 클 것

12. 지정개발자의 정비사업비의 예치 등 (법 제60조)

① 시장·군수등은 재개발사업의 사업시행계획인가를 하는 경우 해당 정비사업의 사업시행자가 지정개발자(지정개발자가 토지등소유자인 경우로 한정한다)인 때에는 정비사업비의 100분의 20의 범위에서 시·도조례로 정하는 금액을 예치하게 할 수 있다.
② 제1항에 따른 예치금은 제89조제1항 및 제2항에 따른 청산금의 지급이 완료된 때에 반환한다.
③ 제1항 및 제2항에 따른 예치 및 반환 등에 필요한 사항은 시·도조례로 정한다.

제4절 정비사업 시행을 위한 조치 등

1. 임시거주시설·임시상가의 설치 등

가. 임시거주시설·임시상가의 설치 등 (법 제61조)

① 사업시행자는 주거환경개선사업 및 재개발사업의 시행으로 철거되는 주택의 소유자 또는 세입자에게 해당 정비구역 안과 밖에 위치한 임대주택 등의 시설에 임시로 거주하게 하거나 주택자금의 융자를 알선하는 등 임시거주에 상응하는 조치를 하여야 한다.
② 사업시행자는 제1항에 따라 임시거주시설(이하 "임시거주시설"이라 한다)의 설치 등을 위하여 필요한 때에는 국가·지방자치단체, 그 밖의 공공단체 또는 개인의 시설이나 토지를 일시 사용할 수 있다.
③ 국가 또는 지방자치단체는 사업시행자로부터 임시거주시설에 필요한 건축물이나 토지의 사용신청을 받은 때에는 대통령령으로 정하는 사유가 없으면 이를 거절하지 못한다. 이 경우 사용료 또는 대부료는 면제한다.
④ 사업시행자는 정비사업의 공사를 완료한 때에는 완료한 날부터 30일 이내에 임시거주시설을 철거하고, 사용한 건축물이나 토지를 원상회복하여야 한다.
⑤ 재개발사업의 사업시행자는 사업시행으로 이주하는 상가세입자가 사용할 수 있도록 정비구역 또는 정비구역 인근에 임시상가를 설치할 수 있다.

(1) 임시거주시설의 설치 등 (법 제53조)

법 제61조제3항 전단에서 "대통령령으로 정하는 사유"란 다음 각 호의 사유를 말한다.
  1. 법 제61조제1항에 따른 임시거주시설(이하 "임시거주시설"이라 한다)의 설치를 위하여 필요한 건축물이나 토지에 대하여 제3자와 이미 매매계약을 체결한 경우
  2. 사용신청 이전에 임시거주시설의 설치를 위하여 필요한 건축물이나 토지에 대한 사용계획이 확정된 경우
  3. 제3자에게 이미 임시거주시설의 설치를 위하여 필요한 건축물이나 토지에 대한 사용허가를 한 경우

2. 임시거주시설·임시상가의 설치 등에 따른 손실보상

가. 임시거주시설·임시상가의 설치 등에 따른 손실보상 (법 제62조)

① 사업시행자는 제61조에 따라 공공단체(지방자치단체는 제외한다) 또는 개인의 시설이나 토지를 일시 사용함으로써 손실을 입은 자가 있는 경우에는 손실을 보상하여야 하며, 손실을 보상하는 경우에는 손실을 입은 자와 협의하여야 한다.

② 사업시행자 또는 손실을 입은 자는 제1항에 따른 손실보상에 관한 협의가 성립되지 아니하거나 협의할 수 없는 경우에는 「공익사업을 위한 토지 등의 취득 및 보상에 관한 법률」 제49조에 따라 설치되는 관할 토지수용위원회에 재결을 신청할 수 있다.

③ 제1항 또는 제2항에 따른 손실보상은 이 법에 규정된 사항을 제외하고는 「공익사업을 위한 토지 등의 취득 및 보상에 관한 법률」을 준용한다.

(1) 관리처분의 방법 등 (시행령 제63조)

① 법 제23조제1항제4호의 방법으로 시행하는 주거환경개선사업과 재개발사업의 경우 법 제74조제4항에 따른 관리처분은 다음 각 호의 방법에 따른다.
  1. 시·도조례로 분양주택의 규모를 제한하는 경우에는 그 규모 이하로 주택을 공급할 것
  2. 1개의 건축물의 대지는 1필지의 토지가 되도록 정할 것. 다만, 주택단지의 경우에는 그러하지 아니하다.
  3. 정비구역의 토지등소유자(지상권자는 제외한다. 이하 이 항에서 같다)에게 분양할 것. 다만, 공동주택을 분양하는 경우 시·도조례로 정하는 금액·규모·취득 시기 또는 유형에 대한 기준에 부합하지 아니하는 토지등소유자는 시·도조례로 정하는 바에 따라 분양대상에서 제외할 수 있다.
  4. 1필지의 대지 및 그 대지에 건축된 건축물(법 제79조제4항 전단에 따라 보류지로 정하거나 조합원 외의 자에게 분양하는 부분은 제외한다)을 2인 이상에게 분양하는 때에는 기존의 토지 및 건축물의 가격(제93조에 따라 사업시행방식이 전환된 경우에는 환지예정지의 권리가액을 말한다. 이하 제7호에서 같다)과 제59조제4항 및 제62조제3호에 따라 토지등소유자가 부담하는 비용(재개발사업의 경우에만 해당한다)의 비율에 따라 분양할 것
  5. 분양대상자가 공동으로 취득하게 되는 건축물의 공용부분은 각 권리자의 공유로 하되, 해당 공용부분에 대한 각 권리자의 지분비율은 그가 취득하게 되는 부분의 위치 및 바닥면적 등의 사항을 고려하여 정할 것

6. 1필지의 대지 위에 2인 이상에게 분양될 건축물이 설치된 경우에는 건축물의 분양면적의 비율에 따라 그 대지소유권이 주어지도록 할 것(주택과 그 밖의 용도의 건축물이 함께 설치된 경우에는 건축물의 용도 및 규모 등을 고려하여 대지지분이 합리적으로 배분될 수 있도록 한다). 이 경우 토지의 소유관계는 공유로 한다.
7. 주택 및 부대시설·복리시설의 공급순위는 기존의 토지 또는 건축물의 가격을 고려하여 정할 것. 이 경우 그 구체적인 기준은 시·도조례로 정할 수 있다.

② 재건축사업의 경우 법 제74조제4항에 따른 관리처분은 다음 각 호의 방법에 따른다. 다만, 조합이 조합원 전원의 동의를 받아 그 기준을 따로 정하는 경우에는 그에 따른다.
1. 제1항제5호 및 제6호를 적용할 것
2. 부대시설·복리시설(부속토지를 포함한다. 이하 이 호에서 같다)의 소유자에게는 부대시설·복리시설을 공급할 것. 다만, 다음 각 목의 어느 하나에 해당하는 경우에는 1주택을 공급할 수 있다.
   가. 새로운 부대시설·복리시설을 건설하지 아니하는 경우로서 기존 부대시설·복리시설의 가액이 분양주택 중 최소분양단위규모의 추산액에 정관 등으로 정하는 비율(정관등으로 정하지 아니하는 경우에는 1로 한다. 이하 나목에서 같다)을 곱한 가액보다 클 것
   나. 기존 부대시설·복리시설의 가액에서 새로 공급받는 부대시설·복리시설의 추산액을 뺀 금액이 분양주택 중 최소분양단위규모의 추산액에 정관등으로 정하는 비율을 곱한 가액보다 클 것
   다. 새로 건설한 부대시설·복리시설 중 최소분양단위규모의 추산액이 분양주택 중 최소분양단위규모의 추산액보다 클 것

질의 1

종교시설에 대한 영업보상 가능 여부 ('09. 10. 27.)
이사회 또는 대의원의 의결로 종교시설에 대한 영업권보상이 가능한지

회신내용

정된 것을 제외하고는 토지보상법을 준용하도록 하고 있고, 도정법 제40조제1항의 규정에 의하면 정비구역 안에서 정비사업의 시행을 위한 토지 또는 건축물의 소유권과 그 밖의 권리에 대한 수용 또는 사용에 관하여는 이 법에 특별한 규정이 있는 경우를 제외하고는 토지보상법을 준용하도록 하고 있으며, 토지보상법 시행규칙 제45조의 규정에

따르면 사업인정고시일등 전부터 적법한 장소에서 인적·물적시설을 갖추고 계속적으로 행하고 있는 영업이어야 하며, 영업을 행함에 있어서 관계법령에 의한 허가·면허·신고 등을 필요로 하는 경우에는 사업인정고시일등 전에 허가등을 받아 그 내용대로 행하고 있는 영업이 공익사업으로 인하여 폐지하거나 휴업함에 따른 영업손실을 보상하도록 규정하고 있는 사항으로, 상기 취지를 감안할 때 종교시설은 영업보상 대상에 해당되지 아니한 것으로 사료되며, 도정법상 종교시설에 대하여 영업보상의 절차를 명문화 하고 있는 규정은 없음

출처 : 국토교통부

질의 2

현금청산자에 대한 주거이전비 및 이사비 지급 여부 ('12. 2. 14.)

분양신청을 하지 아니하여 현금청산대상자가 된 주택재개발정비사업의 조합원이 주거이전비 및 이사비를 지급받을 수 있는지

회신내용

가. 도정법 제37조제3항에 따르면 손실보상에 관하여는 도정법에 규정된 것을 제외하고는 토지보상법을 준용하도록 하고, 도정법 시행령 제44조의2제2항에서 주거이전비 보상대상자의 인정기준 및 영업손실의 보상기준에 관하여 구체적인 사항은 국토해양부령으로 따로 정할 수 있도록 하고 있으며, 도정법 시행규칙 제9조의2제2항에서 토지보상법 시행규칙 제54조제2항에 따른 주거이전비의 보상은 도정법 시행령 제11조에 따른 공람공고일 현재 해당 정비구역에 거주하고 있는 세입자를 대상으로 하도록 하고 있음

나. 또한, 도정법 제30조제3호에 따르면 '임시수용시설을 포함한 주민이주대책'을 사업시행계획서에 포함하도록 하고, 도정법 시행령 제50조제1호에서 같은 법 제47조에 따른 현금으로 청산하여야 하는 토지등소유자별 기존의 토지·건축물 또는 그 밖의 권리의 명세와 이에 대한 청산방법을 관리처분계획에 포함하도록 하고, 도정법 시행령 제44조의2제1항에서는 같은 시행령 제11조에 따른 공람공고일로부터 계약체결일 또는 수용재결일까지 계속하여 거주하고 있지 아니한 건축물의 소유자는 토지보상법 제40조제3항제2호에 따라 이주대책대상자에서 제외하도록 하고 있음

다. 따라서, 귀 질의하신 현금청산대상자의 주거이전비 및 이사비 지급 여부 등에 관하여는 해당 정비사업의 사업시행인가 및 관리처분계획인가 내용 등을 종합적으로 검토하여 판단할 사항으로 보임

출처 : 국토교통부

질의 3

토지 등을 새로운 권리자가 취득 시 주택공급순위 및 보상금 승계 여부 ('12. 1. 30.)

가. 주거환경개선사업지구내에서 기준일 이후에 토지 및 건물 등을 새로운 권리자가 취득하였을 경우 주택공급순위가 권리·의무 승계 되는지

나. 주거환경개선사업지구내에서 기준일 이후에 토지 및 건물등을 새로운 권리자가 취득하였을 경우 주거이전비, 이주정착금 등 간접보상이 승계되는지

회신내용

가. 질의 '가'에 대하여,
 도정법 시행령 제54조에는 주거환경개선사업의 사업시행자가 정비구역안에 주택을 건설하는 경우에 주택 공급에 관하여는 별표2에 규정된 범위안에서 시장·군수의 승인을 얻어 사업시행자가 이를 따로 정할 수 있음을 알려드리며, 별표2 제4호의 주택 공급순위는 기준일 이후에 토지 및 건물등을 새로운 권리자가 취득할 경우에는 기존 권리자가 가지고 있던 공급순위는 소멸될 것으로 판단되는 바, 새로운 권리자에게 주택공급순위가 승계되지는 않을 것으로 봄

나. 질의 '나'에 대하여,
 도정법에는 주거환경개선지구내 소유자의 이주정착금, 주거이전비 등 간접보상비에 대하여는 별도로 규정되어 있지 않으며, 도정법 제37조제3항에 손실보상에 관하여는 이 법에 규정된 것을 제외하고는 토지보상법을 준용토록 규정되어 있음

출처 : 국토교통부

3. 토지 등의 수용 또는 사용 (법 제63조)

사업시행자는 정비구역에서 정비사업(재건축사업의 경우에는 제26조제1항제1호 및 제27조제1항제1호에 해당하는 사업으로 한정한다)을 시행하기 위하여 「공익사업을 위한 토지 등의 취득 및 보상에 관한 법률」 제3조에 따른 토지·물건 또는 그 밖의 권리를 취득하거나 사용할 수 있다.

질의 1

재개발사업의 경우 협의절차를 생략하고 수용이 가능한지 ('12. 1. 18.)

주택재개발정비사업의 경우 분양신청을 하지 아니한 자에 대한 현금청산 시 도정법 제47조 및 같은 법 시행령 제48조의 협의절차를 거친 후 토지수용이 가능한지 아니면 이를 생략하고도 토지수용이 가능한지 여부

> **회신내용**
>
> 가. 도정법 제38조에 따라 사업시행자는 정비구역안에서 정비사업을 시행하기 위하여 필요한 경우에는 토지보상법 제3조의 규정에 의한 토지·3물건 또는 그 밖의 권리를 수용 또는 사용할 수 있도록 하고 있고, 도정법 제40조제1항에 따라 정비구역안에서 정비사업의 시행을 위한 토지 또는 건축물의 소유권과 그 밖의 권리에 대한 수용 또는 사용에 관하여는 이 법에 특별한 규정이 있는 경우를 제외하고는 토지보상법을 준용하도록 하고 있으며, 도정법 제40조제3항에서 제1항의 규정에 의한 수용 또는 사용에 대한 재결의 신청은 사업시행인가를 할 때 정한 사업시행기간 이내에 이를 행하여야 한다고 규정하고 있음
> 나. 또한, 도정법 제47조 및 같은 법 시행령 제48조에 따라 분양신청을 하지 아니한 자는 그 해당하게 된 날로부터 150일 이내에 토지·7건축물 또는 그 밖의 권리에 대하여 현금으로 청산하여야 하며, 청산금액은 사업시행자와 토지등소유자가 협의하여 산정하도록 하고 있으므로, 주택재개발정비사업에서 분양신청을 하지 않은 현금청산대상자의 경우 도정법 제47조 및 같은 법 시행령 제48조에 따른 협의 후에 도정법 제40조제3항에 따라 사업시행인가를 할 때 정한 사업시행기간 이내에 수용절차 진행이 가능할 것으로 판단됨

출처 : 국토교통부

4. 재건축사업에서의 매도청구 (법 제64조)

> **(구) [법률 제11059호, 2011. 9. 16. 일부개정 기준]**
>
> 매도청구권이란 사업시행자가 재건축사업을 시행함에 있어 조합설립에 동의하지 아니한 자 및 조합설립에 동의할 자격이 없는 자에 대하여 일정한 절차를 거쳐 토지 및 건축물의 소유권을 매도할 것을 청구할 수 있는 권리로서, 정비사업 중 재건축사업에만 인정되는 제도이다.
>
> 도시정비법 제39조는, '사업시행자가 주택재건축사업을 시행함에 있어 다음 각 호7)의 어느 하나에 해당하는 자의 토지 또는 건축물에 대하여 집합건물법

---

7) 1. 제16조 제2항 및 제3항에 따른 조합 설립의 동의를 하지 아니한 자
  2. 건축물 또는 토지만 소유한 자(주택재건축사업의 경우만 해당한다)
  3. 제8조 제4항에 따라 시장·군수 또는 주택공사 등의 사업시행자 지정에 동의를 하지 아니한 자

제48조의 규정을 준용하여 매도청구를 할 수 있고, 이 경우 재건축결의는 조합설립의 동의로 보며, 구분소유권 및 대지사용권은 사업시행구역의 매도 청구의 대상이 되는 토지 또는 건축물의 소유권과 그 밖의 권리로 본다.'고 규정하고 있다.

❖ 최고절차

1. 유효한 재건축조합 설립동의의 존재

매도청구권을 행사하기 위하여서는 도시정비법 제39조에 의하여 준용되는 집합건물법 제48조에 따른 최고절차를 거칠 것이 필요한데, 이는 유효한 재건축조합설립 동의와 인가가 존재할 것을 전제로 한다.

판례는 재건축조합이 조합설립에 동의하지 않는 자 등에 대해 매도청구권을 행사하여 그에 따른 소유권이전등기절차 이행 등을 구하는 소송을 제기한 경우, 그 소송절차에서 조합설립결의의 하자를 이유로 매도청구권행사의 적법성을 다투기 위해서는 그로 인해 조합설립인가처분이 적법하게 취소되었거나 당연무효임을 주장·입증하여야 한다고 하였다.

- 대법원 2010. 7. 15. 선고 2009다63380
- 대법원 2013. 2. 28. 선고 2012다74816
- 대법원 2013. 3. 14. 선고 2012다111531

2. 최고의 주체

집합건물법은 재건축의 결의가 있으면 집회를 소집한 자는 지체 없이 재건축결의에 찬성하지 아니한 구분소유자 또는 승계인에 대하여, 재건축결의의 내용에 따른 재건축에 참가할 것인지의 여부를 회답하라는 취지를 서면으로 최고하여야 한다고 규정하고 있다(집합건물법 제48조 제1항).

- 대법원 2011. 5. 13. 선고 2009다42123

3. 최고의 필요 여부 및 상대방

판례는 주택 단지가 아닌 지역이 정비구역에 포함된 재건축조합이 조합설립인가를 받기 위해서는 구 도시정비법 제16조 제3항에 따라 '주택단지가 아닌 지역' 안에 있는 토지 또는 건축물 소유자 등의 동의를 얻어야 한다고 판시하고 있다.

- 대법원 2012. 1. 12. 선고 2009다82374
- 대법원 2010. 5. 27. 선고 2009다95585

4. 최고의 시기 및 종기

가. 최고의 시기

최고는 조합 설립의 동의가 있은 후 '지체 없이' 하여야 하는데(법 제39조, 집합건물법 제48조 제1항), 이는 재건축을 둘러싼 법률관계를 조속히 확장하고 최고의 상대방이 장기간 불안한 법적 지위에 놓이지 않도록 하기 위한 것이다.

나. 최고의 종기

조합설립의 동의가 있은 후 어느 정도 기간 내에 최고를 하여야 '지체 없이'한 것으로 볼 것인가는, 매도청구권의 행사요건을 법정하여 놓은 이유에 비추어 조합의 실정과 여건, 재건축사업의 진행 정도 등을 고려하여 사회통념에 따라 판단하여야 할 것이다.

5. 최고의 방식

최고는 반드시 서면으로 하여야 한다(집합건물법 제48조 제1항)
소집권자가 과실 없이 토지등소유자의 소재를 알 수 없는 경우에도

집합건물법 제34조 제3항에 따라서 토지등소유자가 소유하는 목적물이 소재하는 장소에 발송하거나 민법 제113조의 의사표시의 공시송달방법에 의하여 최고하여야 할 것이다.

6. 회답기간

최고를 받은 토지등소유자는 그 최고수령일로부터 2개월 이내에 참가할 것인지를 회답하여야 하고(집합건물법 제48조 제2항), 그 기간 내에 회답하지 아니한 토지등소유자는 참가하지 아니하는 뜻을 회답한 것으로 본다(같은 조 제3항)

❖ 매도청구권의 행사

1. 매도청구권자 및 상대방

집합건물법상 매도청구권을 행사할 수 있는 자는 재건축참가자 및 매수지정자이지만(집합건물법 제48조 제4항), 재건축이 도시정비법의 적용을 받는 정비사업에 해당하는 경우 도시정비법 제39조는 매도청구권의 행사주체를 사업시행자로 규정하고 있다.

판례는 해당 부동산을 사업시행구역 안의 토지로 포함시키는 조합설립변경

인가처분이 있기도 전에 이루어진 매도청구는 효력이 없고, 그 후 해당 부동산을 사업시행구역 안의 토지로 포함시키는 조합설립변경인가처분이 있다고 하더라도 무효인 매도청구가 소급하여 유효하게 되지 아니한다고 한다.
- 대법원 2002. 3. 11. 자 2002그12
- 대법원 2011. 5. 13. 선고 2009다42123

2. 행사방법 및 기간

재건축조합의 매도청구의 방식에는 제한이 없으므로, 구두나 서면 어느 것으로 해도 무방하나 실무상 서면으로 이루어지고 있다.

매도청구권의 행사기간은 회답기간의 만료일로부터 2개월이다(집합건물법 제48조 제4항). 판례는 도시정비법 제18조 제2항은 조합은 조합 설립의 인가를 받은 날부터 30일 이내에 주된 사무소의 소재지에서 대통령령이 정하는 사항을 등기함으로써 성립한다고 규정하고 있으므로, 재건축조합은 조합설립등기를 마친 때로부터 2개월 이내에 매도청구를 할 수 있다고 한다.
- 대법원 2008. 2. 29. 선고 2006다56572
- 대법원 2011. 5. 13. 선고 2009다54843

따라서 매도청구권은 그 행사기간 내에 이를 행사하지 아니하면 그 효력을 상실한다.
- 대법원 2013. 3. 14. 선고 2012다111531
- 대법원 2008. 2. 29. 선고 2006다56572

도시정비법 제16조 제2항, 제3항 소정의 조합 설립 동의의 상대방이 되지도 아니하고 그들에 대한 최고절차를 거칠 필요도 없지만, 이 경우에도 매도청구권은 조합의 설립일로부터 2개월 이내에 행사되어야 하고, 이를 도과할 경우 매도청구권이 소멸한다.

다만 제척기간이 도과하였다고 하여 매도청구권이 종국적으로 소멸하는 것은 아니고, 조합은 다시 조합설립변경동의 및 조합설립변경인가 등의 절차를 밟아 새로운 매도청구권을 행사할 수 있다.
- 대법원 2008. 2. 29. 선고 2006다56572
- 대법원 2013. 3. 14. 선고 2012다111531
- 대법원 2009. 1. 15. 선고 2008다40991

3. 회답기간 만료 전의 매도청구권 행사

판례는 재건축조합이 조합설립에 동의하지 않는 자에게 매도청구권을 행사하여 그에 따른 소유권이전등기절차의 이행을 구하는 소를 제기하면서 그 소장 부본에 재건축참여 여부에 대한 회답 최고서를 첨부한 사안
- 대법원 2010. 7. 15. 선고 2009다63380

4. 행사의 효과

매도청구권의 목적물은 재건축불참자의 토지 또는 건축물의 소유권과 그 밖의 권리이고, 매도청구권의 성질은 형성권이다.
- 대법원 2013. 3. 14. 선고 2012다111531

5. 시가의 산정

매도청구권은 시가에 따라 매도할 것을 청구하는 것이 그 권리의 본질인 이상(집합건물법 제48조 제4항) 시가의 결정이 필수적이다.
판례는 주택재건축사업에 있어서 매도청구권의 행사 시의 시가란
토지나 건물에 관하여 주택재건축사업이 시행된다는 것을 전제로 하여 토지나 건축물을 평가한 가격, 즉 재건축으로 인하여 발생한 것으로 예상되는 개발이익이 포함된 가격을 말한다고 한다.
- 대법원 2009. 3. 26. 선고 2008다21549, 21556, 21563

6. 명도기한의 허락

도시정비법 제39조가 매도청구권의 행사에 관하여 집합건물법 제48조의 규정을 준용하고 있다.
재건축불참자의 명도기한의 허락 청구권은 민법 제203조 제3항의 회복자의 비용상환유예청구권과 그 성질이 같다고 할 것이다.[8]

7. 요건

- 집합건물법 제48조 제5항

---

[8] 민법 제203조 제3항의 비용상환유예 청구권을 형성권으로 보고 있고, 형성의 소로써 유예 기간의 설정을 청구할 수 있다고 한다.

① 재건축사업의 사업시행자는 사업시행계획인가의 고시가 있은 날부터 30일 이내에 다음 각 호의 자에게 조합설립 또는 사업시행자의 지정에 관한 동의 여부를 회답할 것을 서면으로 촉구하여야 한다.
  1. 제35조제3항부터 제5항까지에 따른 조합설립에 동의하지 아니한 자
  2. 제26조제1항 및 제27조제1항에 따라 시장·군수등, 토지주택공사등 또는 신탁업자의 사업시행자 지정에 동의하지 아니한 자
② 제1항의 촉구를 받은 토지등소유자는 촉구를 받은 날부터 2개월 이내에 회답하여야 한다.
③ 제2항의 기간 내에 회답하지 아니한 경우 그 토지등소유자는 조합설립 또는 사업시행자의 지정에 동의하지 아니하겠다는 뜻을 회답한 것으로 본다.
④ 제2항의 기간이 지나면 사업시행자는 그 기간이 만료된 때부터 2개월 이내에 조합설립 또는 사업시행자 지정에 동의하지 아니하겠다는 뜻을 회답한 토지등소유자와 건축물 또는 토지만 소유한 자에게 건축물 또는 토지의 소유권과 그 밖의 권리를 매도할 것을 청구할 수 있다.

5. 「공익사업을 위한 토지 등의 취득 및 보상에 관한 법률」의 준용 (법 제65조)

① 정비구역에서 정비사업의 시행을 위한 토지 또는 건축물의 소유권과 그 밖의 권리에 대한 수용 또는 사용은 이 법에 규정된 사항을 제외하고는 「공익사업을 위한 토지 등의 취득 및 보상에 관한 법률」을 준용한다. 다만, 정비사업의 시행에 따른 손실보상의 기준 및 절차는 대통령령으로 정할 수 있다.
② 제1항에 따라 「공익사업을 위한 토지 등의 취득 및 보상에 관한 법률」을 준용하는 경우 사업시행계획인가 고시(시장·군수등이 직접 정비사업을 시행하는 경우에는 제50조제7항에 따른 사업시행계획서의 고시를 말한다. 이하 이 조에서 같다)가 있은 때에는 같은 법 제20조제1항 및 제22조제1항에 따른 사업인정 및 그 고시가 있은 것으로 본다.
③ 제1항에 따른 수용 또는 사용에 대한 재결의 신청은 「공익사업을 위한 토지 등의 취득 및 보상에 관한 법률」 제23조 및 같은 법 제28조제1항에도 불구하고 사업시행계획인가(사업시행계획변경인가를 포함한다)를 할 때 정한 사업시행기간 이내에 하여야 한다.
④ 대지 또는 건축물을 현물보상하는 경우에는 「공익사업을 위한 토지 등의 취득 및 보상에 관한 법률」 제42조에도 불구하고 제83조에 따른 준공인가 이후에도 할 수 있다.

> **질의 1**

재건축사업의 세입자 손실보상 가능 여부 ('09. 8. 7.)

도정법 개정과 관련하여 토지보상법에 따른 세입자 손실보상이 재건축사업에도 해당되는지

> **회신내용**

도정법 제40조에서는 정비구역 안에서 정비사업의 시행을 위한 토지 또는 건축물의 소유권과 그 밖의 권리에 대한 수용 또는 사용에 관하여는 이 법에 특별한 규정이 있는 경우를 제외하고는 토지보상법을 준용토록 하고 있는 바, 토지보상법에 따른 손실보상은 수용이 전제되어 이루어지므로 수용이 적용되지 아니하는 재건축사업은 세입자 손실보상에 해당되지 않음

출처 : 국토교통부

> **질의 2**

주민등록 되지 않은 세입자 주거이전비 지급 여부 ('12. 9. 25.)

정비구역내에 실제 거주하고 관리처분계획인가후 이주하였으나, 주민등록이 되지 않았을 경우 세입자 주거이전비 대상여부, 재개발지구내 현금청산자의 철거건물 부착물중 일부(창문, 샤시)를 가져 갈 수 있는지

> **회신내용**

도정법 시행규칙 제9조의2제3항에 따른 주거이전비 보상은 도정법 시행령 제11조에 따른 공람공고일 현재 해당 정비구역에 거주하고 있는 세입자를 대상으로 하도록 하고 있고, 도정법 제40조제1항에서 정비구역안에서 정비사업의 시행을 위한 토지 또는 건축물의 소유권과 그 밖의 권리에 대한 수용 또는 사용에 관하여는 이 법에 특별한 규정이 있는 경우를 제외하고는 토지보상법을 준용하도록 하고 있으므로, 주거이전비 지급 대상 여부와 철거건물 부착물 이전 가능성 여부에 대하여는 사업시행자가 사실관계 확인 및 관계규정에 따라 판단하여 처리할 사항임

출처 : 국토교통부

(구) [법률 제11059호, 2011. 9. 16. 일부개정 기준]

❖ 재건축 지연에 따른 환매청구권

1. 의의와 요건

매도청구권에 대응하여 집합건물법은 재건축이 지연되는 경우 매도청구권의 행사에 따라 구분소유권 또는 대지사용권을 상실한 재건축불참자들을 보호하기 위한 제도적인 장치로 환매청구권을 규정하고 있다.

즉, 재건축 결의일로부터 2년 이내에 건물 철거공사가 착수되지 아니한 경우에는 매도청구권의 행사에 따라 구분소유권이나 대지사용권을 매도한 자는 이 기간이 만료된 날부터 6개월 이내에 매수인이 지급한 대금에 상당하는 금액을 그 구분소유권이나 대지사용권을 가지고 있는 자에게 제공하고 이들의 권리를 매도할 것을 청구할 수 있는데(집합건물법 제48조 제6항), 이것이 바로 환매청구권이다.

2. 환매청구권 행사의 방법

환매청구권은 형성권으로서 환매의 의사표시가 상대방에게 도달한 때에 매매계약이 성립하나, 대금을 제공하여야만 한다.

❖ **조합원이 분양신청을 하지 아니하거나 분양계약을 체결하지 아니한 경우의 매도청구권 문제**

도시정비법 제39조의 매도청구권은 원칙적으로 재건축조합설립에 동의하지 않았거나 조합원 자격을 갖추지 못한 토지등소유자에 대하여 행사할 수 있다.
- 대법원 2010. 12. 23. 선고 2010다73215
- 대법원 2012. 5. 9. 선고 2010다71141

6. 용적률에 관한 특례

가. 용적률에 관한 특례 (법 제66조)

사업시행자가 다음 각 호의 어느 하나에 해당하는 경우에는 「국토의 계획 및 이용에 관한 법률」 제78조제1항에도 불구하고 해당 정비구역에 적용되는 용적률의 100분의 125 이하의 범위에서 대통령령으로 정하는 바에 따라 특별시·광역시·특별자치시·특별자치도·시 또는 군의 조례로 용적률을 완화하여 정할 수 있다.

1. 제65조제1항 단서에 따라 대통령령으로 정하는 손실보상의 기준 이상으로

세입자에게 주거이전비를 지급하거나 영업의 폐지 또는 휴업에 따른 손실을 보상하는 경우
2. 제65조제1항 단서에 따른 손실보상에 더하여 임대주택을 추가로 건설하거나 임대상가를 건설하는 등 추가적인 세입자 손실보상 대책을 수립하여 시행하는 경우

(1) 용적률에 관한 특례 (시행령 제55조)

① 사업시행자가 법 제66조에 따라 완화된 용적률을 적용받으려는 경우에는 사업시행계획인가 신청 전에 다음 각 호의 사항을 시장·군수등에게 제출하고 사전협의하여야 한다.
  1. 정비구역 내 세입자 현황
  2. 세입자에 대한 손실보상 계획
② 제1항에 따른 협의를 요청받은 시장·군수등은 의견을 사업시행자에게 통보하여야 하며, 용적률을 완화받을 수 있다는 통보를 받은 사업시행자는 사업시행계획서를 작성할 때 제1항제2호에 따른 세입자에 대한 손실보상 계획을 포함하여야 한다.

7. 재건축사업의 범위에 관한 특례

가. 재건축사업의 범위에 관한 특례 (법 제67조)

① 사업시행자 또는 추진위원회는 다음 각 호의 어느 하나에 해당하는 경우에는 그 주택단지 안의 일부 토지에 대하여 「건축법」 제57조에도 불구하고 분할하려는 토지면적이 같은 조에서 정하고 있는 면적에 미달되더라도 토지분할을 청구할 수 있다.
  1. 「주택법」 제15조제1항에 따라 사업계획승인을 받아 건설한 둘 이상의 건축물이 있는 주택단지에 재건축사업을 하는 경우
  2. 제35조제3항에 따른 조합설립의 동의요건을 충족시키기 위하여 필요한 경우
② 사업시행자 또는 추진위원회는 제1항에 따라 토지분할 청구를 하는 때에는 토지분할의 대상이 되는 토지 및 그 위의 건축물과 관련된 토지등소유자와 협의하여야 한다.
③ 사업시행자 또는 추진위원회는 제2항에 따른 토지분할의 협의가 성립되지 아니한 경우에는 법원에 토지분할을 청구할 수 있다.
④ 시장·군수등은 제3항에 따라 토지분할이 청구된 경우에 분할되어 나가는 토

지 및 그 위의 건축물이 다음 각 호의 요건을 충족하는 때에는 토지분할이 완료되지 아니하여 제1항에 따른 동의요건에 미달되더라도 「건축법」 제4조에 따라 특별자치시·특별자치도·시·군·구(자치구를 말한다)에 설치하는 건축위원회의 심의를 거쳐 조합설립인가와 사업시행계획인가를 할 수 있다.
1. 해당 토지 및 건축물과 관련된 토지등소유자의 수가 전체의 10분의 1 이하일 것
2. 분할되어 나가는 토지 위의 건축물이 분할선 상에 위치하지 아니할 것
3. 그 밖에 사업시행계획인가를 위하여 대통령령으로 정하는 요건에 해당할 것

(1) 재건축사업의 범위에 관한 특례 (시행령 제56조)

법 제67조제4항제3호에서 "대통령령으로 정하는 요건"이란 분할되어 나가는 토지가 「건축법」 제44조에 적합한 경우를 말한다.

질의 1

법원에 토지분할이 청구된 경우의 조합설립 인가 (법제처, '11. 6. 16.)

도정법 제41조제3항에 따라 법원에 토지분할이 청구된 경우, 시장·군수 또는 자치구의 구청장은 같은 조 제4항에 따라 시·도지사가 지정하여 고시한 정비구역 내에서 분할되어 나갈 일부 토지를 제외하고 주택재건축조합 설립인가를 할 수 있는지

회신내용

도정법 제41조제3항에 따라 법원에 토지분할이 청구된 경우, 시장·군수 또는 자치구의 구청장은 같은 조 제4항에 따라 시·도지사가 지정하여 고시한 정비구역 내에서 분할되어 나갈 일부 토지를 제외하고 주택재건축조합 설립인가를 할 수 있음

출처 : 국토교통부

질의 2

도정법 제41조 토지분할 청구 및 조합설립인가 절차 ('12. 12. 18.)

가. 도정법 제41조제1항 내지 제3항의 토지분할청구 요건과 절차에 대한 적법성은 법원에서 판단하는지 또는 관할관청에서 판단하는지

나. 도정법 제41조제4항에 의한 시장군수의 조합설립인가 또는 사업시행인가시 같은 조 제1항 내지 제3항의 토지분할청구요건 및 절차 이행이 전제되어야 하는지
다. 도정법 제41조제1항의 「건축법」제57조의 규정에 불구하고 분할하고자 하는 토지면적이 동법 동조에서 정하고 있는 면적에 미달되어 토지분할이 되는 경우 「건축법」제57조제1항 및 제2항이 모두 적용이 배제되는지

> **회신내용**
>
> 가. 질의 '가'에 대하여,
>   도정법 제41조 제1항 내지 제3항에 따르면 사업시행자 또는 추진위원회는 제16조제2항에 따른 조합설립의 동의 요건을 충족하기 위하여 토지분할청구를 하는 때에는 토지분할대상이 되는 토지 및 그 위의 건축물과 관련된 토지등소유자와 협의하여야 하며, 토지분할의 협의가 성립되지 아니한 경우에는 법원에 토지분할을 청구할 수 있도록 하고 있음
> 나. 질의 '나'에 대하여,
>   도정법 제41조제4항에 따르면 토지분할의 협의가 성립되지 않아 법원에 토지분할이 청구된 경우 시장·군수는 분할되어나갈 토지 및 그 위의 건축물이 법에 정한 요건(도정법 제41조제4항 각호 및 동법 시행령 제45조)을 충족하는 경우에는 토지분할이 완료되지 아니하여 제1항의 규정에 의한 동의요건에 미달되더라도 건축위원회의 심의를 거쳐 조합설립의 인가와 사업시행인가를 할 수 있도록 하고 있음
> 다. 질의 '다'에 대하여,
>   도정법 제41조제1항에 따르면 사업시행자 또는 추진위원회는 조합 설립의 동의요건을 충족시키기 위하여 필요한 경우에는 그 주택단지 안의 일부 토지에 대하여 「건축법」제57조의 규정에 불구하고 분할하고자 하는 토지면적이 동법 동조에서 정하고 있는 면적에 미달되더라도 토지분할을 청구할 수 있도록 하고 있음

출처 : 국토교통부

8. 건축규제의 완화 등에 관한 특례

가. 건축규제의 완화 등에 관한 특례 (법 제68조)

① 주거환경개선사업에 따른 건축허가를 받은 때와 부동산등기(소유권 보존등기 또는 이전등기로 한정한다)를 하는 때에는 「주택도시기금법」 제8조의 국민주택채권의 매입에 관한 규정을 적용하지 아니한다.

② 주거환경개선구역에서 「국토의 계획 및 이용에 관한 법률」 제43조제2항에 따른 도시·군계획시설의 결정·구조 및 설치의 기준 등에 필요한 사항은 국토교통부령으로 정하는 바에 따른다.
③ 사업시행자는 주거환경개선구역에서 다음 각 호의 어느 하나에 해당하는 사항은 시·도조례로 정하는 바에 따라 기준을 따로 정할 수 있다.
  1. 「건축법」 제44조에 따른 대지와 도로의 관계(소방활동에 지장이 없는 경우로 한정한다)
  2. 「건축법」 제60조 및 제61조에 따른 건축물의 높이 제한(사업시행자가 공동주택을 건설·공급하는 경우로 한정한다)
④ 사업시행자는 제26조제1항제1호 및 제27조제1항제1호에 따른 재건축구역(재건축사업을 시행하는 정비구역을 말한다. 이하 같다)에서 다음 각 호의 어느 하나에 해당하는 사항에 대하여 대통령령으로 정하는 범위에서 「건축법」 제72조제2항에 따른 지방건축위원회의 심의를 거쳐 그 기준을 완화받을 수 있다.
  1. 「건축법」 제42조에 따른 대지의 조경기준
  2. 「건축법」 제55조에 따른 건폐율의 산정기준
  3. 「건축법」 제58조에 따른 대지 안의 공지 기준
  4. 「건축법」 제60조 및 제61조에 따른 건축물의 높이 제한
  5. 「주택법」 제35조제1항제3호 및 제4호에 따른 부대시설 및 복리시설의 설치기준
  6. 제1호부터 제5호까지에서 규정한 사항 외에 제26조제1항제1호 및 제27조제1항제1호에 따른 재건축사업의 원활한 시행을 위하여 대통령령으로 정하는 사항

(1) 건축규제의 완화 등에 관한 특례 (시행령 제57조)

법 제68조제4항에서 "대통령령으로 정하는 범위"란 다음 각 호를 말한다.
  1. 「건축법」 제55조에 따른 건폐율 산정 시 주차장 부분의 면적은 건축면적에서 제외할 수 있다.
  2. 「건축법」 제58조에 따른 대지 안의 공지 기준은 2분의 1 범위에서 완화할 수 있다.
  3. 「건축법」 제60조에 따른 건축물의 높이 제한 기준은 2분의 1 범위에서 완화할 수 있다.
  4. 「건축법」 제61조제2항제1호에 따른 건축물(7층 이하의 건축물에 한정한다)의 높이 제한 기준은 2분의 1 범위에서 완화할 수 있다.
  5. 「주택법」 제35조제1항제3호 및 제4호에 따른 부대시설 및 복리시설의 설

치기준은 다음 각 목의 범위에서 완화할 수 있다.
　　가. 「주택법」 제2조제14호가목에 따른 어린이놀이터를 설치하는 경우에는 「주택건설기준 등에 관한 규정」 제55조의2제7항제2호다목을 적용하지 아니할 수 있다.
　　나. 「주택법」 제2조제14호에 따른 복리시설을 설치하는 경우에는 「주택법」 제35조제1항제4호에 따른 복리시설별 설치기준에도 불구하고 설치대상 복리시설(어린이놀이터는 제외한다)의 면적의 합계 범위에서 필요한 복리시설을 설치할 수 있다.

(2) 도시·군계획시설의 결정·구조 및 설치의 기준 등 (시행규칙 제11조)

① 법 제68조제2항에 따라 주거환경개선사업을 위한 정비구역에서의 도시·군계획시설(「국토의 계획 및 이용에 관한 법률」 제2조제7호에 따른 도시·군계획시설을 말한다)의 결정·구조 및 설치의 기준 등은 「도시·군계획시설의 결정·구조 및 설치기준에 관한 규칙」에 따른다.
② 특별시장·광역시장·특별자치시장·도지사 및 특별자치도지사(이하 "시·도지사"라 한다)는 제1항에도 불구하고 지역여건을 고려할 때 제1항에 따른 기준을 적용하는 것이 곤란하다고 인정하는 경우에는 「국토의 계획 및 이용에 관한 법률」 제113조제1항에 따른 시·도도시계획위원회의 심의를 거쳐 그 기준을 완화할 수 있다.

9. 다른 법령의 적용 및 배제

가. 다른 법령의 적용 및 배제 (법 제69조)

① 주거환경개선구역은 해당 정비구역의 지정·고시가 있은 날부터 「국토의 계획 및 이용에 관한 법률」 제36조제1항제1호가목 및 같은 조 제2항에 따라 주거지역을 세분하여 정하는 지역 중 대통령령으로 정하는 지역으로 결정·고시된 것으로 본다. 다만, 다음 각 호의 어느 하나에 해당하는 경우에는 그러하지 아니하다.
　1. 해당 정비구역이 「개발제한구역의 지정 및 관리에 관한 특별조치법」 제3조제1항에 따라 결정된 개발제한구역인 경우
　2. 시장·군수등이 주거환경개선사업을 위하여 필요하다고 인정하여 해당 정비구역의 일부분을 종전 용도지역으로 그대로 유지하거나 동일면적의 범위에서 위치를 변경하는 내용으로 정비계획을 수립한 경우

3. 시장·군수등이 제9조제1항제10호다목의 사항을 포함하는 정비계획을 수립한 경우
② 정비사업과 관련된 환지에 관하여는 「도시개발법」 제28조부터 제49조까지의 규정을 준용한다. 이 경우 같은 법 제41조제2항 본문에 따른 "환지처분을 하는 때"는 "사업시행계획인가를 하는 때"로 본다.
③ 주거환경개선사업의 경우에는 「공익사업을 위한 토지 등의 취득 및 보상에 관한 법률」 제78조제4항을 적용하지 아니하며, 「주택법」을 적용할 때에는 이 법에 따른 사업시행자(토지주택공사등이 공동사업시행자인 경우에는 토지주택공사등을 말한다)는 「주택법」에 따른 사업주체로 본다. <개정 2019. 4. 23.>

(1) 다른 법령의 적용 (시행령 제58조)

법 제69조제1항 각 호 외의 부분 본문에서 "대통령령으로 정하는 지역"이란 다음 각 호의 구분에 따른 용도지역을 말한다. <개정 2018. 7. 16.>
1. 주거환경개선사업이 법 제23조제1항제1호 또는 제3호의 방법으로 시행되는 경우: 「국토의 계획 및 이용에 관한 법률 시행령」 제30조제1호나목(2)에 따른 제2종일반주거지역
2. 주거환경개선사업이 법 제23조제1항제2호 또는 제4호의 방법으로 시행되는 경우: 「국토의 계획 및 이용에 관한 법률 시행령」 제30조제1호나목(3)에 따른 제3종일반주거지역. 다만, 공공지원민간임대주택 또는 「공공주택 특별법」 제2조제1호의2에 따른 공공건설임대주택을 200세대 이상 공급하려는 경우로서 해당 임대주택의 건설지역을 포함하여 정비계획에서 따로 정하는 구역은 「국토의 계획 및 이용에 관한 법률 시행령」 제30조제1호다목에 따른 준주거지역으로 한다.

10. 지상권 등 계약의 해지 (법 제70조)

① 정비사업의 시행으로 지상권·전세권 또는 임차권의 설정 목적을 달성할 수 없는 때에는 그 권리자는 계약을 해지할 수 있다.
② 제1항에 따라 계약을 해지할 수 있는 자가 가지는 전세금·보증금, 그 밖의 계약상의 금전의 반환청구권은 사업시행자에게 행사할 수 있다.
③ 제2항에 따른 금전의 반환청구권의 행사로 해당 금전을 지급한 사업시행자는 해당 토지등소유자에게 구상할 수 있다.
④ 사업시행자는 제3항에 따른 구상이 되지 아니하는 때에는 해당 토지등소유자

에게 귀속될 대지 또는 건축물을 압류할 수 있다. 이 경우 압류한 권리는 저당권과 동일한 효력을 가진다.
⑤ 제74조에 따라 관리처분계획의 인가를 받은 경우 지상권·전세권설정계약 또는 임대차계약의 계약기간은 「민법」 제280조·제281조 및 제312조제2항, 「주택임대차보호법」 제4조제1항, 「상가건물 임대차보호법」 제9조제1항을 적용하지 아니한다.

11. 소유자의 확인이 곤란한 건축물 등에 대한 처분 (법 제71조)

① 사업시행자는 다음 각 호에서 정하는 날 현재 건축물 또는 토지의 소유자의 소재 확인이 현저히 곤란한 때에는 전국적으로 배포되는 둘 이상의 일간신문에 2회 이상 공고하고, 공고한 날부터 30일 이상이 지난 때에는 그 소유자의 해당 건축물 또는 토지의 감정평가액에 해당하는 금액을 법원에 공탁하고 정비사업을 시행할 수 있다.
  1. 제25조에 따라 조합이 사업시행자가 되는 경우에는 제35조에 따른 조합설립인가일
  2. 제25조제1항제2호에 따라 토지등소유자가 시행하는 재개발사업의 경우에는 제50조에 따른 사업시행계획인가일
  3. 제26조제1항에 따라 시장·군수등, 토지주택공사등이 정비사업을 시행하는 경우에는 같은 조 제2항에 따른 고시일
  4. 제27조제1항에 따라 지정개발자를 사업시행자로 지정하는 경우에는 같은 조 제2항에 따른 고시일
② 재건축사업을 시행하는 경우 조합설립인가일 현재 조합원 전체의 공동소유인 토지 또는 건축물은 조합 소유의 토지 또는 건축물로 본다.
③ 제2항에 따라 조합 소유로 보는 토지 또는 건축물의 처분에 관한 사항은 제74조제1항에 따른 관리처분계획에 명시하여야 한다.
④ 제1항에 따른 토지 또는 건축물의 감정평가는 제74조제2항제1호를 준용한다.

제5절 관리처분계획 등

1. 분양공고 및 분양신청

> **(구) [법률 제11059호, 2011. 9. 16. 일부개정 기준]**
>
> 제1장 관리처분계획
>
> 제1절 관리처분계획의 의의
>
> 분양신청기간, 그 밖에 대통령령이 정하는 사항을 토지등소유자에게 통지하고 분양의 대상이 되는 대지 또는 건축물의 내역 등 대통령령이 정하는 사항을 해당 지역에서 발간되는 일간신문에 공고한 후 통지한 날로부터 30일 이상 60일 기간을 정하여 토지등소유자로부터 분양신청을 받게 된다(법 제46조 제1항).
>
> 현실적으로도 사업시행자는 관리처분계획의 인가가 있은 후 기존의 건축물을 철거할 수 있게 되므로(법 제48조 제1항) 관리처분계획은 정비사업의 진행에 있어서 중요한 의미를 가지게 된다.
>
> 제2절 관리처분계획 및 관리처분계획인가의 법적 성격과 소의 이익 등
>
> 1. 관리처분계획 및 관리처분계획인가의 법적 성격
>
> 관리처분계획취소청구 사건에 관하여 판례는 1996. 2. 15. 선고 94다31235 전원합의체 판결 이후 일관되게, 관리처분계획은 토지 등의 소유자에게 구체적이고 결정적인 영향을 미치는 것이고, 사업시행결과 설치되는 대지를 포함한 각종 시설물의 권리귀속에 관한 사항과 그 비용분담에 관한 사항을 정한 것으로서, 사업시행자가 행하는 행정처분이라고 하고 있다.
> - 대법원 2002. 12. 10. 선고 2001두6333
> - 대법원 2007. 9. 6. 선고 2005두11951
> - 대법원 1994. 10. 14. 선고 93누22753
> - 대법원 2001. 12. 11. 선고 2001두7541
> - 대법원 2012. 4. 13. 선고 2009두9635
>
> 2. 관리처분계획안에 대한 총회결의의 무효확인의 소
>
> - 대법원 2009. 9. 17. 선고 2007다2428
> - 대법원 2009. 10. 15. 선고 2008다93001

3. 관리처분계획인가와 변경인가의 관계 및 소의 이익 등

- 대법원 2012. 3. 22. 선고 2011두6400
- 대법원 2012. 9. 27. 선고 2010두16219
- 대법원 2012. 5. 24. 선고 2009두22140

제3절 인가·고시된 관리처분계획의 취소 및 무효의 범위와 제소기간

1. 취소 및 무효확인의 범위

실제 소송에서는 관리처분계획이 인가되기 전까지는 분양신청에 대한 조합의 거부처분 등을 다투는 형식을 취하고, 인가 이후에는 관리처분계획의 일부 취소를 구하는 형태를 많이 취하고 있다.
- 대법원 1995. 7. 14. 선고 93누9118
- 대법원 2010. 3. 25. 선고 2009두21277

2. 인가·고시된 관리처분계획에 대한 항고소송 제소기간

- 대법원 2012. 4. 13. 선고 2009두9635
- 대법원 1995. 8. 22. 선고 94누5694

가. 분양공고 및 분양신청 (법 제72조)

① 사업시행자는 제50조제7항에 따른 사업시행계획인가의 고시가 있는 날(사업시행계획인가 이후 시공자를 선정한 경우에는 시공자와 계약을 체결한 날)부터 120일 이내에 다음 각 호의 사항을 토지등소유자에게 통지하고, 분양의 대상이 되는 대지 또는 건축물의 내역 등 대통령령으로 정하는 사항을 해당 지역에서 발간되는 일간신문에 공고하여야 한다. 다만, 토지등소유자 1인이 시행하는 재개발사업의 경우에는 그러하지 아니하다.
  1. 분양대상자별 종전의 토지 또는 건축물의 명세 및 사업시행계획인가의 고시가 있은 날을 기준으로 한 가격(사업시행계획인가 전에 제81조제3항에 따라 철거된 건축물은 시장·군수등에게 허가를 받은 날을 기준으로 한 가격)
  2. 분양대상자별 분담금의 추산액
  3. 분양신청기간
  4. 그 밖에 대통령령으로 정하는 사항

② 제1항제3호에 따른 분양신청기간은 통지한 날부터 30일 이상 60일 이내로 하여야 한다. 다만, 사업시행자는 제74조제1항에 따른 관리처분계획의 수립에 지장이 없다고 판단하는 경우에는 분양신청기간을 20일의 범위에서 한 차례만 연장할 수 있다.
③ 대지 또는 건축물에 대한 분양을 받으려는 토지등소유자는 제2항에 따른 분양신청기간에 대통령령으로 정하는 방법 및 절차에 따라 사업시행자에게 대지 또는 건축물에 대한 분양신청을 하여야 한다.
④ 사업시행자는 제2항에 따른 분양신청기간 종료 후 제50조제1항에 따른 사업시행계획인가의 변경(경미한 사항의 변경은 제외한다)으로 세대수 또는 주택규모가 달라지는 경우 제1항부터 제3항까지의 규정에 따라 분양공고 등의 절차를 다시 거칠 수 있다.
⑤ 사업시행자는 정관등으로 정하고 있거나 총회의 의결을 거친 경우 제4항에 따라 제73조제1항제1호 및 제2호에 해당하는 토지등소유자에게 분양신청을 다시 하게 할 수 있다
⑥ 제3항부터 제5항까지의 규정에도 불구하고 투기과열지구의 정비사업에서 제74조에 따른 관리처분계획에 따라 같은 조 제1항제2호 또는 제1항제4호가목의 분양대상자 및 그 세대에 속한 자는 분양대상자 선정일(조합원 분양분의 분양대상자는 최초 관리처분계획 인가일을 말한다)부터 5년 이내에는 투기과열지구에서 제3항부터 제5항까지의 규정에 따른 분양신청을 할 수 없다. 다만, 상속, 결혼, 이혼으로 조합원 자격을 취득한 경우에는 분양신청을 할 수 있다. <신설 2017. 10. 24.>

(1) 분양신청의 절차 등 (시행령 제59조)

① 법 제72조제1항 각 호 외의 부분 본문에서 "분양의 대상이 되는 대지 또는 건축물의 내역 등 대통령령으로 정하는 사항"이란 다음 각 호의 사항을 말한다.
  1. 사업시행인가의 내용
  2. 정비사업의 종류·명칭 및 정비구역의 위치·면적
  3. 분양신청기간 및 장소
  4. 분양대상 대지 또는 건축물의 내역
  5. 분양신청자격
  6. 분양신청방법
  7. 토지등소유자외의 권리자의 권리신고방법
  8. 분양을 신청하지 아니한 자에 대한 조치
  9. 그 밖에 시·도조례로 정하는 사항

② 법 제72조제1항제4호에서 "대통령령으로 정하는 사항"이란 다음 각 호의 사항을 말한다.
  1. 제1항제1호부터 제6호까지 및 제8호의 사항
  2. 분양신청서
  3. 그 밖에 시·도조례로 정하는 사항
③ 법 제72조제3항에 따라 분양신청을 하려는 자는 제2항제2호에 따른 분양신청서에 소유권의 내역을 분명하게 적고, 그 소유의 토지 및 건축물에 관한 등기부등본 또는 환지예정지증명원을 첨부하여 사업시행자에게 제출하여야 한다. 이 경우 우편의 방법으로 분양신청을 하는 때에는 제1항제3호에 따른 분양신청기간 내에 발송된 것임을 증명할 수 있는 우편으로 하여야 한다.
④ 재개발사업의 경우 토지등소유자가 정비사업에 제공되는 종전의 토지 또는 건축물에 따라 분양받을 수 있는 것 외에 공사비 등 사업시행에 필요한 비용의 일부를 부담하고 그 대지 및 건축물(주택을 제외한다)을 분양받으려는 때에는 제3항에 따른 분양신청을 하는 때에 그 의사를 분명히 하고, 법 제72조제1항제1호에 따른 가격의 10퍼센트에 상당하는 금액을 사업시행자에게 납입하여야 한다. 이 경우 그 금액은 납입하였으나 제62조제3호에 따라 정하여진 비용부담액을 정하여진 시기에 납입하지 아니한 자는 그 납입한 금액의 비율에 해당하는 만큼의 대지 및 건축물(주택을 제외한다)만 분양을 받을 수 있다.
⑤ 제3항에 따라 분양신청서를 받은 사업시행자는 「전자정부법」 제36조제1항에 따른 행정정보의 공동이용을 통하여 첨부서류를 확인할 수 있는 경우에는 그 확인으로 첨부서류를 갈음하여야 한다.

(2) 규제의 재검토 (시행령 제98조)

국토교통부장관은 다음 각 호의 사항에 대하여 2017년 1월 1일을 기준으로 3년마다(매 3년이 되는 해의 기준일과 같은 날 전까지를 말한다) 그 타당성을 검토하여 개선 등의 조치를 하여야 한다.
  1. 제7조 및 별표 1에 따른 정비계획의 입안대상지역
  2. 제19조 및 제21조에 따른 공동시행자 및 지정개발자의 요건
  3. 제59조에 따른 분양신청의 절차 등
  4. 제81조 및 별표 4에 따른 정비사업전문관리업의 등록기준
  5. 제84조 및 별표 5에 따른 정비사업전문관리업자의 등록취소 및 업무정지처분의 기준
  6. 제88조에 따른 회계감사

질의 1

조합원 변경사항이 조합설립인가내용의 경미한 변경인지 ('12. 4. 6.)

분양신청을 하지 아니한 자가 조합정관에 따라 조합원 자격이 상실되어 조합원 변경을 하고자 하는 경우 도정법 시행령 제27조의 조합설립인가내용의 경미한 변경에 해당되는지

회신내용

도정법 제46조에 따라 분양신청을 하지 않은 조합원이 조합정관에 따라 조합원 자격이 상실되어 조합설립인가내용을 변경하려는 경우, 도정법 시행령 제27조제4호에 따라 시·도 조례에서 조합설립인가내용의 경미한 변경으로 규정하고 있지 않은 경우에는 도정법 시행령 제27조에 따른 경미한 변경으로 볼 수 없다는 법제처 법령해석(안건번호 11-0684)에 따라야 할 것으로 판단됨

출처 : 국토교통부

질의 2

사업시행계획 변경인가를 받은 경우 다시 분양신청을 받아야 하는지 ('12. 3. 7.)

사업시행인가 후 분양신청을 받았으나, 사업시행계획을 변경하여 다시 인가를 받은 경우 기존의 분양신청자 및 분양신청을 하지않은 자 등을 포함하여 다시 분양신청을 받아야 하는 것인지 여부

회신내용

도정법 제46조제1항에서 사업시행자는 사업시행인가 고시 이후 분양 공고 및 분양 신청을 받도록 규정하고 있으며, 귀 문의의 경우와 같이 당초 사업시행인가를 받은 내용을 변경하여 다시 사업시행인가를 받은 경우 분양신청에 대한 사항은 최초 분양신청의 근거가 되는 사실관계에 중대한 변화가 생겨 최초 조합원들의 분양신청 의사 결정에 영향을 미치는지 여부 및 일반분양 실시 여부 등을 포함한 현지 현황, 관련서류 및 관련법령 등을 종합적으로 검토·판단하여야 할 사항으로 사료됨

출처 : 국토교통부

질의 3
고시가 있은 날부터 60일 산정 시 초일 산입여부 ('10. 1. 15.)

도정법 제46조제1항에서 규정하고 있는 "고시가 있은 날부터 60일 이내" 및 "통지한 날부터 30일 이상 60일 이내"에 대한 기간산정과 관련하여, 여기서 말하는 "60일 이내"는 고시 또는 통지가 있는 날을 포함하여 산정 하는지

회신내용

민법 제157조 및 제159조에 따르면 기간을 일, 주, 월 또는 연으로 정한 때에는 기간의 초일은 산입하지 아니하되, 그 기간이 오전영시부터 시작되는 때에는 그러하지 아니하고, 기간말일의 종료로 기간이 만료한다고 규정되어 있음

출처 : 국토교통부

질의 4
시공자를 선정하지 않은 경우 분양공고 가능 시기 ('11. 3. 30.)

주택재개발사업의 시공자 선정이 안 된 상태에서 사업시행인가되어 있는 경우 도정법 제46조제1항을 적용할 때 언제부터 60일 이내에 분양 공고를 하여야 하는지

회신내용

질의의 경우 사업시행인가 이후에 시공자를 선정하여야 할 경우라면 시공자와 계약을 체결한 날부터 60일 이내에 도정법 제46조제1항에 따른 절차를 거쳐야 할 것으로 봄

출처 : 국토교통부

질의 5
임대주택의 공급시에 거주기간 산정일 등 (법제처, '11. 9. 22.)

`도정법 시행령 별표 3의 제2호가목(1)은 "임대주택은 기준일 3월 전부터 당해 주택재개발사업을 위한 정비구역 또는 다른 주택재개발사업을 위한 정비구역안에 거주하는 세입자로서 입주를 희망하는 자에게 공급한다."고 규정하고 있는 바, 위 규정에 따라 세입자의 거주기간을 산정할 때 기준일을 산입하여야 하는지

회신내용

도정법 시행령 별표 3의 제2호가목(1)에 따라 세입자의 거주기간을 산정할 때 기준일을 산입하지 않음

출처 : 국토교통부

질의 6

토지등소유자 1인이 일반분양 완료상태에서 관리처분계획수립 가능 여부 ('10. 7. 5.)

도시환경정비사업의 토지등소유자 1인이 정비구역 안의 토지 및 건축물을 모두 소유하여 관리처분계획 수립 및 인가절차를 거치지 아니하고 공사 착공 및 입주자 모집(일반분양) 절차를 완료한 상태일 경우 준공인가 전에 관리처분계획인가 신청·인가 가능

회신내용

사업시행자(주거환경개선사업을 제외함)는 도정법 제46조에 따른 분양신청기간이 종료된 때에는 분양신청의 현황을 기초로 분양설계 등을 포함한 같은 항 각호의 사항이 포함된 관리처분계획을 수립하여 시장·군수의 인가를 받도록 하고 있고, 분양신청을 받은 후 잔여분이 있는 경우에는 정관 등 또는 사업시행계획이 정하는 목적을 위하여 보류지(건축물을 포함)로 정하거나 주택법 제38조의 규정을 준용하여 조합원 외의 자에게 분양할 수 있도록 도정법 제48조제1항·7제3항 및 도정법 시행령 제51조에서 규정하고 있는 바, 관리처분계획을 수립함이 없이 이미 일반분양 절차를 거쳐 입주자 모집까지 완료한 상태에서 관리처분계획을 수립하는 것은 관리처분계획을 수립하는 목적이나 도정법 상의 절차 등을 감안할 때 타당하지 않은 것으로 판단됨

출처 : 국토교통부

질의 7

관리처분인가 후 설계변경 시 절차, 분양철회자에 대한 재분양 ('12. 1. 2.)

관리처분인가 후 설계변경을 했다면 재개발 절차 중 생략해도 되는 항목은, 보상(현금청산자) 및 이주(분양신청자 및 현금청산자)는 변경된 관리처분인가에 의하여 이루어져야 하는지, 분양철회자에게 변경사업시행인가에 의하여 다시 분양신

청을 할 수 있는지

> **회신내용**
>
> 가. 도정법 제48조제1항 및 같은 법 시행령 제50조에 따르면 사업시행자가 도정법 제46조에 따른 분양신청기간이 종료된 때에는 분양신청의 현황을 기초로 관리처분계획을 수립하여 시장·군수·구청장의 인가를 받도록 하고 있고, 관리처분계획을 변경하는 경우에도 같으며 관리처분계획에는 법 제47조의 규정에 의하여 현금으로 청산하여야 하는 토지등소유자별 기존의 토지·건축물 또는 그 밖의 권리의 명세와 이에 대한 청산방법, 기존 건축물의 철거 예정시기 등을 포함하도록 하고 있음
>
> 나. 또한, 분양철회자에게 변경사업시행인가에 의하여 다시 분양신청을 할 수 있는지 여부는 도정법 시행령 제31조제10호에 따라 도정법 제48조제1항에 따른 관리처분계획에 관한 사항은 해당 조합의 정관에 정하도록 하고 있고, 최초 분양신청의 근거가 되는 사실관계에 중대한 변화가 생겨 최초 조합원들의 분양신청 의사 결정에 영향을 미치는 경우인지와 일반분양이 되었는지 등을 포함한 현지현황, 관련서류 및 관련법령 등을 종합적으로 검토하여 판단할 사항으로 보임

출처 : 국토교통부

질의 8

분양신청을 다시 받는 경우의 분양절차 ('12. 4. 25.)

주택재건축사업에서 사업시행계획 변경인가 후 당초 분양 미신청 등의 사유로 현금청산 등의 절차를 거쳐 소유권이 조합으로 이전된 자를 제외한 조합원을 대상으로 분양신청을 다시 받는 경우에도 도정법 제46조에 따른 분양신청절차를 다시 거쳐야 하는지 여부

> **회신내용**
>
> 도정법 제46조제1항에 따라 사업시행자는 사업시행인가의 고시가 있은 날부터 60일 이내에 개략적인 부담금내역 및 분양신청기간 그 밖에 대통령령이 정하는 사항을 토지등소유자에게 통지하고 분양의 대상이 되는 대지 또는 건축물의 내역 등 대통령령이 정하는 사항을 해당 지역에서 발간되는 일간신문에 공고하도록 하고 있으며, 귀 질의와 같이 분양신청을 하였던 조합원을 대상으로 사업시행계획변경에 따라 분양신청을 다시 받는 경우에도 도정법 제46조에 따른 분양신청절차를 거쳐야 할 것으로 판단됨

출처 : 국토교통부

2. 분양신청을 하지 아니한 자 등에 대한 조치

가. 분양신청을 하지 아니한 자 등에 대한 조치 (법 제73조)

(구) [법률 제11059호, 2011. 9. 16. 일부개정 기준]

❖ 현금청산

1. 현금청산자의 종류

　가. 도시정비법의 규정에 의한 현금청산자

　도시정비법 제47조에서 현금청산자에 관한 내용을 정하고 있다. 이에 따르면 사업시행자는 토지등소유자가 ① 분양신청을 하지 아니한 자 또는 분양신청기간 종료 이전에 분양신청을 철회한 자이거나 ② 도시정비법 제48조에 따라 인가된 관리처분계획에 따라 분양대상에서 제외된 자에 해당하는 경우에는 150일 이내에 대통령령으로 정하는 절차에 따라 토지·건축물 또는 그 밖의 권리에 대하여 현금으로 청산하여야 한다.
- 대법원 2011. 12. 22. 선고 2011두17936

　나. 정관 규정에 의한 현금청산자

　판례는 재개발조합이 정관에서 관리처분계획의 인가 후 60일 이내에 분양계약을 체결하지 아니한 조합원에게 도시정비법 제47조의 내용을 준용한다고 규정하고 있는 사안에서, 이러한 정관 규정은 조합원으로 하여금 관리처분계획이 인가된 이후라도 조합원 지위에서 이탈하여 현금청산을 받을 기회를 추가로 부여하려는 취지이므로, 그 내용이 도시정비법에 위배되어 무효라고 볼 수 없다고 하여, 분양신청을 체결하였으나 분양계약을 체결하지 아니한 자가 현금청산자가 될 수 있다고 한다.
- 대법원 2011. 7. 28. 선고 2008다91364
- 대법원 2012. 5. 9. 선고 2010다71141

2. 청산금에 관한 협의가 성립되지 않을 때의 청산방법

　가. 재개발사업

　도시정비법 제38조, 제40조 제1항에서는 사업시행자는 정비구역 안에서 정비사업을 시행하기 위해 필요한 경우 공익사업법 제3조에 따른 토지·물건 또는

그 밖의 권리를 수용 또는 사용할 수 있고, 이 경우 도시정비법에 특별한 규정이 있는 경우를 제외하고는 공익사업법을 준용한다고 규정하고 있다.
- 대법원 2008. 3. 13. 선고 2006두2954

나. 재건축사업

재건축조합의 경우는 토지등소유자의 가입이 강제되지 않기 때문에 재건축조합의 설립에 찬성하지 아니하는 토지등소유자에 대하여는 도시정비법 제39조에 따라 조합이 매도청구권을 행사하여 현금청산의 절차를 밟을 수가 있다.
- 대법원 2010. 12. 23. 선고 2010다73215

3. 조합의 소유권이전등기 및 인도청구권과 현금청산자의 청산금 지급청구권의 관계

가. 재개발사업

재개발사업의 경우에 협의에 의하는 경우 토지 등 인도의무와 현금청산금지급의무는 동시이행관계이다.
- 대법원 2011. 7. 28. 선고 2008다91364

재개발조합이 현금청산자를 상대로 공익사업법 제40조에 따라 수용 또는 사용의 개시일까지 토지수용위원회가 재결한 보상금을 지급하거나 공탁함으로써 수용의 개시일에 토지나 물건의 소유권을 취득하게 되는데(공익사업법 제45조), 토지수용위원회의 수용재결에 관한 이의나 행정소송의 제기로 수용의 효력이 정지되지는 아니하므로(공익사업법 제88조) 소유권에 기한 인도청구도 가능하다고 할 것이다.

나. 재건축사업

도시정비법 제47조는 사업시행자인 재건축조합이 분양신청을 하지 아니한 토지등소유자에 대하여 부담하는 현금청산의무를 규정하는 것에 불과하므로 재건축조합이 위 조항을 근거로 하여 곧바로 현금청산자를 상태로 정비구역 내 부동산에 관한 소유권이전등기를 청구 할 수는 없다.
- 대법원 2010. 12. 23. 선고 2010다73215
- 대법원 2008. 10. 9. 선고 2008다37780
- 대법원 2009. 1. 15. 선고 2008다40991

다. 현금청산자가 도시정비법 제47조를 근거로 직접 조합에 현금청산금의

지급을 청구할 수 있는지 여부

판례도 직접 청구가 인정됨을 전제로 하여 청산금지급의무와 소유권이전등기 의무의 관계 등에 대하여 실시하고 있다.
- 대법원 2008. 10. 9. 선고 2008다37780

4. 현금청산의무의 발생일과 지연손해금

가. 현금청산의무의 발생일

도시정비법 제47조는 현금청산자에 대하여 150일 이내에 대통령령으로 정하는 절차에 따라 토지·건축물 또는 그 밖의 권리에 대하여 현금으로 청산하여야 한다고 규정하고 있는데

판례는 분양신청을 하지 아니하거나 분양신청기간의 종료 이전에 분양신청을 철회한 현금청산자에 대한 현금청산의무 발생시기는 도시정비법 제47조에 규정된 분양신청 기간 종료일의 다음날이라고 한다.
- 대법원 2010. 8. 19. 선고 2009다81203
- 대법원 2008. 10. 9. 선고 2008다37780

나. 지연손해금

도시정비법 제47조는 현금청산사유가 발생한 다음 날부터 150일 이내에 현금으로 청산하여야 하고, 150일의 기한이 지난 다음 날부터 지연이자가 가산된다.
- 대법원 2008. 10. 9. 선고 2008다37780

판례는 도시정비법 제47조의 규정에 따라 사업시행자가 현금청산자에 대하여 부담하는 청산금의 지급의무와 현금청산자가 조합에 대하여 부담하는 권리제한등기가 없는 상태로 토지 등의 소유권이전등기 등의 의무는 공평의 원칙상 동시이행관계에 있다
- 대법원 2010. 8. 19. 선고 2009다81203
- 대법원 2008. 10. 9. 선고 2008다37780

조합이 현금청산자에게 권리제한등기를 말소하는 데 필요한 금액에 관하여 동시이행항변권을 행사할 수 있으므로 근저당권의 채권최고액과 가압류의 청구금액에 관하여는 지연손해금을 부담하지 않는다고 봄이 타당하다.
- 대법원 2009. 9. 10. 선고 2009다32850, 32867

5. 청산금액의 산정 방법

사업시행자가 현금청산을 하는 경우 청산금액은 사업시행자와 토지등소유자가 협의하여 산정하는데, 이 경우 시장·군수가 추천하는 부동산가격법에 의한 감정평가업자 2인 이상이 평가한 금액을 산술평균하여 산정한 금액을 기준으로 협의할 수 있다(도시정비법 시행령 제48조).
- 대법원 2010. 8. 19. 선고 2009다81203
- 대법원 2009. 9. 10. 선고 2009다32850, 32867
- 대법원 2012. 5. 10. 선고 2010다47469, 47476, 47483

6. 소유권이전등기 및 인도청구의 소와 청산금 지급청구의 소의 성격

관리처분계획인가의 고시에 따른 도시정비법 제49조 제6항에 기한 인도청구의 소도 민사소송에 해당한다.

7. 현금청산과 조합원 지위의 상실 및 소의 이익

조합원의 지위를 상실하는 시점은 분양신청을 하지 않거나 철회한 조합원은 분양신청기간 종료일 다음 날이라고 한다.
- 대법원 2010. 8. 19. 선고 2009다81203

재개발조합에 관하여도 판례는 현금청산자는 조합원의 지위를 상실한다고 한다.
- 대법원 2011. 7. 28. 선고 2008다91364
- 대법원 2011. 1. 27. 선고 2008두14340
- 대법원 2011. 12. 8. 선고 2008두18342

① 사업시행자는 관리처분계획이 인가·고시된 다음 날부터 90일 이내에 다음 각 호에서 정하는 자와 토지, 건축물 또는 그 밖의 권리의 손실보상에 관한 협의를 하여야 한다. 다만, 사업시행자는 분양신청기간 종료일의 다음 날부터 협의를 시작할 수 있다. <개정 2017. 10. 24.>
  1. 분양신청을 하지 아니한 자
  2. 분양신청기간 종료 이전에 분양신청을 철회한 자
  3. 제72조제6항 본문에 따라 분양신청을 할 수 없는 자
  4. 제74조에 따라 인가된 관리처분계획에 따라 분양대상에서 제외된 자
② 사업시행자는 제1항에 따른 협의가 성립되지 아니하면 그 기간의 만료일 다음 날부터 60일 이내에 수용재결을 신청하거나 매도청구소송을 제기하여야 한다.
③ 사업시행자는 제2항에 따른 기간을 넘겨서 수용재결을 신청하거나 매도청구

소송을 제기한 경우에는 해당 토지등소유자에게 지연일수(遲延日數)에 따른 이자를 지급하여야 한다. 이 경우 이자는 100분의 15 이하의 범위에서 대통령령으로 정하는 이율을 적용하여 산정한다.

(1) 분양신청을 하지 아니한 자 등에 대한 조치 (시행령 제60조)

① 사업시행자가 법 제73조제1항에 따라 토지등소유자의 토지, 건축물 또는 그 밖의 권리에 대하여 현금으로 청산하는 경우 청산금액은 사업시행자와 토지등소유자가 협의하여 산정한다. 이 경우 재개발사업의 손실보상액의 산정을 위한 감정평가업자 선정에 관하여는 「공익사업을 위한 토지 등의 취득 및 보상에 관한 법률」 제68조제1항에 따른다.
② 법 제73조제3항 후단에서 "대통령으로 정하는 이율"이란 다음 각 호를 말한다.
   1. 6개월 이내의 지연일수에 따른 이자의 이율: 100분의 5
   2. 6개월 초과 12개월 이내의 지연일수에 따른 이자의 이율: 100분의 10
   3. 12개월 초과의 지연일수에 따른 이자의 이율: 100분의 15

질의 1
재건축 분양신청 또는 분양계약을 하지 아니한 경우 처리 ('09. 8. 27.)

주택재건축사업 관련, 분양신청 및 분양계약을 하지 아니한 경우 어떻게 처리 되는지

회신내용

도정법 제47조에 따르면 분양신청을 하지 아니한 자, 분양신청을 철회한 자에 대하여 사업시행자는 토지등소유자가 그 해당하게 된 날부터 150일 이내에 대통령령이 정하는 절차에 따라 토지·건축물 또는 그 밖의 권리에 대하여 현금으로 청산하여야 한다고 규정되어 있고, 동법 시행령 제48조에서는 상기 규정에 의하여 토지등소유자의 토지·건축물 그 밖의 권리에 대하여 현금으로 청산하는 경우 청산금액은 사업시행자와 토지등소유자가 협의하여 산정하도록 하고 있으며, 이 경우 시장·군수가 추천하는 부동산공시법에 의한 감정평가업자 2인 이상이 평가한 금액을 산술평균하여 산정한 금액을 기준으로 협의할 수 있다고 규정되어 있음

출처 : 국토교통부

질의 2

150일 이내에 현금청산 한다는 의미 ('10. 7. 8.)

도정법 제47조의 내용 중 "150일 이내에 현금으로 청산하여야 한다"의 의미는

회신내용

도정법 제47조의 규정은 도정법 시행령 제48조의 규정에 따라 사업시행자가 토지등소유자와 협의하여 150일 이내에 청산을 마치도록 한 것임

출처 : 국토교통부

질의 3

현금청산대상자의 조합원 지위 상실 여부 ('10. 9. 28.)

주택재건축사업에서 도정법 제47조에 따른 현금청산 대상자는 조합원의 지위가 상실되는 것으로 보는지 및 조합원 지위가 상실된다면 그 시점은

회신내용

현금청산대상자가 된 조합원은 조합원으로서 지위를 상실한다는 대법원 판결(대법원 2009다81203, 2010.8.19.)은 존중되어야 할 것으로 사료되며, 아울러 도정법 제20조제1항 제2호 및 제3호에 따르면 조합원의 자격에 관한 사항, 조합원의 제명·탈퇴 및 교체에 관한 사항 등은 해당 조합의 정관에 정하도록 되어 있음

출처 : 국토교통부

질의 4

일부필지는 현금청산, 나머지는 조합원 분양을 받을 수 있는지 ('12. 3. 15.)

도시환경정비사업에서 정비구역 지정 후 정비사업을 목적으로 외부의 투자자가 여러 필지를 매입하여 토지등소유자가 되었을 경우, 여러 필지 중 일부필지는 현금청산을 받고 일부필지는 조합원 분양을 받는 것이 가능한지 여부

회신내용

> 가. 도정법 시행령 제28조제1항제1호다목 단서에 따라 도시환경정비사업의 경우 토지등소유자가 정비구역 지정 후에 정비사업을 목적으로 취득한 토지 또는 건축물에 대하여는 종전소유자를 토지등소유자의 수에 포함하여 산정하되, 동의 여부는 이를 취득한 토지등소유자에 의하도록 하고 있으나, 이는 동의자수 산정방법에 적용되는 사항으로 판단됨
> 나. 현금청산은 도정법 제47조에 따라 토지등소유자가 분양신청을 하지 아니한 자, 분양신청을 철회한 자, 제48조의 규정에 의하여 인가된 관리처분계획에 의하여 분양대상에서 제외된 자에 해당하는 경우 그 해당하게 된 날부터 150일 이내에 토지·건축물 또는 그 밖의 권리에 대하여 사업시행자가 현금으로 청산하도록 하고 있음
> 다. 또한, 도정법 제48조제2항제7호다목에 따라 분양대상자별 종전의 토지 또는 건축물의 사업시행인가의 고시가 있은 날을 기준으로 한 가격의 범위에서 2주택을 공급할 수 있고, 이 중 1주택은 주거전용면적을 60제곱미터 이하로 하도록 하고 있음

출처 : 국토교통부

질의 5

관리처분계획 인가 신청 이후 분양신청 철회가 가능한지 ('12. 5. 7.)

관리처분계획 인가 신청 이후 분양신청 철회를 받아주지 않는 경우 위법인지

회신내용

> 도정법 제47조 및 같은 법 시행령 제48조에 따라 사업시행자는 토지등소유자가 분양신청을 하지 아니한 자, 분양신청을 철회한 자 등에 해당하는 경우에는 그 해당하게 된 날부터 150일 이내에 토지·6건축물 또는 그 밖의 권리에 대하여 현금으로 청산하도록 하면서 분양신청의 철회 시기에 대하여는 별도 규정하고 있지는 않으나, 관리처분계획 수립이나 조합원의 권리관계 영향 등을 고려할 때 분양신청 기간이나 관리처분계획 인가 신청전 적정 시점에서 철회하는 것이 바람직할 것으로 판단됨

출처 : 국토교통부

질의 6

현금청산대상자의 소유권 확보 시기 ('12. 6. 14.)

도정법 제47조에 규정된 현금청산대상자의 경우 이전고시 전까지만 소유권을 확보하면 되는지

> **회신내용**
>
> 도정법 제54조제1항에 따르면 사업시행자는 같은 법 제52조제3항에 따른 준공인가 고시가 있은 때에는 대지 확정측량을 하고 토지의 분할절차를 거쳐 관리처분계획에 정한 사항을 분양을 받을 자에게 통지하고 대지 또는 건축물의 소유권을 이전하도록 하고 있음

출처 : 국토교통부

3. 관리처분계획의 인가 등

가. 관리처분계획의 인가 등 (법 제74조)

① 사업시행자는 제72조에 따른 분양신청기간이 종료된 때에는 분양신청의 현황을 기초로 다음 각 호의 사항이 포함된 관리처분계획을 수립하여 시장·군수등의 인가를 받아야 하며, 관리처분계획을 변경·중지 또는 폐지하려는 경우에도 또한 같다. 다만, 대통령령으로 정하는 경미한 사항을 변경하려는 경우에는 시장·군수등에게 신고하여야 한다. <개정 2018. 1. 16.>
  1. 분양설계
  2. 분양대상자의 주소 및 성명
  3. 분양대상자별 분양예정인 대지 또는 건축물의 추산액(임대관리 위탁주택에 관한 내용을 포함한다)
  4. 다음 각 목에 해당하는 보류지 등의 명세와 추산액 및 처분방법. 다만, 나목의 경우에는 제30조제1항에 따라 선정된 임대사업자의 성명 및 주소(법인인 경우에는 법인의 명칭 및 소재지와 대표자의 성명 및 주소)를 포함한다.
     가. 일반 분양분
     나. 공공지원민간임대주택
     다. 임대주택
     라. 그 밖에 부대시설·복리시설 등
  5. 분양대상자별 종전의 토지 또는 건축물 명세 및 사업시행계획인가 고시가 있은 날을 기준으로 한 가격(사업시행계획인가 전에 제81조제3항에 따라 철거된 건축물은 시장·군수등에게 허가를 받은 날을 기준으로 한 가격)
  6. 정비사업비의 추산액(재건축사업의 경우에는 「재건축초과이익 환수에 관한 법률」에 따른 재건축부담금에 관한 사항을 포함한다) 및 그에 따른 조합원 분담규모 및 분담시기

7. 분양대상자의 종전 토지 또는 건축물에 관한 소유권 외의 권리명세
8. 세입자별 손실보상을 위한 권리명세 및 그 평가액
9. 그 밖에 정비사업과 관련한 권리 등에 관하여 대통령령으로 정하는 사항
② 시장·군수등은 제1항 각 호 외의 부분 단서에 따른 신고를 받은 날부터 20일 이내에 신고수리 여부를 신고인에게 통지하여야 한다. <신설 2021. 3. 16.>
③ 시장·군수등이 제2항에서 정한 기간 내에 신고수리 여부 또는 민원 처리 관련 법령에 따른 처리기간의 연장을 신고인에게 통지하지 아니하면 그 기간(민원 처리 관련 법령에 따라 처리기간이 연장 또는 재연장된 경우에는 해당 처리기간을 말한다)이 끝난 날의 다음 날에 신고를 수리한 것으로 본다. <신설 2021. 3. 16.>
④ 정비사업에서 제1항제3호·제5호 및 제8호에 따라 재산 또는 권리를 평가할 때에는 다음 각 호의 방법에 따른다. <개정 2020. 4. 7., 2021. 3. 16.>
  1. 「감정평가 및 감정평가사에 관한 법률」에 따른 감정평가법인등 중 다음 각 목의 구분에 따른 감정평가법인등이 평가한 금액을 산술평균하여 산정한다. 다만, 관리처분계획을 변경·중지 또는 폐지하려는 경우 분양예정 대상인 대지 또는 건축물의 추산액과 종전의 토지 또는 건축물의 가격은 사업시행자 및 토지등소유자 전원이 합의하여 산정할 수 있다.
     가. 주거환경개선사업 또는 재개발사업: 시장·군수등이 선정·계약한 2인 이상의 감정평가법인등
     나. 재건축사업: 시장·군수등이 선정·계약한 1인 이상의 감정평가법인등과 조합총회의 의결로 선정·계약한 1인 이상의 감정평가법인등
  2. 시장·군수등은 제1호에 따라 감정평가법인등을 선정·계약하는 경우 감정평가법인등의 업무수행능력, 소속 감정평가사의 수, 감정평가 실적, 법규 준수 여부, 평가계획의 적정성 등을 고려하여 객관적이고 투명한 절차에 따라 선정하여야 한다. 이 경우 감정평가법인등의 선정·절차 및 방법 등에 필요한 사항은 시·도조례로 정한다.
  3. 사업시행자는 제1호에 따라 감정평가를 하려는 경우 시장·군수등에게 감정평가법인등의 선정·계약을 요청하고 감정평가에 필요한 비용을 미리 예치하여야 한다. 시장·군수등은 감정평가가 끝난 경우 예치된 금액에서 감정평가 비용을 직접 지불한 후 나머지 비용을 사업시행자와 정산하여야 한다.
⑤ 조합은 제45조제1항제10호의 사항을 의결하기 위한 총회의 개최일부터 1개월 전에 제1항제3호부터 제6호까지의 규정에 해당하는 사항을 각 조합원에게 문서로 통지하여야 한다. <개정 2021. 3. 16.>

⑥ 제1항에 따른 관리처분계획의 내용, 관리처분의 방법 등에 필요한 사항은 대통령령으로 정한다. <개정 2021. 3. 16.>
⑦ 제1항 각 호의 관리처분계획의 내용과 제4항부터 제6항까지의 규정은 시장·군수등이 직접 수립하는 관리처분계획에 준용한다. <개정 2021. 3. 16.>

(1) 관리처분계획의 경미한 변경 (시행령 제61조)

법 제74조제1항 각 호 외의 부분 단서에서 "대통령령으로 정하는 경미한 사항을 변경하려는 경우"란 다음 각 호의 어느 하나에 해당하는 경우를 말한다. <개정 2018. 7. 16.>
1. 계산착오·오기·누락 등에 따른 조서의 단순정정인 경우(불이익을 받는 자가 없는 경우에만 해당한다)
2. 법 제40조제3항에 따른 정관 및 법 제50조에 따른 사업시행계획인가의 변경에 따라 관리처분계획을 변경하는 경우
3. 법 제64조에 따른 매도청구에 대한 판결에 따라 관리처분계획을 변경하는 경우
4. 법 제129조에 따른 권리·의무의 변동이 있는 경우로서 분양설계의 변경을 수반하지 아니하는 경우
5. 주택분양에 관한 권리를 포기하는 토지등소유자에 대한 임대주택의 공급에 따라 관리처분계획을 변경하는 경우
6. 「민간임대주택에 관한 특별법」 제2조제7호에 따른 임대사업자의 주소(법인인 경우에는 법인의 소재지와 대표자의 성명 및 주소)를 변경하는 경우

(2) 관리처분계획의 내용 (시행령 제62조)

법 제74조제1항제9호에서 "대통령령으로 정하는 사항"이란 다음 각 호의 사항을 말한다.
1. 법 제73조에 따라 현금으로 청산하여야 하는 토지등소유자별 기존의 토지·건축물 또는 그 밖의 권리의 명세와 이에 대한 청산방법
2. 법 제79조제4항 전단에 따른 보류지 등의 명세와 추산가액 및 처분방법
3. 제63조제1항제4호에 따른 비용의 부담비율에 따른 대지 및 건축물의 분양계획과 그 비용부담의 한도·방법 및 시기. 이 경우 비용부담으로 분양받을 수 있는 한도는 정관등에서 따로 정하는 경우를 제외하고는 기존의 토지 또는 건축물의 가격의 비율에 따라 부담할 수 있는 비용의 50퍼센트를 기준으로 정한다.

4. 정비사업의 시행으로 인하여 새롭게 설치되는 정비기반시설의 명세와 용도가 폐지되는 정비기반시설의 명세
5. 기존 건축물의 철거 예정시기
6. 그 밖에 시·도조례로 정하는 사항

(3) 관리처분의 방법 등 (시행령 제63조)

① 법 제23조제1항제4호의 방법으로 시행하는 주거환경개선사업과 재개발사업의 경우 법 제74조제4항에 따른 관리처분은 다음 각 호의 방법에 따른다.
  1. 시·도조례로 분양주택의 규모를 제한하는 경우에는 그 규모 이하로 주택을 공급할 것
  2. 1개의 건축물의 대지는 1필지의 토지가 되도록 정할 것. 다만, 주택단지의 경우에는 그러하지 아니하다.
  3. 정비구역의 토지등소유자(지상권자는 제외한다. 이하 이 항에서 같다)에게 분양할 것. 다만, 공동주택을 분양하는 경우 시·도조례로 정하는 금액·규모·취득 시기 또는 유형에 대한 기준에 부합하지 아니하는 토지등소유자는 시·도조례로 정하는 바에 따라 분양대상에서 제외할 수 있다.
  4. 1필지의 대지 및 그 대지에 건축된 건축물(법 제79조제4항 전단에 따라 보류지로 정하거나 조합원 외의 자에게 분양하는 부분은 제외한다)을 2인 이상에게 분양하는 때에는 기존의 토지 및 건축물의 가격(제93조에 따라 사업시행방식이 전환된 경우에는 환지예정지의 권리가액을 말한다. 이하 제7호에서 같다)과 제59조제4항 및 제62조제3호에 따라 토지등소유자가 부담하는 비용(재개발사업의 경우에만 해당한다)의 비율에 따라 분양할 것
  5. 분양대상자가 공동으로 취득하게 되는 건축물의 공용부분은 각 권리자의 공유로 하되, 해당 공용부분에 대한 각 권리자의 지분비율은 그가 취득하게 되는 부분의 위치 및 바닥면적 등의 사항을 고려하여 정할 것
  6. 1필지의 대지 위에 2인 이상에게 분양될 건축물이 설치된 경우에는 건축물의 분양면적의 비율에 따라 그 대지소유권이 주어지도록 할 것(주택과 그 밖의 용도의 건축물이 함께 설치된 경우에는 건축물의 용도 및 규모 등을 고려하여 대지지분이 합리적으로 배분될 수 있도록 한다). 이 경우 토지의 소유관계는 공유로 한다.
  7. 주택 및 부대시설·복리시설의 공급순위는 기존의 토지 또는 건축물의 가격을 고려하여 정할 것. 이 경우 그 구체적인 기준은 시·도조례로 정할 수 있다.
② 재건축사업의 경우 법 제74조제4항에 따른 관리처분은 다음 각 호의 방법에

따른다. 다만, 조합이 조합원 전원의 동의를 받아 그 기준을 따로 정하는 경우에는 그에 따른다.

1. 제1항제5호 및 제6호를 적용할 것
2. 부대시설·복리시설(부속토지를 포함한다. 이하 이 호에서 같다)의 소유자에게는 부대시설·복리시설을 공급할 것. 다만, 다음 각 목의 어느 하나에 해당하는 경우에는 1주택을 공급할 수 있다.
   가. 새로운 부대시설·복리시설을 건설하지 아니하는 경우로서 기존 부대시설·복리시설의 가액이 분양주택 중 최소분양단위규모의 추산액에 정관등으로 정하는 비율(정관등으로 정하지 아니하는 경우에는 1로 한다. 이하 나목에서 같다)을 곱한 가액보다 클 것
   나. 기존 부대시설·복리시설의 가액에서 새로 공급받는 부대시설·복리시설의 추산액을 뺀 금액이 분양주택 중 최소분양단위규모의 추산액에 정관등으로 정하는 비율을 곱한 가액보다 클 것
   다. 새로 건설한 부대시설·복리시설 중 최소분양단위규모의 추산액이 분양주택 중 최소분양단위규모의 추산액보다 클 것

(4) 관리처분계획인가의 신청 (시행규칙 제12조)

사업시행자는 법 제74조제1항에 따라 관리처분계획의 인가 또는 변경·중지·폐지의 인가를 받으려는 때에는 별지 제9호서식의 관리처분계획(인가, 변경·중지·폐지인가)신청서(전자문서로 된 신청서를 포함한다)에 다음 각 호의 구분에 따른 서류(전자문서를 포함한다)를 첨부하여 시장·군수등에게 제출하여야 한다.

1. 관리처분계획인가: 다음 각 목의 서류
   가. 관리처분계획서
   나. 총회의결서 사본
2. 관리처분계획변경·중지 또는 폐지인가: 변경·중지 또는 폐지의 사유와 그 내용을 설명하는 서류

(5) 준공인가 등 (시행규칙 제15조)

① 사업시행자는 영 제74조제1항 본문에 따라 정비사업에 관한 공사를 완료하여 준공인가를 받으려는 경우에는 별지 제10호서식의 준공인가신청서(전자문서로 된 신청서를 포함한다)에 다음 각 호의 서류(전자문서를 포함한다)를 첨부하여 시장·군수등에게 제출하여야 한다.

1. 건축물·정비기반시설(영 제3조제9호에 해당하는 것을 제외한다) 및 공동

이용시설 등의 설치내역서
2. 공사감리자의 의견서
3. 영 제14조제5항에 따른 현금납부액의 납부증명 서류(법 제17조제4항에 따라 현금을 납부한 경우로 한정한다)

② 영 제74조제2항에서 "국토교통부령으로 정하는 준공인가증"이란 별지 제11호서식의 준공인가증을 말한다.

③ 영 제75조제2항에서 "국토교통부령으로 정하는 신청서"란 별지 제12호서식의 준공인가전 사용허가신청서를 말한다.

(6) 고유식별정보의 처리 (시행령 제97조)

시·도지사, 시장·군수·구청장(해당 권한이 위임·위탁된 경우에는 그 권한을 위임·위탁받은 자를 포함한다) 또는 사업시행자는 다음 각 호의 사무를 수행하기 위하여 불가피한 경우 「개인정보 보호법 시행령」 제19조에 따른 주민등록번호 또는 외국인등록번호가 포함된 자료를 처리할 수 있다.

1. 법 제31조에 따른 추진위원회 구성 승인에 관한 사무
2. 법 제36조에 따른 토지등소유자의 동의방법 등의 업무를 위한 토지등소유자의 자격 확인에 관한 사무
3. 법 제39조에 따른 조합원의 자격 확인에 관한 사무
4. 법 제42조에 따른 조합임원의 겸임 확인을 위한 사무
5. 법 제43조에 따른 조합임원의 결격사유 확인에 관한 사무
6. 법 제52조에 따른 세입자의 주거 및 이주 대책에 관한 사무
7. 법 제74조에 따른 관리처분계획의 수립 및 인가에 관한 사무
8. 법 제86조에 따른 대지 또는 건축물의 소유권 이전에 관한 사무
9. 법 제102조에 따른 정비사업전문관리업 등록에 관한 사무
10. 법 제105조에 따른 정비사업전문관리업자의 결격사유 확인에 관한 사무
11. 법 제106조에 따른 정비사업전문관리업의 등록취소 등에 관한 사무
12. 법 제107조에 따른 정비사업전문관리업자에 대한 조사 등에 관한 사무

질의 1

분양신청을 철회한 경우 관리처분계획의 경미한 변경 여부 ('09. 11. 5.)

관리처분계획인가를 받은 분양신청자가 철회하여 현금청산을 한 경우 관리처분계획의 경미한 변경에 해당되는지

> **회신내용**
>
> 도정법 시행령 제49조에 따르면 관리처분계획의 변경에 대하여 이해관계가 있는 토지 등소유자 전원의 동의를 얻어 변경하는 때를 포함한 동조 각호의 1에 해당되는 때에는 관리처분계획의 경미한 변경으로 봄

출처 : 국토교통부

질의 2

사업시행변경인가를 받은 경우 종전자산 감정평가 기준시점 ('11. 8. 26.)

주택재건축사업 조합이 동일한 정비구역 내에서 세대수 등의 변경에 따른 사업시행변경인가를 받은 경우 관리처분계획 수립을 위한 분양대상자별 종전의 토지 및 건축물의 가격은 사업시행인가의 고시가 있는 날로 하는지 아니면 사업시행변경인가의 고시가 있는 날로 하는지

> **회신내용**
>
> 도정법 제48조제1항제4호에 따르면 관리처분계획수립을 위한 분양대상자별 종전의 토지 또는 건축물의 가격은 사업시행인가의 고시가 있는 날을 기준(사업시행인가 전에 도정법 제48조의2제2항에 따라 철거된 건축물의 가격은 시장·군수에게 허가 받은날을 기준)으로 하도록 규정되어 있음

출처 : 국토교통부

질의 3

종전자산평가 후 사업시행변경인가를 받은 경우 종전자산평가 기준시점 ('12. 9. 10.)

사업시행계획인가 시점으로 종전자산평가를 완료한 후, 사업시행계획변경을 완료하였을 경우 종전자산평가금액의 가격시점이 사업시행계획변경인가 시점인지

> **회신내용**
>
> 도정법 제48조제1항제4호 및 제5항에 따르면 분양대상자별 종전의 토지 또는 건축물의 가격은 사업시행인가의 고시가 있은 날을 기준으로 하도록 하고 있고, 이때 재산 또는

권리를 평가할 때에는 부동산공시법에 따른 감정평가업자 중 시장·군수가 선정·계약한 감정평가업자 2인 이상이 평가한 금액을 산술평균하여 산정하는 방법에 의하되, 관리처분계획을 변경·중지 또는 폐지하고자 하는 경우에는 분양예정 대상인 대지 또는 건축물의 추산액과 종전의 토지 또는 건축물의 가격은 사업시행자 및 토지등소유자 전원이 합의하여 이를 산정할 수 있도록 하고 있음

출처 : 국토교통부

질의 4

관리처분 변경 시 조합원에게 문서 통지절차 이행 여부 ('09. 12. 16.)

2009.11.28. 이전에 총회를 개최하고 2009.11.28 이후에 관리처분계획인가를 신청하는 경우 2009.11.28부터 시행되고 있는 도정법 제48조제1항에 따라 총회의 개최일부터 1개월 전에 동조 제3호부터 제5호까지에 해당하는 사항을 각 조합원에게 문서로 통지하는 절차를 거쳐야 하는지

회신내용

2009.5.27 개정되어 2009.11.28부터 시행중인 도정법 제48조제1항에 따라 관리처분계획의 수립 및 변경 시 동조 제3호부터 제5호까지에 해당하는 사항을 총회의 개최일부터 1개월 전에 각 조합원에게 문서로 통지하도록 한 사항은 2009.11.28. 이후에 상기개정된 규정에 따라 총회를 개최하는 경우에 적용되는 사항으로 봄

출처 : 국토교통부

질의 5

재건축사업에 도정법 제48조제2항제7호다목 규정 적용 여부 ('12. 4. 2.)

○○시 ○○구 삼성동 소재 아파트로서 현재 재건축사업을 추진중인 바, 해당 재건축사업에 도정법 제48조제2항제7호다목의 규정을 적용할 수 있는지

회신내용

도정법 제48조제2항제7호다목에 따라 사업시행자(법 제6조제1항 제1호부터 제3호까지의 방법으로 시행하는 주거환경개선사업 및 같은 조 제5항의 방법으로 시행하는 주거환경관리사업의 사업시행자는 제외한다)는 분양대상자별 종전의 토지 또는 건축물의 사업시행인가의 고시가 있은 날을 기준으로 한 가격의 범위에서 2주택을 공급할 수 있고, 이

중 1주택은 주거전용면적을 60제곱미터 이하로 하도록 하고 있음. 또한, 60제곱미터 이하로 공급받은 1주택은 같은 법 제54조제2항에 따른 이전고시일 다음날부터 3년이 지나기 전에는 주택을 전매(매매·=증여나 그 밖에 권리의 변동을 수반하는 모든 행위를 포함하되 상속의 경우는 제외한다)하거나 이의 전매를 알선할 수 없도록 하고 있음

출처 : 국토교통부

질의 6
세대별 추가분담금 산출 근거 ('12. 4. 9.)
같은 아파트 같은 평수 입주인데 조합원마다 추가분담금이 큰 차이가 나는데 세대별 추가분담금 산출 근거는 어떻게 되는지

회신내용

가. 도정법 제48조제1항에 따라 사업시행자(조합)는 제46조에 따른 분양신청기간이 종료된 때에는 제46조에 따른 분양신청의 현황을 기초로 다음 각 호(분양설계, 분양대상자의 주소 및 성명, 분양대상자별 분양예정인 대지 또는 건축물의 추산액, 분양대상자별 종전의 토지 또는 건축물의 명세 및 사업시행인가의 고시가 있은 날을 기준으로 한 가격, 정비사업비의 추산액 및 그에 따른 조합원 부담규모 및 부담시기 등)의 사항이 포함된 관리처분계획을 수립하여 시장·군수의 인가를 받도록 하고 있으며, 사업시행자는 관리처분계획의 수립 및 변경의 사항을 의결하기 위한 총회의 개최일부터 1개월 전에 제3호부터 제5호까지(분양대상자별 분양예정인 대지 또는 건축물의 추산액, 분양대상자별 종전의 토지 또는 건축물의 명세 및 사업시행인가의 고시가 있은 날을 기준으로 한 가격, 정비사업비의 추산액 및 그에 따른 조합원 부담규모 및 부담시기)에 해당하는 사항을 각 조합원에게 문서로 통지하도록 하고 있음

나. 또한, 같은 법 제49조제1항에 따라 사업시행자는 제48조에 따른 관리처분계획의 인가를 신청하기 전에 관계서류의 사본을 30일 이상 토지등소유자에게 공람하게 하고 의견을 듣도록 하고 있음을 알려드리며, 질의하신 조합원별 추가분담금은 위 관리처분계획의 수립이나 변경절차에 따라 산정된 것으로 보임

출처 : 국토교통부

질의 7
'분양대상자별 분양예정인 대지 또는 건축물의 추산액'의 의미 ('12. 5. 21.)
도정법 제48조제1항에 따라 분양신청 현황을 기초로 총회 개최 1개월 전에 조합

원들에게 통지하여야 하는 "분양대상자별 분양예정인 대지 또는 건축물의 추산액"의 의미는

> **회신내용**
>
> 도정법 제48조제1항제3호에 따른 "분양대상자별 분양예정인 대지 또는 건축물의 추산액"은 같은 법 제46조에 따른 분양신청 결과 등을 반영하여 분양신청을 한 분양대상자별 분양예정인 대지 또는 건축물의 추산액을 말하는 것으로서, 같은 법 제48조제5항 및 제6항에 따라 해당 재산 또는 권리를 평가할 때에는 부동산공시법에 따른 감정평가업자 중 시장·t군수가 선정·계약한 감정평가업자 2인 이상이 평가한 금액을 산술평균하여 산정하도록 하고 있음

출처 : 국토교통부

질의 8

청산금액 산정을 위한 경우 시장·군수의 감정평가업자 추천 가능 여부 ('12. 5. 29.)

도정법 개정(2009. 5.27) 이전에 제48조제5항에 따라 분양대상자별 종전의 토지 또는 건축물의 명세 및 사업시행인가의 고시가 있은 날을 기준으로 한 가격을 산정하기 위해 시장·군수가 감정평가업자를 추천한 경우에도 도정법 시행령 제48조에 따라 청산금액을 산정하기 위하여 사업시행자가 감정평가업자를 추천요청하였을 경우 별도로 추천하여야 하는지

> **회신내용**
>
> 도정법 제48조제5항에 따라 분양대상자별 종전의 토지 또는 건축물의 명세 및 사업시행인가의 고시가 있은 날을 기준으로 한 가격을 산정하기 위한 감정평가업자의 추천과 도정법 시행령 제48조에 따라 청산금액을 산정하기 위한 감정평가업자의 추천은 별도의 규정이므로, 사업시행자가 도정법 시행령 제48조에 따라 청산금액을 산정하기 위해 감정평가업자의 추천을 요청하는 경우 시장·군수는 감정평가업자를 추천할 수 있는 것으로 판단됨

출처 : 국토교통부

질의 9

조합원 분양신청 변경요구에 따른 관리처분계획변경 가능 여부 ('12. 6. 27.)

관리처분계획 인가를 득하고 착공준비 중에 분양신청 변경을 요구하는 일부 조합원들에게 일반분양 세대수 범위 내에서 추첨방식으로 공급하도록 관리처분계획 변경을 할 수 있는지

회신내용

도정법 제48조제1항에 따르면 사업시행자가 도정법 제46조에 따른 분양신청기간이 종료된 때에 분양신청의 현황을 기초로 관리처분계획을 수립하여 시장·=군수·구청장의 인가를 받도록 하고 있으므로(관리처분계획을 변경·중지 또는 폐지하고자 하는 경우에도 같음), 귀 질의의 경우와 같이 분양신청 변경에 대한 사항은 최초 분양신청의 현황 변화에 따른 최초 조합원들의 분양신청의사 결정에 영향을 미치는지 여부 등을 포함한 현지현황, 관련서류 및 관련법령 등을 종합적으로 검토하여 판단하여야 할 것으로 보임

출처 : 국토교통부

질의 10

현금청산자가 발생한 경우 관리처분계획변경 인가를 받아야 하는지 ('12. 8. 10.)

분양신청은 하였으나 분양계약을 체결하지 아니하여 조합정관에 따라 새로이 현금청산자가 발생된 경우 이에 따른 별도의 관리처분계획변경인가를 득하여야 하는지

회신내용

도정법 제48조제1항에 따라 사업시행자는 분양신청기간이 종료된 때에는 분양신청의 현황을 기초로 동조 동항 각 호의 사항이 포함된 관리처분계획을 수립하여 시장·?군수의 인가를 받도록 하고 있고, 관리처분계획을 변경하고자 하는 경우에도 같으므로, 분양계약을 체결하지 아니하여 조합정관에 따라 현금청산자가 발생하여 관리처분계획의 내용이 변경된 경우 시장·=군수의 인가를 받아야 할 것으로 판단됨

출처 : 국토교통부

질의 11

법원의 설계자 선정 무효에 따른 업무처리 및 청산금추산액 평가 시점 ('12. 10. 30.)

가. 법원의 판결에 따라 설계자 선정이 무효로 확정된 설계자가 해당 정비구역에 사업시행변경인가, 관리처분계획변경인가, 준공인가 신청의 업무를 진행하여 사업시행변경인가, 관리처분변경인가, 준공인가 등의 행정처리가 가능한지
나. 2006년 사업시행인가, 2011년 사업시행변경인가, 2012년 준공인가를 하였을 경우 청산금 추산액을 다시 감정해야하는지, 사업시행인가 시점의 감정가로 청산금을 지급하여야 하는지
다. 시공사와 공사계약을 확정지분제로 하였을 경우 관리처분계획대로 지출되었는지 확인할 수 있는 자료 등을 공개하여 총회에서 정산 하여야 하는지
라. 공사계약서에 공사내역서를 첨부하지 않아도 되는지

회신내용

가. 질의 "가"에 대하여,
　도정법에서 사업시행변경인가, 관리처분변경인가, 준공인가시 법원 판결에 따른 설계자 선정의 무효로 인한 업무처리 절차나 기준에 대하여는 별도 규정하는 바가 없음
나. 질의 "나"에 대하여,
　도정법 제48조제1항제4호에 따르면 분양대상자별 종전의 토지 또는 건축물의 명세 및 사업시행인가의 고시가 있은 날을 기준으로 한 가격 등을 포함한 관리처분계획을 수립하여 인가를 받도록 하고 있음
다. 질의 "다" 및 "라"에 대하여,
　도정법령상 시공사와 공사계약을 확정지분제로 하였을 경우 관리처분계획대로 지출되었는지 확인할 수 있는 자료 등을 공개하여 총회에서 정산하도록 하는 규정은 별도 없음. 참고로, 도정법 제24조제3항제11호에 따르면 조합 해산시의 회계보고에 대해서는 총회의 의결을 거치도록 하고 있습니다. 또한, 공사계약시 공사내역서 첨부 여부에 대하여는 도정법 제20조제1항제15호에 따라 시공자 선정 및 계약에 포함될 내용은 정관에 포함하도록 하고 있으므로, 이에 대하여는 해당 조합정관에 따라 판단하여야 할 것임

출처 : 국토교통부

4. 사업시행계획인가 및 관리처분계획인가의 시기 조정 (법 제75조)

① 특별시장·광역시장 또는 도지사는 정비사업의 시행으로 정비구역 주변 지역에 주택이 현저하게 부족하거나 주택시장이 불안정하게 되는 등 특별시·광역시 또는 도의 조례로 정하는 사유가 발생하는 경우에는 「주거기본법」 제9조에 따른 시·도 주거정책심의위원회의 심의를 거쳐 사업시행계획인가 또는 제74조에 따른 관리처분계획인가의 시기를 조정하도록 해당 시장, 군수 또는 구청장에게 요청할 수 있다. 이 경우 요청을 받은 시장, 군수 또는 구청장은 특별한 사유가 없으면 그 요청에 따라야 하며, 사업시행계획인가 또는 관리처분계획인가의 조정 시기는 인가를 신청한 날부터 1년을 넘을 수 없다.
② 특별자치시장 및 특별자치도지사는 정비사업의 시행으로 정비구역 주변 지역에 주택이 현저하게 부족하거나 주택시장이 불안정하게 되는 등 특별자치시 및 특별자치도의 조례로 정하는 사유가 발생하는 경우에는 「주거기본법」 제9조에 따른 시·도 주거정책심의위원회의 심의를 거쳐 사업시행계획인가 또는 제74조에 따른 관리처분계획인가의 시기를 조정할 수 있다. 이 경우 사업시행계획인가 또는 관리처분계획인가의 조정 시기는 인가를 신청한 날부터 1년을 넘을 수 없다.
③ 제1항 및 제2항에 따른 사업시행계획인가 또는 관리처분계획인가의 시기 조정의 방법 및 절차 등에 필요한 사항은 특별시·광역시·특별자치시·도 또는 특별자치도의 조례로 정한다.

5. 관리처분계획의 수립기준 (법 제76조)

① 제74조제1항에 따른 관리처분계획의 내용은 다음 각 호의 기준에 따른다. <개정 2017. 10. 24., 2018. 3. 20.>
   1. 종전의 토지 또는 건축물의 면적·이용 상황·환경, 그 밖의 사항을 종합적으로 고려하여 대지 또는 건축물이 균형 있게 분양신청자에게 배분되고 합리적으로 이용되도록 한다.
   2. 지나치게 좁거나 넓은 토지 또는 건축물은 넓히거나 좁혀 대지 또는 건축물이 적정 규모가 되도록 한다.
   3. 너무 좁은 토지 또는 건축물이나 정비구역 지정 후 분할된 토지를 취득한 자에게는 현금으로 청산할 수 있다.
   4. 재해 또는 위생상의 위해를 방지하기 위하여 토지의 규모를 조정할 특별한 필요가 있는 때에는 너무 좁은 토지를 넓혀 토지를 갈음하여 보상을 하거

나 건축물의 일부와 그 건축물이 있는 대지의 공유지분을 교부할 수 있다.
5. 분양설계에 관한 계획은 제72조에 따른 분양신청기간이 만료하는 날을 기준으로 하여 수립한다.
6. 1세대 또는 1명이 하나 이상의 주택 또는 토지를 소유한 경우 1주택을 공급하고, 같은 세대에 속하지 아니하는 2명 이상이 1주택 또는 1토지를 공유한 경우에는 1주택만 공급한다.
7. 제6호에도 불구하고 다음 각 목의 경우에는 각 목의 방법에 따라 주택을 공급할 수 있다.
   가. 2명 이상이 1토지를 공유한 경우로서 시·도조례로 주택공급을 따로 정하고 있는 경우에는 시·도조례로 정하는 바에 따라 주택을 공급할 수 있다.
   나. 다음 어느 하나에 해당하는 토지등소유자에게는 소유한 주택 수만큼 공급할 수 있다.
      1) 과밀억제권역에 위치하지 아니한 재건축사업의 토지등소유자. 다만, 투기과열지구 또는 「주택법」 제63조의2제1항제1호에 따라 지정된 조정대상지역에서 사업시행계획인가(최초 사업시행계획인가를 말한다)를 신청하는 재건축사업의 토지등소유자는 제외한다.
      2) 근로자(공무원인 근로자를 포함한다) 숙소, 기숙사 용도로 주택을 소유하고 있는 토지등소유자
      3) 국가, 지방자치단체 및 토지주택공사등
      4) 「국가균형발전 특별법」 제18조에 따른 공공기관지방이전 및 혁신도시 활성화를 위한 시책 등에 따라 이전하는 공공기관이 소유한 주택을 양수한 자
   다. 제74조제1항제5호에 따른 가격의 범위 또는 종전 주택의 주거전용면적의 범위에서 2주택을 공급할 수 있고, 이 중 1주택은 주거전용면적을 60제곱미터 이하로 한다. 다만, 60제곱미터 이하로 공급받은 1주택은 제86조제2항에 따른 이전고시일 다음 날부터 3년이 지나기 전에는 주택을 전매(매매·증여나 그 밖에 권리의 변동을 수반하는 모든 행위를 포함하되 상속의 경우는 제외한다)하거나 전매를 알선할 수 없다.
   라. 과밀억제권역에 위치한 재건축사업의 경우에는 토지등소유자가 소유한 주택수의 범위에서 3주택까지 공급할 수 있다. 다만, 투기과열지구 또는 「주택법」 제63조의2제1항제1호에 따라 지정된 조정대상지역에서 사업시행계획인가(최초 사업시행계획인가를 말한다)를 신청하는 재건축사업의 경우에는 그러하지 아니하다.
② 제1항에 따른 관리처분계획의 수립기준 등에 필요한 사항은 대통령령으로 정

한다. [법률 제14567호(2017. 2. 8.) 부칙 제2조의 규정에 의하여 이 조 제1항 제7호나목4)는 2018년 1월 26일까지 유효함]

6. 주택 등 건축물을 분양받을 권리의 산정 기준일 (법 제77조)

① 정비사업을 통하여 분양받을 건축물이 다음 각 호의 어느 하나에 해당하는 경우에는 제16조제2항 전단에 따른 고시가 있은 날 또는 시·도지사가 투기를 억제하기 위하여 기본계획 수립 후 정비구역 지정·고시 전에 따로 정하는 날(이하 이 조에서 "기준일"이라 한다)의 다음 날을 기준으로 건축물을 분양받을 권리를 산정한다. <개정 2018. 6. 12.>
  1. 1필지의 토지가 여러 개의 필지로 분할되는 경우
  2. 단독주택 또는 다가구주택이 다세대주택으로 전환되는 경우
  3. 하나의 대지 범위에 속하는 동일인 소유의 토지와 주택 등 건축물을 토지와 주택 등 건축물로 각각 분리하여 소유하는 경우
  4. 나대지에 건축물을 새로 건축하거나 기존 건축물을 철거하고 다세대주택, 그 밖의 공동주택을 건축하여 토지등소유자의 수가 증가하는 경우
② 시·도지사는 제1항에 따라 기준일을 따로 정하는 경우에는 기준일·지정사유·건축물을 분양받을 권리의 산정 기준 등을 해당 지방자치단체의 공보에 고시하여야 한다.

7. 관리처분계획의 공람 및 인가절차 등

가. 관리처분계획의 공람 및 인가절차 등 (법 제78조)

① 사업시행자는 제74조에 따른 관리처분계획인가를 신청하기 전에 관계 서류의 사본을 30일 이상 토지등소유자에게 공람하게 하고 의견을 들어야 한다. 다만, 제74조제1항 각 호 외의 부분 단서에 따라 대통령령으로 정하는 경미한 사항을 변경하려는 경우에는 토지등소유자의 공람 및 의견청취 절차를 거치지 아니할 수 있다.
② 시장·군수등은 사업시행자의 관리처분계획인가의 신청이 있은 날부터 30일 이내에 인가 여부를 결정하여 사업시행자에게 통보하여야 한다. 다만, 시장·군수등은 제3항에 따라 관리처분계획의 타당성 검증을 요청하는 경우에는 관리처분계획인가의 신청을 받은 날부터 60일 이내에 인가 여부를 결정하여 사업시행자에게 통지하여야 한다. <개정 2017. 8. 9.>

③ 시장·군수등은 다음 각 호의 어느 하나에 해당하는 경우에는 대통령령으로 정하는 공공기관에 관리처분계획의 타당성 검증을 요청하여야 한다. 이 경우 시장·군수등은 타당성 검증 비용을 사업시행자에게 부담하게 할 수 있다. <신설 2017. 8. 9.>
1. 제74조제1항제6호에 따른 정비사업비가 제52조제1항제12호에 따른 정비사업비 기준으로 100분의 10 이상으로서 대통령령으로 정하는 비율 이상 늘어나는 경우
2. 제74조제1항제6호에 따른 조합원 분담규모가 제72조제1항제2호에 따른 분양대상자별 분담금의 추산액 총액 기준으로 100분의 20 이상으로서 대통령령으로 정하는 비율 이상 늘어나는 경우
3. 조합원 5분의 1 이상이 관리처분계획인가 신청이 있은 날부터 15일 이내에 시장·군수등에게 타당성 검증을 요청한 경우
4. 그 밖에 시장·군수등이 필요하다고 인정하는 경우
④ 시장·군수등이 제2항에 따라 관리처분계획을 인가하는 때에는 그 내용을 해당 지방자치단체의 공보에 고시하여야 한다. <개정 2017. 8. 9.>
⑤ 사업시행자는 제1항에 따라 공람을 실시하려거나 제4항에 따른 시장·군수등의 고시가 있은 때에는 대통령령으로 정하는 방법과 절차에 따라 토지등소유자에게는 공람계획을 통지하고, 분양신청을 한 자에게는 관리처분계획인가의 내용 등을 통지하여야 한다. <개정 2017. 8. 9.>
⑥ 제1항, 제4항 및 제5항은 시장·군수등이 직접 관리처분계획을 수립하는 경우에 준용한다. <개정 2017. 8. 9.>

(1) 관리처분계획의 타당성 검증 (시행령 제64조)

① 법 제78조제3항 각 호 외의 부분 전단에서 "대통령령으로 정하는 공공기관"이란 다음 각 호의 기관을 말한다. <개정 2020. 12. 8.>
1. 토지주택공사등
2. 한국부동산원
② 법 제78조제3항제1호에서 "대통령령으로 정하는 비율"이란 100분의 10을 말한다.
③ 법 제78조제3항제2호에서 "대통령령으로 정하는 비율"이란 100분의 20을 말한다.

(2) 통지사항 (시행령 제65조)

① 사업시행자는 법 제78조제5항에 따라 공람을 실시하려는 경우 공람기간·장소 등 공람계획에 관한 사항과 개략적인 공람사항을 미리 토지등소유자에게 통지하여야 한다.
② 사업시행자는 법 제78조제5항 및 제6항에 따라 분양신청을 한 자에게 다음 각 호의 사항을 통지하여야 하며, 관리처분계획 변경의 고시가 있는 때에는 변경내용을 통지하여야 한다.
  1. 정비사업의 종류 및 명칭
  2. 정비사업 시행구역의 면적
  3. 사업시행자의 성명 및 주소
  4. 관리처분계획의 인가일
  5. 분양대상자별 기존의 토지 또는 건축물의 명세 및 가격과 분양예정인 대지 또는 건축물의 명세 및 추산가액

(3) 관리처분계획인가의 고시 (시행규칙 제13조)

시장·군수등은 법 제78조제4항에 따라 관리처분계획의 인가내용을 고시하는 경우에는 다음 각 호의 사항을 포함하여야 한다.
  1. 정비사업의 종류 및 명칭
  2. 정비구역의 위치 및 면적
  3. 사업시행자의 성명 및 주소
  4. 관리처분계획인가일
  5. 다음 각 목의 사항을 포함한 관리처분계획인가의 요지
      가. 대지 및 건축물의 규모 등 건축계획
      나. 분양 또는 보류지의 규모 등 분양계획
      다. 신설 또는 폐지하는 정비기반시설의 명세
      라. 기존 건축물의 철거 예정시기 등

8. 관리처분계획에 따른 처분 등

가. 관리처분계획에 따른 처분 등 (법 제79조)

① 정비사업의 시행으로 조성된 대지 및 건축물은 관리처분계획에 따라 처분 또는 관리하여야 한다.
② 사업시행자는 정비사업의 시행으로 건설된 건축물을 제74조에 따라 인가받은

관리처분계획에 따라 토지등소유자에게 공급하여야 한다.
③ 사업시행자(제23조제1항제2호에 따라 대지를 공급받아 주택을 건설하는 자를 포함한다. 이하 이 항, 제6항 및 제7항에서 같다)는 정비구역에 주택을 건설하는 경우에는 입주자 모집 조건·방법·절차, 입주금(계약금·중도금 및 잔금을 말한다)의 납부 방법·시기·절차, 주택공급 방법·절차 등에 관하여 「주택법」 제54조에도 불구하고 대통령령으로 정하는 범위에서 시장·군수등의 승인을 받아 따로 정할 수 있다.
④ 사업시행자는 제72조에 따른 분양신청을 받은 후 잔여분이 있는 경우에는 정관등 또는 사업시행계획으로 정하는 목적을 위하여 그 잔여분을 보류지(건축물을 포함한다)로 정하거나 조합원 또는 토지등소유자 이외의 자에게 분양할 수 있다. 이 경우 분양공고와 분양신청절차 등에 필요한 사항은 대통령령으로 정한다.
⑤ 국토교통부장관, 시·도지사, 시장, 군수, 구청장 또는 토지주택공사등은 조합이 요청하는 경우 재개발사업의 시행으로 건설된 임대주택을 인수하여야 한다. 이 경우 재개발임대주택의 인수 절차 및 방법, 인수 가격 등에 필요한 사항은 대통령령으로 정한다.
⑥ 사업시행자는 정비사업의 시행으로 임대주택을 건설하는 경우에는 임차인의 자격·선정방법·임대보증금·임대료 등 임대조건에 관한 기준 및 무주택 세대주에게 우선 매각하도록 하는 기준 등에 관하여 「민간임대주택에 관한 특별법」 제42조 및 제44조, 「공공주택 특별법」 제48조, 제49조 및 제50조의3에도 불구하고 대통령령으로 정하는 범위에서 시장·군수등의 승인을 받아 따로 정할 수 있다. 다만, 재개발임대주택으로서 최초의 임차인 선정이 아닌 경우에는 대통령령으로 정하는 범위에서 인수자가 따로 정한다.
⑦ 사업시행자는 제2항부터 제6항까지의 규정에 따른 공급대상자에게 주택을 공급하고 남은 주택을 제2항부터 제6항까지의 규정에 따른 공급대상자 외의 자에게 공급할 수 있다.
⑧ 제7항에 따른 주택의 공급 방법·절차 등은 「주택법」 제54조를 준용한다. 다만, 사업시행자가 제64조에 따른 매도청구소송을 통하여 법원의 승소판결을 받은 후 입주예정자에게 피해가 없도록 손실보상금을 공탁하고 분양예정인 건축물을 담보한 경우에는 법원의 승소판결이 확정되기 전이라도 「주택법」 제54조에도 불구하고 입주자를 모집할 수 있으나, 제83조에 따른 준공인가 신청 전까지 해당 주택건설 대지의 소유권을 확보하여야 한다.

(1) 주택의 공급 등 (시행령 제66조)

  법 제23조제1항제1호부터 제3호까지의 방법으로 시행하는 주거환경개선사업의 사업시행자 및 같은 항 제2호에 따라 대지를 공급받아 주택을 건설하는 자가 법 제79조제3항에 따라 정비구역에 주택을 건설하는 경우 주택의 공급에 관하여는 별표 2에 규정된 범위에서 시장·군수등의 승인을 받아 사업시행자가 따로 정할 수 있다.

(2) 일반분양신청절차 등 (시행령 제67조)

  법 제79조제4항에 따라 조합원 외의 자에게 분양하는 경우의 공고·신청절차·공급조건·방법 및 절차 등은 「주택법」 제54조를 준용한다. 이 경우 "사업주체"는 "사업시행자(토지주택공사등이 공동사업시행자인 경우에는 토지주택공사등을 말한다)"로 본다.

(3) 재개발임대주택 인수방법 및 절차 등 (시행령 제68조)

① 법 제79조제5항에 따라 조합이 재개발사업의 시행으로 건설된 임대주택(이하 "재개발임대주택"이라 한다)의 인수를 요청하는 경우 시·도지사 또는 시장, 군수, 구청장이 우선하여 인수하여야 하며, 시·도지사 또는 시장, 군수, 구청장이 예산·관리인력의 부족 등 부득이한 사정으로 인수하기 어려운 경우에는 국토교통부장관에게 토지주택공사등을 인수자로 지정할 것을 요청할 수 있다.
② 법 제79조제5항에 따른 재개발임대주택의 인수 가격은 「공공주택 특별법 시행령」 제54조제5항에 따라 정해진 분양전환가격의 산정기준 중 건축비에 부속토지의 가격을 합한 금액으로 하며, 부속토지의 가격은 사업시행계획인가 고시가 있는 날을 기준으로 감정평가업자 둘 이상이 평가한 금액을 산술평균한 금액으로 한다. 이 경우 건축비 및 부속토지의 가격에 가산할 항목은 인수자가 조합과 협의하여 정할 수 있다.
③ 제1항 및 제2항에서 정한 사항 외에 재개발임대주택의 인수계약 체결을 위한 사전협의, 인수계약의 체결, 인수대금의 지급방법 등 필요한 사항은 인수자가 따로 정하는 바에 따른다.

(4) 임대주택의 공급 등 (시행령 제69조)

① 법 제79조제6항 본문에 따라 임대주택을 건설하는 경우의 임차인의 자격·선정

방법·임대보증금·임대료 등 임대조건에 관한 기준 및 무주택 세대주에게 우선 분양전환하도록 하는 기준 등에 관하여는 별표 3에 규정된 범위에서 시장·군수등의 승인을 받아 사업시행자 및 법 제23조제1항제2호에 따라 대지를 공급받아 주택을 건설하는 자가 따로 정할 수 있다.

② 법 제79조제6항 단서에 따라 인수자는 다음 각 호의 범위에서 재개발임대주택의 임차인의 자격 등에 관한 사항을 정하여야 한다.
  1. 임차인의 자격은 무주택 기간과 해당 정비사업이 위치한 지역에 거주한 기간이 각각 1년 이상인 범위에서 오래된 순으로 할 것. 다만, 시·도지사가 법 제79조제5항 및 이 영 제48조제2항에 따라 임대주택을 인수한 경우에는 거주지역, 거주기간 등 임차인의 자격을 별도로 정할 수 있다.
  2. 임대보증금과 임대료는 정비사업이 위치한 지역의 시세의 100분의 90 이하의 범위로 할 것
  3. 임대주택의 계약방법 등에 관한 사항은 「공공주택 특별법」에서 정하는 바에 따를 것
  4. 관리비 등 주택의 관리에 관한 사항은 「공동주택관리법」에서 정하는 바에 따를 것

③ 시장·군수등은 사업시행자 및 법 제23조제1항제2호에 따라 대지를 공급받아 주택을 건설하는 자가 요청하거나 임차인 선정을 위하여 필요한 경우 국토교통부장관에게 제1항 및 제2항에 따른 임차인 자격 해당 여부에 관하여 주택전산망에 따른 전산검색을 요청할 수 있다.

질의 1

소유자 전원 동의로 관리처분계획 변경 시 경미한 변경인지 ('12. 1. 2.)

도정법 시행령 제49조제3호에 따라 이해관계가 있는 토지등소유자 전원의 동의를 얻어 관리처분계획을 변경할 경우 경미한 변경에 해당되는지

회신내용

도정법 제48조제1항 단서 및 같은 법 시행령 제49조제3호에 따라 이해관계가 있는 토지등소유자 전원의 동의를 얻어 관리처분계획을 변경하는 때에는 경미한 변경에 해당되며, 경미한 사항을 변경하고자 하는 때에는 시장·6군수에게 신고하도록 하고 있음

출처 : 국토교통부

> **질의 2**

관리처분계획서 전부를 공람 및 공개해야 하는지 ('12. 7. 18.)
사업시행자가 관리처분계획서 전부(타인의 토지, 건축물의 명세 및 가격을 포함)를 도정법 제49조 및 제81조에 따라 공람 및 공개해야 하는지

> **회신내용**

가. 도정법 제49조제1항에 따르면 사업시행자는 도정법 제48조에 따른 관리처분계획의 인가를 신청하기 전에 관계서류의 사본을 30일 이상 토지등소유자에게 공람하도록 하고 있고, 도정법 제81조제1항제5호 및 같은 법 시행규칙 제22조제1항에 따라 사업시행자(조합의 경우 조합임원)는 정비사업시행에 관한 관리처분계획서 및 관련 자료에 대하여 인터넷과 그 밖의 방법을 병행하여 공개하도록 하고 있음

나. 또한, 도정법 제48조제1항에 따라 관리처분계획서에는 분양대상자별 분양예정인 대지 또는 건축물의 추산액, 분양대상자별 종전의 토지 또는 건축물의 명세 및 사업시행인가의 고시가 있은 날을 기준으로 한 가격이 포함되며, 도정법 시행규칙 제22조제1항에 따라 도정법 제81조제5호(관리처분계획서)의 사항은 인터넷으로 공개할 때 조합원 또는 토지등소유자의 과반수 이상의 동의를 얻어 그 개략적인 내용만 공개할 수 있도록 하고 있음

출처 : 국토교통부

9. 지분형주택 등의 공급

가. 지분형주택 등의 공급 (법 제80조)

① 사업시행자가 토지주택공사등인 경우에는 분양대상자와 사업시행자가 공동소유하는 방식으로 주택(이하 "지분형주택"이라 한다)을 공급할 수 있다. 이 경우 공급되는 지분형주택의 규모, 공동 소유기간 및 분양대상자 등 필요한 사항은 대통령령으로 정한다.

② 국토교통부장관, 시·도지사, 시장, 군수, 구청장 또는 토지주택공사등은 정비구역에 세입자와 대통령령으로 정하는 면적 이하의 토지 또는 주택을 소유한 자의 요청이 있는 경우에는 제79조제5항에 따라 인수한 임대주택의 일부를 「주택법」에 따른 토지임대부 분양주택으로 전환하여 공급하여야 한다.

(1) 지분형주택의 공급 (시행령 제70조)

① 법 제80조에 따른 지분형주택(이하 "지분형주택"이라 한다)의 규모, 공동 소유기간 및 분양대상자는 다음 각 호와 같다.
   1. 지분형주택의 규모는 주거전용면적 60제곱미터 이하인 주택으로 한정한다.
   2. 지분형주택의 공동 소유기간은 법 제86조제2항에 따라 소유권을 취득한 날부터 10년의 범위에서 사업시행자가 정하는 기간으로 한다.
   3. 지분형주택의 분양대상자는 다음 각 목의 요건을 모두 충족하는 자로 한다.
      가. 법 제74조제1항제5호에 따라 산정한 종전에 소유하였던 토지 또는 건축물의 가격이 제1호에 따른 주택의 분양가격 이하에 해당하는 사람
      나. 세대주로서 제13조제1항에 따른 정비계획의 공람 공고일 당시 해당 정비구역에 2년 이상 실제 거주한 사람
      다. 정비사업의 시행으로 철거되는 주택 외 다른 주택을 소유하지 아니한 사람
② 지분형주택의 공급방법·절차, 지분 취득비율, 지분 사용료 및 지분 취득가격 등에 관하여 필요한 사항은 사업시행자가 따로 정한다.

(2) 소규모 토지 등의 소유자에 대한 토지임대부 분양주택 공급 (시행령 제71조)

① 법 제80조제2항에서 "대통령령으로 정하는 면적 이하의 토지 또는 주택을 소유한 자"란 다음 각 호의 어느 하나에 해당하는 자를 말한다.
   1. 면적이 90제곱미터 미만의 토지를 소유한 자로서 건축물을 소유하지 아니한 자
   2. 바닥면적이 40제곱미터 미만의 사실상 주거를 위하여 사용하는 건축물을 소유한 자로서 토지를 소유하지 아니한 자
② 제1항에도 불구하고 토지 또는 주택의 면적은 제1항 각 호에서 정한 면적의 2분의 1 범위에서 시·도조례로 달리 정할 수 있다.

| 질의 1 |

재개발 정비구역내 세입자의 임대주택 입주자격 ('12. 2. 1.)
주택재개발 정비구역내 세입자의 임대주택 입주자격

> **회신내용**
>
> 도정법 제50조제4항에 따라 정비사업의 시행으로 임대주택을 건설하는 경우에 임차인의 자격·ⓑ선정방법·ⓔ임대보증금·ⓖ임대료 등 임대조건에 관한 기준 및 무주택세대주에게 우선 매각하도록 하는 기준 등에 관하여는 시장·ⓔ군수의 승인을 얻어 사업시행자가 이를 따로 정하도록 하고 있음

출처 : 국토교통부

질의 2

조합원이 계약을 포기한 아파트의 분양방법 ('12. 2. 16.)

주택재개발사업으로 건설하여 조합원에게 공급했던 아파트 중 1세대는 계약금만 납부 후 해약하고, 또 1세대는 계약을 포기하여 2세대가 조합원분양 잔여분으로 남았을 때 남은 2세대에 대한 분양방법은(이미 일반분양과 보류시설 분양도 끝난 상태임)

> **회신내용**
>
> 도정법 제50조제1항에 따라 사업시행자는 정비사업의 시행으로 건설된 건축물을 제48조의 규정에 의하여 인가된 관리처분계획에 따라 토지등소유자에게 공급하도록 하고 있고, 같은 조 제5항에 따라 사업시행자는 제1항에 따른 공급대상자에게 주택을 공급하고 남은 주택에 대하여는 제1항에 따른 공급대상자외의 자에게 공급할 수 있으며, 이 경우 주택의 공급방법·ⓒ절차 등에 관하여는 「ⓑ주택법」 제38조를 준용하도록 하고 있음

출처 : 국토교통부

질의 3

현금청산 전 입주자 모집승인이 가능한지 여부 ('12. 5. 24.)

조합설립에 동의한 조합원이 분양신청 등을 하지 않아 현금청산대상자가 된 경우 현금청산 전에 입주자 모집승인이 가능한지

> **회신내용**
>
> 도정법 제50조제5항에서는 관리처분계획 등에 따른 공급대상자에게 주택을 공급하고

남은 주택에 대하여는 관리처분계획 등에 따른 공급대상자외의 자에게 공급할 수 있도록 하면서, 도정법 제46조에 따른 분양신청 결과 도정법 제47조에 따른 현금청산대상자가 있는 경우 현금청산을 완료하고 공급하도록 하는 별도의 규정이 없으므로, 귀 질의 내용과 같이 조합원이 분양신청 등을 하지 않아 현금청산 대상자가 있는 경우 현금청산 완료 전이라도 도정법 제50조제5항에 따른 주택공급을 위한 입주자 모집이 가능할 것으로 판단

출처 : 국토교통부

질의 4

일반분양분 공동주택이 20세대 미만인 경우 분양가상한제 적용 여부 ('12. 7. 18.)

조합원외의 자에게 공급되는 일반분양분 공동주택이 20세대 미만인 경우 분양가상한제가 적용되는지

회신내용

가. 도정법 제50조제5항에 따르면 사업시행자는 공급대상자에게 주택을 공급하고 남은 주택에 대하여는 공급대상자외의 자에게 공급할 수 있도록 하고 있고, 이 경우 주택의 공급방법·절차 등에 관하여는 「주택법」제38조를 준용하도록 하고 있으며, 「주택법」제38조제1항제1호에 따르면 「주택법」제16조제1항에 따른 호수 이상(공동주택의 경우에는 20세대 이상)으로 건설·공급하는 사업주체가 입주자를 모집하려는 경우 시장·군수·구청장의 승인을 받도록 하고 있고

나. 또한, 「주택법」제38조의2제1항에서는 사업주체가 「주택법」제38조에 따라 일반인에게 공급하는 공동주택은 이 조에서 정하는 기준에 따라 산정되는 분양가격 이하로 공급(이에 따라 공급되는 주택을 "분양가상한제 적용주택"이라 한다)하도록 하고 있으므로, 도정법 제50조제5항에 따른 공급대상자외의 자에게 공급하는 공동주택이 20세대 미만인 경우에는 「주택법」제38조에 따른 입주자 모집 승인대상에 해당되지 않아 「주택법」제38조의2제1항에 따른 분양가상한제 적용대상이 되지 않는 것으로 판단됨

출처 : 국토교통부

10. 건축물 등의 사용·수익의 중지 및 철거 등

가. 건축물 등의 사용·수익의 중지 및 철거 등 (법 제81조)

① 종전의 토지 또는 건축물의 소유자·지상권자·전세권자·임차권자 등 권리자는 제78조제4항에 따른 관리처분계획인가의 고시가 있은 때에는 제86조에 따른 이전고시가 있는 날까지 종전의 토지 또는 건축물을 사용하거나 수익할 수 없다. 다만, 다음 각 호의 어느 하나에 해당하는 경우에는 그러하지 아니하다. <개정 2017. 8. 9.>
 1. 사업시행자의 동의를 받은 경우
 2. 「공익사업을 위한 토지 등의 취득 및 보상에 관한 법률」에 따른 손실보상이 완료되지 아니한 경우
② 사업시행자는 제74조제1항에 따른 관리처분계획인가를 받은 후 기존의 건축물을 철거하여야 한다.
③ 사업시행자는 다음 각 호의 어느 하나에 해당하는 경우에는 제2항에도 불구하고 기존 건축물 소유자의 동의 및 시장·군수등의 허가를 받아 해당 건축물을 철거할 수 있다. 이 경우 건축물의 철거는 토지등소유자로서의 권리·의무에 영향을 주지 아니한다.
 1. 「재난 및 안전관리 기본법」·「주택법」·「건축법」 등 관계 법령에서 정하는 기존 건축물의 붕괴 등 안전사고의 우려가 있는 경우
 2. 폐공가(廢空家)의 밀집으로 범죄발생의 우려가 있는 경우
④ 시장·군수등은 사업시행자가 제2항에 따라 기존의 건축물을 철거하는 경우 다음 각 호의 어느 하나에 해당하는 시기에는 건축물의 철거를 제한할 수 있다.
 1. 일출 전과 일몰 후
 2. 호우, 대설, 폭풍해일, 지진해일, 태풍, 강풍, 풍랑, 한파 등으로 해당 지역에 중대한 재해발생이 예상되어 기상청장이 「기상법」 제13조에 따라 특보를 발표한 때
 3. 「재난 및 안전관리 기본법」 제3조에 따른 재난이 발생한 때
 4. 제1호부터 제3호까지의 규정에 준하는 시기로 시장·군수등이 인정하는 시기

(1) 물건조서 등의 작성 (시행령 제72조)

① 사업시행자는 법 제81조제3항에 따라 건축물을 철거하기 전에 관리처분계획의 수립을 위하여 기존 건축물에 대한 물건조서와 사진 또는 영상자료를 만들어 이를 착공 전까지 보관하여야 한다.
② 제1항에 따른 물건조서를 작성할 때에는 법 제74조제1항제5호에 따른 종전

건축물의 가격산정을 위하여 건축물의 연면적, 그 실측평면도, 주요마감재료 등을 첨부하여야 한다. 다만, 실측한 면적이 건축물대장에 첨부된 건축물현황도와 일치하는 경우에는 건축물현황도로 실측평면도를 갈음할 수 있다.

질의 1

조합원의 분양받을 권리를 제한하는 규정이 있는지 ('12. 2. 7.)
주택재개발 정비사업의 조합원으로 분양신청을 하였으나, 분양받을 권리를 제한하는 도정법상 규제조항이 있는지

회신내용

> 도정법 제50조의2제1항에 따르면 정비사업으로 인하여 주택 등 건축물을 공급하는 경우 도정법 제4조제4항에 따른 고시가 있은 날 또는 시·도지사가 투기억제를 위하여 기본계획수립 후 정비구역지정·고시 전에 따로 정하는 날(이하 이 조에서 "기준일"이라 한다)의 다음 날부터 '1필지의 토지가 수개의 필지로 분할되는 경우' 등 같은 항 각 호의 어느 하나에 해당하는 경우에는 해당 토지 또는 주택 등 건축물의 분양받을 권리는 기준일을 기준으로 산정하도록 규정하고 있음

출처 : 국토교통부

11. 시공보증

가. 시공보증 (법 제82조)

① 조합이 정비사업의 시행을 위하여 시장·군수등 또는 토지주택공사등이 아닌 자를 시공자로 선정(제25조에 따른 공동사업시행자가 시공하는 경우를 포함한다)한 경우 그 시공자는 공사의 시공보증(시공자가 공사의 계약상 의무를 이행하지 못하거나 의무이행을 하지 아니할 경우 보증기관에서 시공자를 대신하여 계약이행의무를 부담하거나 총 공사금액의 100분의 50 이하 대통령령으로 정하는 비율 이상의 범위에서 사업시행자가 정하는 금액을 납부할 것을 보증하는 것을 말한다)을 위하여 국토교통부령으로 정하는 기관의 시공보증서를 조합에 제출하여야 한다. <개정 2018. 6. 12.>
② 시장·군수등은 「건축법」 제21조에 따른 착공신고를 받는 경우에는 제1항에 따른 시공보증서의 제출 여부를 확인하여야 한다.

(1) 시공보증 (시행령 제73조)

법 제82조제1항에서 "대통령령으로 정하는 비율"이란 총 공사금액의 100분의 30을 말한다.

(2) 시공보증 (시행규칙 제14조)

법 제82조제1항에서 "국토교통부령으로 정하는 기관의 시공보증서"란 조합원에게 공급되는 주택에 대한 다음 각 호의 어느 하나에 해당하는 보증서를 말한다.
1. 「건설산업기본법」에 따른 공제조합이 발행한 보증서
2. 「주택도시기금법」에 따른 주택도시보증공사가 발행한 보증서
3. 「은행법」 제2조제1항제2호에 따른 금융기관, 「한국산업은행법」에 따른 한국산업은행, 「한국수출입은행법」에 따른 한국수출입은행 또는 「중소기업은행법」에 따른 중소기업은행이 발행한 지급보증서
4. 「보험업법」에 따른 보험사업자가 발행한 보증보험증권

제6절 공사완료에 따른 조치 등

1. 정비사업의 준공인가

가. 정비사업의 준공인가 (법 제83조)

> **(구) [법률 제11059호, 2011. 9. 16. 일부개정 기준]**
>
> 1. 준공인가
>
> 시장·군수가 아닌 사업시행자는 정비사업에 관한 공사를 완료한 때에는 준공인가를 신청하여야 하며, 준공인가를 하고 공사의 완료를 당해 지방자치단체의 공보에 고시하여야 한다(법 제52조).

① 시장·군수등이 아닌 사업시행자가 정비사업 공사를 완료한 때에는 대통령령으로 정하는 방법 및 절차에 따라 시장·군수등의 준공인가를 받아야 한다.
② 제1항에 따라 준공인가신청을 받은 시장·군수등은 지체 없이 준공검사를 실시하여야 한다. 이 경우 시장·군수등은 효율적인 준공검사를 위하여 필요한

때에는 관계 행정기관·공공기관·연구기관, 그 밖의 전문기관 또는 단체에게 준공검사의 실시를 의뢰할 수 있다.
③ 시장·군수등은 제2항 전단 또는 후단에 따른 준공검사를 실시한 결과 정비사업이 인가받은 사업시행계획대로 완료되었다고 인정되는 때에는 준공인가를 하고 공사의 완료를 해당 지방자치단체의 공보에 고시하여야 한다.
④ 시장·군수등은 직접 시행하는 정비사업에 관한 공사가 완료된 때에는 그 완료를 해당 지방자치단체의 공보에 고시하여야 한다.
⑤ 시장·군수등은 제1항에 따른 준공인가를 하기 전이라도 완공된 건축물이 사용에 지장이 없는 등 대통령령으로 정하는 기준에 적합한 경우에는 입주예정자가 완공된 건축물을 사용할 수 있도록 사업시행자에게 허가할 수 있다. 다만, 시장·군수등이 사업시행자인 경우에는 허가를 받지 아니하고 입주예정자가 완공된 건축물을 사용하게 할 수 있다.
⑥ 제3항 및 제4항에 따른 공사완료의 고시 절차 및 방법, 그 밖에 필요한 사항은 대통령령으로 정한다.

(1) 준공인가 (시행령 제74조)

① 시장·군수등이 아닌 사업시행자는 법 제83조제1항에 따라 준공인가를 받으려는 때에는 국토교통부령으로 정하는 준공인가신청서를 시장·군수등에게 제출하여야 한다. 다만, 사업시행자(공동시행자인 경우를 포함한다)가 토지주택공사인 경우로서 「한국토지주택공사법」 제19조제3항 및 같은 법 시행령 제41조제2항에 따라 준공인가 처리결과를 시장·군수등에게 통보한 경우에는 그러하지 아니하다.
② 시장·군수등은 법 제83조제3항에 따라 준공인가를 한 때에는 국토교통부령으로 정하는 준공인가증에 다음 각 호의 사항을 기재하여 사업시행자에게 교부하여야 한다.
  1. 정비사업의 종류 및 명칭
  2. 정비사업 시행구역의 위치 및 명칭
  3. 사업시행자의 성명 및 주소
  4. 준공인가의 내역
③ 사업시행자는 제1항 단서에 따라 자체적으로 처리한 준공인가결과를 시장·군수등에게 통보한 때 또는 제2항에 따른 준공인가증을 교부받은 때에는 그 사실을 분양대상자에게 지체없이 통지하여야 한다.
④ 시장·군수등은 법 제83조제3항 및 제4항에 따른 공사완료의 고시를 하는 때에는 제2항 각 호의 사항을 포함하여야 한다.

(2) 준공인가전 사용허가 (시행령 제75조)

① 법 제83조제5항 본문에서 "완공된 건축물이 사용에 지장이 없는 등 대통령령으로 정하는 기준"이란 다음 각 호를 말한다.
  1. 완공된 건축물에 전기·수도·난방 및 상·하수도 시설 등이 갖추어져 있어 해당 건축물을 사용하는 데 지장이 없을 것
  2. 완공된 건축물이 관리처분계획에 적합할 것
  3. 입주자가 공사에 따른 차량통행·소음·분진 등의 위해로부터 안전할 것
② 사업시행자는 법 제83조제5항 본문에 따른 사용허가를 받으려는 때에는 국토교통부령으로 정하는 신청서를 시장·군수등에게 제출하여야 한다.
③ 시장·군수등은 법 제83조제5항에 따른 사용허가를 하는 때에는 동별·세대별 또는 구획별로 사용허가를 할 수 있다.

2. 준공인가 등에 따른 정비구역의 해제 (법 제84조)

① 정비구역의 지정은 제83조에 따른 준공인가의 고시가 있는 날(관리처분계획을 수립하는 경우에는 이전고시가 있은 때를 말한다)의 다음 날에 해제된 것으로 본다. 이 경우 지방자치단체는 해당 지역을 「국토의 계획 및 이용에 관한 법률」에 따른 지구단위계획으로 관리하여야 한다.
② 제1항에 따른 정비구역의 해제는 조합의 존속에 영향을 주지 아니한다.

3. 공사완료에 따른 관련 인·허가등의 의제 (법 제85조)

① 제83조제1항부터 제4항까지의 규정에 따라 준공인가를 하거나 공사완료를 고시하는 경우 시장·군수등이 제57조에 따라 의제되는 인·허가등에 따른 준공검사·준공인가·사용검사·사용승인 등(이하 "준공검사·인가등"이라 한다)에 관하여 제3항에 따라 관계 행정기관의 장과 협의한 사항은 해당 준공검사·인가등을 받은 것으로 본다.
② 시장·군수등이 아닌 사업시행자는 제1항에 따른 준공검사·인가등의 의제를 받으려는 경우에는 제83조제1항에 따른 준공인가를 신청하는 때에 해당 법률에서 정하는 관계 서류를 함께 제출하여야 한다. <개정 2020. 6. 9.>
③ 시장·군수등은 제83조제1항부터 제4항까지의 규정에 따른 준공인가를 하거나 공사완료를 고시하는 경우 그 내용에 제57조에 따라 의제되는 인·허가등에 따른 준공검사·인가등에 해당하는 사항이 있은 때에는 미리 관계 행정기

관의 장과 협의하여야 한다.
④ 관계 행정기관의 장은 제3항에 따른 협의를 요청받은 날부터 10일 이내에 의견을 제출하여야 한다. <신설 2021. 3. 16.>
⑤ 관계 행정기관의 장이 제4항에서 정한 기간(「민원 처리에 관한 법률」 제20조제2항에 따라 회신기간을 연장한 경우에는 그 연장된 기간을 말한다) 내에 의견을 제출하지 아니하면 협의가 이루어진 것으로 본다. <신설 2021. 3. 16.>
⑥ 제57조제6항은 제1항에 따른 준공검사·인가등의 의제에 준용한다. <개정 2021. 3. 16.>

4. 이전고시 등

가. 이전고시 등 (법 제86조)

> **(구) [법률 제11059호, 2011. 9. 16. 일부개정 기준]**
>
> **1. 이전고시**
>
> 대지 또는 건축물의 수분양자는 이전고시가 있은 날의 다음 날에 그에 관한 소유권을 취득하고(법 제54조), 사업시행자는 지체없이 이전에 관한 등기절차를 진행하여야 한다(법 제56조).
>
> **2. 요건**
>
> 이전고시는 정비사업의 사업시행자가 한다.

① 사업시행자는 제83조제3항 및 제4항에 따른 고시가 있은 때에는 지체 없이 대지확정측량을 하고 토지의 분할절차를 거쳐 관리처분계획에서 정한 사항을 분양받을 자에게 통지하고 대지 또는 건축물의 소유권을 이전하여야 한다. 다만, 정비사업의 효율적인 추진을 위하여 필요한 경우에는 해당 정비사업에 관한 공사가 전부 완료되기 전이라도 완공된 부분은 준공인가를 받아 대지 또는 건축물별로 분양받을 자에게 소유권을 이전할 수 있다.
② 사업시행자는 제1항에 따라 대지 및 건축물의 소유권을 이전하려는 때에는 그 내용을 해당 지방자치단체의 공보에 고시한 후 시장·군수등에게 보고하여야 한다. 이 경우 대지 또는 건축물을 분양받을 자는 고시가 있은 날의 다음 날에 그 대지 또는 건축물의 소유권을 취득한다.

(1) 고유식별정보의 처리 (시행령 제97조)

시·도지사, 시장·군수·구청장(해당 권한이 위임·위탁된 경우에는 그 권한을 위임·위탁받은 자를 포함한다) 또는 사업시행자는 다음 각 호의 사무를 수행하기 위하여 불가피한 경우 「개인정보 보호법 시행령」 제19조에 따른 주민등록번호 또는 외국인등록번호가 포함된 자료를 처리할 수 있다.

1. 법 제31조에 따른 추진위원회 구성 승인에 관한 사무
2. 법 제36조에 따른 토지등소유자의 동의방법 등의 업무를 위한 토지등소유자의 자격 확인에 관한 사무
3. 법 제39조에 따른 조합원의 자격 확인에 관한 사무
4. 법 제42조에 따른 조합임원의 겸임 확인을 위한 사무
5. 법 제43조에 따른 조합임원의 결격사유 확인에 관한 사무
6. 법 제52조에 따른 세입자의 주거 및 이주 대책에 관한 사무
7. 법 제74조에 따른 관리처분계획의 수립 및 인가에 관한 사무
8. 법 제86조에 따른 대지 또는 건축물의 소유권 이전에 관한 사무
9. 법 제102조에 따른 정비사업전문관리업 등록에 관한 사무
10. 법 제105조에 따른 정비사업전문관리업자의 결격사유 확인에 관한 사무
11. 법 제106조에 따른 정비사업전문관리업의 등록취소 등에 관한 사무
12. 법 제107조에 따른 정비사업전문관리업자에 대한 조사 등에 관한 사무

5. 대지 및 건축물에 대한 권리의 확정 (법 제87조)

> **(구) [법률 제11059호, 2011. 9. 16. 일부개정 기준]**
>
> 1. 이전고시에 따른 권리변동
>
>   가. 토지등소유자에 대한 분양분 - 종전 권리관계의 이전
>
>   이전고시와 우선적 효력은 수분양자의 소유권취득이다.
>   종전의 토지 또는 건축물에 설정된 지상권·전세권·저당권·임차권·가등기담보권·가압류 등 등기된 권리 및 주택임대차보호법 제3조 제1항의 요건을 갖춘 임차권은 소유권을 이전받은 대지 또는 건축물에 대한 권리관계에 설정된 것으로 보게 된다(법 제55조 제1항).
>
>   나. 보류지 또는 일반 분양분 - 종전 권리의 소멸

도시개발법에 따르면 환지계획에서 환지를 정하지 아니한 종전의 토지에 있던 권리는 그 환지처분이 공고된 날이 끝나는 때에 소멸된다(도시개발법 제42조 제1항 단서).

2. 이전고시와 관련된 쟁송

가. 이전고시에 대한 항고소송

이전고시 중 일부만 위법한 경우
- 대법원 2012. 12. 13. 선고 2011두32737, 32744

나. 이전고시 이후 관리처분계획에 대한 항고소송

- 대법원 2012. 3. 22. 선고 2011두6400

① 대지 또는 건축물을 분양받을 자에게 제86조제2항에 따라 소유권을 이전한 경우 종전의 토지 또는 건축물에 설정된 지상권·전세권·저당권·임차권·가등기담보권·가압류 등 등기된 권리 및 「주택임대차보호법」 제3조제1항의 요건을 갖춘 임차권은 소유권을 이전받은 대지 또는 건축물에 설정된 것으로 본다.
② 제1항에 따라 취득하는 대지 또는 건축물 중 토지등소유자에게 분양하는 대지 또는 건축물은 「도시개발법」 제40조에 따라 행하여진 환지로 본다.
③ 제79조제4항에 따른 보류지와 일반에게 분양하는 대지 또는 건축물은 「도시개발법」 제34조에 따른 보류지 또는 체비지로 본다.

> 질의 1

도정법 제55조제1항 관련 종전토지 설정 권리 및 이전고시 ('12. 8. 10.)

가. 도정법 제55조제1항과 관련하여 종전토지에 설정된 권리는 토지만에, 건물에 설정된 권리는 건물만에 설정된 것으로 보는지, 아니면 종전토지에 설정된 권리가 아파트 토지와 건물에 공통으로 설정된 것으로 보는지

나. 이전고시를 할 때 종전토지에 설정되어 있는 것을 새로운 건축물에 이기하면서 토지에만 설정할 것인지, 토지건물에 함께 할 것인지가 조합의 재량사항인지

> **회신내용**
>
> 도정법 제55조제1항에 따라 대지 또는 건축물을 분양받을 자에게 소유권을 이전한 경우 종전의 토지 또는 건축물에 설정된 지상권·전세권·저당권·임차권·가등기담보권·가압류 등 등기된 권리 및 주택임대차보호법 제3조제1항의 요건을 갖춘 임차권은 소유권을 이전받은 대지 또는 건축물에 설정된 것으로 보도록 하고 있음

출처 : 국토교통부

6. 등기절차 및 권리변동의 제한

가. 등기절차 및 권리변동의 제한 (법 제88조)

① 사업시행자는 제86조제2항에 따른 이전고시가 있는 때에는 지체 없이 대지 및 건축물에 관한 등기를 지방법원지원 또는 등기소에 촉탁 또는 신청하여야 한다.
② 제1항의 등기에 필요한 사항은 대법원규칙으로 정한다.
③ 정비사업에 관하여 제86조제2항에 따른 이전고시가 있은 날부터 제1항에 따른 등기가 있을 때까지는 저당권 등의 다른 등기를 하지 못한다.

7. 청산금 등

가. 청산금 등 (법 제89조)

(구) [법률 제11059호, 2011. 9. 16. 일부개정 기준]

1. 청산금의 징수 및 교부

    가. 의의

    사업시행자는 이전고시가 있은 후 그 차액에 상당하는 금액(이하 "청산금"이라 한다)을 분양받은 자로부터 징수하거나 분양받은 자에게 지급하여야 한다(법 제57조 제1항).

    나. 산정방식

    청산금 부과를 위한 종전 토지 또는 건축물의 가격 및 분양받은 토지 또는

건축물의 평가방법은 도시정비법 시행령에서 정하고 있는데 재개발사업과 재건축사업을 달리 규정하고 있다(시행령 제57조 제1항, 제2항),

2. 법적 성질, 하자 및 집행

청산금부과처분은 관리처분계획에서 정한 비용 분담에 관한 사항에 근거하여 대지 또는 건축시설의 수분양자에게 청산금납부의무를 발생시키는 구체적인 행정처분이다.
- 대법원 2007. 9. 6. 선고 2005두11951

청산금 부과대상이 아니거나 납부의무 없는 자에 대한 부과처분과 같이 부과처분을 하지 않았어야 함에도 잘못 부과처분을 한 경우에는 그 하자가 중대하고도 명백하여 무효사유가 될 수 있을 것이나, 단순히 청산금 산정방법이 잘못된 경우에는 그 하자가 중대하고도 명백하다고 할 수 없어 취소사유가 될 뿐이다.
- 대법원 2008. 2. 14. 선고 2006다33470, 33487

판례로는 지방자치단체가 사업시행자가 되어 시행하는 도시재개발사업의 경우
- 대법원 2001. 3. 15. 선고 99두4594
- 대법원 1995. 6. 13. 선고 94누13626
- 대법원 2007. 9. 6. 선고 2005두11951

가. 집행

한편 청산금을 납부할 자가 이를 납부하지 아니하는 경우에는 시장·군수인 사업시행자는 지방세체납처분의 예에 의하여 이를 징수할 수 있으며, 시장·군수가 아닌 사업시행자는 시장·군수에게 청산금의 징수를 위탁할 수 있다(법 제58조).

3. 가청산금 부과처분, 부과금 부과처분

가. 가청산금 부과처분

청산금은 이전고시 후 부과하는 것이 원칙인데 도시정비법 제58조 제1항에서는 정관 등에서 분할징수 및 분할지급에 대하여 정하고 있거나 총회의 의결을 거쳐 따로 정한 경우에는 관리처분계획 인가 후부터 제54조 제2항의 규정에 의한 이전 고시일까지 청산금을 일정 기간별로 분할징수하거나 분할지급할 수 있다고 규정하고 있다.
- 대법원 2007. 9. 21. 선고 2005다67896

> 나. 부과금 부과처분
>
> 도시정비법 시행 이전에 법률상 근거 없이 조합이 조합원들과 분양계약 체결 후 분양대금 선납의 형태로 정비사업에 소요될 분담금을 미리 부담시키던 관행을 없애고자 도시정비법에서는 부과금 부과처분 규정을 두었다(법 제60조 및 제61조).
> 부과금 및 연체료의 부과·징수는 청산금의 부과·징수와 같이 지방세체납처분의 예에 의한다(법 제61조 제4항, 제5항).

① 대지 또는 건축물을 분양받은 자가 종전에 소유하고 있던 토지 또는 건축물의 가격과 분양받은 대지 또는 건축물의 가격 사이에 차이가 있는 경우 사업시행자는 제86조제2항에 따른 이전고시가 있은 후에 그 차액에 상당하는 금액(이하 "청산금"이라 한다)을 분양받은 자로부터 징수하거나 분양받은 자에게 지급하여야 한다.
② 제1항에도 불구하고 사업시행자는 정관등에서 분할징수 및 분할지급을 정하고 있거나 총회의 의결을 거쳐 따로 정한 경우에는 관리처분계획인가 후부터 제86조제2항에 따른 이전고시가 있은 날까지 일정 기간별로 분할징수하거나 분할지급할 수 있다.
③ 사업시행자는 제1항 및 제2항을 적용하기 위하여 종전에 소유하고 있던 토지 또는 건축물의 가격과 분양받은 대지 또는 건축물의 가격을 평가하는 경우 그 토지 또는 건축물의 규모·위치·용도·이용 상황·정비사업비 등을 참작하여 평가하여야 한다.
④ 제3항에 따른 가격평가의 방법 및 절차 등에 필요한 사항은 대통령령으로 정한다.

(1) 청산기준가격의 평가 (시행령 제76조)

① 대지 또는 건축물을 분양받은 자가 종전에 소유하고 있던 토지 또는 건축물의 가격은 법 제89조제3항에 따라 다음 각 호의 구분에 따른 방법으로 평가한다.
   1. 법 제23조제1항제4호의 방법으로 시행하는 주거환경개선사업과 재개발사업의 경우에는 법 제74조제2항제1호가목을 준용하여 평가할 것
   2. 재건축사업의 경우에는 사업시행자가 정하는 바에 따라 평가할 것. 다만, 감정평가업자의 평가를 받으려는 경우에는 법 제74조제2항제1호나목을 준용할 수 있다.
② 분양받은 대지 또는 건축물의 가격은 법 제89조제3항에 따라 다음 각 호의 구분에 따른 방법으로 평가한다.

1. 법 제23조제1항제4호의 방법으로 시행하는 주거환경개선사업과 재개발사업의 경우에는 법 제74조제2항제1호가목을 준용하여 평가할 것
2. 재건축사업의 경우에는 사업시행자가 정하는 바에 따라 평가할 것. 다만, 감정평가업자의 평가를 받으려는 경우에는 법 제74조제2항제1호나목을 준용할 수 있다.

③ 제2항 각 호에 따른 평가를 할 때 다음 각 호의 비용을 가산하여야 하며, 법 제95조에 따른 보조금은 공제하여야 한다.
1. 정비사업의 조사·측량·설계 및 감리에 소요된 비용
2. 공사비
3. 정비사업의 관리에 소요된 등기비용·인건비·통신비·사무용품비·이자 그 밖에 필요한 경비
4. 법 제95조에 따른 융자금이 있는 경우에는 그 이자에 해당하는 금액
5. 정비기반시설 및 공동이용시설의 설치에 소요된 비용(법 제95조제1항에 따라 시장·군수등이 부담한 비용은 제외한다)
6. 안전진단의 실시, 정비사업전문관리업자의 선정, 회계감사, 감정평가, 그 밖에 정비사업 추진과 관련하여 지출한 비용으로서 정관등에서 정한 비용

④ 제1항 및 제2항에 따른 건축물의 가격평가를 할 때 층별·위치별 가중치를 참작할 수 있다.

8. 청산금의 징수방법 등 (법 제90조)

① 시장·군수등인 사업시행자는 청산금을 납부할 자가 이를 납부하지 아니하는 경우 지방세 체납처분의 예에 따라 징수(분할징수를 포함한다. 이하 이 조에서 같다)할 수 있으며, 시장·군수등이 아닌 사업시행자는 시장·군수등에게 청산금의 징수를 위탁할 수 있다. 이 경우 제93조제5항을 준용한다.
② 제89조제1항에 따른 청산금을 지급받을 자가 받을 수 없거나 받기를 거부한 때에는 사업시행자는 그 청산금을 공탁할 수 있다.
③ 청산금을 지급(분할지급을 포함한다)받을 권리 또는 이를 징수할 권리는 제86조제2항에 따른 이전고시일의 다음 날부터 5년간 행사하지 아니하면 소멸한다.

9. 저당권의 물상대위 (법 제91조)

정비구역에 있는 토지 또는 건축물에 저당권을 설정한 권리자는 사업시행자가 저당권이 설정된 토지 또는 건축물의 소유자에게 청산금을 지급하기 전에 압류절차를 거쳐 저당권을 행사할 수 있다.

제4장 비용의 부담 등

1. 비용부담의 원칙

가. 비용부담의 원칙 (법 제92조)

① 정비사업비는 이 법 또는 다른 법령에 특별한 규정이 있는 경우를 제외하고는 사업시행자가 부담한다.
② 시장·군수등은 시장·군수등이 아닌 사업시행자가 시행하는 정비사업의 정비계획에 따라 설치되는 다음 각 호의 시설에 대하여는 그 건설에 드는 비용의 전부 또는 일부를 부담할 수 있다.
   1. 도시·군계획시설 중 대통령령으로 정하는 주요 정비기반시설 및 공동이용시설
   2. 임시거주시설

   (1) 주요 정비기반시설 (시행령 제77조)

   법 제92조제2항제1호에서 "대통령령으로 정하는 주요 정비기반시설 및 공동이용시설"이란 다음 각 호의 시설을 말한다.
   1. 도로
   2. 상·하수도
   3. 공원
   4. 공용주차장
   5. 공동구
   6. 녹지
   7. 하천
   8. 공공공지
   9. 광장

2. 비용의 조달 (법 제93조)

① 사업시행자는 토지등소유자로부터 제92조제1항에 따른 비용과 정비사업의 시행과정에서 발생한 수입의 차액을 부과금으로 부과·징수할 수 있다.
② 사업시행자는 토지등소유자가 제1항에 따른 부과금의 납부를 게을리한 때에

는 연체료를 부과·징수할 수 있다. <개정 2020. 6. 9.>
③ 제1항 및 제2항에 따른 부과금 및 연체료의 부과·징수에 필요한 사항은 정관등으로 정한다.
④ 시장·군수등이 아닌 사업시행자는 부과금 또는 연체료를 체납하는 자가 있는 때에는 시장·군수등에게 그 부과·징수를 위탁할 수 있다.
⑤ 시장·군수등은 제4항에 따라 부과·징수를 위탁받은 경우에는 지방세 체납처분의 예에 따라 부과·징수할 수 있다. 이 경우 사업시행자는 징수한 금액의 100분의 4에 해당하는 금액을 해당 시장·군수등에게 교부하여야 한다.

3. 정비기반시설 관리자의 비용부담

가. 정비기반시설 관리자의 비용부담 (법 제94조)

① 시장·군수등은 자신이 시행하는 정비사업으로 현저한 이익을 받는 정비기반시설의 관리자가 있는 경우에는 대통령령으로 정하는 방법 및 절차에 따라 해당 정비사업비의 일부를 그 정비기반시설의 관리자와 협의하여 그 관리자에게 부담시킬 수 있다.
② 사업시행자는 정비사업을 시행하는 지역에 전기·가스 등의 공급시설을 설치하기 위하여 공동구를 설치하는 경우에는 다른 법령에 따라 그 공동구에 수용될 시설을 설치할 의무가 있는 자에게 공동구의 설치에 드는 비용을 부담시킬 수 있다.
③ 제2항의 비용부담의 비율 및 부담방법과 공동구의 관리에 필요한 사항은 국토교통부령으로 정한다.

(1) 정비기반시설 관리자의 비용부담 (시행령 제78조)

① 법 제94조제1항에 따라 정비기반시설 관리자가 부담하는 비용의 총액은 해당 정비사업에 소요된 비용(제76조제3항제1호의 비용을 제외한다. 이하 이 항에서 같다)의 3분의 1을 초과해서는 아니 된다. 다만, 다른 정비기반시설의 정비가 그 정비사업의 주된 내용이 되는 경우에는 그 부담비용의 총액은 해당 정비사업에 소요된 비용의 2분의 1까지로 할 수 있다.
② 시장·군수등은 법 제94조제1항에 따라 정비사업비의 일부를 정비기반시설의 관리자에게 부담시키려는 때에는 정비사업에 소요된 비용의 명세와 부담 금액을 명시하여 해당 관리자에게 통지하여야 한다.

(2) 공동구의 설치비용 등 (시행규칙 제16조)

① 법 제94조제2항에 따른 공동구의 설치에 드는 비용은 다음 각 호와 같다. 다만, 법 제95조에 따른 보조금이 있는 경우에는 설치에 드는 비용에서 해당 보조금의 금액을 빼야 한다.
  1. 설치공사의 비용
  2. 내부공사의 비용
  3. 설치를 위한 측량·설계비용
  4. 공동구의 설치로 인한 보상의 필요가 있는 경우에는 그 보상비용
  5. 공동구 부대시설의 설치비용
  6. 법 제95조에 따른 융자금이 있는 경우에는 그 이자에 해당하는 금액
② 공동구에 수용될 전기·가스·수도의 공급시설과 전기통신시설 등의 관리자(이하 "공동구점용예정자"라 한다)가 부담할 공동구의 설치에 드는 비용의 부담비율은 공동구의 점용예정면적비율에 따른다.
③ 사업시행자는 법 제50조제7항 본문에 따른 사업시행계획인가의 고시가 있은 후 지체 없이 공동구점용예정자에게 제1항 및 제2항에 따라 산정된 부담금의 납부를 통지하여야 한다.
④ 제3항에 따라 부담금의 납부통지를 받은 공동구점용예정자는 공동구의 설치공사가 착수되기 전에 부담금액의 3분의 1 이상을 납부하여야 하며, 그 잔액은 법 제83조제3항 또는 제4항에 따른 공사완료 고시일전까지 납부하여야 한다.

(3) 공동구의 관리 (시행규칙 제17조)

① 법 제94조제2항에 따른 공동구는 시장·군수등이 관리한다.
② 시장·군수등은 공동구 관리비용(유지·수선비를 말하며, 조명·배수·통풍·방수·개축·재축·그 밖의 시설비 및 인건비를 포함한다. 이하 같다)의 일부를 그 공동구를 점용하는 자에게 부담시킬 수 있으며, 그 부담비율은 점용면적비율을 고려하여 시장·군수등이 정한다.
③ 공동구 관리비용은 연도별로 산출하여 부과한다.
④ 공동구 관리비용의 납입기한은 매년 3월 31일까지로 하며, 시장·군수등은 납입기한 1개월 전까지 납입통지서를 발부하여야 한다. 다만, 필요한 경우에는 2회로 분할하여 납부하게 할 수 있으며 이 경우 분할금의 납입기한은 3월 31일과 9월 30일로 한다.

4. 보조 및 융자

가. 보조 및 융자 (법 제95조)

① 국가 또는 시·도는 시장, 군수, 구청장 또는 토지주택공사등이 시행하는 정비사업에 관한 기초조사 및 정비사업의 시행에 필요한 시설로서 대통령령으로 정하는 정비기반시설, 임시거주시설 및 주거환경개선사업에 따른 공동이용시설의 건설에 드는 비용의 일부를 보조하거나 융자할 수 있다. 이 경우 국가 또는 시·도는 다음 각 호의 어느 하나에 해당하는 사업에 우선적으로 보조하거나 융자할 수 있다.
  1. 시장·군수등 또는 토지주택공사등이 다음 각 목의 어느 하나에 해당하는 지역에서 시행하는 주거환경개선사업
     가. 제20조 및 제21조에 따라 해제된 정비구역등
     나. 「도시재정비 촉진을 위한 특별법」 제7조제2항에 따라 재정비촉진지구가 해제된 지역
  2. 국가 또는 지방자치단체가 도시영세민을 이주시켜 형성된 낙후지역으로서 대통령령으로 정하는 지역에서 시장·군수등 또는 토지주택공사등이 단독으로 시행하는 재개발사업
② 시장·군수등은 사업시행자가 토지주택공사등인 주거환경개선사업과 관련하여 제1항에 따른 정비기반시설 및 공동이용시설, 임시거주시설을 건설하는 경우 건설에 드는 비용의 전부 또는 일부를 토지주택공사등에게 보조하여야 한다.
③ 국가 또는 지방자치단체는 시장·군수등이 아닌 사업시행자가 시행하는 정비사업에 드는 비용의 일부를 보조 또는 융자하거나 융자를 알선할 수 있다.
④ 국가 또는 지방자치단체는 제1항 및 제2항에 따라 정비사업에 필요한 비용을 보조 또는 융자하는 경우 제59조제1항에 따른 순환정비방식의 정비사업에 우선적으로 지원할 수 있다. 이 경우 순환정비방식의 정비사업의 원활한 시행을 위하여 국가 또는 지방자치단체는 다음 각 호의 비용 일부를 보조 또는 융자할 수 있다. <개정 2018. 6. 12.>
  1. 순환용주택의 건설비
  2. 순환용주택의 단열보완 및 창호교체 등 에너지 성능 향상과 효율개선을 위한 리모델링 비용
  3. 공가(空家)관리비
⑤ 국가는 다음 각 호의 어느 하나에 해당하는 비용의 전부 또는 일부를 지방자치단체 또는 토지주택공사등에 보조 또는 융자할 수 있다.

1. 제59조제2항에 따라 토지주택공사등이 보유한 공공임대주택을 순환용주택으로 조합에게 제공하는 경우 그 건설비 및 공가관리비 등의 비용
　　2. 제79조제5항에 따라 시·도지사, 시장, 군수, 구청장 또는 토지주택공사등이 재개발임대주택을 인수하는 경우 그 인수 비용
⑥ 국가 또는 지방자치단체는 제80조제2항에 따라 토지임대부 분양주택을 공급받는 자에게 해당 공급비용의 전부 또는 일부를 보조 또는 융자할 수 있다.

(1) 보조 및 융자 등 (시행령 제79조)

① 법 제95조제1항 각 호 외의 부분 전단에서 "대통령령으로 정하는 정비기반시설, 임시거주시설 및 주거환경개선사업에 따른 공동이용시설"이란 정비기반시설, 임시거주시설 및 주거환경개선사업에 따른 공동이용시설의 전부를 말한다.
② 법 제95조제1항제2호에서 "대통령령으로 정하는 지역"이란 정비구역 지정(변경지정을 포함한다) 당시 다음 각 호의 요건에 모두 해당하는 지역을 말한다.
　　1. 「공익사업을 위한 토지 등의 취득 및 보상에 관한 법률」 제4조에 따른 공익사업의 시행으로 다른 지역으로 이주하게 된 자가 집단으로 정착한 지역으로서 이주 당시 300세대 이상의 주택을 건설하여 정착한 지역
　　2. 정비구역 전체 건축물 중 준공 후 20년이 지난 건축물의 비율이 100분의 50 이상인 지역
③ 법 제95조제1항에 따라 국가 또는 지방자치단체가 보조하거나 융자할 수 있는 금액은 기초조사비, 정비기반시설 및 임시거주시설의 사업비의 각 80퍼센트(법 제23조제1항제1호에 따른 주거환경개선사업을 시행하는 정비구역에서 시·도지사가 시장·군수등에게 보조하거나 융자하는 경우에는 100퍼센트) 이내로 한다.
④ 법 제95조제3항에 따라 국가 또는 지방자치단체가 보조할 수 있는 금액은 기초조사비, 정비기반시설 및 임시거주시설의 사업비, 조합 운영경비의 각 50퍼센트 이내로 한다.
⑤ 법 제95조제3항에 따라 국가 또는 지방자치단체는 다음 각 호의 사항에 필요한 비용의 각 80퍼센트 이내에서 융자하거나 융자를 알선할 수 있다.
　　1. 기초조사비
　　2. 정비기반시설 및 임시거주시설의 사업비
　　3. 세입자 보상비
　　4. 주민 이주비
　　5. 그 밖에 시·도조례로 정하는 사항(지방자치단체가 융자하거나 융자를 알선하는 경우만 해당한다)

5. 정비기반시설의 설치 (법 제96조)

　사업시행자는 관할 지방자치단체의 장과의 협의를 거쳐 정비구역에 정비기반시설(주거환경개선사업의 경우에는 공동이용시설을 포함한다)을 설치하여야 한다.

> **질의 1**

정비구역 지정전 계획된 도시계획도로 개설 시 도로개설 주체 ('12. 12. 4.)
주택재개발정비구역으로 지정고시 되기 이전부터 폭 25미터의 도시계획도로로 결정되어 정비구역 안을 관통하고 있는 도로를 정비구역지정 이후에 개설하고자 할 경우 도로개설 주체 및 도로개설을 위한 설치비용의 지방자치단체 부담여부

> **회신내용**

도정법 제64조제1항에 따르면 사업시행자는 관할 지방자치단체장과의 협의를 거쳐 정비구역안에 정비기반시설을 설치하도록 하고 있고, 도정법 제60조제1항 및 제2항에 따르면 정비사업비는 이 법 또는 다른 법령에 특별한 규정이 있는 경우를 제외하고는 사업시행자가 부담하도록 하고 있으며, 시장·군수는 시장·군수가 아닌 사업시행자가 시행하는 정비사업의 정비계획에 따라 설치되는 도시·군계획시설 중 대통령령으로 정하는 도로 등 주요 정비기반시설에 대하여는 그 건설에 소요되는 비용의 전부 또는 일부를 부담할 수 있도록 하고 있음

출처 : 국토교통부

6. 정비기반시설 및 토지 등의 귀속 (법 제97조)

(구) [법률 제11059호, 2011. 9. 16. 일부개정 기준]

1. 사업시행계획과 관련한 기타의 판례

　가. 부관만의 취소

　도시정비법 제65조 제2항 후단의 강행규정에 위배되는 위법한 것이므로 그 부관만의 취소도 가능하다.
- 대법원 2007. 4. 13. 선고 2006두11149
- 대법원 2007. 6. 28. 선고 2007두1699

- 대법원 2008. 12. 11. 선고 2007두14312

나. 취소소송의 제소기간 가산점

　인가 및 고시가 있은 후 5일이 경과한 날부터 효력이 발생하므로 이해관계인은 특별한 사정이 없으면 그때 처분이 있음을 알았다고 할 것이고, 따라서 그 취소를 구하는 소의 제소기간은 그때부터 기산한다.
- 대법원 2010. 12. 9. 선고 2009두4913

다. 무상양도 정비기간시설

　국토계획법 제2조 제4호 (다)목 및 (라)목 그리고 제11호에 의하면, 국토계획법상의 기반 시설의 설치·정비 또는 개량에 관한 계획과 도시개발사업 또는 정비사업에 관한 계획은 같은 법상의 도시관리계획에 해당하고, 도시정비법 제65조 제2항에서 정한 사업시행자에게 무상으로 양도되는 국가 또는 지방자치단체 소유의 정비기반시설'은 정비사업시행인가 이전에 이미 국토계획법에 의하여 도시관리계획으로 결정되어 설치된 국가 또는 지방 자치단체 소유의 기반시설을 의미한다고 보아야 한다.
- 대법원 2011. 2. 24. 선고 2010두22498

① 시장·군수등 또는 토지주택공사등이 정비사업의 시행으로 새로 정비기반시설을 설치하거나 기존의 정비기반시설을 대체하는 정비기반시설을 설치한 경우에는 「국유재산법」 및 「공유재산 및 물품 관리법」에도 불구하고 종래의 정비기반시설은 사업시행자에게 무상으로 귀속되고, 새로 설치된 정비기반시설은 그 시설을 관리할 국가 또는 지방자치단체에 무상으로 귀속된다.
② 시장·군수등 또는 토지주택공사등이 아닌 사업시행자가 정비사업의 시행으로 새로 설치한 정비기반시설은 그 시설을 관리할 국가 또는 지방자치단체에 무상으로 귀속되고, 정비사업의 시행으로 용도가 폐지되는 국가 또는 지방자치단체 소유의 정비기반시설은 사업시행자가 새로 설치한 정비기반시설의 설치비용에 상당하는 범위에서 그에게 무상으로 양도된다.
③ 제1항 및 제2항의 정비기반시설에 해당하는 도로는 다음 각 호의 어느 하나에 해당하는 도로를 말한다.
   1. 「국토의 계획 및 이용에 관한 법률」 제30조에 따라 도시·군관리계획으로 결정되어 설치된 도로
   2. 「도로법」 제23조에 따라 도로관리청이 관리하는 도로
   3. 「도시개발법」 등 다른 법률에 따라 설치된 국가 또는 지방자치단체 소유

의 도로
4. 그 밖에 「공유재산 및 물품 관리법」에 따른 공유재산 중 일반인의 교통을 위하여 제공되고 있는 부지. 이 경우 부지의 사용 형태, 규모, 기능 등 구체적인 기준은 시·도조례로 정할 수 있다.
④ 시장·군수등은 제1항부터 제3항까지의 규정에 따른 정비기반시설의 귀속 및 양도에 관한 사항이 포함된 정비사업을 시행하거나 그 시행을 인가하려는 경우에는 미리 그 관리청의 의견을 들어야 한다. 인가받은 사항을 변경하려는 경우에도 또한 같다.
⑤ 사업시행자는 제1항부터 제3항까지의 규정에 따라 관리청에 귀속될 정비기반시설과 사업시행자에게 귀속 또는 양도될 재산의 종류와 세목을 정비사업의 준공 전에 관리청에 통지하여야 하며, 해당 정비기반시설은 그 정비사업이 준공인가되어 관리청에 준공인가통지를 한 때에 국가 또는 지방자치단체에 귀속되거나 사업시행자에게 귀속 또는 양도된 것으로 본다.
⑥ 제5항에 따른 정비기반시설에 대한 등기의 경우 정비사업의 시행인가서와 준공인가서(시장·군수등이 직접 정비사업을 시행하는 경우에는 제50조제9항에 따른 사업시행계획인가의 고시와 제83조제4항에 따른 공사완료의 고시를 말한다)는 「부동산등기법」에 따른 등기원인을 증명하는 서류를 갈음한다. <개정 2020. 6. 9., 2021. 3. 16.>
⑦ 제1항 및 제2항에 따라 정비사업의 시행으로 용도가 폐지되는 국가 또는 지방자치단체 소유의 정비기반시설의 경우 정비사업의 시행 기간 동안 해당 시설의 대부료는 면제된다.

질의 1

정비기반시설의 무상양도 시 감정평가 기준시점 ('11. 2. 15.)

도정법 제65조제2항에 따른 정비기반시설 무상양도 시 폐지되는 정비기반시설과 새로이 설치한 정비기반시설의 설치비용 산정을 위한 감정평가 기준시점은

회신내용

도정법 제65조제2항에서 무상양도 하는 경우 정비기반시설이나 그 설치비용 산정을 위한 감정평가 시점에 관하여 명문화하고 있지는 않으나, 도정법 제66조제6항에 따르면 국·공유재산을 매각할 때 사업시행인가의 고시가 있은 날을 기준으로 평가하고 있으므로, 이를 준용할 수 있을 것으로 봄

출처 : 국토교통부

질의 2
재개발구역 내 국·공유지 매각가격결정을 위한 감정평가업자의 선정
(법제처, '11. 11. 4.)

구 도정법(2009. 5. 27. 법률 제9729호로 일부개정되어 2009. 11. 28. 시행되기 전의 것을 말함) 제66조제6항에 따르면, 주택재개발정비사업을 목적으로 우선매각하는 국·공유의 일반재산의 평가는 사업시행인가의 고시가 있은 날을 기준으로 행한다고 규정되어 있는데, 이 경우 국·공유의 일반재산의 매각가격 결정을 위한 감정평가의 의뢰자는 누구인지

회신내용

> 구 도정법(2009. 5. 27. 법률 제9729호로 일부개정되어 2009. 11. 28. 시행되기 전의 것을 말함) 제66조제6항에 따라 국·공유의 일반재산의 매각가격 결정을 위한 평가를 행할 경우, 국유의 일반재산에 대하여 감정평가법인에게 감정을 의뢰하는 주체는 원칙적으로 해당 국유재산의 총괄청 또는 관리청이고, 공유의 일반재산에 대하여 감정평가법인에 감정을 의뢰하는 주체는 지방자치단체의 장이라고 할 것임

출처 : 국토교통부

질의 3
국가 귀속 친일재산인 정비기반시설 무상양도 가능 여부
(법제처, '09. 5. 22.)

「친일반민족행위자 재산의 국가귀속에 관한 특별법」에 따라 국가에 귀속된 도로 등의 정비기반시설이 도정법에 따른 정비사업으로 용도가 폐지되는 경우, 그 시설은 도정법 제65조제2항의 "사업시행자에게 무상으로 양도되는 국가 또는 지방자치단체 소유의 정비기반시설"에 해당되는지

회신내용

> 「친일반민족행위자 재산의 국가귀속에 관한 특별법」에 따라 국가에 귀속된 도로 등의 정비기반시설이 도정법에 따른 정비사업으로 용도가 폐지되는 경우, 그 시설은 도정법 제65조제2항의 "사업시행자에게 무상으로 양도되는 국가 또는 지방자치단체 소유의 정비기반시설"에 해당됨

출처 : 국토교통부

질의 4
정비사업 시행으로 새로 설치한 정비기반시설 여부 (법제처, '10. 11. 12.)

시장·군수 또는 주택공사 등이 아닌 정비사업시행자가 정비구역 밖의 국토계획법에 따른 도시계획시설인 진입도로에 대하여 도시계획시설사업시행자 지정을 받아 개선공사에 착공한 후 해당 도로가 정비구역에 포함되는 내용의 정비사업시행계획 변경 및 인가를 받아 정비사업을 완료한 경우, 해당 도로가 도정법 제65조 제2항의 "정비사업의 시행으로 새로이 설치한 정비기반시설"에 해당되는지

회신내용

> 시장·군수 또는 주택공사등이 아닌 정비사업시행자가 정비구역 밖의 국토계획법에 따른 도시계획시설인 진입도로에 대하여 도시계획시설사업시행자 지정을 받아 개선공사에 착공한 후 해당 도로가 정비구역에 포함되는 내용의 정비사업시행계획 변경 및 인가를 받아 정비사업을 완료한 경우, 해당 도로는 도정법 제65조제2항의 "정비사업의 시행으로 새로이 설치한 정비기반시설"에 해당됨

출처 : 국토교통부

질의 5
용도폐지되는 정비기반시설의 무상양도 범위 (법제처, '11. 12. 8.)

도정법 제65조제2항에서는 정비사업의 시행으로 인하여 용도가 폐지되는 국가 또는 지방자치단체 소유의 정비기반시설은 시장·군수 또는 주택공사등이 아닌 사업시행자가 새로이 설치한 정비기반시설의 설치비용에 상당하는 범위 안에서 사업시행자에게 무상으로 양도된다고 규정하고 있는바, 정비사업의 시행으로 용도가 폐지되는 국가 또는 지방자치단체 소유의 정비기반시설의 평가금액이 시장·군수 또는 주택공사등이 아닌 사업시행자가 새로이 설치한 정비기반시설의 설치비용을 초과하는 경우, 해당 행정청은 사업시행자에게 용도가 폐지되는 정비기반시설 전부를 무상으로 양도하여야 하는지

회신내용

> 정비사업의 시행으로 용도가 폐지되는 국가 또는 지방자치단체 소유의 정비기반시설의 평가금액이 시장·군수 또는 주택공사등이 아닌 사업시행자가 새로이 설치한 정비기반시설의 설치비용을 초과하는 경우, 해당 행정청은 사업시행자에게 용도가 폐지되는 정비

기반시설 전부를 무상으로 양도하여야 하는 것은 아니라고 할 것임

출처 : 국토교통부

> **질의 6**

정비기반시설에 해당하지 아니하는 토지의 도정법 제65조제2항의 적용 ('12. 9. 11.)

도정법에 따른 정비기반시설이 아닌 지방자치단체 소유의 토지(A)가 정비구역에 포함되어 용도가 폐지되고, 그 중 일부 토지(B)에 정비사업의 시행으로 새로이 정비기반시설이 설치되는 경우 B토지가 사업시행자(시장·A군수 또는 주택공사등이 아님)에게 무상으로 양도되는지 여부

> **회신내용**

가. 도정법 제65조제2항에서 사업시행자가 시장·@군수 또는 주택공사등이 아닌 경우 정비사업의 시행으로 인하여 용도가 폐지되는 국가 또는 지방자치단체 소유의 정비 기반시설은 그가 새로이 설치한 정비기반시설의 설치비용에 상당하는 범위에서 사업시행자에게 무상으로 양도되도록 규정하고 있음
나. 질의의 용도 폐지되는 토지 B가 도정법 제2조제4호에 따른 정비기반시설에 해당하지 아니하는 경우라면 동 토지는 사업시행자에게 무상으로 양도하는 대상에 해당하지 않을 것으로 보임

출처 : 국토교통부

7. 국유·공유 재산의 처분 등 (법 제98조)

① 시장·군수등은 제50조 및 제52조에 따라 인가하려는 사업시행계획 또는 직접 작성하는 사업시행계획서에 국유·공유재산의 처분에 관한 내용이 포함되어 있는 때에는 미리 관리청과 협의하여야 한다. 이 경우 관리청이 불분명한 재산 중 도로·구거(도랑) 등은 국토교통부장관을, 하천은 환경부장관을, 그 외의 재산은 기획재정부장관을 관리청으로 본다. <개정 2020. 12. 31., 2021. 1. 5.>
② 제1항에 따라 협의를 받은 관리청은 20일 이내에 의견을 제시하여야 한다.
③ 정비구역의 국유·공유재산은 정비사업 외의 목적으로 매각되거나 양도될 수

없다.
④ 정비구역의 국유·공유재산은 「국유재산법」 제9조 또는 「공유재산 및 물품 관리법」 제10조에 따른 국유재산종합계획 또는 공유재산관리계획과 「국유재산법」 제43조 및 「공유재산 및 물품 관리법」 제29조에 따른 계약의 방법에도 불구하고 사업시행자 또는 점유자 및 사용자에게 다른 사람에 우선하여 수의계약으로 매각 또는 임대될 수 있다.
⑤ 제4항에 따라 다른 사람에 우선하여 매각 또는 임대될 수 있는 국유·공유재산은 「국유재산법」, 「공유재산 및 물품 관리법」 및 그 밖에 국·공유지의 관리와 처분에 관한 관계 법령에도 불구하고 사업시행계획인가의 고시가 있은 날부터 종전의 용도가 폐지된 것으로 본다.
⑥ 제4항에 따라 정비사업을 목적으로 우선하여 매각하는 국·공유지는 사업시행계획인가의 고시가 있은 날을 기준으로 평가하며, 주거환경개선사업의 경우 매각가격은 평가금액의 100분의 80으로 한다. 다만, 사업시행계획인가의 고시가 있은 날부터 3년 이내에 매매계약을 체결하지 아니한 국·공유지는 「국유재산법」 또는 「공유재산 및 물품 관리법」에서 정한다.
[시행일 : 2022. 1. 1.] 제98조

질의 1

국·공유지 관리청과 조합원간 매매계약을 조합이 승계 할 수 있는지 ('12. 1. 10.)

정비구역내의 국·공유지에 대하여 재산관리청과 점유자인 조합원이 서로 매매계약을 체결하였고 계약금(10%)을 조합에서 대신납부 하였으나, 해당 조합원이 매매계약 체결을 부정하고 매수를 포기할 경우에, 조합에서 상기의 계약 건에 대하여 잔금을 일시에 납부하는 조건으로 계약을 승계 받을 수 있는지

회신내용

도정법 제66조제4항에 따르면 정비구역내의 국·?공유재산은 사업시행자 또는 점유자 및 사용자에게 다른 사람에 우선하여 수의계약으로 매각 또는 임대할 수 있다고 규정하고 있으나, 재산관리청과 점유자인 조합원 간에 체결한 매매계약을 조합에서 승계할 수 있는지에 대하여는 매매계약서 및 관계법령 등을 종합적으로 검토하여 판단할 사항이므로 이에 대하여는 매매계약을 체결한 재산관리청에 문의하시거나 법률전문가의 자문을 받아보시는 것이 바람직

출처 : 국토교통부

질의 2

사업시행인가 고시일이 없는 경우 국·공유지 감정평가 기준일 ('12. 5. 29.)

주거환경개선사업 방식이 현지개량방식으로 추진하여 사업시행인가 고시일이 없는 경우 국공유지의 감정평가 기준일과 매각가격산정은 어떻게 해야 하는지

회신내용

가. 도정법 제66조제6항에는 제4항의 규정에 의하여 정비사업을 목적으로 우선 매각하는 국·공유지의 평가는 사업시행인가의 고시가 있는 날을 기준으로 하도록 규정하고 있으며, 도정법 제28조제1항에는 사업시행자가 시장·군수인 경우에는 사업시행인가를 하지 않을 수 있도록 규정하고 있음

나. 사업시행인가는 각종 개별법상 인·허가등이 의제되는 등 법적 효과를 발생시키는 행정행위이고, 도정법 제32조제1항에 의거 다른 법률의 인·허가등의 의제시 "사업시행자가 사업시행 인가를 받은 때"를 "시장·군수가 직접 정비사업을 시행하는 경우에는 사업시행계획서를 작성한 때"로 규정하고 있는 것을 감안할 때, 질의의 경우 국·공유지의 감정평가 기준일은 이를 기준으로 하는 것이 바람직하다고 사료됨

출처 : 국토교통부

8. 국유·공유 재산의 임대 (법 제99조)

① 지방자치단체 또는 토지주택공사등은 주거환경개선구역 및 재개발구역(재개발사업을 시행하는 정비구역을 말한다. 이하 같다)에서 임대주택을 건설하는 경우에는 「국유재산법」 제46조제1항 또는 「공유재산 및 물품 관리법」 제31조에도 불구하고 국·공유지 관리청과 협의하여 정한 기간 동안 국·공유지를 임대할 수 있다.

② 시장·군수등은 「국유재산법」 제18조제1항 또는 「공유재산 및 물품 관리법」 제13조에도 불구하고 제1항에 따라 임대하는 국·공유지 위에 공동주택, 그 밖의 영구시설물을 축조하게 할 수 있다. 이 경우 해당 시설물의 임대기간이 종료되는 때에는 임대한 국·공유지 관리청에 기부 또는 원상으로 회복하여 반환하거나 국·공유지 관리청으로부터 매입하여야 한다.

③ 제1항에 따라 임대하는 국·공유지의 임대료는 「국유재산법」 또는 「공유재산 및 물품 관리법」에서 정한다.

9. 공동이용시설 사용료의 면제 (법 제100조)

① 지방자치단체의 장은 마을공동체 활성화 등 공익 목적을 위하여 「공유재산 및 물품 관리법」 제20조에 따라 주거환경개선구역 내 공동이용시설에 대한 사용 허가를 하는 경우 같은 법 제22조에도 불구하고 사용료를 면제할 수 있다.
② 제1항에 따른 공익 목적의 기준, 사용료 면제 대상 및 그 밖에 필요한 사항은 시·도조례로 정한다.

10. 국유지·공유지의 무상양여 등

가. 국유지·공유지의 무상양여 등 (법 제101조)

① 다음 각 호의 어느 하나에 해당하는 구역에서 국가 또는 지방자치단체가 소유하는 토지는 제50조제7항에 따른 사업시행계획인가의 고시가 있은 날부터 종전의 용도가 폐지된 것으로 보며, 「국유재산법」, 「공유재산 및 물품 관리법」 및 그 밖에 국·공유지의 관리 및 처분에 관하여 규정한 관계 법령에도 불구하고 해당 사업시행자에게 무상으로 양여된다. 다만, 「국유재산법」 제6조제2항에 따른 행정재산 또는 「공유재산 및 물품 관리법」 제5조제2항에 따른 행정재산과 국가 또는 지방자치단체가 양도계약을 체결하여 정비구역 지정 고시일 현재 대금의 일부를 수령한 토지에 대하여는 그러하지 아니하다.
  1. 주거환경개선구역
  2. 국가 또는 지방자치단체가 도시영세민을 이주시켜 형성된 낙후지역으로서 대통령령으로 정하는 재개발구역(이 항 각 호 외의 부분 본문에도 불구하고 무상양여 대상에서 국유지는 제외하고, 공유지는 시장·군수등 또는 토지주택공사등이 단독으로 사업시행자가 되는 경우로 한정한다)
② 제1항 각 호에 해당하는 구역에서 국가 또는 지방자치단체가 소유하는 토지는 제16조제2항 전단에 따른 정비구역지정의 고시가 있은 날부터 정비사업 외의 목적으로 양도되거나 매각될 수 없다. <개정 2018. 6. 12.>
③ 제1항에 따라 무상양여된 토지의 사용수익 또는 처분으로 발생한 수입은 주거환경개선사업 또는 재개발사업 외의 용도로 사용할 수 없다.
④ 시장·군수등은 제1항에 따른 무상양여의 대상이 되는 국·공유지를 소유 또는 관리하고 있는 국가 또는 지방자치단체와 협의를 하여야 한다.
⑤ 사업시행자에게 양여된 토지의 관리처분에 필요한 사항은 국토교통부장관의 승인을 받아 해당 시·도조례 또는 토지주택공사등의 시행규정으로 정한다.

(1) 국·공유지의 무상양여 등 (시행령 제80조)

① 법 제101조제1항에 따라 국가 또는 지방자치단체로부터 토지를 무상으로 양여받은 사업시행자는 사업시행계획인가 고시문 사본을 그 토지의 관리청 또는 지방자치단체의 장에게 제출하여 그 토지에 대한 소유권이전등기절차의 이행을 요청하여야 한다. 이 경우 토지의 관리청 또는 지방자치단체의 장은 「전자정부법」 제36조제1항에 따른 행정정보의 공동이용을 통하여 그 토지의 토지대장 등본 또는 등기사항증명서를 확인하여야 한다.
② 법 제101조제1항제2호에서 "대통령령으로 정하는 재개발구역"이란 제79조제2항의 지역을 대상으로 한 재개발구역을 말한다.
③ 제1항에 따른 요청을 받은 관리청 또는 지방자치단체의 장은 즉시 소유권이전등기에 필요한 서류를 사업시행자에게 교부하여야 한다.
④ 사업시행자는 법 제113조에 따라 사업시행계획인가가 취소된 때에는 법 제101조제1항에 따라 무상양여된 토지를 원소유자인 국가 또는 지방자치단체에 반환하기 위하여 필요한 조치를 하고, 즉시 관할 등기소에 소유권이전등기를 신청하여야 한다.

질의 1

**교육감이 관리하는 공유지에 대한 무상양여 협의의 의미
(법제처, '10. 12. 9.)**

주거환경개선구역 안에 있는, 교육감이 관리청인 토지에 대하여 도정법 제68조제4항에 따른 협의에 따라 같은 조 제1항 본문에 따른 무상양여 여부를 결정할 수 있는지

회신내용

주거환경개선구역 안에 있는, 교육감이 관리청인 토지에 대하여 도정법 제68조제4항에 따른 협의에 따라 같은 조 제1항 본문에 따른 무상양여 여부를 결정할 수 없음

출처 : 국토교통부

> **질의 2**
>
> **주거환경개선사업 구역내 국·3공유지 처분이 무상귀속인지 무상양여인지 ('12. 3. 12.)**
>
> 도정법 제6조제1호의 방법에 따라 주거환경개선사업을 시행할 경우 구역내 국·7공유지 처분은 무상귀속인지, 무상양여인지

> **회신내용**
>
> 도정법 제68조제1항에는 주거환경개선구역안에서 국가 또는 지방자치단체가 소유하는 토지는 제28조제4항의 규정에 의한 사업시행인가의 고시가 있은 날부터 종전의 용도가 폐지된 것으로 보며, 국유재산법·@지방재정법 그 밖에 국·@공유지의 관리 및 처분에 관하여 규정한 관계법령의 규정에 불구하고 당해 사업시행자에게 무상으로 양여되도록 규정하고 있음을 알려드립니다. 다만, 「국유재산법」 제6조제2항에 따른 행정재산 또는 지방재정법 제72조제2항의 규정에 의한 행정재산 또는 보존재산과 국가 또는 지방자치단체가 양도계약을 체결하여 정비구역지정 고시일 현재 대금의 일부를 수령한 토지에 대하여는 그러하지 아니하므로 해당 국·공유지의 용도에 따라 결정할 사항으로 판단됨

출처 : 국토교통부

제5장 정비사업전문관리업

1. 정비사업전문관리업의 등록

가. 정비사업전문관리업의 등록 (법 제102조)

① 다음 각 호의 사항을 추진위원회 또는 사업시행자로부터 위탁받거나 이와 관련한 자문을 하려는 자는 대통령령으로 정하는 자본·기술인력 등의 기준을 갖춰 시·도지사에게 등록 또는 변경(대통령령으로 정하는 경미한 사항의 변경은 제외한다)등록하여야 한다. 다만, 주택의 건설 등 정비사업 관련 업무를 하는 공공기관 등으로 대통령령으로 정하는 기관의 경우에는 그러하지 아니하다.
  1. 조합설립의 동의 및 정비사업의 동의에 관한 업무의 대행
  2. 조합설립인가의 신청에 관한 업무의 대행

3. 사업성 검토 및 정비사업의 시행계획서의 작성
4. 설계자 및 시공자 선정에 관한 업무의 지원
5. 사업시행계획인가의 신청에 관한 업무의 대행
6. 관리처분계획의 수립에 관한 업무의 대행
7. 제118조제2항제2호에 따라 시장·군수등이 정비사업전문관리업자를 선정한 경우에는 추진위원회 설립에 필요한 다음 각 목의 업무
    가. 동의서 제출의 접수
    나. 운영규정 작성 지원
    다. 그 밖에 시·도조례로 정하는 사항
② 제1항에 따른 등록의 절차 및 방법, 등록수수료 등에 필요한 사항은 대통령령으로 정한다.
③ 시·도지사는 제1항에 따라 정비사업전문관리업의 등록 또는 변경등록한 현황, 제106조제1항에 따라 정비사업전문관리업의 등록취소 또는 업무정지를 명한 현황을 국토교통부령으로 정하는 방법 및 절차에 따라 국토교통부장관에게 보고하여야 한다.

(1) 정비사업전문관리업의 등록기준 등 (시행령 제81조)

① 법 제102조제1항 각 호 외의 부분 본문에 따른 정비사업전문관리업의 등록기준은 별표 4와 같다.
② 법 제102조제1항 각 호 외의 부분 본문에서 "대통령령으로 정하는 경미한 사항"이란 자본금이 증액되거나 기술인력의 수가 증가된 경우를 말한다.
③ 법 제102조제1항 각 호 외의 부분 단서에서 "대통령령으로 정하는 기관"이란 다음 각 호의 기관을 말한다. <개정 2020. 12. 8.>
    1. 「한국토지주택공사법」에 따른 한국토지주택공사
    2. 한국부동산원

(2) 등록의 절차 및 수수료 등 (시행령 제82조)

① 법 제102조제1항에 따라 정비사업전문관리업자로 등록 또는 변경등록하려는 자는 국토교통부령으로 정하는 신청서를 시·도지사에게 제출하여야 하며, 등록한 사항이 변경된 경우에는 2개월 이내에 변경사항을 시·도지사에게 제출하여야 한다.
② 시·도지사는 제1항에 따른 신청서를 제출받은 때에는 다음 각 호의 어느 하나에 해당하는 경우를 제외하고는 국토교통부령으로 정하는 바에 따라 정비사

업전문관리업자 등록부에 등재하고 등록증을 교부하여야 한다.
1. 등록을 신청한 자가 법 제105조제1항 각 호의 어느 하나에 해당하는 경우
2. 별표 4에 따른 등록기준을 갖추지 못한 경우
③ 법 제102조제1항에 따라 정비사업전문관리업자의 등록(변경등록을 제외한다)을 신청하는 자는 국토교통부령으로 정하는 수수료를 납부하여야 한다.

(3) 규제의 재검토 (시행령 제98조)

국토교통부장관은 다음 각 호의 사항에 대하여 2017년 1월 1일을 기준으로 3년마다(매 3년이 되는 해의 기준일과 같은 날 전까지를 말한다) 그 타당성을 검토하여 개선 등의 조치를 하여야 한다.
1. 제7조 및 별표 1에 따른 정비계획의 입안대상지역
2. 제19조 및 제21조에 따른 공동시행자 및 지정개발자의 요건
3. 제59조에 따른 분양신청의 절차 등
4. 제81조 및 별표 4에 따른 정비사업전문관리업의 등록기준
5. 제84조 및 별표 5에 따른 정비사업전문관리업자의 등록취소 및 업무정지처분의 기준
6. 제88조에 따른 회계감사

(4) 정비사업전문관리업자의 등록절차 (시행규칙 제18조)

① 영 제82조제1항에 따라 정비사업전문관리업자로 등록(변경등록을 포함한다)하려는 자는 별지 제13호서식의 정비사업전문관리업등록신청서(전자문서로 된 신청서를 포함한다)에 다음 각 호의 서류(전자문서를 포함한다)를 첨부하여 시·도지사에게 제출하여야 한다.
1. 대표자 및 임원의 주소 및 성명
2. 보유기술인력의 자격증 사본 또는 경력인증서
3. 자본금을 확인할 수 있는 서류
4. 협약서(영 별표 4 제2호가목에 따라 업무협약을 체결한 경우로 한정한다)
② 제1항에 따른 신청서를 받은 시·도지사는 「전자정부법」 제36조제1항에 따른 행정정보의 공동이용을 통하여 법인 등기사항증명서(신청인이 개인인 경우에는 주민등록표초본, 외국인인 경우에는 「출입국관리법」 제88조에 따른 외국인등록사실증명을 말한다)를 확인하여야 한다. 다만, 신청인이 행정정보의 공동이용을 통한 주민등록표 초본 및 외국인등록사실증명의 확인에 동의하지 아니하는 경우에는 해당 서류를 첨부하도록 하여야 한다.

③ 시·도지사는 제1항에 따라 등록을 신청한 자가 영 제81조제1항 및 별표 4에 따른 정비사업전문관리업자의 등록기준에 적합하다고 인정하는 경우에는 별지 제14호서식의 정비사업전문관리업자 등록부에 이를 기재하고, 신청인에게 별지 제15호서식의 정비사업전문관리업등록증(전자문서로 된 등록증을 포함한다)을 교부한다.

(5) 등록수수료 (시행규칙 제19조)

영 제82조제3항에 따른 등록수수료는 1건당 1만원으로 하되, 수입증지로 납부하여야 한다. 다만, 시·도지사는 정보통신망을 이용하여 전자화폐·전자결제 등의 방법으로 납부하게 할 수 있다.

(6) 고유식별정보의 처리 (시행령 제97조)

시·도지사, 시장·군수·구청장(해당 권한이 위임·위탁된 경우에는 그 권한을 위임·위탁받은 자를 포함한다) 또는 사업시행자는 다음 각 호의 사무를 수행하기 위하여 불가피한 경우 「개인정보 보호법 시행령」 제19조에 따른 주민등록번호 또는 외국인등록번호가 포함된 자료를 처리할 수 있다.
1. 법 제31조에 따른 추진위원회 구성 승인에 관한 사무
2. 법 제36조에 따른 토지등소유자의 동의방법 등의 업무를 위한 토지등소유자의 자격 확인에 관한 사무
3. 법 제39조에 따른 조합원의 자격 확인에 관한 사무
4. 법 제42조에 따른 조합임원의 겸임 확인을 위한 사무
5. 법 제43조에 따른 조합임원의 결격사유 확인에 관한 사무
6. 법 제52조에 따른 세입자의 주거 및 이주 대책에 관한 사무
7. 법 제74조에 따른 관리처분계획의 수립 및 인가에 관한 사무
8. 법 제86조에 따른 대지 또는 건축물의 소유권 이전에 관한 사무
9. 법 제102조에 따른 정비사업전문관리업 등록에 관한 사무
10. 법 제105조에 따른 정비사업전문관리업자의 결격사유 확인에 관한 사무
11. 법 제106조에 따른 정비사업전문관리업의 등록취소 등에 관한 사무
12. 법 제107조에 따른 정비사업전문관리업자에 대한 조사 등에 관한 사무

> 질의 1

공인중개사의 정비사업전문관리업 등록요건 ('10. 6. 7.)

공인중개사로서 재건축정비사업 조합 임원으로 5년 이상 종사한 경우 도정법 시행령 별표4 제2호가목(4)에서 규정하고 있는 정비사업 관련 업무에 5년 이상 종사한 자로 볼 수 있는지

> **회신내용**
>
> 정비사업전문관리업의 등록요건은 도정법 시행령 제63조제1항 관련 별표4 제2호에 따라야 하며, 공인중개사가 재건축정비사업조합의 임원으로서 정비사업전문관리업 관련업무를 5년 이상 수행한 근무경력이 있는 경우에는 등록자격이 있는 것임

출처 : 국토교통부

질의 2

조합설립동의서 징구가 등록 정비사업전문관리업체 업무인지 ('10. 9. 24.)

조합설립을 위한 동의서 징구 및 조합설립총회를 위한 서면결의서 징구업무는 시·B도지사에게 정비사업전문관리업체로 등록한 뒤에 업무를 수행하여야 하는지와 정비사업전문관리업체의 업무에 해당한다면 도정법 몇 조에 해당하는지

> **회신내용**
>
> 추진위원회 또는 사업시행자로부터 조합설립의 동의 및 정비사업의 동의에 관한 업무 등 도정법 제69조제1항 각호의 사항을 위탁받아 대행하거나 이와 관련한 자문을 하고자 하는 자는 도정법 제69조제1항에 따라 일정한 자본·B기술인력 등의 기준을 갖춰 시·B도지사에게 등록한 후 할 수 있는 것이며, 도정법 제69조제1항에 따른 등록을 하지 아니하고 도정법에 따른 정비사업을 위탁받은 자에 대한 벌칙 규정은 도정법 제85조제9호에 규정되어 있음

출처 : 국토교통부

질의 3

정비사업전문관리업자 상근인력 자격 ('11. 7. 18.)

정비사업전문관리업자가「건설기술관리법 시행령」제4조의 규정에 의하여 동등하다고 인정되는 특급기술자 2인과 법무사사무소를 등록·운영하는 법무사 1인을 상근인력으로 하고, 감정평가법인 및 법무법인과 각각 법인협약(2개)을 맺은 경

우 등록기준상의 인력확보 기준에 적합한지

> **회신내용**
>
> 도정법 시행령 제63조제1항 관련 별표4의 「정비사업전문관리업의 등록기준」 제2호 나목에 따라 같은 호 가목(1) 및 (2)의 인력은 각각 1인 이상을 확보하여야 하며, 법무사 사무소를 등록·운영하는 법무사는 상근인력으로 볼 수 없음

출처 : 국토교통부

질의 4

정비사업전문관리업자만이 설계도서의 적정성 검토를 수행할 수 있는지 ('12. 3. 5.)

설계도서의 적정성 검토를 도정법 제69조제1항제4호에 따른 "설계자 및 시공자 선정에 관한 업무의 지원" 업무에 포함되는 것으로 보아 정비사업전문관리업자만이 설계도서의 적정성 검토를 수행할 수 있는지 여부

> **회신내용**
>
> 도정법 제69조제1항제4호에 따른 "설계자 및 시공자 선정에 관한 업무의 지원"이란 정비사업을 시행함에 있어 설계자 및 시공자 선정을 위한 입찰, 총회 의결 등의 과정을 행정적으로 지원하는 업무로서, 설계도서의 적정성 검토는 정비사업전문관리업자만이 수행할 수 있는 고유업무로 보기에는 곤란할 것으로 사료됨

출처 : 국토교통부

질의 5

추진위원회에서 직원을 채용하여 동의서 징구할 수 있는지 ('12. 5. 15.)

추진위원회설립동의서, 조합설립동의서, 사업시행인가동의서, 총회를 위한 서면결의서 징구업무, 총회를 위한 경호·경비업무 및 홍보·진행업무와 투·개표 관리업무를 추진위원회 또는 조합에서 토지등소유자(조합원)로 구성된 자원봉사자 또는 임시직원을 채용하여 직접 수행할 수 있는지

회신내용

도정법 제69조제1항 및 같은 법 시행령 제63조에 따라 추진위원회 또는 사업시행자로부터 조합설립의 동의에 관한 업무의 대행 등에 관한 사항을 위탁받거나 이와 관련한 자문을 하고자 하는 자는 정비사업전문관리업으로 등록을 하도록 하고 있으나, 이는 추진위원회 또는 조합의 업무를 위탁 등의 방법으로 대행하는 경우에 적용되는 것으로서, 귀 질의내용과 같이 추진위원회나 조합이 조합원이나 직원채용 등의 방법으로 직접 업무를 수행하는 경우에는 적용되지 않는 것으로 판단됨

출처 : 국토교통부

질의 6

추진준비위원회가 미등록업체에게 동의서 징구업무를 위탁할 수 있는지 ('12. 6. 19.)

가. 추진준비위원회(추진위원회 미승인)로부터 동의서 징구 등의 업무를 위탁받은 업체는 정비사업전문관리업자로 등록하지 않아도 되는지 여부

나. 추진준비위원회가 비 정비업자(미등록자)와 정비사업지원에 관한 약정을 한 경우 도정법 제71조에 따라 민법중 위임에 관한 규정을 준용할 수 있는지 여부

회신내용

도정법 제69조제1항은 대통령령이 정하는 자본·기술인력 등의 기준을 갖춰 시·도지사에게 등록한 정비사업전문관리업자가 추진위원회 또는 사업시행자로부터 조합설립의 동의 및 정비사업의 동의에 관한 업무의 대행 등 동조동항각호의 업무를 위탁받을 수 있도록 하는 것으로서, 질의하신 추진준비위원회(추진위원회 미승인)가 동의서 징구 등의 업무를 위탁하는 경우와 추진준비위원회가 비정비업자와 정비사업지원에 관한 약정을 한 경우 도정법 제69조 및 제71조의 규정은 적용되지 않는 것으로 판단됨

출처 : 국토교통부

2. 정비사업전문관리업자의 업무제한 등

가. 정비사업전문관리업자의 업무제한 등 (법 제103조)

정비사업전문관리업자는 동일한 정비사업에 대하여 다음 각 호의 업무를 병행하여 수행할 수 없다.
1. 건축물의 철거
2. 정비사업의 설계
3. 정비사업의 시공
4. 정비사업의 회계감사
5. 그 밖에 정비사업의 공정한 질서유지에 필요하다고 인정하여 대통령령으로 정하는 업무

(1) 정비사업전문관리업자의 업무제한 등 (시행령 제83조)

① 정비사업전문관리업자와 다음 각 호의 어느 하나의 관계에 있는 자는 법 제103조를 적용할 때 해당 정비사업전문관리업자로 본다.
  1. 정비사업전문관리업자가 법인인 경우에는 「독점규제 및 공정거래에 관한 법률」 제2조제3호에 따른 계열회사
  2. 정비사업전문관리업자와 상호 출자한 관계
② 법 제103조제5호에서 "대통령령으로 정하는 업무"란 법 제12조에 따른 안전진단업무를 말한다.

3. 정비사업전문관리업자와 위탁자와의 관계 (법 제104조)

정비사업전문관리업자에게 업무를 위탁하거나 자문을 요청한 자와 정비사업전문관리업자의 관계에 관하여 이 법에 규정된 사항을 제외하고는 「민법」 중 위임에 관한 규정을 준용한다.

4. 정비사업전문관리업자의 결격사유

가. 정비사업전문관리업자의 결격사유 (법 제105조)

① 다음 각 호의 어느 하나에 해당하는 자는 정비사업전문관리업의 등록을 신청

할 수 없으며, 정비사업전문관리업자의 업무를 대표 또는 보조하는 임직원이 될 수 없다. <개정 2020. 6. 9.>
1. 미성년자(대표 또는 임원이 되는 경우로 한정한다)·피성년후견인 또는 피한정후견인
2. 파산선고를 받은 자로서 복권되지 아니한 자
3. 정비사업의 시행과 관련한 범죄행위로 인하여 금고 이상의 실형의 선고를 받고 그 집행이 종료(종료된 것으로 보는 경우를 포함한다)되거나 집행이 면제된 날부터 2년이 지나지 아니한 자
4. 정비사업의 시행과 관련한 범죄행위로 인하여 금고 이상의 형의 집행유예를 받고 그 유예기간 중에 있는 자
5. 이 법을 위반하여 벌금형 이상의 선고를 받고 2년이 지나지 아니한 자
6. 제106조에 따라 등록이 취소된 후 2년이 지나지 아니한 자(법인인 경우 그 대표자를 말한다)
7. 법인의 업무를 대표 또는 보조하는 임직원 중 제1호부터 제6호까지 중 어느 하나에 해당하는 자가 있는 법인

② 정비사업전문관리업자의 업무를 대표 또는 보조하는 임직원이 제1항 각 호의 어느 하나에 해당하게 되거나 선임 당시 그에 해당하였던 자로 밝혀진 때에는 당연 퇴직한다. <개정 2020. 6. 9.>

③ 제2항에 따라 퇴직된 임직원이 퇴직 전에 관여한 행위는 효력을 잃지 아니한다.

(1) 고유식별정보의 처리 (시행령 제97조)

시·도지사, 시장·군수·구청장(해당 권한이 위임·위탁된 경우에는 그 권한을 위임·위탁받은 자를 포함한다) 또는 사업시행자는 다음 각 호의 사무를 수행하기 위하여 불가피한 경우 「개인정보 보호법 시행령」 제19조에 따른 주민등록번호 또는 외국인등록번호가 포함된 자료를 처리할 수 있다.
1. 법 제31조에 따른 추진위원회 구성 승인에 관한 사무
2. 법 제36조에 따른 토지등소유자의 동의방법 등의 업무를 위한 토지등소유자의 자격 확인에 관한 사무
3. 법 제39조에 따른 조합원의 자격 확인에 관한 사무
4. 법 제42조에 따른 조합임원의 겸임 확인을 위한 사무
5. 법 제43조에 따른 조합임원의 결격사유 확인에 관한 사무
6. 법 제52조에 따른 세입자의 주거 및 이주 대책에 관한 사무
7. 법 제74조에 따른 관리처분계획의 수립 및 인가에 관한 사무
8. 법 제86조에 따른 대지 또는 건축물의 소유권 이전에 관한 사무

9. 법 제102조에 따른 정비사업전문관리업 등록에 관한 사무
10. 법 제105조에 따른 정비사업전문관리업자의 결격사유 확인에 관한 사무
11. 법 제106조에 따른 정비사업전문관리업의 등록취소 등에 관한 사무
12. 법 제107조에 따른 정비사업전문관리업자에 대한 조사 등에 관한 사무

5. 정비사업전문관리업의 등록취소 등

가. 정비사업전문관리업의 등록취소 등 (법 제106조)

① 시·도지사는 정비사업전문관리업자가 다음 각 호의 어느 하나에 해당하는 때에는 그 등록을 취소하거나 1년 이내의 기간을 정하여 업무의 전부 또는 일부의 정지를 명할 수 있다. 다만, 제1호·제4호·제8호 및 제9호에 해당하는 때에는 그 등록을 취소하여야 한다.
  1. 거짓, 그 밖의 부정한 방법으로 등록을 한 때
  2. 제102조제1항에 따른 등록기준에 미달하게 된 때
  3. 추진위원회, 사업시행자 또는 시장·군수등의 위탁이나 자문에 관한 계약 없이 제102조제1항 각 호에 따른 업무를 수행한 때
  4. 제102조제1항 각 호에 따른 업무를 직접 수행하지 아니한 때
  5. 고의 또는 과실로 조합에게 계약금액(정비사업전문관리업자가 조합과 체결한 총계약금액을 말한다)의 3분의 1 이상의 재산상 손실을 끼친 때
  6. 제107조에 따른 보고·자료제출을 하지 아니하거나 거짓으로 한 때 또는 조사·검사를 거부·방해 또는 기피한 때
  7. 제111조에 따른 보고·자료제출을 하지 아니하거나 거짓으로 한 때 또는 조사를 거부·방해 또는 기피한 때
  8. 최근 3년간 2회 이상의 업무정지처분을 받은 자로서 그 정지처분을 받은 기간이 합산하여 12개월을 초과한 때
  9. 다른 사람에게 자기의 성명 또는 상호를 사용하여 이 법에서 정한 업무를 수행하게 하거나 등록증을 대여한 때
  10. 이 법을 위반하여 벌금형 이상의 선고를 받은 경우(법인의 경우에는 그 소속 임직원을 포함한다)
  11. 그 밖에 이 법 또는 이 법에 따른 명령이나 처분을 위반한 때
② 제1항에 따른 등록의 취소 및 업무의 정지처분에 관한 기준은 대통령령으로 정한다.
③ 제1항에 따라 등록취소처분 등을 받은 정비사업전문관리업자와 등록취소처분 등을 명한 시·도지사는 추진위원회 또는 사업시행자에게 해당 내용을 지체

없이 통지하여야 한다. <개정 2019. 8. 20.>
④ 정비사업전문관리업자는 제1항에 따라 등록취소처분 등을 받기 전에 계약을 체결한 업무는 계속하여 수행할 수 있다. 이 경우 정비사업전문관리업자는 해당 업무를 완료할 때까지는 정비사업전문관리업자로 본다.
⑤ 정비사업전문관리업자는 제4항 전단에도 불구하고 다음 각 호의 어느 하나에 해당하는 경우에는 업무를 계속하여 수행할 수 없다.
  1. 사업시행자가 제3항에 따른 통지를 받거나 처분사실을 안 날부터 3개월 이내에 총회 또는 대의원회의 의결을 거쳐 해당 업무계약을 해지한 경우
  2. 정비사업전문관리업자가 등록취소처분 등을 받은 날부터 3개월 이내에 사업시행자로부터 업무의 계속 수행에 대하여 동의를 받지 못한 경우. 이 경우 사업시행자가 동의를 하려는 때에는 총회 또는 대의원회의 의결을 거쳐야 한다.
  3. 제1항 각 호 외의 부분 단서에 따라 등록이 취소된 경우

(1) 정비사업전문관리업자의 등록취소 및 영업정지처분 기준 (시행령 제84조)

법 제106조제1항에 따른 등록취소 및 업무정지처분의 기준은 별표 5와 같다.

(2) 고유식별정보의 처리 (시행령 제97조)

시·도지사, 시장·군수·구청장(해당 권한이 위임·위탁된 경우에는 그 권한을 위임·위탁받은 자를 포함한다) 또는 사업시행자는 다음 각 호의 사무를 수행하기 위하여 불가피한 경우 「개인정보 보호법 시행령」 제19조에 따른 주민등록번호 또는 외국인등록번호가 포함된 자료를 처리할 수 있다.
  1. 법 제31조에 따른 추진위원회 구성 승인에 관한 사무
  2. 법 제36조에 따른 토지등소유자의 동의방법 등의 업무를 위한 토지등소유자의 자격 확인에 관한 사무
  3. 법 제39조에 따른 조합원의 자격 확인에 관한 사무
  4. 법 제42조에 따른 조합임원의 겸임 확인을 위한 사무
  5. 법 제43조에 따른 조합임원의 결격사유 확인에 관한 사무
  6. 법 제52조에 따른 세입자의 주거 및 이주 대책에 관한 사무
  7. 법 제74조에 따른 관리처분계획의 수립 및 인가에 관한 사무
  8. 법 제86조에 따른 대지 또는 건축물의 소유권 이전에 관한 사무
  9. 법 제102조에 따른 정비사업전문관리업 등록에 관한 사무
  10. 법 제105조에 따른 정비사업전문관리업자의 결격사유 확인에 관한 사무

11. 법 제106조에 따른 정비사업전문관리업의 등록취소 등에 관한 사무
12. 법 제107조에 따른 정비사업전문관리업자에 대한 조사 등에 관한 사무

(3) 규제의 재검토 (시행령 제98조)

국토교통부장관은 다음 각 호의 사항에 대하여 2017년 1월 1일을 기준으로 3년마다(매 3년이 되는 해의 기준일과 같은 날 전까지를 말한다) 그 타당성을 검토하여 개선 등의 조치를 하여야 한다.
1. 제7조 및 별표 1에 따른 정비계획의 입안대상지역
2. 제19조 및 제21조에 따른 공동시행자 및 지정개발자의 요건
3. 제59조에 따른 분양신청의 절차 등
4. 제81조 및 별표 4에 따른 정비사업전문관리업의 등록기준
5. 제84조 및 별표 5에 따른 정비사업전문관리업자의 등록취소 및 업무정지처분의 기준
6. 제88조에 따른 회계감사

> **질의 1**

정비사업전문관리업자 등록취소처분 전 업무의 계속 수행 여부 ('10. 7. 2.)

도정법 제73조제5항제2호의 규정은 조합설립인가 전인 추진위원회 단계에서도 적용되는지

> **회신내용**

도정법 제73조제5항제2호는 정비사업전문관리업자가 등록취소처분 등을 받은 날부터 3월 이내에 사업시행자로부터 업무의 계속수행에 대하여 동의를 받지 못한 경우에는 등록취소처분 등을 받기 전에 계약을 체결한 업무를 계속하여 수행할 수 없도록 하고 있는 것으로, 이 경우 사업시행자라 함은 도정법 제2조제8호에서 정하고 있는 정비사업을 시행하는 자를 말하는 것인 바, 사업시행자가 정해지지 않은 추진위원회 단계에서는 도정법 제73조제5항제2호의 적용대상이 아닌 것임

출처 : 국토교통부

질의 2

퇴직으로 정비사업전문관리업자 등록기준 미달 시 등록취소 여부
('10. 10. 28.)

퇴직으로 정비사업전문관리업자의 등록기준에 따른 인력확보기준에 미달한 경우 후임자를 3월 이내에 채용하고 보고하면 적합한지 아니면 2월 이내에 하여야 하는지

회신내용

도정법 시행령 제66조 관련 별표 5의 "등록취소 및 업무정지처분의 기준" 제1호의 규정은 도정법 시행령 제63조 관련 별표 4의 등록기준에 3월 이상 미달된 때에는 등록을 취소할 수 있도록 하고 있는 규정이며, 등록기준에 미달되게 된 때에는 가급적 빠른 시일 내에 등록기준에 맞게 보완하는 것이 바람직할 것임

출처 : 국토교통부

질의 3

정비사업전문관리업체 대표가 형을 선고받은 경우 계약해지 가능여부
('12. 1. 12.)

주택재개발 정비사업조합에서 정비사업전문관리업자와 계약체결(2010.3월)후에 정비사업전문관리업체의 대표가 정비사업과 관련하여 금품수수 혐의로 8년형을 선고(2011.12월) 받은 경우에 계약해지가 가능한지

회신내용

가. 정비사업전문관리업자가 도정법을 위반하여 벌금형 이상의 선고를 받는 경우(법인의 경우에는 그 소속 임직원을 포함)등 도정법 제73조제1항 각 호의 어느 하나에 해당하는 때에는 그 등록을 취소하거나 1년 이내의 기간을 정하여 업무의 전부 또는 일부의 정지를 명할 수 있다고 규정하고 있음

나. 또한, 도정법 제73조제4항에 따르면 정비사업전문관리업자는 같은 조 제1항의 규정에 의하여 등록취소처분 등을 받기 전에 계약을 체결한 업무는 이를 계속하여 수행할 수 있으나, 같은 조 제5항 각 호의 어느 하나에 해당하는 경우에는 업무를 계속하여 수행할 수 없다고 규정하고 있으므로, 질의의 경우에 정비사업전문관리업자와의 계약해지 가능 여부 등에 관하여는 정비사업전문관리업자로서의 등록취소 여부 등을 고려하여 판단할 사항임

출처 : 국토교통부

> **질의 4**
>
> **인력확보기준에 미달된 상태로 2개월 14일이 경과한 경우 행정처분**
> ('12. 4. 18.)
>
> 도정법 시행령 별표 4의 정비사업전문관리업의 등록기준 중 인력확보기준에 미달된 상태로 2개월 14일이 경과한 경우 정비사업전문관리업자에 대한 행정처분 여부

> **회신내용**
>
> ○ 도정법 제73조제1항 각 호의 어느 하나에 해당하는 때에는 시·도지사는 정비사업전문관리업의 등록을 취소하거나 1년이내의 기간을 정하여 업무의 전부 또는 일부의 정지를 명할 수 있도록 규정하고 있고, 같은 조 제2항에서 그 처분의 기준을 대통령령(별표 5, 등록취소 및 업무정지처분의 기준)으로 정하도록 하고 있음
> ○ 이에 따라 정비사업전문관리업자가 정비사업전문관리업 등록기준에 미달하게 될 때에는 그 기간에 따라 도정법 시행령 별표 5의 제1호 또는 제5호를 적용할 수 있을 것이며, 질의의 경우에는 도정법시행령 별표 5의 제5호에 따른 처분이 가능할 것으로 판단됨

출처 : 국토교통부

6. 정비사업전문관리업자에 대한 조사 등

가. 정비사업전문관리업자에 대한 조사 등 (법 제107조)

① 국토교통부장관 또는 시·도지사는 다음 각 호의 어느 하나에 해당하는 경우 정비사업전문관리업자에 대하여 그 업무에 관한 사항을 보고하게 하거나 자료의 제출, 그 밖의 필요한 명령을 할 수 있으며, 소속 공무원에게 영업소 등에 출입하여 장부·서류 등을 조사 또는 검사하게 할 수 있다. <개정 2019. 8. 20.>
    1. 등록요건 또는 결격사유 등 이 법에서 정한 사항의 위반 여부를 확인할 필요가 있는 경우
    2. 정비사업전문관리업자와 토지등소유자, 조합원, 그 밖에 정비사업과 관련한 이해관계인 사이에 분쟁이 발생한 경우
    3. 그 밖에 시·도조례로 정하는 경우
② 제1항에 따라 출입·검사 등을 하는 공무원은 권한을 표시하는 증표를 지니

고 관계인에게 내보여야 한다.
③ 국토교통부장관 또는 시·도지사가 정비사업전문관리업자에게 제1항에 따른 업무에 관한 사항의 보고, 자료의 제출을 하게 하거나, 소속 공무원에게 조사 또는 검사하게 하려는 경우에는 「행정조사기본법」 제17조에 따라 사전통지를 하여야 한다. <신설 2019. 8. 20.>
④ 제1항에 따라 업무에 관한 사항의 보고 또는 자료의 제출 명령을 받은 정비사업전문관리업자는 그 명령을 받은 날부터 15일 이내에 이를 보고 또는 제출(전자문서를 이용한 보고 또는 제출을 포함한다)하여야 한다. <신설 2019. 8. 20.>
⑤ 국토교통부장관 또는 시·도지사는 제1항에 따른 업무에 관한 사항의 보고, 자료의 제출, 조사 또는 검사 등이 완료된 날부터 30일 이내에 그 결과를 통지하여야 한다. <신설 2019. 8. 20.>

(1) 고유식별정보의 처리 (시행령 제97조)

시·도지사, 시장·군수·구청장(해당 권한이 위임·위탁된 경우에는 그 권한을 위임·위탁받은 자를 포함한다) 또는 사업시행자는 다음 각 호의 사무를 수행하기 위하여 불가피한 경우 「개인정보 보호법 시행령」 제19조에 따른 주민등록번호 또는 외국인등록번호가 포함된 자료를 처리할 수 있다.
1. 법 제31조에 따른 추진위원회 구성 승인에 관한 사무
2. 법 제36조에 따른 토지등소유자의 동의방법 등의 업무를 위한 토지등소유자의 자격 확인에 관한 사무
3. 법 제39조에 따른 조합원의 자격 확인에 관한 사무
4. 법 제42조에 따른 조합임원의 겸임 확인을 위한 사무
5. 법 제43조에 따른 조합임원의 결격사유 확인에 관한 사무
6. 법 제52조에 따른 세입자의 주거 및 이주 대책에 관한 사무
7. 법 제74조에 따른 관리처분계획의 수립 및 인가에 관한 사무
8. 법 제86조에 따른 대지 또는 건축물의 소유권 이전에 관한 사무
9. 법 제102조에 따른 정비사업전문관리업 등록에 관한 사무
10. 법 제105조에 따른 정비사업전문관리업자의 결격사유 확인에 관한 사무
11. 법 제106조에 따른 정비사업전문관리업의 등록취소 등에 관한 사무
12. 법 제107조에 따른 정비사업전문관리업자에 대한 조사 등에 관한 사무

7. 정비사업전문관리업 정보의 종합관리

가. 정비사업전문관리업 정보의 종합관리 (법 제108조)

① 국토교통부장관은 정비사업전문관리업자의 자본금·사업실적·경영실태 등에 관한 정보를 종합적이고 체계적으로 관리하고 추진위원회 또는 사업시행자 등에게 제공하기 위하여 정비사업전문관리업 정보종합체계를 구축·운영할 수 있다.
② 제1항에 따른 정비사업전문관리업 정보종합체계의 구축·운영에 필요한 사항은 국토교통부령으로 정한다.

(1) 정비사업전문관리업 정보종합체계의 구축·운영 (시행령 제20조)

① 「한국감정원법」에 따른 한국감정원(이하 "한국감정원"이라 한다)은 법 제108조제2항 및 영 제96조제2항에 따라 관계 행정기관 및 정비사업전문관리업자에게 정비사업전문관리업 정보종합체계의 구축 및 활용에 필요한 다음 각 호의 자료의 제출을 요청할 수 있다.
  1. 상호 및 대표자의 성명
  2. 법 제102조에 따라 등록한 연월일 및 등록번호
  3. 자본금
  4. 주된 영업소의 소재지 및 전화번호
  5. 보유 기술인력의 수, 기술인력별 자격 및 경력에 관한 현황
  6. 사업실적
  7. 법 제106조제1항에 따른 등록의 취소 및 업무정지 처분, 법 제113조에 따른 시정조치를 받은 사항
② 한국감정원은 제1항 각 호의 정보를 매 분기가 끝난 날의 다음 달 말일까지 정비사업전문관리업 정보종합체계에 입력하고, 추진위원회 또는 사업시행자 등이 정비사업전문관리업 정보종합체계를 상시적으로 이용할 수 있도록 하여야 한다.
③ 한국감정원은 법 제108조제2항 및 영 제96조제2항에 따라 정비사업전문관리업 정보종합체계의 구축·운영을 위하여 다음 각 호의 업무를 수행할 수 있다.
  1. 정비사업전문관리업 정보종합체계의 구축·운영에 관한 각종 연구개발 및 기술 지원
  2. 정비사업전문관리업 정보종합체계의 구축을 위한 관련 기관과의 공동사업 시행

3. 정비사업전문관리업 정보종합체계를 이용한 정보의 공동활용 촉진

8. 협회의 설립 등

가. 협회의 설립 등 (법 제109조)

① 정비사업전문관리업자는 정비사업전문관리업의 전문화와 정비사업의 건전한 발전을 도모하기 위하여 정비사업전문관리업자단체(이하 "협회"라 한다)를 설립할 수 있다.
② 협회는 법인으로 한다.
③ 협회는 주된 사무소의 소재지에서 설립등기를 하는 때에 성립한다.
④ 협회를 설립하려는 때에는 회원의 자격이 있는 50명 이상을 발기인으로 하여 정관을 작성한 후 창립총회의 의결을 거쳐 국토교통부장관의 인가를 받아야 한다. 협회가 정관을 변경하려는 때에도 또한 같다.
⑤ 이 법에 따라 시·도지사로부터 업무정지처분을 받은 회원의 권리·의무는 영업정지기간 중 정지되며, 정비사업전문관리업의 등록이 취소된 때에는 회원의 자격을 상실한다.
⑥ 협회의 정관, 설립인가의 취소, 그 밖에 필요한 사항은 대통령령으로 정한다.
⑦ 협회에 관하여 이 법에 규정된 사항을 제외하고는 「민법」중 사단법인에 관한 규정을 준용한다.

(1) 협회의 정관 (시행령 제85조)

법 제109조에 따른 정비사업전문관리업자단체(이하 "협회"라 한다)의 정관에는 다음 각 호의 사항이 포함되어야 한다.
1. 목적
2. 명칭
3. 주된 사무소의 소재지
4. 회원의 가입 및 탈퇴에 관한 사항
5. 사업 및 그 집행에 관한 사항
6. 임원의 정원·임기 및 선출방법에 관한 사항
7. 총회 및 이사회에 관한 사항
8. 조직 및 운영에 관한 사항
9. 자산 및 회계에 관한 사항
10. 정관의 변경에 관한 사항

11. 제1호부터 제10호까지에서 규정한 사항 외에 협회의 운영에 필요하다고 인정되는 사항

(2) 협회의 설립인가 및 설립인가의 취소 (시행령 제86조)

① 국토교통부장관은 법 제109조제4항에 따른 협회 설립인가 신청의 내용이 다음 각 호의 기준에 적합한 경우에 인가할 수 있다.
  1. 법인의 목적과 사업이 실현 가능할 것
  2. 협회의 회원은 정비사업전문관리업자일 것
  3. 목적하는 사업을 수행할 수 있는 충분한 능력이 있고, 재정적 기초가 확립되어 있거나 확립될 수 있을 것
  4. 다른 법인과 동일한 명칭이 아닐 것
② 국토교통부장관은 법 제109조제6항에 따라 협회가 다음 각 호의 어느 하나에 해당하는 경우에는 협회의 설립인가를 취소할 수 있다. 다만, 제1호 및 제3호에 해당하는 경우에는 설립인가를 취소하여야 한다.
  1. 거짓이나 부정한 방법으로 설립인가를 받은 경우
  2. 설립인가 조건을 위반한 경우
  3. 목적 달성이 불가능하게 된 경우
  4. 목적사업 외의 사업을 한 경우
③ 국토교통부장관은 제2항에 따라 협회의 설립인가를 취소하려면 미리 청문을 하여야 한다.

9. 협회의 업무 및 감독 (법 제110조)

① 협회의 업무는 다음 각 호와 같다.
  1. 정비사업전문관리업 및 정비사업의 건전한 발전을 위한 조사·연구
  2. 회원의 상호 협력증진을 위한 업무
  3. 정비사업전문관리 기술 인력과 정비사업전문관리업 종사자의 자질향상을 위한 교육 및 연수
  4. 그 밖에 대통령령으로 정하는 업무
② 국토교통부장관은 협회의 업무 수행 현황 또는 이 법의 위반 여부를 확인할 필요가 있는 때에는 협회에게 업무에 관한 사항을 보고하게 하거나 자료의 제출, 그 밖에 필요한 명령을 할 수 있으며, 소속 공무원에게 그 사무소 등에 출입하여 장부·서류 등을 조사 또는 검사하게 할 수 있다. <개정 2019. 8. 20.>
③ 제2항에 따른 업무에 관한 사항의 보고, 자료의 제출, 조사 또는 검사에 관하여는 제107조제2항부터 제5항까지의 규정을 준용한다. <신설 2019. 8. 20.>

제6장 감독 등

1. 자료의 제출 등

가. 자료의 제출 등 (법 제111조)

① 시·도지사는 국토교통부령으로 정하는 방법 및 절차에 따라 정비사업의 추진실적을 분기별로 국토교통부장관에게, 시장, 군수 또는 구청장은 시·도조례로 정하는 바에 따라 정비사업의 추진실적을 특별시장·광역시장 또는 도지사에게 보고하여야 한다.
② 국토교통부장관, 시·도지사, 시장, 군수 또는 구청장은 정비사업의 원활한 시행을 감독하기 위하여 필요한 경우로서 다음 각 호의 어느 하나에 해당하는 때에는 추진위원회·사업시행자·정비사업전문관리업자·설계자 및 시공자 등 이 법에 따른 업무를 하는 자에게 그 업무에 관한 사항을 보고하게 하거나 자료의 제출, 그 밖의 필요한 명령을 할 수 있으며, 소속 공무원에게 영업소 등에 출입하여 장부·서류 등을 조사 또는 검사하게 할 수 있다. <개정 2019. 8. 20., 2020. 6. 9.>
  1. 이 법의 위반 여부를 확인할 필요가 있는 경우
  2. 토지등소유자, 조합원, 그 밖에 정비사업과 관련한 이해관계인 사이에 분쟁이 발생된 경우
  3. 그 밖에 시·도조례로 정하는 경우
③ 제2항에 따른 업무에 관한 사항의 보고, 자료의 제출, 조사 또는 검사에 관하여는 제107조제2항부터 제5항까지의 규정을 준용한다. <개정 2019. 8. 20.>

(1) 자료의 제출 등 (시행규칙 제21조)

① 시·도지사는 법 제111조제1항에 따라 정비구역의 지정, 사업시행자의 지정 또는 조합설립인가, 사업시행계획인가, 관리처분계획인가 및 정비사업완료의 실적을 매 분기가 끝나는 날부터 15일 이내에 국토교통부장관에게 보고(전자문서에 의한 보고를 포함한다)하여야 한다.
② 법 제111조제2항에 따라 국토교통부장관, 시·도지사, 시장·군수 또는 구청장으로부터 정비사업과 관련하여 보고 또는 자료의 제출을 요청받은 자는 그 요청을 받은 날부터 15일 이내에 보고(전자문서에 의한 보고를 포함한다)하거나 자료를 제출(전자문서에 의한 제출을 포함한다)하여야 한다.

③ 국토교통부장관, 시·도지사, 시장·군수 또는 구청장은 법 제111조제2항에 따라 소속 공무원에게 업무를 조사하게 하려는 때에는 업무조사를 받을 자에게 조사 3일 전까지 조사의 일시·목적 등을 서면으로 통지하여야 한다.
④ 법 제111조제2항에 따라 업무를 조사하는 공무원은 그 권한을 나타내는 별지 제16호서식의 조사공무원증표를 지니고 이를 관계인에게 보여주어야 한다.

2. 회계감사

가. 회계감사 (법 제112조)

① 시장·군수등 또는 토지주택공사등이 아닌 사업시행자 또는 추진위원회는 다음 각 호의 어느 하나에 해당하는 경우에는 다음 각 호의 구분에 따른 기간 이내에 「주식회사 등의 외부감사에 관한 법률」 제2조제7호 및 제9조에 따른 감사인의 회계감사를 받기 위하여 시장·군수등에게 회계감사기관의 선정·계약을 요청하여야 하며, 그 감사결과를 회계감사가 종료된 날부터 15일 이내에 시장·군수등 및 해당 조합에 보고하고 조합원이 공람할 수 있도록 하여야 한다. 다만, 지정개발자가 사업시행자인 경우에는 제1호에 해당하는 경우는 제외한다. <개정 2017. 10. 31., 2021. 1. 5., 2021. 3. 16.>
  1. 제34조제4항에 따라 추진위원회에서 사업시행자로 인계되기 전까지 납부 또는 지출된 금액과 계약 등으로 지출될 것이 확정된 금액의 합이 대통령령으로 정한 금액 이상인 경우: 추진위원회에서 사업시행자로 인계되기 전 7일 이내
  2. 제50조제9항에 따른 사업시행계획인가 고시일 전까지 납부 또는 지출된 금액이 대통령령으로 정하는 금액 이상인 경우: 사업시행계획인가의 고시일부터 20일 이내
  3. 제83조제1항에 따른 준공인가 신청일까지 납부 또는 지출된 금액이 대통령령으로 정하는 금액 이상인 경우: 준공인가의 신청일부터 7일 이내
  4. 토지등소유자 또는 조합원 5분의 1 이상이 사업시행자에게 회계감사를 요청하는 경우: 제4항에 따른 절차를 고려한 상당한 기간 이내
② 시장·군수등은 제1항에 따른 요청이 있는 경우 즉시 회계감사기관을 선정하여 회계감사가 이루어지도록 하여야 한다. <개정 2021. 1. 5.>
③ 제2항에 따라 회계감사기관을 선정·계약한 경우 시장·군수등은 공정한 회계감사를 위하여 선정된 회계감사기관을 감독하여야 하며, 필요한 처분이나 조치를 명할 수 있다.
④ 사업시행자 또는 추진위원회는 제1항에 따라 회계감사기관의 선정·계약을

요청하려는 경우 시장·군수등에게 회계감사에 필요한 비용을 미리 예치하여야 한다. 시장·군수등은 회계감사가 끝난 경우 예치된 금액에서 회계감사비용을 직접 지불한 후 나머지 비용은 사업시행자와 정산하여야 한다. <개정 2021. 1. 5.>

(1) 회계감사 (시행령 제88조)

법 제112조에 따라 시장·군수등 또는 토지주택공사등이 아닌 사업시행자 또는 추진위원회는 다음 각 호의 어느 하나에 해당하는 경우에는 회계감사를 받아야 한다.
1. 법 제112조제1항제1호의 경우에는 추진위원회에서 사업시행자로 인계되기 전까지 납부 또는 지출된 금액과 계약 등으로 지출될 것이 확정된 금액의 합이 3억5천만원 이상인 경우
2. 법 제112조제1항제2호의 경우에는 사업시행계획인가 고시일 전까지 납부 또는 지출된 금액이 7억원 이상인 경우
3. 법 제112조제1항제3호의 경우에는 준공인가 신청일까지 납부 또는 지출된 금액이 14억원 이상인 경우

(2) 규제의 재검토 (시행령 제98조)

국토교통부장관은 다음 각 호의 사항에 대하여 2017년 1월 1일을 기준으로 3년마다(매 3년이 되는 해의 기준일과 같은 날 전까지를 말한다) 그 타당성을 검토하여 개선 등의 조치를 하여야 한다.
1. 제7조 및 별표 1에 따른 정비계획의 입안대상지역
2. 제19조 및 제21조에 따른 공동시행자 및 지정개발자의 요건
3. 제59조에 따른 분양신청의 절차 등
4. 제81조 및 별표 4에 따른 정비사업전문관리업의 등록기준
5. 제84조 및 별표 5에 따른 정비사업전문관리업자의 등록취소 및 업무정지처분의 기준
6. 제88조에 따른 회계감사

질의 1

추진위원회의 회계감사 대상 여부 (법제처, '09. 7. 27.)

주택재개발사업 조합설립 추진위원회가 계약을 하면서 계약에 따라 지급할 금액을 조합설립인가 후에 지급하기로 한 경우로서, 그 금액이 3억 5천만원 이상인 경우, 도정법 제76조 및 같은 법 시행령 제67조제1항제1호에 따라 회계감사를 받아야 하는지

회신내용

주택재개발사업 조합설립 추진위원회가 계약을 하면서 계약에 따라 지급할 금액을 조합설립인가 후에 지급하기로 한 경우로서, 그 금액이 3억 5천만원 이상인 경우, 도정법 제76조 및 같은 법시행령 제67조제1항제1호에 따라 회계감사를 받아야 함

출처 : 국토교통부

질의 2

회계감사 대상시의 해당금액의 범위 ('10. 12. 31.)

회계감사와 관련하여 도정법 시행령 제67조제1항 각 호의 금액은 추진위원회 때부터 각 호에서 말하는 시기까지 누적된 금액을 말하는지

회신내용

도정법 시행령 제67조제1항 각 호의 내용 중 금액은 같은 항 각 호에서 각각 정하고 있는 일까지의 합계 금액을 말하는 것임

출처 : 국토교통부

질의 3

도정법 제76조제1항 회계감사를 하는 경우, 「주식회사의 외부감사에 관한 법」 제3조 외의 다른 규정의 적용을 받는지 (법제처, '11. 9. 1.)

「주식회사의 외부감사에 관한 법률」 제3조에 따른 감사인이 시장·군수 또는 주택공사 등이 아닌 사업시행자에 대해 도정법 제76조제1항에 따라 회계감사를 하는 경우, 그 감사인이 「주식회사의 외부감사에 관한 법률」 제3조 외의 다른 규정들의 적용을 받아야 하는지

> **회신내용**
>
> 「주식회사의 외부감사에 관한 법률」제3조에 따른 감사인이 시장·군수 또는 주택공사 등이 아닌 사업시행자에 대해 도정법 제76조제1항에 따라 회계감사를 하는 경우, 그 감사인이 「주식회사의 외부감사에 관한 법률」제3조 외의 다른 규정들의 적용을 받아야 하는 것은 아님

출처 : 국토교통부

질의 4

회계감사기관에 대한 구청장의 감독 범위 ('11. 10. 6.)

도정법 제76조제3항에서 규정하고 있는 회계감사기관에 대한 구청장의 감독 범위는

> **회신내용**
>
> 도정법 제76조제3항에 따라 공정한 회계감사가 이루어 질 수 있도록 회계감사를 선정·계약한 내용을 토대로 감독할 수 있을 것으로 판단됨

출처 : 국토교통부

질의 5

정관에 따른 회계감사로 도정법 제76조 회계감사를 대신할 수 있는지 ('12. 10. 25.)

조합정관에 따른 외부회계감사를 도정법 제76조에 따른 회계감사로 대체할 수 있는지

> **회신내용**
>
> 도정법 제76조제1항 및 제2항에 따르면 시장·군수 또는 주택공사등이 아닌 사업시행자는 대통령령이 정하는 방법 및 절차에 의하여 제1항 각호의 1에 해당하는 시기에 「주식회사의 외부감사에 관한 법률」제3조의 규정에 의한 감사인의 회계감사를 받도록 하고 있고, 그 감사결과를 회계감사가 종료된 날부터 15일 이내에 시장·군수에게 보고하고 이를 당해 조합에 보고하여 조합원이 공람할 수 있도록 하고 있으며, 동 규정에 따라 회계감사가 필요한 경우 사업시행자는 시장·군수에게 회계감사기관의 선정·계약

을 요청하도록 하고 있으나, 조합정관에 따른 외부회계감사에 대하여는 해당 조합정관에 따라 판단하여야 할 것임

출처 : 국토교통부

질의 6

도정법 제76조제1항제2호 '사업시행인가'에 변경·중지 등이 포함되는지 ('12. 10. 31.)

도정법 제76조제1항제2호의 '사업시행인가'에는 인가 받은 내용을 변경하거나 정비사업을 중지 또는 폐지하고자 하는 경우가 포함되는지

회신내용

도정법 제76조제1항제2호의 '사업시행인가의 고시일'은 도정법 제28조제4항에 따른 사업시행인가의 고시일을 말하는 것이며, 참고로 동 규정은 도정법 시행령 제67조제1항에 따라 조합원의 80퍼센트 이상의 동의를 얻지 아니한 경우로서 사업시행인가고시일전까지 납부 또는 지출된 금액이 7억원 이상인 경우에 적용되는 것임

출처 : 국토교통부

3. 감독

가. 감독 (법 제113조)

① 정비사업의 시행이 이 법 또는 이 법에 따른 명령·처분이나 사업시행계획서 또는 관리처분계획에 위반되었다고 인정되는 때에는 정비사업의 적정한 시행을 위하여 필요한 범위에서 국토교통부장관은 시·도지사, 시장, 군수, 구청장, 추진위원회, 주민대표회의, 사업시행자 또는 정비사업전문관리업자에게, 특별시장, 광역시장 또는 도지사는 시장, 군수, 구청장, 추진위원회, 주민대표회의, 사업시행자 또는 정비사업전문관리업자에게, 시장·군수는 추진위원회, 주민대표회의, 사업시행자 또는 정비사업전문관리업자에게 처분의 취소·변경 또는 정지, 공사의 중지·변경, 임원의 개선 권고, 그 밖의 필요한 조치를 취할 수 있다.

② 국토교통부장관, 시·도지사, 시장, 군수 또는 구청장은 이 법에 따른 정비사

업의 원활한 시행을 위하여 관계 공무원 및 전문가로 구성된 점검반을 구성하여 정비사업 현장조사를 통하여 분쟁의 조정, 위법사항의 시정요구 등 필요한 조치를 할 수 있다. 이 경우 관할 지방자치단체의 장과 조합 등은 대통령령으로 정하는 자료의 제공 등 점검반의 활동에 적극 협조하여야 한다.
③ 제2항에 따른 정비사업 현장조사에 관하여는 제107조제2항, 제3항 및 제5항을 준용한다. <개정 2019. 8. 20.>

(1) 감독 (시행령 제89조)

법 제113조제2항 후단에서 "대통령령으로 정하는 자료"란 다음 각 호의 자료를 말한다.
1. 토지등소유자의 동의서
2. 총회의 의사록
3. 정비사업과 관련된 계약에 관한 서류
4. 사업시행계획서·관리처분계획서 및 회계감사보고서를 포함한 회계관련 서류
5. 정비사업의 추진과 관련하여 분쟁이 발생한 경우에는 해당 분쟁과 관련된 서류

4. 시공자 선정 취소 명령 또는 과징금 (법 제113조의2)

① 시·도지사(해당 정비사업을 관할하는 시·도지사를 말한다. 이하 이 조 및 제113조의3에서 같다)는 건설업자가 다음 각 호의 어느 하나에 해당하는 경우 사업시행자에게 건설업자의 해당 정비사업에 대한 시공자 선정을 취소할 것을 명하거나 그 건설업자에게 사업시행자와 시공자 사이의 계약서상 공사비의 100분의 20 이하에 해당하는 금액의 범위에서 과징금을 부과할 수 있다. 이 경우 시공자 선정 취소의 명을 받은 사업시행자는 시공자 선정을 취소하여야 한다.
1. 건설업자가 제132조를 위반한 경우
2. 건설업자가 제132조의2를 위반하여 관리·감독 등 필요한 조치를 하지 아니한 경우로서 용역업체의 임직원(건설업자가 고용한 개인을 포함한다. 이하 같다)이 제132조를 위반한 경우
② 제1항에 따라 과징금을 부과하는 위반행위의 종류와 위반 정도 등에 따른 과징금의 금액 등에 필요한 사항은 대통령령으로 정한다.
③ 시·도지사는 제1항에 따라 과징금의 부과처분을 받은 자가 납부기한까지 과징금을 내지 아니하면 「지방행정제재·부과금의 징수 등에 관한 법률」에 따라 징수한다. <개정 2020. 3. 24.> [본조신설 2018. 6. 12.]

5. 건설업자의 입찰참가 제한 (법 제113조의3)

① 시·도지사는 제113조의2제1항 각 호의 어느 하나에 해당하는 건설업자에 대해서는 2년 이내의 범위에서 대통령령으로 정하는 기간 동안 정비사업의 입찰참가를 제한할 수 있다.
② 시·도지사는 제1항에 따라 건설업자에 대한 정비사업의 입찰참가를 제한하려는 경우에는 대통령령으로 정하는 바에 따라 대상, 기간, 사유, 그 밖의 입찰참가 제한과 관련된 내용을 공개하고, 관할 구역의 시장, 군수 또는 구청장 및 사업시행자에게 통보하여야 한다. 이 경우 통보를 받은 사업시행자는 해당 건설업자의 입찰 참가자격을 제한하여야 한다.
③ 사업시행자는 제2항에 따라 입찰참가를 제한받은 건설업자와 계약(수의계약을 포함한다)을 체결해서는 아니 된다. [본조신설 2018. 6. 12.]

6. 정비사업 지원기구 (법 제114조)

국토교통부장관은 다음 각 호의 업무를 수행하기 위하여 정비사업 지원기구를 설치할 수 있다. 이 경우 국토교통부장관은 「한국부동산원법」에 따른 한국부동산원 또는 「한국토지주택공사법」에 따라 설립된 한국토지주택공사에 정비사업 지원기구의 업무를 대행하게 할 수 있다. <개정 2018. 1. 16., 2019. 4. 23., 2020. 6. 9.>
   1. 정비사업 상담지원업무
   2. 정비사업전문관리제도의 지원
   3. 전문조합관리인의 교육 및 운영지원
   4. 소규모 영세사업장 등의 사업시행계획 및 관리처분계획 수립지원
   5. 정비사업을 통한 공공지원민간임대주택 공급 업무 지원
   6. 제29조의2에 따른 공사비 검증 업무
   7. 그 밖에 국토교통부장관이 정하는 업무

7. 교육의 실시

가. 교육의 실시 (법 제115조)

국토교통부장관, 시·도지사, 시장, 군수 또는 구청장은 추진위원장 및 감사, 조합임원, 전문조합관리인, 정비사업전문관리업자의 대표자 및 기술인력, 토지등

소유자 등에 대하여 대통령령으로 정하는 바에 따라 교육을 실시할 수 있다.

(1) 교육의 실시 (법 제90조)

법 제115조에 따른 교육의 내용에는 다음 각 호의 사항이 포함되어야 한다.
1. 주택건설 제도
2. 도시 및 주택 정비사업 관련 제도
3. 정비사업 관련 회계 및 세무 관련 사항
4. 그 밖에 국토교통부장관이 정하는 사항

8. 도시분쟁조정위원회의 구성 등 (법 제116조)

① 정비사업의 시행으로 발생한 분쟁을 조정하기 위하여 정비구역이 지정된 특별자치시, 특별자치도, 또는 시·군·구(자치구를 말한다. 이하 이 조에서 같다)에 도시분쟁조정위원회(이하 "조정위원회"라 한다)를 둔다. 다만, 시장·군수등을 당사자로 하여 발생한 정비사업의 시행과 관련된 분쟁 등의 조정을 위하여 필요한 경우에는 시·도에 조정위원회를 둘 수 있다.
② 조정위원회는 부시장·부지사·부구청장 또는 부군수를 위원장으로 한 10명 이내의 위원으로 구성한다.
③ 조정위원회 위원은 정비사업에 대한 학식과 경험이 풍부한 사람으로서 다음 각 호의 어느 하나에 해당하는 사람 중에서 시장·군수등이 임명 또는 위촉한다. 이 경우 제1호, 제3호 및 제4호에 해당하는 사람이 각 2명 이상 포함되어야 한다.
  1. 해당 특별자치시, 특별자치도 또는 시·군·구에서 정비사업 관련 업무에 종사하는 5급 이상 공무원
  2. 대학이나 연구기관에서 부교수 이상 또는 이에 상당하는 직에 재직하고 있는 사람
  3. 판사, 검사 또는 변호사의 직에 5년 이상 재직한 사람
  4. 건축사, 감정평가사, 공인회계사로서 5년 이상 종사한 사람
  5. 그 밖에 정비사업에 전문적 지식을 갖춘 사람으로서 시·도조례로 정하는 자
④ 조정위원회에는 위원 3명으로 구성된 분과위원회(이하 "분과위원회"라 한다)를 두며, 분과위원회에는 제3항제1호 및 제3호에 해당하는 사람이 각 1명 이상 포함되어야 한다.

9. 조정위원회의 조정 등

가. 조정위원회의 조정 등 (법 제117조)

① 조정위원회는 정비사업의 시행과 관련하여 다음 각 호의 어느 하나에 해당하는 분쟁 사항을 심사·조정한다. 다만, 「주택법」, 「공익사업을 위한 토지 등의 취득 및 보상에 관한 법률」, 그 밖의 관계 법률에 따라 설치된 위원회의 심사대상에 포함되는 사항은 제외할 수 있다.
  1. 매도청구권 행사 시 감정가액에 대한 분쟁
  2. 공동주택 평형 배정방법에 대한 분쟁
  3. 그 밖에 대통령령으로 정하는 분쟁
② 시장·군수등은 다음 각 호의 어느 하나에 해당하는 경우 조정위원회를 개최할 수 있으며, 조정위원회는 조정신청을 받은 날(제2호의 경우 조정위원회를 처음 개최한 날을 말한다)부터 60일 이내에 조정절차를 마쳐야 한다. 다만, 조정기간 내에 조정절차를 마칠 수 없는 정당한 사유가 있다고 판단되는 경우에는 조정위원회의 의결로 그 기간을 한 차례만 연장할 수 있으며 그 기간은 30일 이내로 한다. <개정 2017. 8. 9.>
  1. 분쟁당사자가 정비사업의 시행으로 인하여 발생한 분쟁의 조정을 신청하는 경우
  2. 시장·군수등이 조정위원회의 조정이 필요하다고 인정하는 경우
③ 조정위원회의 위원장은 조정위원회의 심사에 앞서 분과위원회에서 사전 심사를 담당하게 할 수 있다. 다만, 분과위원회의 위원 전원이 일치된 의견으로 조정위원회의 심사가 필요없다고 인정하는 경우에는 조정위원회에 회부하지 아니하고 분과위원회의 심사로 조정절차를 마칠 수 있다.
④ 조정위원회 또는 분과위원회는 제2항 또는 제3항에 따른 조정절차를 마친 경우 조정안을 작성하여 지체 없이 각 당사자에게 제시하여야 한다. 이 경우 조정안을 제시받은 각 당사자는 제시받은 날부터 15일 이내에 수락 여부를 조정위원회 또는 분과위원회에 통보하여야 한다.
⑤ 당사자가 조정안을 수락한 경우 조정위원회는 즉시 조정서를 작성한 후, 위원장 및 각 당사자는 조정서에 서명·날인하여야 한다.
⑥ 제5항에 따라 당사자가 강제집행을 승낙하는 취지의 내용이 기재된 조정서에 서명·날인한 경우 조정서의 정본은 「민사집행법」 제56조에도 불구하고 집행력 있는 집행권원과 같은 효력을 가진다. 다만, 청구에 관한 이의의 주장에 대하여는 「민사집행법」 제44조제2항을 적용하지 아니한다.
⑦ 그 밖에 조정위원회의 구성·운영 및 비용의 부담, 조정기간 연장 등에 필요

한 사항은 시·도조례로 정한다. <개정 2017. 8. 9.>

10. 정비사업의 공공지원 (법 제118조)

① 시장·군수등은 정비사업의 투명성 강화 및 효율성 제고를 위하여 시·도조례로 정하는 정비사업에 대하여 사업시행 과정을 지원(이하 "공공지원"이라 한다)하거나 토지주택공사등, 신탁업자, 「주택도시기금법」에 따른 주택도시보증공사 또는 이 법 제102조제1항 각 호 외의 부분 단서에 따라 대통령령으로 정하는 기관에 공공지원을 위탁할 수 있다.
② 제1항에 따라 정비사업을 공공지원하는 시장·군수등 및 공공지원을 위탁받은 자(이하 "위탁지원자"라 한다)는 다음 각 호의 업무를 수행한다.
  1. 추진위원회 또는 주민대표회의 구성
  2. 정비사업전문관리업자의 선정(위탁지원자는 선정을 위한 지원으로 한정한다)
  3. 설계자 및 시공자 선정 방법 등
  4. 제52조제1항제4호에 따른 세입자의 주거 및 이주 대책(이주 거부에 따른 협의 대책을 포함한다) 수립
  5. 관리처분계획 수립
  6. 그 밖에 시·도조례로 정하는 사항
③ 시장·군수등은 위탁지원자의 공정한 업무수행을 위하여 관련 자료의 제출 및 조사, 현장점검 등 필요한 조치를 할 수 있다. 이 경우 위탁지원자의 행위에 대한 대외적인 책임은 시장·군수등에게 있다.
④ 공공지원에 필요한 비용은 시장·군수등이 부담하되, 특별시장, 광역시장 또는 도지사는 관할 구역의 시장, 군수 또는 구청장에게 특별시·광역시 또는 도의 조례로 정하는 바에 따라 그 비용의 일부를 지원할 수 있다.
⑤ 추진위원회가 제2항제2호에 따라 시장·군수등이 선정한 정비사업전문관리업자를 선정하는 경우에는 제32조제2항을 적용하지 아니한다.
⑥ 공공지원의 시행을 위한 방법과 절차, 기준 및 제126조에 따른 도시·주거환경정비기금의 지원, 시공자 선정 시기 등에 필요한 사항은 시·도조례로 정한다.
⑦ 제6항에도 불구하고 다음 각 호의 어느 하나에 해당하는 경우에는 토지등소유자(제35조에 따라 조합을 설립한 경우에는 조합원을 말한다)의 과반수 동의를 받아 제29조제4항에 따라 시공자를 선정할 수 있다. 다만, 제1호의 경우에는 해당 건설업자를 시공자로 본다. <개정 2017. 8. 9.>
  1. 조합이 제25조에 따라 건설업자와 공동으로 정비사업을 시행하는 경우로서 조합과 건설업자 사이에 협약을 체결하는 경우
  2. 제28조제1항 및 제2항에 따라 사업대행자가 정비사업을 시행하는 경우

⑧ 제7항제1호의 협약사항에 관한 구체적인 내용은 시·도조례로 정할 수 있다.

11. 정비사업관리시스템의 구축 (법 제119조)

① 시·도지사는 정비사업의 효율적이고 투명한 관리를 위하여 정비사업관리시스템을 구축하여 운영할 수 있다.
② 제1항에 따른 정비사업관리시스템의 운영방법 등에 필요한 사항은 시·도조례로 정한다.

12. 정비사업의 정보공개 (법 제120조)

시장·군수등은 정비사업의 투명성 강화를 위하여 조합이 시행하는 정비사업에 관한 다음 각 호의 사항을 매년 1회 이상 인터넷과 그 밖의 방법을 병행하여 공개하여야 한다. 이 경우 공개의 방법 및 시기 등 필요한 사항은 시·도조례로 정한다. <개정 2017. 8. 9.>
1. 제74조제1항에 따라 관리처분계획의 인가(변경인가를 포함한다. 이하 이 조에서 같다)를 받은 사항 중 제29조에 따른 계약금액
2. 제74조제1항에 따라 관리처분계획의 인가를 받은 사항 중 정비사업에서 발생한 이자
3. 그 밖에 시·도조례로 정하는 사항

13. 청문 (법 제121조)

국토교통부장관, 시·도지사, 시장, 군수 또는 구청장은 다음 각 호의 어느 하나에 해당하는 처분을 하려는 경우에는 청문을 하여야 한다. <개정 2018. 6. 12.>
1. 제106조제1항에 따른 정비사업전문관리업의 등록취소
2. 제113조제1항부터 제3항까지의 규정에 따른 추진위원회 승인의 취소, 조합설립인가의 취소, 사업시행계획인가의 취소 또는 관리처분계획인가의 취소
3. 제113조의2제1항에 따른 시공자 선정 취소 또는 과징금 부과
4. 제113조의3제1항에 따른 입찰참가 제한

제7장 보 칙

1. 토지등소유자의 설명의무 (법 제122조)

가. 토지등소유자의 설명의무 (법 제122조)

① 토지등소유자는 자신이 소유하는 정비구역 내 토지 또는 건축물에 대하여 매매·전세·임대차 또는 지상권 설정 등 부동산 거래를 위한 계약을 체결하는 경우 다음 각 호의 사항을 거래 상대방에게 설명·고지하고, 거래 계약서에 기재 후 서명·날인하여야 한다.
   1. 해당 정비사업의 추진단계
   2. 퇴거예정시기(건축물의 경우 철거예정시기를 포함한다)
   3. 제19조에 따른 행위제한
   4. 제39조에 따른 조합원의 자격
   5. 제70조제5항에 따른 계약기간
   6. 제77조에 따른 주택 등 건축물을 분양받을 권리의 산정 기준일
   7. 그 밖에 거래 상대방의 권리·의무에 중대한 영향을 미치는 사항으로서 대통령령으로 정하는 사항
② 제1항 각 호의 사항은 「공인중개사법」 제25조제1항제2호의 "법령의 규정에 의한 거래 또는 이용제한사항"으로 본다.

(1) 토지등소유자의 설명의무 (시행령 제92조)

법 제122조제1항제7호에서 "대통령령으로 정하는 사항"이란 다음 각 호를 말한다.
   1. 법 제72조제1항제2호에 따른 분양대상자별 분담금의 추산액
   2. 법 제74조제1항제6호에 따른 정비사업비의 추산액(재건축사업의 경우에는 「재건축초과이익 환수에 관한 법률」에 따른 재건축부담금에 관한 사항을 포함한다) 및 그에 따른 조합원 분담규모 및 분담시기

2. 재개발사업 등의 시행방식의 전환

가. 재개발사업 등의 시행방식의 전환 (법 제123조)

① 시장·군수등은 제28조제1항에 따라 사업대행자를 지정하거나 토지등소유자의 5분의 4 이상의 요구가 있어 제23조제2항에 따른 재개발사업의 시행방식의 전환이 필요하다고 인정하는 경우에는 정비사업이 완료되기 전이라도 대통령령으로 정하는 범위에서 정비구역의 전부 또는 일부에 대하여 시행방식의 전환을 승인할 수 있다.
② 사업시행자는 제1항에 따라 시행방식을 전환하기 위하여 관리처분계획을 변경하려는 경우 토지면적의 3분의 2 이상의 토지소유자의 동의와 토지등소유자의 5분의 4 이상의 동의를 받아야 하며, 변경절차에 관하여는 제74조제1항의 관리처분계획 변경에 관한 규정을 준용한다.
③ 사업시행자는 제1항에 따라 정비구역의 일부에 대하여 시행방식을 전환하려는 경우에 재개발사업이 완료된 부분은 제83조에 따라 준공인가를 거쳐 해당 지방자치단체의 공보에 공사완료의 고시를 하여야 하며, 전환하려는 부분은 이 법에서 정하고 있는 절차에 따라 시행방식을 전환하여야 한다.
④ 제3항에 따라 공사완료의 고시를 한 때에는 「공간정보의 구축 및 관리 등에 관한 법률」 제86조제3항에도 불구하고 관리처분계획의 내용에 따라 제86조에 따른 이전이 된 것으로 본다.
⑤ 사업시행자는 정비계획이 수립된 주거환경개선사업을 제23조제1항제4호의 시행방법으로 변경하려는 경우에는 토지등소유자의 3분의 2 이상의 동의를 받아야 한다.

(1) 사업시행방식의 전환 (시행령 제93조)

법 제123조제1항에 따라 시장·군수등은 법 제69조제2항에 따라 환지로 공급하는 방법으로 실시하는 재개발사업을 위하여 정비구역의 전부 또는 일부를 법 제74조에 따라 인가받은 관리처분계획에 따라 건축물을 건설하여 공급하는 방법으로 전환하는 것을 승인할 수 있다.

3. 관련 자료의 공개 등

가. 관련 자료의 공개 등 (법 제124조)

① 추진위원장 또는 사업시행자(조합의 경우 청산인을 포함한 조합임원, 토지등소유자가 단독으로 시행하는 재개발사업의 경우에는 그 대표자를 말한다)는 정비사업의 시행에 관한 다음 각 호의 서류 및 관련 자료가 작성되거나 변경된 후 15일 이내에 이를 조합원, 토지등소유자 또는 세입자가 알 수 있도록

인터넷과 그 밖의 방법을 병행하여 공개하여야 한다.
1. 제34조제1항에 따른 추진위원회 운영규정 및 정관등
2. 설계자·시공자·철거업자 및 정비사업전문관리업자 등 용역업체의 선정계약서
3. 추진위원회·주민총회·조합총회 및 조합의 이사회·대의원회의 의사록
4. 사업시행계획서
5. 관리처분계획서
6. 해당 정비사업의 시행에 관한 공문서
7. 회계감사보고서
8. 월별 자금의 입금·출금 세부내역
9. 결산보고서
10. 청산인의 업무 처리 현황
11. 그 밖에 정비사업 시행에 관하여 대통령령으로 정하는 서류 및 관련 자료
② 제1항에 따라 공개의 대상이 되는 서류 및 관련 자료의 경우 분기별로 공개대상의 목록, 개략적인 내용, 공개장소, 열람·복사 방법 등을 대통령령으로 정하는 방법과 절차에 따라 조합원 또는 토지등소유자에게 서면으로 통지하여야 한다.
③ 추진위원장 또는 사업시행자는 제1항 및 제4항에 따라 공개 및 열람·복사 등을 하는 경우에는 주민등록번호를 제외하고 국토교통부령으로 정하는 방법 및 절차에 따라 공개하여야 한다.
④ 조합원, 토지등소유자가 제1항에 따른 서류 및 다음 각 호를 포함하여 정비사업 시행에 관한 서류와 관련 자료에 대하여 열람·복사 요청을 한 경우 추진위원장이나 사업시행자는 15일 이내에 그 요청에 따라야 한다.
1. 토지등소유자 명부
2. 조합원 명부
3. 그 밖에 대통령령으로 정하는 서류 및 관련 자료
⑤ 제4항의 복사에 필요한 비용은 실비의 범위에서 청구인이 부담한다. 이 경우 비용납부의 방법, 시기 및 금액 등에 필요한 사항은 시·도조례로 정한다.
⑥ 제4항에 따라 열람·복사를 요청한 사람은 제공받은 서류와 자료를 사용목적 외의 용도로 이용·활용하여서는 아니 된다.

(1) 자료의 공개 및 통지 등 (시행령 제94조)

① 법 제124조제1항제11호에서 "대통령령으로 정하는 서류 및 관련 자료"란 다음 각 호의 자료를 말한다.

1. 법 제72조제1항에 따른 분양공고 및 분양신청에 관한 사항
2. 연간 자금운용 계획에 관한 사항
3. 정비사업의 월별 공사 진행에 관한 사항
4. 설계자·시공자·정비사업전문관리업자 등 용역업체와의 세부 계약 변경에 관한 사항
5. 정비사업비 변경에 관한 사항

② 추진위원장 또는 사업시행자(조합의 경우 조합임원, 법 제25조제1항제2호에 따라 재개발사업을 토지등소유자가 시행하는 경우 그 대표자를 말한다)는 법 제124조제2항에 따라 매 분기가 끝나는 달의 다음 달 15일까지 다음 각 호의 사항을 조합원 또는 토지등소유자에게 서면으로 통지하여야 한다.

1. 공개 대상의 목록
2. 공개 자료의 개략적인 내용
3. 공개 장소
4. 대상자별 정보공개의 범위
5. 열람·복사 방법
6. 등사에 필요한 비용

③ 법 제125조제1항에서 "대통령령으로 정하는 회의"란 다음 각 호를 말한다.

1. 용역 계약(변경계약을 포함한다) 및 업체 선정과 관련된 대의원회·이사회
2. 조합임원·대의원의 선임·해임·징계 및 토지등소유자(조합이 설립된 경우에는 조합원을 말한다) 자격에 관한 대의원회·이사회

(2) 자료의 공개 및 열람 (시행규칙 제22조)

법 제124조제4항에 따른 토지등소유자 또는 조합원의 열람·복사 요청은 사용목적 등을 기재한 서면(전자문서를 포함한다)으로 하여야 한다.

질의 1

정보공개 요청 근거 법 조항 및 이에 응하지 않는 경우의 제재 ('12. 2. 10.)
주택재건축정비사업조합의 총회, 이사회, 대의원회의 속기록 사본, 영상비디오 복사본, 녹음테이프 복사본, 투표 직접참석자 명단 및 서면결의자 명단 명부 사본, 직접참석자의 투표결과 및 서면결의자의 투표결과 집계표 사본을 조합에 요청하여 받아볼 수 있는 법 조항 및 복사 등 요청에 응하지 아니할 경우 제재할 수 있는 법률조항은

회신내용

도정법 제81조제1항에서 말하는 관련 자료라 함은 같은 법 제81조 제1항 각 호에 직접 규정한 서류 외에 이와 관련되는 부속자료 등을 말하는 것으로서 속기록, 녹음 또는 영상자료는 같은 법 제81조제1항제3호의 의사록과 관련된 자료로 볼 수 있을 것으로 판단되며, 같은 법 제81조 각 호의 서류 및 관련 자료에 대한 조합원의 열람·등사요청이 있는 경우 같은 법 시행규칙 제22조 제1항에서 공개를 제한하고 있는 사항 이외에는 사업시행자는 이에 응하도록 하고 있음. 또한, 같은 법 제86조제6호에 따라 제81조 제1항을 위반하여 조합원의 열람·등사 요청에 응하지 아니하는 조합임원은 1년 이하의 징역 또는 1천만원 이하의 벌금에 처하도록 하고 있음

출처 : 국토교통부

질의 2

정보공개를 거부한 경우 도정법 제81조제1항을 위반한 것인지 ('12. 2. 14.)

조합원이 조합원의 알 권리를 사용목적으로 하여 정보공개를 청구한 경우 조합장이 사용목적이 없다는 이유로 이를 거부할 경우 도정법 제81조제1항을 위반한 것인지

회신내용

가. 도정법 제81조제1항에 따르면 정비사업의 시행에 관한 조합정관, 용역업체의 선정계약서 등 관련 자료가 작성되거나 변경된 후 15일 이내에 이를 조합원, 토지등소유자 또는 세입자가 알 수 있도록 인터넷과 그 밖의 방법을 병행하여 공개하도록 하고 있고, 도정법 시행규칙 제22조제2항에서는 토지등 소유자 또는 조합원의 열람·등사 요청은 사용목적 등을 기재한 서면 또는 전자문서로 하도록 하고 있음
나. 따라서, 정비사업 관련자료의 공개요청시 사용목적 등을 기재하여 공개를 요청하여야 할 것이며, 공개 요청시 조합원이 해당 내용을 알기 위한 알 권리를 사용목적으로 하여 열람 등을 요청하는 경우 도정법령상 알 권리를 사용목적으로 하는 경우 공개를 제한하는 별도의 규정이 없으므로 조합은 이에 응하는 것이 타당한 것으로 판단됨

출처 : 국토교통부

질의 3

이사회 녹취록이 정보공개 대상인지 ('12. 6. 19.)

조합의 이사회 녹취록이 공개대상인지 여부

> **회신내용**
>
> 도정법 제81조제1항, 같은 법 시행령 제70조제1항 및 같은 법 시행규칙 제22조제1항에 따라 정비사업의 시행에 관한 법 제81조 제1항 및 영 제70조제1항의 공개 대상 서류 및 관련 자료를 조합원 또는 토지등소유자가 열람·복사 요청을 한 경우 사업시행자(조합의 경우 조합임원)는 이름, 주민등록번호 및 주소를 제외하고 공개하도록 하고 있음을 알려드리며, 질의하신 조합의 이사회 녹취록은 공개 대상 서류인 조합의 이사회 의사록의 관련 자료로 볼 수 있을 것으로 판단됨

출처 : 국토교통부

질의 4

조합원이 원하지 않는 경우에도 조합원명부를 공개해야 하는지 ('12. 7. 18.)

가. 개정된 도정법 제81조제6항(2012.8.2.시행)의 조합원 명부공개와 관련하여 조합원이 개인정보 공개를 원하지 않을 경우에도 성명, 주소를 공개하여야 하는지

나. 이를 공개하여야 한다면 조합설립인가 시 또는 사업시행인가 시 관공서에 제출한 조합원 명부로 제공하여도 되는 것인지

다. 조합원 자택전화번호 및 핸드폰번호 요청 시 이것을 조합원명부에 포함시켜야 하는지

> **회신내용**
>
> 도정법 제81조제6항(2012.8.2. 시행)에 따라 조합원이 조합원 명부의 열람·복사 요청을 한 경우 사업시행자는 15일 이내에 그 요청에 따라야 하고, 같은 조 제3항에 따라 열람·복사 등을 하는 경우에는 주민등록번호를 제외하고 공개하여야 함

출처 : 국토교통부

질의 5

본인 동의 없이 성명, 주소, 전화번호 등을 공개하여야 하는지 ('12. 9. 14.)

사업시행자는 도정법 제81조제3항에 따라 자료를 공개 및 열람·복사를 하는 경우 토지등소유자(또는 조합원) 본인 동의 없이도 주민등록번호를 제외하고 성명,

주소, 전화번호 등을 공개하여야 하는지

> **회신내용**
>
> 도정법 제81조제3항에 따라 사업시행자는 같은 조 제1항 및 제6항에 따라 공개 및 열람·복사 등을 하는 경우에는 주민등록번호를 제외하고 공개하도록 하고 있으며, 도정법 시행규칙 제22조제2항에 따르면 도정법 제81조제6항에 따른 토지등소유자 또는 조합원의 열람·복사 요청은 사용목적 등을 기재한 서면 또는 전자문서로 하도록 하고 있음

출처 : 국토교통부

질의 6
동의서 징구율 및 추진위원장 학력 등이 정보공개 대상인지 ('12. 7. 18.)
추진위원회에서 토지등소유자에게 조합설립동의서를 징구 중인데 현재 동의서 징구율과 추진위원장의 학력과 약력에 대한 정보공개 요구가 가능한지

> **회신내용**
>
> 도정법 제81조에 따라 추진위원회위원장은 정비사업의 시행에 관한 동조 동항 각 호의 서류 및 관련 자료를 토지등소유자의 열람·복사 요청이 있는 경우 즉시 이에 응하여야 하나, 징구 중에 있는 조합설립동의서의 징구율 및 추진위원장의 학력과 약력에 관한 사항은 같은 법 제81조제1항 및 같은 법 시행령 제70조 제1항의 공개대상 서류 및 관련 자료에 해당하지 않는 것으로 판단됨

출처 : 국토교통부

질의 7
서면결의서가 공개대상 자료인지 ('12. 8. 20.)
총회 등과 관련한 서면결의서가 공개 대상 자료인지 여부

> **회신내용**
>
> 도정법 제81조에 따라 사업시행자는 동조 제1항 각 호의 서류 및 제6항 각 호의 서류를 포함하여 정비사업의 시행에 관한 서류와 관련 자료를 조합원, 토지등소유자가 열람·복사 요청을 한 경우 주민등록번호를 제외하고 15일 이내에 그 요청에 따르도록 하고

있음을 알려드리며, 질의하신 총회 등과 관련한 서면결의서는 동조 제1항 제3호의 조합 총회, 조합의 이사회·대의원회의 의사록의 관련 자료로 판단됨

출처 : 국토교통부

질의 8

시장·군수에게 직접 토지등소유자 명부 등의 자료를 요청할 수 있는지 ('12. 10. 23.)

가. 도정법 제81조에 따라 토지등소유자가 시장·군수에게 직접 토지등소유자 명부 등의 자료를 요청하는 경우 구청장은 도정법 제81조에 따라 관련 자료를 공개하여야 하는 것인지

나. 도정법 제16조의2제2항에 따라 토지등소유자가 구청장에게 추정분담금 등에 대한 정보제공을 요청하였으나, 시장·군수가 해당 정비구역 여건 등을 고려하여 정보제공의 필요성이 없다고 판단하여 관련 정보를 제공하지 않은 경우 시·도지사가 관련 정보를 제공할 수 있는지

회신내용

도정법 제81조제1항 및 제6항은 정비사업의 시행에 관한 서류 및 관련 자료를 추진위원회위원장 또는 사업시행자가 공개하거나 조합원, 토지등소유자 등이 열람·복사 등을 요청하는 경우 추진위원회위원장 또는 사업시행자가 그 요청에 따르도록 하는 규정이며, 도정법 제16조의2제2항은 토지등소유자의 의사결정에 필요한 정보를 제공하기 위하여 개략적인 추정분담금 등을 조사하여 시장·군수가 토지등소유자에게 제공할 수 있도록 규정하고 있음

출처 : 국토교통부

4. 관련 자료의 보관 및 인계 (법 제125조)

① 추진위원장·정비사업전문관리업자 또는 사업시행자(조합의 경우 청산인을 포함한 조합임원, 토지등소유자가 단독으로 시행하는 재개발사업의 경우에는 그 대표자를 말한다)는 제124조제1항에 따른 서류 및 관련 자료와 총회 또는 중요한 회의(조합원 또는 토지등소유자의 비용부담을 수반하거나 권리·의무의 변동을 발생시키는 경우로서 대통령령으로 정하는 회의를 말한다)가 있은 때에는 속기록·녹음 또는 영상자료를 만들어 청산 시까지 보관하여야 한다.

② 시장·군수등 또는 토지주택공사등이 아닌 사업시행자는 정비사업을 완료하거나 폐지한 때에는 시·도조례로 정하는 바에 따라 관계 서류를 시장·군수등에게 인계하여야 한다.
③ 시장·군수등 또는 토지주택공사등인 사업시행자와 제2항에 따라 관계 서류를 인계받은 시장·군수등은 해당 정비사업의 관계 서류를 5년간 보관하여야 한다

5. 도시·주거환경정비기금의 설치 등

가. 도시·주거환경정비기금의 설치 등 (법 제126조)

① 제4조 및 제7조에 따라 기본계획을 수립하거나 승인하는 특별시장·광역시장·특별자치시장·도지사·특별자치도지사 또는 시장은 정비사업의 원활한 수행을 위하여 도시·주거환경정비기금(이하 "정비기금"이라 한다)을 설치하여야 한다. 다만, 기본계획을 수립하지 아니하는 시장 및 군수도 필요한 경우에는 정비기금을 설치할 수 있다.
② 정비기금은 다음 각 호의 어느 하나에 해당하는 금액을 재원으로 조성한다. <개정 2018. 6. 12.>
 1. 제17조제4항에 따라 사업시행자가 현금으로 납부한 금액
 2. 제55조제1항에 따라 시·도지사, 시장, 군수 또는 구청장에게 공급된 소형주택의 임대보증금 및 임대료
 3. 제94조에 따른 부담금 및 정비사업으로 발생한 「개발이익 환수에 관한 법률」에 따른 개발부담금 중 지방자치단체 귀속분의 일부
 4. 제98조에 따른 정비구역(재건축구역은 제외한다) 안의 국·공유지 매각대금 중 대통령령으로 정하는 일정 비율 이상의 금액
 4의2. 제113조의2에 따른 과징금
 5. 「재건축초과이익 환수에 관한 법률」에 따른 재건축부담금 중 같은 법 제4조제3항 및 제4항에 따른 지방자치단체 귀속분
 6. 「지방세법」 제69조에 따라 부과·징수되는 지방소비세 또는 같은 법 제112조(같은 조 제1항제1호는 제외한다)에 따라 부과·징수되는 재산세 중 대통령령으로 정하는 일정 비율 이상의 금액
 7. 그 밖에 시·도조례로 정하는 재원
③ 정비기금은 다음 각 호의 어느 하나의 용도 이외의 목적으로 사용하여서는 아니 된다. <개정 2017. 8. 9.>
 1. 이 법에 따른 정비사업으로서 다음 각 목의 어느 하나에 해당하는 사항

　　　　가. 기본계획의 수립
　　　　나. 안전진단 및 정비계획의 수립
　　　　다. 추진위원회의 운영자금 대여
　　　　라. 그 밖에 이 법과 시·도조례로 정하는 사항
　　2. 임대주택의 건설·관리
　　3. 임차인의 주거안정 지원
　　4. 「재건축초과이익 환수에 관한 법률」에 따른 재건축부담금의 부과·징수
　　5. 주택개량의 지원
　　6. 정비구역등이 해제된 지역에서의 정비기반시설의 설치 지원
　　7. 「빈집 및 소규모주택 정비에 관한 특례법」 제44조에 따른 빈집정비사업 및 소규모주택정비사업에 대한 지원
　　8. 「주택법」 제68조에 따른 증축형 리모델링의 안전진단 지원
　　9. 제142조에 따른 신고포상금의 지급
④ 정비기금의 관리·운용과 개발부담금의 지방자치단체의 귀속분 중 정비기금으로 적립되는 비율 등에 필요한 사항은 시·도조례로 정한다.

(1) 도시·주거환경정비기금 (시행령 제95조)

① 법 제126조제2항제4호에서 "대통령령으로 정하는 일정 비율"이란 국유지의 경우에는 20퍼센트, 공유지의 경우에는 30퍼센트를 말한다. 다만, 국유지의 경우에는 「국유재산법」 제2조제11호에 따른 중앙관서의 장과 협의하여야 한다.
② 법 제126조제2항제6호에서 "대통령령으로 정하는 일정 비율"이란 다음 각 호의 비율을 말한다. 다만, 해당 지방자치단체의 조례로 다음 각 호의 비율 이상의 범위에서 달리 정하는 경우에는 그 비율을 말한다.
　　1. 「지방세법」에 따라 부과·징수되는 지방소비세의 경우: 3퍼센트
　　2. 「지방세법」에 따라 부과·징수되는 재산세의 경우: 10퍼센트

6. 노후·불량주거지 개선계획의 수립 (법 제127조)

　국토교통부장관은 주택 또는 기반시설이 열악한 주거지의 주거환경개선을 위하여 5년마다 개선대상지역을 조사하고 연차별 재정지원계획 등을 포함한 노후·불량주거지 개선계획을 수립하여야 한다.

7. 권한의 위임 등

가. 권한의 위임 등 (법 제128조)

① 국토교통부장관은 이 법에 따른 권한의 일부를 대통령령으로 정하는 바에 따라 시·도지사, 시장, 군수 또는 구청장에게 위임할 수 있다.
② 국토교통부장관, 시·도지사, 시장, 군수 또는 구청장은 이 법의 효율적인 집행을 위하여 필요한 경우에는 대통령령으로 정하는 바에 따라 다음 각 호의 어느 하나에 해당하는 사무를 정비사업지원기구, 협회 등 대통령령으로 정하는 기관 또는 단체에 위탁할 수 있다.
　1. 제108조에 따른 정비사업전문관리업 정보종합체계의 구축·운영
　2. 제115조에 따른 교육의 실시
　3. 그 밖에 대통령령으로 정하는 사무

(1) 권한의 위임 등 (시행령 제96조)

① 국토교통부장관은 법 제128조제1항에 따라 법 제107조에 따른 정비사업전문관리업자에 대한 조사 등의 권한을 시·도지사에게 위임한다.
② 국토교통부장관은 법 제128조제2항에 따라 같은 항 제1호 및 제2호의 사무를 다음 각 호의 구분에 따른 기관에 위탁한다. <개정 2020. 12. 8.>
　1. 법 제108조에 따른 정비사업전문관리업 정보종합체계의 구축·운영에 관한 사무: 한국부동산원
　2. 법 제115조에 따른 교육의 실시에 관한 사무: 협회
③ 제2항에 따라 법 제115조에 따른 교육의 실시에 관한 사무를 위탁받은 협회는 같은 조에 따른 교육을 실시하기 전에 교육과정, 교육 대상자, 교육시간 및 교육비 등 교육실시에 필요한 세부 사항을 정하여 국토교통부장관의 승인을 받아야 한다.

8. 사업시행자 등의 권리·의무의 승계 (법 제129조)

　사업시행자와 정비사업과 관련하여 권리를 갖는 자(이하 "권리자"라 한다)의 변동이 있은 때에는 종전의 사업시행자와 권리자의 권리·의무는 새로 사업시행자와 권리자로 된 자가 승계한다.

9. 정비구역의 범죄 예방 (법 제130조)

① 시장·군수등은 제50조제1항에 따른 사업시행계획인가를 한 경우 그 사실을 관할 경찰서장에게 통보하여야 한다.
② 시장·군수등은 사업시행계획인가를 한 경우 정비구역 내 주민 안전 등을 위하여 다음 각 호의 사항을 관할 시·도경찰청장 또는 경찰서장에게 요청할 수 있다. <개정 2020. 12. 22.>
 1. 순찰 강화
 2. 순찰초소의 설치 등 범죄 예방을 위하여 필요한 시설의 설치 및 관리
 3. 그 밖에 주민의 안전을 위하여 필요하다고 인정하는 사항

10. 재건축사업의 안전진단 재실시 (법 제131조)

시장·군수등은 제16조제2항 전단에 따라 정비구역이 지정·고시된 날부터 10년이 되는 날까지 제50조에 따른 사업시행계획인가를 받지 아니하고 다음 각 호의 어느 하나에 해당하는 경우에는 안전진단을 다시 실시하여야 한다. <개정 2018. 6. 12.>
 1. 「재난 및 안전관리 기본법」 제27조제1항에 따라 재난이 발생할 위험이 높거나 재난예방을 위하여 계속적으로 관리할 필요가 있다고 인정하여 특정관리대상지역으로 지정하는 경우
 2. 「시설물의 안전 및 유지관리에 관한 특별법」 제12조제2항에 따라 재해 및 재난 예방과 시설물의 안전성 확보 등을 위하여 정밀안전진단을 실시하는 경우
 3. 「공동주택관리법」 제37조제3항에 따라 공동주택의 구조안전에 중대한 하자가 있다고 인정하여 안전진단을 실시하는 경우

11. 조합임원 등의 선임·선정 시 행위제한 (법 제132조)

누구든지 추진위원, 조합임원의 선임 또는 제29조에 따른 계약 체결과 관련하여 다음 각 호의 행위를 하여서는 아니 된다. <개정 2017. 8. 9.>
 1. 금품, 향응 또는 그 밖의 재산상 이익을 제공하거나 제공의사를 표시하거나 제공을 약속하는 행위
 2. 금품, 향응 또는 그 밖의 재산상 이익을 제공받거나 제공의사 표시를 승낙하는 행위

3. 제3자를 통하여 제1호 또는 제2호에 해당하는 행위를 하는 행위

12. 건설업자의 관리·감독 의무 (법 제132조의2)

건설업자는 시공자 선정과 관련하여 홍보 등을 위하여 계약한 용역업체의 임직원이 제132조를 위반하지 아니하도록 교육, 용역비 집행 점검, 용역업체 관리·감독 등 필요한 조치를 하여야 한다. [본조신설 2018. 6. 12.]

13. 조합설립인가 등의 취소에 따른 채권의 손해액 산입 (법 제133조)

시공자·설계자 또는 정비사업전문관리업자 등(이하 이 조에서 "시공자등"이라 한다)은 해당 추진위원회 또는 조합(연대보증인을 포함하며, 이하 이 조에서 "조합등"이라 한다)에 대한 채권(조합등이 시공자등과 합의하여 이미 상환하였거나 상환할 예정인 채권은 제외한다. 이하 이 조에서 같다)의 전부 또는 일부를 포기하고 이를 「조세특례제한법」 제104조의26에 따라 손금에 산입하려면 해당 조합등과 합의하여 다음 각 호의 사항을 포함한 채권확인서를 시장·군수등에게 제출하여야 한다.
1. 채권의 금액 및 그 증빙 자료
2. 채권의 포기에 관한 합의서 및 이후의 처리 계획
3. 그 밖에 채권의 포기 등에 관하여 시·도조례로 정하는 사항

14. 벌칙 적용에서 공무원 의제 (법 제134조)

추진위원장·조합임원·청산인·전문조합관리인 및 정비사업전문관리업자의 대표자(법인인 경우에는 임원을 말한다)·직원 및 위탁지원자는 「형법」 제129조부터 제132조까지의 규정을 적용할 때에는 공무원으로 본다.

제8장 벌 칙

1. 벌칙 (법 제135조)

　다음 각 호의 어느 하나에 해당하는 자는 5년 이하의 징역 또는 5천만원 이하의 벌금에 처한다.
　1. 제36조에 따른 토지등소유자의 서면동의서를 위조한 자
　2. 제132조 각 호의 어느 하나를 위반하여 금품, 향응 또는 그 밖의 재산상 이익을 제공하거나 제공의사를 표시하거나 제공을 약속하는 행위를 하거나 제공을 받거나 제공의사 표시를 승낙한 자

2. 벌칙 (법 제136조)

　다음 각 호의 어느 하나에 해당하는 자는 3년 이하의 징역 또는 3천만원 이하의 벌금에 처한다. <개정 2017. 8. 9.>
　1. 제29조제1항에 따른 계약의 방법을 위반하여 계약을 체결한 추진위원장, 전문조합관리인 또는 조합임원(조합의 청산인 및 토지등소유자가 시행하는 재개발사업의 경우에는 그 대표자, 지정개발자가 사업시행자인 경우 그 대표자를 말한다)
　2. 제29조제4항부터 제8항까지의 규정을 위반하여 시공자를 선정한 자 및 시공자로 선정된 자
　3. 제31조제1항에 따른 시장·군수등의 추진위원회 승인을 받지 아니하고 정비사업전문관리업자를 선정한 자
　4. 제32조제2항에 따른 계약의 방법을 위반하여 정비사업전문관리업자를 선정한 추진위원장(전문조합관리인을 포함한다)
　5. 제36조에 따른 토지등소유자의 서면동의서를 매도하거나 매수한 자
　6. 거짓 또는 부정한 방법으로 제39조제2항을 위반하여 조합원 자격을 취득한 자와 조합원 자격을 취득하게 하여준 토지등소유자 및 조합의 임직원(전문조합관리인을 포함한다)
　7. 제39조제2항을 회피하여 제72조에 따른 분양주택을 이전 또는 공급받을 목적으로 건축물 또는 토지의 양도·양수 사실을 은폐한 자
　8. 제76조제1항제7호다목 단서를 위반하여 주택을 전매하거나 전매를 알선한 자

3. 벌칙 (법 제137조)

다음 각 호의 어느 하나에 해당하는 자는 2년 이하의 징역 또는 2천만원 이하의 벌금에 처한다. <개정 2020. 6. 9.>
1. 제12조제5항에 따른 안전진단 결과보고서를 거짓으로 작성한 자
2. 제19조제1항을 위반하여 허가 또는 변경허가를 받지 아니하거나 거짓, 그 밖의 부정한 방법으로 허가 또는 변경허가를 받아 행위를 한 자
3. 제31조제1항 또는 제47조제3항을 위반하여 추진위원회 또는 주민대표회의의 승인을 받지 아니하고 제32조제1항 각 호의 업무를 수행하거나 주민대표회의를 구성·운영한 자
4. 제31조제1항 또는 제47조제3항에 따라 승인받은 추진위원회 또는 주민대표회의가 구성되어 있음에도 불구하고 임의로 추진위원회 또는 주민대표회의를 구성하여 이 법에 따른 정비사업을 추진한 자
5. 제35조에 따라 조합이 설립되었는데도 불구하고 추진위원회를 계속 운영한 자
6. 제45조에 따른 총회의 의결을 거치지 아니하고 같은 조 제1항 각 호의 사업(같은 항 제13호 중 정관으로 정하는 사항은 제외한다)을 임의로 추진한 조합임원(전문조합관리인을 포함한다)
7. 제50조에 따른 사업시행계획인가를 받지 아니하고 정비사업을 시행한 자와 같은 사업시행계획서를 위반하여 건축물을 건축한 자
8. 제74조에 따른 관리처분계획인가를 받지 아니하고 제86조에 따른 이전을 한 자
9. 제102조제1항을 위반하여 등록을 하지 아니하고 이 법에 따른 정비사업을 위탁받은 자 또는 거짓, 그 밖의 부정한 방법으로 등록을 한 정비사업전문관리업자
10. 제106조제1항 각 호 외의 부분 단서에 따라 등록이 취소되었음에도 불구하고 영업을 하는 자
11. 제113조제1항부터 제3항까지의 규정에 따른 처분의 취소·변경 또는 정지, 그 공사의 중지 및 변경에 관한 명령을 받고도 이를 따르지 아니한 추진위원회, 사업시행자, 주민대표회의 및 정비사업전문관리업자
12. 제124조제1항에 따른 서류 및 관련 자료를 거짓으로 공개한 추진위원장 또는 조합임원(토지등소유자가 시행하는 재개발사업의 경우 그 대표자)
13. 제124조제4항에 따른 열람·복사 요청에 허위의 사실이 포함된 자료를 열람·복사해 준 추진위원장 또는 조합임원(토지등소유자가 시행하는 재개발사업의 경우 그 대표자)

질의 1

조합설립동의 홍보요원 고용이 도정법 제84조의3에 해당 하는지 ('10. 6. 28.)

추진위원회에서 조합설립동의서 징구를 위하여 홍보요원을 고용한 것이 도정법 제84조의3제6호의 규정에 위배되는지

회신내용

구체적인 사실관계 등을 알 수 없어 명확한 회신은 곤란하나, 도정법 제84조의3제6호의 규정은 토지등소유자의 서면동의서를 매도하거나 매수한 자에 대한 벌칙규정으로, 단순히 동의서 징구만을 위하여 홍보요원을 고용한 것이라면 위 벌칙 규정에 해당하지 않는 것으로 생각됨

출처 : 국토교통부

4. 벌칙 (법 제138조)

① 다음 각 호의 어느 하나에 해당하는 자는 1년 이하의 징역 또는 1천만원 이하의 벌금에 처한다. <개정 2018. 6. 12., 2020. 6. 9., 2021. 1. 5.>
  1. 제19조제8항을 위반하여 「주택법」 제2조제11호가목에 따른 지역주택조합의 조합원을 모집한 자
  2. 제34조제4항을 위반하여 추진위원회의 회계장부 및 관계 서류를 조합에 인계하지 아니한 추진위원장(전문조합관리인을 포함한다)
  3. 제83조제1항에 따른 준공인가를 받지 아니하고 건축물 등을 사용한 자와 같은 조 제5항 본문에 따라 시장·군수등의 사용허가를 받지 아니하고 건축물을 사용한 자
  4. 다른 사람에게 자기의 성명 또는 상호를 사용하여 이 법에서 정한 업무를 수행하게 하거나 등록증을 대여한 정비사업전문관리업자
  5. 제102조제1항 각 호에 따른 업무를 다른 용역업체 및 그 직원에게 수행하도록 한 정비사업전문관리업자
  6. 제112조제1항에 따른 회계감사를 요청하지 아니한 추진위원장, 전문조합관리인 또는 조합임원(토지등소유자가 시행하는 재개발사업 또는 제27조에 따라 지정개발자가 시행하는 정비사업의 경우에는 그 대표자를 말한다)
  7. 제124조제1항을 위반하여 정비사업시행과 관련한 서류 및 자료를 인터넷과

그 밖의 방법을 병행하여 공개하지 아니하거나 같은 조 제4항을 위반하여 조합원 또는 토지등소유자의 열람·복사 요청을 따르지 아니하는 추진위원장, 전문조합관리인 또는 조합임원(조합의 청산인 및 토지등소유자가 시행하는 재개발사업의 경우에는 그 대표자, 제27조에 따른 지정개발자가 사업시행자인 경우 그 대표자를 말한다)
8. 제125조제1항을 위반하여 속기록 등을 만들지 아니하거나 관련 자료를 청산 시까지 보관하지 아니한 추진위원장, 전문조합관리인 또는 조합임원(조합의 청산인 및 토지등소유자가 시행하는 재개발사업의 경우에는 그 대표자, 제27조에 따른 지정개발자가 사업시행자인 경우 그 대표자를 말한다)

② 건설업자가 제132조의2에 따른 조치를 소홀히 하여 용역업체의 임직원이 제132조 각 호의 어느 하나를 위반한 경우 그 건설업자는 5천만원 이하의 벌금에 처한다. <신설 2018. 6. 12.>

질의 1
추진위원회가 있는 상태에서 새로운 추진위원회 승인 가능 여부 ('09. 9. 2.)

현재 추진위원회가 존재하는데도 토지등소유자 1/2 이상 추진위원회설립동의서를 받아 승인신청하면 새로운 추진위원회가 승인되는지

회신내용

도정법 제85조제6호에 따르면 승인받은 추진위원회가 있음에도 불구하고 임의로 추진위원회를 구성하여 이 법에 따른 정비사업을 추진하는 자는 2년 이하의 징역 또는 2천만원 이하의 벌금에 처하도록 하고 있는 바, 승인받은 추진위원회가 있는 경우 다른 추진위원회를 승인하여서는 아니 될 것임

출처 : 국토교통부

질의 2
추진위원회가 운영중인 사업구역 내 개발위원회 구성에 대한 벌칙 규정 ('12. 1. 11.)

추진위원회가 구성·운영 중인 도시환경정비사업구역에서 개발(준비)위원회를 구성할 경우 벌칙 적용이 가능한지

회신내용

도정법 제85조제6호에 따르면 같은 법 제13조제2항 또는 제26조 제3항에 따라 승인받은 추진위원회 또는 주민대표회의가 구성되어 있음에도 불구하고 임의로 추진위원회 또는 주민대표회의를 구성하여 도정법에 따른 정비사업을 추진하는 자는 2년 이하의 징역 또는 2천만원 이하의 벌금에 처하도록 규정하고 있음

출처 : 국토교통부

질의 3

추진위원장이 총회를 거치지 않고 전문관리업자와 계약할 수 있는지 ('12. 9. 28.)

추진위원장이 주민총회를 거치지 않고 정비사업전문관리업자와 용역계약을 체결한 행위가 도정법 제85조제5호에 규정하고 있는 벌칙행위에 해당하는지

회신내용

도정법 제85조제5호는 같은 법 제24조에 따른 조합의 총회의 의결을 거치지 아니하고 동조 제3항 각 호의 사업을 임의로 추진하는 조합의 임원에 대해 적용하는 벌칙임

출처 : 국토교통부

5. 양벌규정 (법 제139조)

법인의 대표자나 법인 또는 개인의 대리인, 사용인, 그 밖의 종업원이 그 법인 또는 개인의 업무에 관하여 제135조부터 제138조까지의 어느 하나에 해당하는 위반행위를 하면 그 행위자를 벌하는 외에 그 법인 또는 개인에게도 해당 조문의 벌금에 처한다. 다만, 법인 또는 개인이 그 위반행위를 방지하기 위하여 해당 업무에 관하여 상당한 주의와 감독을 게을리하지 아니한 경우에는 그러하지 아니하다.

6. 과태료

가. 과태료 (법 제140조)

① 제113조제2항에 따른 점검반의 현장조사를 거부·기피 또는 방해한 자에게는 1천만원의 과태료를 부과한다.
② 다음 각 호의 어느 하나에 해당하는 자에게는 500만원 이하의 과태료를 부과한다. <개정 2017. 8. 9., 2020. 6. 9.>
  1. 제29조제2항을 위반하여 전자조달시스템을 이용하지 아니하고 계약을 체결한 자
  2. 제78조제5항 또는 제86조제1항에 따른 통지를 게을리한 자
  3. 제107조제1항 및 제111조제2항에 따른 보고 또는 자료의 제출을 게을리한 자
  4. 제125조제2항에 따른 관계 서류의 인계를 게을리한 자
③ 제1항 및 제2항에 따른 과태료는 대통령령으로 정하는 방법 및 절차에 따라 국토교통부장관, 시·도지사, 시장, 군수 또는 구청장이 부과·징수한다.

(1) 과태료의 부과 (시행령 제99조)

법 제140조제3항에 따른 과태료의 부과기준은 별표 6과 같다.

질의 1

도정법 제88조제2항제3호 관련 과태료를 재부과할 수 있는지 ('12. 10. 25.)
정비사업을 완료하고 조합해산 이후 도정법 제88조제2항제3호를 근거로 관계서류 미 이관에 따른 과태료를 부과한 이후 청산인이 관계서류를 계속 미 이관시 과태료를 재부과할 수 있는지, 해당 구청에서 조합을 상대로 고발 등 조치를 할 수 있는지

회신내용

도정법 제81조제4항에 따라 시장·군수 또는 주택공사등이 아닌 사업시행자는 정비사업을 완료하거나 폐지한 때에는 시·도조례가 정하는 바에 따라 관계서류를 시장·군수에게 인계하여야 하며, 같은 법 제88조제2항 및 같은 법 시행령 제73조에 따라 제81조제4항에 따른 관계서류 인계를 태만히 한 자는 같은 시행령 별표6에 따라 과태료를 부과하도록 하고 있으나, 관계서류를 계속 인계하지 않는 경우 과태료 재부과나 고발등에 대해서는 별도 규정하는 바가 없음

출처 : 국토교통부

7. 자수자에 대한 특례 (법 제141조)

제132조 각 호의 어느 하나를 위반하여 금품, 향응 또는 그 밖의 재산상 이익을 제공하거나 제공의사를 표시하거나 제공을 약속하는 행위를 하거나 제공을 받거나 제공의사 표시를 승낙한 자가 자수하였을 때에는 그 형벌을 감경 또는 면제한다. [본조신설 2017. 8. 9.]

8. 금품·향응 수수행위 등에 대한 신고포상금 (법 제142조)

시·도지사 또는 대도시의 시장은 제132조 각 호의 행위사실을 신고한 자에게 시·도조례로 정하는 바에 따라 포상금을 지급할 수 있다. [본조신설 2017. 8. 9.]

제2편　질의회신

질의 1

도시기본계획상 인구배분계획 초과 가능 여부 ('09. 8. 4.)

정비기본계획을 수립하게 되면 인구가 도시기본계획 상의 인구배분계획을 초과하게 되는 경우에도 정비기본계획승인이 가능한지

회신내용

도시·주거환경정비기본계획은 도시·주거환경정비기본계획 수립 지침 1-2-1에 따라 도시기본계획 등 상위계획의 범위 안에서 수립되어야 할 것임

출처 : 국토교통부

질의 2

용적률관련 정비계획의 경미한 변경 ('12. 4. 26.)

재건축사업의 최초 정비구역 용적률은 200%이고, 도정법 제30조의2에 의한 임대주택을 포함한 용적률이 220%인 경우 용적률을 도정법 제30조의3에 따라 법적상한용적률을 249.3%로 변경시 도정법 시행령 제12조제7호의 규정에 따른 정비계획의 경미한 변경인지 여부

회신내용

도정법 제30조의3은 기본계획 및 정비계획에 불구하고 용적률을 조정하는 것이므로 기본계획 및 정비계획의 변경절차 없이 사업시행계획서의 변경으로 해당 규정을 적용할 수 있음

출처 : 국토교통부

질의 3

특별수선충당금을 재건축 안전진단 비용으로 사용 가능 여부 ('09. 7. 6.)

특별수선충당금 및 공동주택의 관리로 들어온 비용을 입주자 대표회의 의결을

거쳐 재건축추진비용(안전진단비용 등)으로 전용이 가능한지

회신내용

가. 주택법 시행령 제57조제1항제17호에 따라 공동주택의 관리등으로 인하여 발생한 수입의 용도 및 사용절차는 당해 공동주택의 관리규약으로 정하도록 규정하고 있음. 따라서, 이에 대한 사용절차 등을 입주자대표회의의 의결사항으로 정하고 있다면 이에 따라야 하며, 따로 규정하고 있지 않다면 입주민의 의견을 수렴하여 결정하는 것이 적절하다고 판단됨

나. 다만, 특별수선충당금(현행 장기수선충당금)의 경우 주택법상 장기수선계획에 의해 공동주택 공용부분 주요시설의 교체, 보수 등에 사용하도록 정하고 있으므로 이에 따라야 할것으로 판단됨

출처 : 국토교통부

질의 4

법시행 전 추진위원회가 승인된 경우 시공자를 경쟁입찰로 선정 여부 (법제처, '09. 7. 27.)

2006. 5. 24. 법률 제7960호로 일부개정되어 2006. 8. 25. 시행된 도정법 시행 전에 주택재개발사업 조합설립 추진위원회가 승인되었고, 그 추진위원회가 설립한 주택재개발사업조합이 설립인가를 받은 후 시공자를 선정하려는 경우, 반드시 경쟁입찰의 방법으로 시공사를 선정해야 하는지

회신내용

2006. 5. 24. 법률 제7960호로 일부개정되어 2006. 8. 25. 시행된 도정법 시행 전에 주택재개발사업 조합설립 추진위원회가 승인되었고, 그 추진위원회가 설립한 주택재개발사업조합이 설립인가를 받은 후 시공자를 선정하려는 경우, 반드시 경쟁입찰의 방법으로 시공사를 선정해야 하는 것은 아님

출처 : 국토교통부

질의 5

시공자 선정시 서면결의서 징구 및 직접 참석 투표 ('12. 6. 25.)

가. 시공사 선정 부재자 투표 공지안내에 대하여
나. 시공자선정 총회에서 조합원 과반수 이상이 직접 참석하여 투표했는지 및 부재자투표수가 직접 참석 투표수에 포함되지 않았다는 확인과 관리감독을 누가 어떻게 해야 하는지

회신내용

가. 질의 "가"에 대하여
「시공자 선정기준」제14조제4항에 따라 조합은 조합원의 서면의결권 행사를 위해 조합원 수 등을 고려하여 서면결의서 제출기간·시간 및 장소를 정하여 운영하여야 하고, 시공자 선정을 위한 총회 개최 안내 시 서면결의서 제출요령을 충분히 고지하도록 하고 있으므로, 시공자 선정 부재자 투표 공지안내서에는 서면결의서 제출기간, 시간, 장소 및 제출요령 등의 내용이 포함되어야 할 것.

나. 질의 "나"에 대하여
시공자선정 총회에 대한 관리감독 등에 대하여는「시공자 선정기준」에서 별도로 규정하고 있지 않으나, 동 기준 제3조에 따라 이 기준으로 정하지 않은 사항은 정관 등이 정하는 바에 따르며, 정관 등에서 정하지 않은 구체적인 방법 및 절차는 대의원회의 의결에 따르도록 하고 있음

출처 : 국토교통부

질의 6

시공자 선정기준 제6조의 제한경쟁 입찰 해당 여부 ('12. 9. 20.)

시공자 선정 입찰자격을 "현재 워크아웃기업 또는 법정 관리업체는 불가"라고 제한했을 경우「시공자 선정기준」제6조의 제한경쟁 입찰에 해당되는지

회신내용

「시공자 선정기준」제5조제1항 및 제6조제1항에 따르면 조합이 건설업자등의 시공자를 선정하고자 하는 경우에는 조합은 건설업자등의 자격을 시공능력평가액, 신용평가등급(회사채 기준), 해당공사와 같은 종류의 공사실적, 그 밖의 조합의 신청으로 시장·군수·구청장이 따로 인정하는 것으로만 제한할 수 있도록 하고 있고, 같은 선정기준 부칙에 따르면 경쟁입찰의 방법은 이 기준 시행(2012.3.8일)후 최초로 제8조에 따라 시공자 선정을 위하여 입찰공고를 하는 분부터 적용하도록 규정되어 있음

출처 : 국토교통부

질의 7

토지등소유자 동의 받을 때 동의자 수 산정 기준일(법제처, '10. 4. 30.)

도정법에 따른 정비사업을 시행함에 있어서 추진위원회 승인신청, 조합설립인가 신청 및 사업시행인가 신청 시 얻어야 하는 토지등소유자의 동의자 수를 산정할 때 각각의 신청일을 기준으로 하여야 하는지, 아니면 정비구역의 지정·고시일을 기준으로 하여야 하는지

회신내용

도정법에 따른 정비사업을 시행함에 있어서 추진위원회 승인신청, 조합설립인가 신청 및 사업시행인가 신청시 얻어야 하는 토지등소유자의 동의자 수를 산정할 때 각각의 신청일을 기준으로 하여야 함

출처 : 국토교통부

질의 8

추진위원회 미 동의자의 동의서를 계속해서 받을 수 있는지 ('10. 7. 27.)

토지등소유자 과반수의 동의를 득하여 주택재개발정비사업 조합설립추진위원회 설립 승인은 되었으나, 설립에 동의하지 않는 자에 대하여 계속 동의서를 받을 수 있는지

회신내용

운영규정 별표 제12조제2항에 따라 추진위원회설립동의서를 받을 수 있을 것임

출처 : 국토교통부

질의 9

추진위원회 운영 시 재적위원 및 출석위원에 감사 포함 여부 ('09. 4. 2.)

토지등소유자의 10분의 1 이상의 구성 요건에 따라 25명의 위원을 선임하였는데 이후 위원 9명이 사임 또는 자격상실로 궐위되어 16명(감사2인 포함)의 위원이 남아 있는 경우 운영규정 별표 제26조에 따라 추진위원회 의결 시 재적위원 및 출석위원에 감사가 포함되는지 및 의결을 위하여 몇 명의 위원이 찬성하면 되는

것인지

> **회신내용**
>
> 운영규정 별표 제26조제1항에 따르면 "추진위원회는 이 운영규정에서 특별히 정한 경우를 제외하고는 재적위원 과반수 출석으로 개의하고 출석위원 과반수의 찬성으로 의결한다." 고 규정되어 있으며, 동 조 제3항에서는 감사는 의결권을 행사할 수 없다고 규정되어 있는 바, 질의의 경우 감사는 의결권을 행사할 수 없으므로 재적위원 수에는 포함하되 출석위원의 수에는 포함하지 않는 것이 바람직 할 것으로 보이며, 운영규정 제2조제2항에서는 위원의 수에 관하여 최소한의 범위를 규정하고 있으므로 재적위원의 수가 상기 운영규정에서 정한 최소한의 위원의 수가 되어야 할 것임

출처 : 국토교통부

질의 10

추진위원회에서 위원장 및 감사 선임 의결 가능 여부 ('09. 12. 17.)

정족수 미달로 총회를 재개최하였음에도 다시 정족수 미달이 된 경우, 운영규정 별표 제22조제5항에 따라 추진위원장 및 감사의 연임·선임에 대하여 추진위원회에서 연임·선임을 의결할 수 있는지

> **회신내용**
>
> 운영규정 별표 제22조제5항에 따르면 주민총회 소집결과 정족수에 미달되는 때에는 재소집하여야 하며, 재소집의 경우에도 정족수에 미달되는 때에는 추진위원회 회의로 주민총회를 갈음할 수 있는 바, 질의의 경우 상기규정에 따라 추진위원장 및 감사의 연임·선임에 관하여도 추진위원회 의결(추진위원회의 의결방법은 운영규정 별표 제26조에 있음)로서 가능할 수 있을 것임

출처 : 국토교통부

질의 11

운영규정 별표 제15조제2항제1호(추진위원회 위원 자격)의 의미 ('10. 1. 20.)

운영규정 별표 제15조제2항 각호의 요건을 모두 충족해야 추진위원회 위원으로 선임될 수 있는지와 동 운영규정 별표 제15조제2항제1호에서 규정하고 있는 "피

선출일 현재 사업시행구역 안에서 3년 이내에 1년 이상 거주하고 있는 자"의 구체적 의미는

> **회신내용**
>
> 추진위원회 위원은 추진위원회 설립에 동의한 자 중에서 선출하되, 위원장·부위원장 및 감사는 운영규정 별표 제15조제2항 각호의 1에 해당하는 자이면 되는 것이고, 동 운영규정 별표 제15조제2항제1호의 의미는 사업시행구역 안에서 3년 이내에 거주한 기간의 합이 1년 이상으로서 피선출일 현재 사업시행구역 안에서 거주하고 있어야 한다는 것임

출처 : 국토교통부

질의 12

추진위원회 회의 시 서면동의서에 인감날인을 해야 하는지 ('10. 2. 17.)

추진위원회 회의 시 서면동의서에 인감날인을 해야 하는지 아니면 서명을 해도 되는지

> **회신내용**
>
> 운영규정 별표 제26조제2항 단서에 따르면 위원은 서면으로 추진위원회 회의에 출석하거나 의결권을 행사할 수 있으나, 이 경우 위원의 인감증명서를 첨부하도록 운영규정에서 명문화하고 있지 않으며, 추진위원회에 관하여는 법에 규정된 것을 제외하고는 민법의 규정 중 사단법인에 관한 규정을 준용한다고 운영규정 별표 제37조제1항에 규정되어 있음

출처 : 국토교통부

질의 13

일괄 발송된 서면결의서가 유효한지 ('12. 11. 15.)

추진위원회 주민총회 안건에 대하여 일괄 발송된 서면결의서가 유효한지

> **회신내용**

> 운영규정 별표 제22조에 따르면 서면에 의한 의결권 행사는 주민총회 출석으로 보도록 하고 있고, 출석을 서면으로 하는 때에는 안건내용에 대한 의사를 표시하여 주민총회 전일까지 추진위원회에 도착되도록 하여야 한다고 규정하고 있으나, 이외 서면결의서의 구체적인 제출 방법에 대하여는 별도로 규정하고 있지 않음. 서면결의서의 유효여부에 대하여는 해당 안건내용에 대한 토지등소유자의 의사표시 여부나 서면결의서 도착시점 등을 고려하여 판단하여야 할 것임

출처 : 국토교통부

질의 14

추진위원회 감사의 회의안건 발의 제한 여부 ('10. 3. 24.)

감사가 추진위원회의 회의안건 발의나 차기 추진위원회 회의 시회의안건 상정을 추진위원장에게 요청할 수 있는지

회신내용

> 추진위원회 감사는 추진위원회에서 의결권을 행사할 수 없다고 운영규정 별표 제26조 제3항에 규정하고 있으나, 감사의 회의안건 발의를 제한하는 명문규정은 없음

출처 : 국토교통부

질의 15

추진위원회 위원장 선임 자격 ('10. 3. 26.)

운영규정 별표 제15조제2항제1호와 제2호에 모두 적합하여야 추진위원회 위원장의 승인이 가능한지

회신내용

> 조합설립추진위원회 위원장은 추진위원회 설립에 동의한 자 중에서 운영규정 별표 제15조제2항 각 호의 하나에 해당하는 자를 선임할 수 있음

출처 : 국토교통부

질의 16

추진위원장 보궐선임의 주민총회 의결 여부 ('10. 7. 27.)

조합설립추진위원회에서 정한 운영규정에 추진위원장의 보궐선임은 추진위원회에서 결정하는 것으로 되어 있는데, 운영규정 별표 제21조제1호에 따라 주민총회의 의결을 거쳐야 하는지

회신내용

추진위원회에서 작성한 운영규정이 도정법 및 관계법령 등에 위배되는 경우에는 운영규정 제3조제3항에 따라 효력을 갖지 아니한 바, 추진위원장의 보궐선임은 운영규정 별표 제21조제1호에 따라 주민총회의 의결을 거쳐 결정하여야 할 것임

출처 : 국토교통부

질의 17

추진위원장 해임을 위한 추진위원회 소집권자 ('11. 2. 28.)

가. 추진위원이 위원장 해임 발의를 위하여 운영규정 별표 제24조제1항제2호에 따라 추진위원 중 3분의 1 이상의 발의서를 받은 경우 누구에게 추진위원회 소집을 요구하는지
나. 추진위원장이 14일 이내에 추진위원회를 소집한다고 하면서 차일피일 미루는 경우 14일이 지나면 감사가 소집할 수 있는지

회신내용

위원장의 해임에 관한 사항은 운영규정 별표 제17조제6항에 따라 부위원장, 추진위원 중 연장자순으로 추진위원회를 대표할 수 있는 것이며, 추진위원회에서 위원장을 해임하려는 경우에는 운영규정 별표 제18조제4항에 따라 토지등소유자의 해임요구가 있는 경우에 재적위원 3분의 1 이상의 동의로 소집된 추진위원회에서 위원정수(운영규정 별표 제15조에 따라 확정된 위원의 수를 말함)의 과반수 출석과 출석위원 3분의 2 이상의 찬성으로 해임할 수 있음

출처 : 국토교통부

질의 18

추진위원 연임 가능 여부와 선임방법 ('12. 4. 19.)
임기가 만료된 추진위원의 연임이 가능한지와 이 경우 주민총회를 소집하여 추진위원을 선임할 수 있는지 여부

회신내용

운영규정 별표 제15조제3항 및 제4항에 따라 위원은 추진위원회에서 재적위원 과반수의 출석과 출석위원 3분의 2 이상의 찬성으로 연임할 수 있으며 위원장·감사의 연임은 주민총회의 의결에 의하도록 하고 있음

출처 : 국토교통부

질의 19

통지하지 않은 사항의 추진위원회 의결 적합성 여부 ('11. 7. 22.)
추진위원회가 추진위원에게 통지하지 않은 내용을 의결한 것의 적합한지

회신내용

추진위원회는 운영규정 별표 제25조제2항에 따라 같은 운영규정 별표 제24조제3항의 규정에 의하여 통지한 사항에 관하여만 의결할 수 있는 것이며, 추진위원에게 통지하지 않은 사항을 추진위원회에서 의결한 것은 같은 운영규정 별표 제25조제2항에 적합하지 않는 것으로 판단됨

출처 : 국토교통부

질의 20

찬반 등의 의사표시가 없는 서면결의서의 효력 여부 ('12. 9. 26.)
가. 주민총회 안건에 대한 찬반 등의 의사표시없이 서면결의서를 제출한 경우 동 서면결의서를 제출한 자를 주민총회 출석자수에 포함할 수 있는지 여부
나. 주민총회 안건에 대하여 서면결의서를 제출한 후 동 서면결의서를 철회하고자 하는 경우 절차

회신내용

가. 운영규정 제22조제3항에서 토지등소유자는 규정에 의하여 출석을 서면으로 하는 때에는 안건내용에 대한 의사를 표시하여 주민총회 전일까지 추진위원회에 도착되도록 하고 있으므로, 주민총회 안건에 대하여 서면으로 출석을 하고자 하는 때에는 안건에 대한 찬반여부에 대한 의사를 표시하여야 할 것임

나. 운영규정에서 주민총회시 서면의결권의 철회에 대하여 별도로 규정하고 있지 않음

출처 : 국토교통부

질의 21

추진위원장 업무대행의 업무처리 적정성 여부 ('12. 10. 15.)

추진위원장이 사임한 경우 추진위원회 위원장을 선임하지 아니하고 부위원장이 위원장 업무대행으로 업무를 처리한 것이 합법적인지

회신내용

운영규정 별표 제17조제6항에 따르면 위원장의 유고로 인하여 그 직무를 수행할 수 없을 경우 부위원장, 추진위원 중 연장자순으로 추진위원회를 대표하도록 하고 있으며, 동 운영규정 제18조제3항에서는 위원이 자의로 사임한 경우 지체없이 새로운 위원을 선출하도록 하고 있음

출처 : 국토교통부

질의 22

다수의 추진위원 결원시 추진위원 선임 방법 ('12. 10. 23.)

가. 토지등소유자가 1,849명인 정비구역에서 추진위원회설립승인 후 재적위원 100인 중 결원 생겨 위원의 수가 42명일 경우 위원을 추진위원회 또는 주민총회에서 선임이 가능한지 여부 및 위원 42명으로 추진위원회를 개최하여 의결이 가능한지

나. 추진위원회 운영규정 제15조 제4항에 따라 토지등소유자 5분의 1이상이 시장·군수의 승인을 얻어 소집한 주민총회에서 추진위원(위원장·감사 제외)을 선임할 수 있는지

회신내용

가. 운영규정 제21조 제1호 및 제25조에 따르면 추진위원회 승인 이후 위원장·감사의 선임·변경·보궐선임·연임의 사항은 주민총회의 의결을 거쳐 결정하도록 하고 있고, 위원(위원장·감사를 제외한다)의 보궐선임은 추진위원회의 의결을 거치도록 하고 있고, 정비사업 조합설립추진위원회 운영규정 제15조 제3항 및 제26조제1항에 따르면 재적위원은 추진위원회 위원이 임기 중 궐위되어 위원 수가 이 운영규정 본문 제2조제2항에서 정한 최소 위원의 수에 미달되게 된 경우 재적위원의 수는 이 운영규정 본문 제2조제2항에서 정한 최소위원의 수로 보도록 하고 있으며, 추진위원회는 이 운영규정에서 특별히 정한 경우를 제외하고는 재적위원 과반수 출석으로 개의하고 출석위원 과반수의 찬성으로 의결하도록 하고 있음

나. 운영규정 제15조제4항에 따르면 임기가 만료된 위원은 그 후임자가 선임될 때까지 그 직무를 수행하도록 하고 있고, 추진위원회에서는 임기가 만료된 위원의 후임자를 임기만료 전 2개월 이내에 선임하여야 하며, 위 기한 내에 추진위원회에서 후임자를 선임하지 않을 경우 토지등소유자 5분의 1이상이 시장·군수의 승인을 얻어 주민총회를 소집하여 위원을 선임할 수 있도록 하고 있는 바, 추진위원회에서 임기가 만료된 위원의 후임자를 선임하지 않을 경우 주민총회에서 위원을 선임할 수 있을 것임

출처 : 국토교통부

질의 23

개정된 운영규정에 따라 추진위원회 운영 여부 ('09. 8. 3.)

운영규정이 개정(2006.8.25) 되기 전에 조합설립추진위원회에서 운영규정을 작성한 경우, 추진위원회·J주민총회를 개정된 운영규정에 따라 운영하여야 하는지

회신내용

운영규정 시행(2006.8.25) 당시 종전 운영규정에 따라 주민총회·추진위원회 의결 등의 절차를 거쳐 확정된 사항의 경우 그에 따라 2월 이내에 시장·군수에게 승인신청 또는 신고 할 수 있도록 하고 있는 등 동 운영규정 부칙 제2조(경과조치)에 해당하지 않는 것은 현행 운영규정에 적합하여야 할 것으로 보며, 현행 운영규정에 맞지 않은 부분이 있다면 현행 운영규정에 맞게 정비가 이루어져야 할 것임

출처 : 국토교통부

질의 24

추진위원회 운영규정 제15조제2항제2호 삭제·수정 가능 여부 ('09. 9. 18.)

추진위원회 위원장 선출과 관련하여 운영규정 별표 제15조제2항제2호 규정(피선출일 현재 사업시행구역 안에서 5년 이상 토지 또는 건축물을 소유한 자)을 주민총회의 의결로 삭제·수정할 수 있는지 및 수정이 가능하다면 토지 또는 건축물 소유자의 소유기간에 관계없이 피선출권을 부여할 수 있는지

회신내용

운영규정(국토해양부 고시 제2009-549, 2009.8.13) 제3조제2항에 따르면 운영규정안을 기본으로 하여 같은 항 각호의 방법에 따라 작성하도록 규정하고 있으나, 제15조제2항의 규정은 이에 해당되지 않으므로 삭제·수정할 수 없음

출처 : 국토교통부

질의 25

추진위 상근 위원 및 직원의 보수 지급 적정성 여부 ('12. 1. 9.)

추진위원회 운영예산에 위원장과 사무직원의 보수액(급여)을 편성하여 주민총회에 승인 받은 후 이를 근거로 보수를 지급할 경우 이에 대한 보수지급의 적법성 여부

회신내용

운영규정 별표 제15조제1항에 따라 추진위원회에 상근하는 위원을 두는 경우 추진위원회 의결을 거쳐야 하고, 제19조제2항에 따라 추진위원회는 상근위원 및 유급직원에 대하여 주민총회의 인준을 받은 별도의 보수규정을 정하여 보수를 지급하도록 하고 있음

출처 : 국토교통부

질의 26

법무사의 추진위원장 겸임의 적정성 여부 ('12. 3. 27.)

법무사가 재건축조합의 추진위원장을 겸하고 있는데 운영규정 별표 제17조제8항

에 따른 겸직금지에 해당하는지 여부

> **회신내용**
>
> 운영규정 별표 제17조제8항에 따라 위원(위원장, 부위원장, 감사, 추진위원)은 동일한 목적의 사업을 시행하는 다른 조합·추진위원회 또는 정비사업전문관리업자 등 관련 단체의 임원·위원 또는 직원을 겸할 수 없도록 하고 있음

출처 : 국토교통부

질의 27

추진위에서 토지등소유자에 대한 권리·의무 사항 통지 방법 ('12. 3. 27.)

추진위원회가 토지등소유자의 권리·의무에 관한 사항을 공개·통지할 경우 추진위원회운영규정 별표 제9조제1항에 따라 게시 또는 인터넷공고 중 한 가지를 택하고 필요시(추진위원회의 판단에 따라) 서면통지를 병행할 수 있는지 여부와 같은 조 제2항제2호에 따라 게시판에 14일 이상 공고할 경우 날짜 기산점은

> **회신내용**
>
> 운영규정 별표 제9조제1항에 따라 추진위원회는 토지등소유자의 권리·의무에 관한 다음 각호(추진위원회 위원의 선정에 관한 사항 등)의 사항(변동사항 포함)을 토지등소유자가 쉽게 접할 수 있는 장소에 게시하거나 인터넷 등을 통하여 공개하고, 필요한 경우에는 토지등소유자에게 서면통지를 하는 등 토지등소유자가 그 내용을 충분히 알 수 있도록 하고 있음. 또한, 같은 조 제2항제2호·제4호에 따라 게시하는 경우 토지등소유자가 쉽게 접할 수 있는 일정한 장소의 게시판에 14일 이상 공고하고 게시판에 공고가 있는 날부터 공개·통지된 것으로 보도록 하고 있음

출처 : 국토교통부

질의 28

주민총회 소집통보 반려 시 일반우편으로 추가발송 가능 여부 ('10. 2. 25.)

운영규정 별표 제20조제5항에 따라 주민총회 소집을 위한 등기우편 통지 시 반송된 경우 1회 추가 발송 시 일반우편으로도 가능한지

회신내용

운영규정 별표 제20조제5항에 따르면 토지등소유자에게는 회의 개최 10일전까지 등기우편으로 이를 발송·통지하여야 하고 이 경우 등기우편이 반송된 경우에는 지체 없이 1회에 한하여 추가 발송하도록 규정하고 있는 바, 추가 발송인 경우 기 발송한 방법에 따라 추가 발송하여야 할 것임

출처 : 국토교통부

질의 29

주민총회 인준 전에 보수규정 만들어 유급직원채용 가능 여부 ('10. 3. 24.)

추진위원회가 주민총회의 인준을 받기 전이라도 사무국의 운영규정이나 보수규정을 만들어 상근하는 유급직원을 두거나 유급직원을 채용할 수 있는지와 추진위원회 위원장이 주민총회나 추진위원회의 인준을 받기 전에 임의대로 유급직원을 채용하여 상근하게 할 수 있는지

회신내용

운영규정 별표 제17조제7항에 따르면 추진위원회는 그 사무를 집행하기 위하여 필요하다고 인정되는 때에는 추진위원회 사무국을 둘 수 있고, 사무국에 상근하는 유급직원을 둘 수 있으며, 이 경우 사무국의 운영규정을 따로 정하여 주민총회의 인준을 받도록 하고 있고, 운영규정 별표 제19조제2항에 따르면 추진위원회는 상근위원 및 유급직원에 대하여 별도의 보수규정을 따로 정하여 보수를 지급하여야 하며, 이 경우 보수규정은 주민총회의 인준을 받도록 하고 있는 바, 사무국에 상근하는 유급직원을 두는 경우에는 사무국의 운영규정을 따로 정하여 주민총회의 인준을 받아야 하고, 유급직원에 대한 보수는 보수규정을 만들어 주민총회의 인준을 받은 후에 그 보수규정에 따라야 할 것임

출처 : 국토교통부

질의 30

주민총회의 출석 여부 및 의결권 행사시 대리인의 범위 ('11. 6. 23.)

가. 토지등소유자가 주민총회에서 서면으로 의결권을 행사하고자 하는 경우에 인감도장 날인여부 및 서면결의서에 찬·반 의사표시를 하지 않고 제출한 경우 주민총회 출석으로 볼 수 있는지

나. 토지등소유자가 조합설립추진위원회 주민총회에 대리인을 통하여 의결권을 행사하고자 하는 경우에, 대리인의 범위는

회신내용

가. 운영규정 별표 제22조제2항에 따르면 주민총회에서 토지등소유자는 서면으로 의결권을 행사할 수 있고, 이 경우 서면에 의한 의결권 행사는 운영규정 별표 제22조제1항 주민총회의 규정에 의한 출석으로 보고 있으며, 서면으로 의결권을 행사할 때 인감도장 날인을 명문화하고 있지는 아니함
나. 토지 등 소유자가 운영규정 별표 제22조제2항에 따라 대리인을 통하여 의결권을 행사하고자 할 때 그 대리인은 운영규정 별표 제13조제2항 각호에 해당하는 대리인을 말하는 것임

출처 : 국토교통부

질의 31

주민총회시 토지등소유자의 개의 및 의결 요건 ('12. 1. 4.)
추진위원회 주민총회시 토지 등 소유자의 출석 요건은 어떻게 되는지

회신내용

운영규정(국토해양부 고시) 별표 제22조제1항 및 제2항에 따라 주민총회는 도정법 및 이 운영규정이 특별히 정한 경우를 제외하고 추진위원회 구성에 동의한 토지등소유자 과반수 출석으로 개의하고 출석한 토지등소유자(동의하지 않은 토지등소유자를 포함한다)의 과반수 찬성으로 의결하도록 하고 있음

출처 : 국토교통부

질의 32

운영규정 별표 제26조제1항의 재적위원 과반수의 의미 ('12. 1. 6.)
가. 운영규정 별표 제26조제1항의 재적위원 과반수란 해당 추진위원회의 운영규정에서 정한 위원수의 과반수인지 아니면 사임, 소유권 변동 등에 따라 현재 남아 있는 위원수를 말하는 것인지
나. 추진위원회 설립시 동의서를 제출하지 않았으나, 추진위원 보궐 선임시 추진

위원회 설립동의서를 제출하고 추진위원으로 선임될 수 있는지

> **회신내용**
>
> 가. 운영규정 제2조제2항제3호에서는 추진위원회가 토지등소유자의 대표성을 확보할 수 있도록 추진위원회의 위원 수에 대하여 최소한의 범위를 규정하고 있으므로, 동 운영규정에 따라 해당 추진위원회 운영규정에서 정한 위원 수를 재적위원으로 봄이 타당하다 할 것임
> 나. 운영규정 별표 제12조제2항에 따라 추진위원회 구성에 동의하지 아니한 자에 대하여 도정법 시행규칙 별지 제2호의2서식의 추진위원회 동의서를 징구할 수 있다고 규정하고 있고, 별표 제13조제1항제3호에서 추진위원회 위원의 피선임·피선출권은 추진위원회 구성에 동의한 자에 한하도록 규정하고 있으므로, 추진위원회 구성에 동의한 자는 추진위원이 될 수 있는 자격이 있는 것으로 판단됨

출처 : 국토교통부

질의 33

추진위원장 보궐선임 시 직접 참석 비율 ('12. 1. 18.)

조합설립추진위원회에서 추진위원장의 보궐선임을 위한 주민총회를 개최할 때 토지등소유자가 10%이상 직접 참석 하여야 하는지

> **회신내용**
>
> 운영규정 별표 제22조에서 추진위원회의 주민총회 의결방법을 규정하고 있으나, 동 규정에서 토지등소유자의 직접 참석에 관하여 별도로 규정하고 있지 않으며, 운영규정 제3조제2항에 따르면 개별 추진위원회의 운영규정은 별표의 운영규정안을 기본으로 하여 같은 항 각 호의 방법에 따라 작성하도록 하고 있으므로, 주민총회의 직접 참석 비율 등에 관한 보다 구체적인 내용은 특정 추진위원회의 운영규정을 고려하여 판단할 사항임

출처 : 국토교통부

질의 34

위원장 부재시 결산보고서 의결을 위한 회의의 대행 ('12. 3. 29.)

감사가 운영규정 별표 제17조제3항에 따라 추진위원회를 소집하여 추진위원회에 감사의 의견서가 첨부된 결산보고서를 보고하고 의결하고자 할 때 위원장을 대신하여 누가 결산보고서 의결을 위한 회의를 주재해야 하는지

회신내용

운영규정 별표 제17조제6항에 따르면 위원장이 자기를 위한 추진위원회와의 계약이나 소송에 관련되었거나, 위원장의 유고로 인하여 그 직무를 수행할 수 없을 경우에는 부위원장, 추진위원 중 연장자 순으로 추진위원회를 대표할 수 있도록 하고 있음

출처 : 국토교통부

질의 35

사임한 추진위원장이 후임자 선출전까지 업무수행이 가능한지 ('12. 4. 13.)

사임한 추진위원장이 추진위원장이 새로 선출될 때까지 주민총회의 의장 등 추진위원장의 업무를 계속 수행할 수 있도록 추진위원회에서 의결할 수 있는지

회신내용

운영규정 제18조제6항에 따르면 위원장이 사임하거나 해임되는 경우에는 제17조제6항에 따르도록 하고 있고, 제17조제6항에서 위원장의 유고 등으로 인하여 그 직무를 수행할 수 없을 경우에는 부위원장, 추진위원 중 연장자 순으로 추진위원회를 대표하도록 하고 있음

출처 : 국토교통부

질의 36

부위원장이 위원장대행으로 직무를 수행하는 것이 적법한지 ('12. 8. 23.)

추진위원장이 사임한지 1년 가까이 경과하고 있는데도 신임 추진위원장을 선출하지 않고 부위원장이 위원장대행으로 직무를 수행하는 것이 적법한 것인지

회신내용

운영규정 별표 제18조제3항에 따라 위원이 자의로 사임한 경우에는 지체 없이 새로운

위원을 선출하여야 하며, 같은 조 제6항 단서에 따라 위원장이 사임하는 경우 제17조제6항에 따라 부위원장, 추진위원 중 연장자 순으로 추진위원회를 대표함

출처 : 국토교통부

질의 37

임기만료된 추진위원장이 업무를 수행할 수 있는지 ('12. 6. 4.)
추진위원장의 임기가 만료되었으나, 후임 추진위원장이 선출되지 못하였을 경우 임기가 만료된 추진위원장이 정비계획 수립 업무, 조합설립동의서 징구, 조합창립총회 준비 등의 업무를 수행할 수 있는지 여부

회신내용

운영규정 별표 제15조제4항에 따라 임기가 만료된 위원은 그 후임자가 선임될 때까지 그 직무를 수행하고, 추진위원회에서는 임기가 만료된 위원의 후임자를 임기만료 전 2개월 이내에 선임하도록 하고 있으며, 같은 기한 내에 추진위원회에서 후임자를 선임하지 않을 경우 토지등소유자 5분의 1 이상이 시장·군수의 승인을 얻어 주민총회를 소집하여 위원을 선임할 수 있음

출처 : 국토교통부

질의 38

추진위원의 범위에 '이사'를 추가할 수 있는지 ('12. 5. 21.)
「○○정비사업 조합설립추진위원회 운영규정」제15조제1항 추진위원의 범위에 '이사'를 추가할 수 있는 지

회신내용

운영규정 제3조제2항 및 제3항에 따르면 별표 제15조제1항을 확정하도록 하면서 사업추진상 필요한 경우 별표 운영규정에 조·항·호·목 등을 추가할 수 있도록 하고 있고, 추가되는 사항이 법·관계법령, 이 운영규정 및 관련행정기관의 처분에 위배되는 경우에는 효력을 갖지 아니한다고 규정하고 있으므로, 운영규정상 이사의 추진위원 포함여부는 해당 시에서 정비사업의 추진상 필요성 등을 고려하여 판단하여야 할 사항임

출처 : 국토교통부

질의 39

추진위원의 연임은 임기만료 2개월 이내에 의결해야 하는지 ('12. 5. 29.)

추진위원회 위원의 연임은 반드시 위원 임기만료 2개월 이내에 추진위원회에서 의결을 하여야 하는지

회신내용

운영규정 별표 제15조제3항 및 제4항에 따라 위원은 추진위원회에서 재적위원 과반수의 출석과 출석위원 3분의 2 이상의 찬성으로 연임할 수 있도록 하고 있고, 추진위원회에서는 임기가 만료된 위원의 후임자를 임기만료전 2개월 이내에 선임하도록 하고 있음

출처 : 국토교통부

질의 40

추진위 단계에서 운영자금 차입사용의 위법성 여부 ('12. 6. 14.)

추진위원회 단계에서 주민총회의 의결을 통해 정비사업전문관리 업체로부터 추진위원회의 운영자금을 차입·사용하였고, 조합설립인가 후 그 차입금을 상환할 때 도정법 제24조제3항제2호에 따라 총회의 의결을 거치지 아니하고 이사회의 의결만 거치고 상환한 경우 같은 법 제85조제5호의 벌칙 규정에 해당되는지

회신내용

도정법 제24조제3항제2호에 따르면 자금의 차입과 그 방법·이율 및 상환방법은 총회의 의결을 거치도록 하고 있으므로, 추진위원회에서 차입한 운영자금을 조합설립 후 상환하는 경우가 자금의 차입과 그 방법·이율 및 상환방법에 해당하는 때에는 총회의 의결을 거쳐야 할 것으로 판단되며, 아울러 같은 법 제24조에 따른 총회의 의결 사항을 총회의 의결을 거치지 않은 경우에는 같은 법 제85조제5호에 해당될 것으로 보임

출처 : 국토교통부

질의 41

토지등소유자의 개최 요구에 따른 주민총회 개최비용 부담 ('12. 7. 6.)

운영규정 제20조제2항제1호의 규정을 충족하여 동조제3항의 규정에 따라 위원장에게 주민총회 개최를 요구하였으나 위원장과 감사가 이에 동의하지 아니하여 주민총회를 청구한 자의 대표가 구청장의 승인을 득하여 총회를 개최하였을 경우 주민총회 개최비용은 누가 부담하는지

회신내용

운영규정 별표 제20조제2항 및 제3항에 따라 토지등소유자 5분의 1 이상이 주민총회의 목적사항을 제시하여 청구하였으나 위원장, 감사가 주민총회를 소집하지 아니하여 소집을 청구한 자의 대표가 시장·군수의 승인을 얻어 이를 소집한 경우 주민총회 개최비용 부담에 대하여는 별도로 규정하고 있지 않으므로 운영규정 제31조에 따라 추진위원회에서 정한 회계규정에 따르거나, 별도의 회계규정을 정하지 않은 경우에는 추진위원회의 운영자금으로 조달하는 것이 바람직할 것으로 사료됨

출처 : 국토교통부

질의 42

추진위원회 설립 미 동의자 감사(또는 추진위원) 선임의 적정성 ('12. 8. 7.)

추진위원회 설립동의서를 제출하지 않은 자가 감사 또는 추진위원으로 승인될 수 있는지 여부

회신내용

운영규정 별표 제15조제2항에 따라 위원(위원장, 부위원장, 감사, 추진위원)은 추진위원회 설립에 동의한 자 중에서 선출하되, 위원장·부위원장 및 감사는 동조 동항 각 호의 어느 하나에 해당하는 자이어야 함. 또한, 동 운영규정 별표 제12조제2항에 따라 추진위원회 구성에 동의하지 아니한 자를 동의자 명부에 기재하기 위하여는 도정법 시행규칙 별지 제2호의2서식에 따른 추진위원회 동의서를 징구하여야 함

출처 : 국토교통부

질의 43

추진위설립동의를 철회한 자에 대한 운영경비 부담의 적정성 ('12. 8. 23.)

추진위원회설립동의를 철회할 경우 추진위원회가 사용한 운영경비 등을 부담하

지 않아도 되는지

> **회신내용**
>
> 운영규정 별표 제13조제1항제4호 및 제37조에서 조합설립추진위원회 구성에 동의한 자는 추진위원회 운영경비 및 그 연체료의 납부의무를 갖고, 추진위원회에 관하여는 도정법에 규정된 것을 제외하고는 민법의 규정 중 사단법인에 관한 규정을 준용하도록 하고 있음

출처 : 국토교통부

질의 44

재건축사업은 재개발과 달리 동의한 자를 조합원으로 보는지 ('10. 5. 19.)

주택재건축사업의 경우 주택재개발사업과 달리 주택재건축사업에 동의한 자만을 조합원으로 보는 이론 또는 배경은

> **회신내용**
>
> 주택재건축사업은 주택재개발과는 사업의 목적·성격과 사업시행방법 및 절차 등에서 본질적인 차이가 있고, 일반적으로 토지보상법에서 말하는 공익사업에 해당하지 않아 사업시행자에게 정비구역 안의 토지 등을 수용 또는 사용할 수 있는 권한이 부여되어 있지도 않기 때문에 사업에 동의한 자만을 조합원으로 하여 시행하는 사업으로 봄

출처 : 국토교통부

질의 45

법 시행 전 선임된 조합임원이 법 시행 후 결격사유에 해당되는 경우 (법제처, '09. 11. 20.)

구 도정법(법률 제9444호로 일부개정되어 2009. 2. 6. 공포·시행된 것) 시행 전에 조합임원으로 선임된 자가 같은 법 시행 이후에 이 법에 위반하여 구 도정법 제23조제1항제5호의 결격사유에 해당하게 된 경우 같은 조 제2항에 따라 당연퇴임하여야 하는지

회신내용

구 도정법(법률 제9444호로 일부개정되어 2009. 2. 6. 공포·시행된 것) 시행 전에 조합임원으로 선임되었다가 같은 법 시행 이후에 이 법의 위반으로 구 도정법 제23조제1항제5호의 결격사유에 해당하게 된 자는 같은 조 제2항에 따라 당연 퇴임되지 아니함

출처 : 국토교통부

질의 46
용적률 등을 산정시 대지면적 범위 및 사업시행인가 대상 범위 ('11. 8. 4.)

주택재건축사업 정비구역 내 12m 도시계획도로로 분리된 대지에 대한 건폐율 및 용적률 산정을 대지별로 각각 산정하여야 하는지와 이 경우 사업시행인가를 하나의 건으로 처리가 가능한지

회신내용

용적률 및 건폐율을 산정할 때 대지의 범위는 「건축법 시행령」 제3조 제1항에 규정되어 있고, 대지면적은 「건축법 시행령」 제119조 제1항제1호에 규정되어 있으며, 정비사업의 사업시행인가는 정비구역 단위로 처리할 사항으로 판단됨

출처 : 국토교통부

질의 47
매도소송이 종결되지 않은 상태에서 착공한 경우의 적정성 ('12. 10. 17.)

사업주체가 종전 법령인 주택건설촉진법 제33조에 따라 주택건설사업계획승인을 받고, 사업시행지의 구분소유자에 대하여 「집합건물법」제48조에 따른 매도청구소송을 제기하여 법원의 승소판결을 받았으나 그 판결이 확정되지 아니한 상태에서 착공신고필증을 교부받은 경우, 그 매도청구소송 대상 대지 부분에 공사를 시작한 경우가 적법한지

회신내용

구 주택건설촉진법시행령 제34조의4제2호에 따르면 주택건설촉진법 제33조의4 및 주택

건설촉진법 제44조제3항의 규정에 의하여 토지소유자·주택조합 또는 고용자가 등록업자와 공동으로 주택을 건설하고자하는 경우에는 토지소유자·주택조합 또는 고용자가 주택용 대지의 소유권을 확보하여 사업계획승인을 신청하여야 하나, 예외적으로 재건축조합이 「집합건물법」제48조의 규정에 의하여 재건축에 참가하지 아니하는 구분소유권자의 소유권등을 매도청구한 경우에는 그러하지 아니하다고 규정하고 있음

출처 : 국토교통부

질의 48

임대주택 포기 시 주거이전비 지급 가능 여부 ('12. 1. 10.)

2007.4.2 사업시행인가를 득한 주택재개발 정비사업에서 임대주택을 공급받은 세입자들이 높은 보증금 및 월임대료로 인하여 임대주택을 포기하고, 이미 포기하였던 주거이전비의 지급을 요구하는데 이의 지급여부 및 지급주체(조합, 임대주택인수자)

회신내용

2007.4.12 개정되어 시행되기 전의 토지보상법 시행규칙 제54조 제2항 단서 규정에서, 다른 법령(도정법 포함)에 의하여 주택입주권을 받았거나 무허가건축물등에 입주한 세입자에 대하여는 주거이전비를 보상하지 아니한다고 규정하고 있고, 2007.4.12 개정·시행된 토지보상법 시행규칙 제54조제2항에서는 위 내용의 단서규정이 삭제되면서 부칙 제4조에서 토지보상법 제15조에 따라 보상계획을 공고하고 토지소유자 및 관계인에게 보상계획을 통지한 분부터 적용한다고 규정하고 있음

출처 : 국토교통부

질의 49

분양계약을 체결하지 아니한 자에 대한 현금청산절차 ('12. 9. 10.)

분양신청은 하였으나 분양계약을 체결하지 아니한 자에 대하여 현금청산자로 결정하는 관리처분계획변경인가를 받은 후 현금청산절차를 실시하여야 하는지

회신내용

분양계약을 체결하지 아니한 자에 대한 현금청산절차에 대하여는 도정법에서 별도 규

정하고 있지 않으므로, 분양계약을 체결하지 아니한 자에 대한 현금청산절차에 대하여는 해당 조합의 정관 등에 따라 판단하여야 할 사항으로 보임

출처 : 국토교통부

> 질의 50

재건축 시 임대주택 공급 의무 여부 (법제처, '10. 1. 15.)

2009. 4. 22. 법률 제9632호로 개정·시행된 도정법 부칙 제2항과 관련하여, 개정 전 도정법 제30조의2에 따라 주택재건축사업을 시행하면서 개정된 도정법 시행 전에 이미 「주택법」 제38조에 따른 입주자 모집승인을 받은 경우, 개정 전 도정법 제30조의2에 따른 임대주택 공급의무가 있는지

> 회신내용

2009. 4. 22. 법률 제9632호로 개정·시행된 도정법 부칙 제2항과 관련하여, 개정 전 도정법 제30조의2에 따라 주택재건축사업을 시행하면서 개정된 도정법 시행 전에 이미 「주택법」 제38조에 따른 입주자 모집승인을 받은 경우, 반드시 개정 전 도정법 제30조의2에 따른 임대주택의 공급의무가 있다고 할 수 없음

출처 : 국토교통부

> 질의 51

임대주택의 공급시에 거주기간 산정일 등 (법제처, '11. 9. 22.)

도정법 시행령 별표 3의 제2호가목(1)은 "임대주택은 기준일 3월 전부터 당해 주택재개발사업을 위한 정비구역 또는 다른 주택재개발사업을 위한 정비구역안에 거주하는 세입자로서 입주를 희망하는 자에게 공급한다." 고 규정하고 있는 바, 위 규정에 따라 세입자의 거주기간을 산정할 때 기준일을 산입하여야 하는지

> 회신내용

도정법 시행령 별표 3의 제2호가목(1)에 따라 세입자의 거주기간을 산정할 때 기준일을 산입하지 않음출처 : 국토교통부

출처 : 국토교통부

질의 52

재개발구역 내 국·공유지 매각가격결정을 위한 감정평가업자의 선정 (법제처, '11. 11. 4.)

구 도정법(2009. 5. 27. 법률 제9729호로 일부개정되어 2009. 11. 28. 시행되기 전의 것을 말함) 제66조제6항에 따르면, 주택재개발정비사업을 목적으로 우선매각하는 국·공유의 일반재산의 평가는 사업시행인가의 고시가 있은 날을 기준으로 행한다고 규정되어 있는데, 이 경우 국·공유의 일반재산의 매각가격 결정을 위한 감정평가의 의뢰자는 누구인지

회신내용

구 도정법(2009. 5. 27. 법률 제9729호로 일부개정되어 2009. 11. 28. 시행되기 전의 것을 말함) 제66조제6항에 따라 국·공유의 일반재산의 매각가격 결정을 위한 평가를 행할 경우, 국유의 일반재산에 대하여 감정평가법인에게 감정을 의뢰하는 주체는 원칙적으로 해당 국유재산의 총괄청 또는 관리청이고, 공유의 일반재산에 대하여 감정평가법인에 감정을 의뢰하는 주체는 지방자치단체의 장이라고 할 것임

출처 : 국토교통부

편저자약력

- 부동산 연구소
  감정평가사 안 재 길

저서
재개발·재건축 등기 및 법률관계

```
版 權
所 有
```

2021년 최신판
새로운 재개발·재건축 질의회신

2018年　9月　10日　初版　發行
2019年　8月　20日　二版　發行
2021年　4月　26日　三版　發行

編 著 : 안 재 길
發行處 : 법률정보센터

주소　서울특별시 성북구 아리랑로 4가길 14
전화　(02) 953-2112
등록　1993.7.26. NO.1-1554
www.lawbookcenter.com

* 本書의 無斷 複製를 禁합니다.

ISBN 978-89-6376-459-7　　　定價 : 30,000원